海水鱼类配合饲料学

HAISHUI YULEI PEIHE SILIAOXUE

主　编　林黑着

副主编　李海燕

华南理工大学出版社

SOUTH CHINA UNIVERSITY OF TECHNOLOGY PRESS

·广州·

图书在版编目（CIP）数据

海水鱼类配合饲料学／林黑着主编. —广州：华南理工大学出版社，2018.7
ISBN 978－7－5623－5530－4
Ⅰ. ①海…　Ⅱ. ①林…　Ⅲ. ①海水养殖-鱼类养殖　Ⅳ. ①S965.3

中国版本图书馆 CIP 数据核字（2018）第 011066 号

海水鱼类配合饲料学

主编　林黑着　副主编　李海燕

出 版 人：卢家明
出版发行：华南理工大学出版社
（广州五山华南理工大学 17 号楼　邮编：510640）
http://www.scutpress.com.cn　E-mail: scutc13@scut.edu.cn
营销部电话：020－87113487　87111048（传真）
策划编辑：赖淑华
责任编辑：王魁葵
印 刷 者：佛山市浩文彩色印刷有限公司
开　　本：787mm×1092mm　1/16　**印张：**17.5　**字数：**423 千
版　　次：2018 年 7 月第 1 版　2018 年 7 月第 1 次印刷
定　　价：36.00 元

本书编写委员会

主　编：林黑着

副主编：李海燕

编　者：（按姓氏笔画排名）

李　涛　李海燕　周传朋

林黑着　杨　铿　姜　松

黄小林　黄　忠　虞　为

前 言

“海水鱼类配合饲料学”是水产养殖及其相关专业学生在学完普通生物学、动物生理学、化学、生物化学和生物统计学等课程的基础上需要学习的一门重要的专业基础课程。本门课程教学任务与目标，是使学生：(1) 掌握饲料中各种营养物质及其对动物的营养作用；(2) 掌握营养物质缺乏或过量对动物健康的影响，以及各种营养物质的适宜需要量和影响需要量的因素；(3) 掌握提高水产动物对营养物质利用效率的理论基础；(4) 具备分析和解决水产动物生产实践中的饲养问题的理论知识。本课程的重点和难点是：(1) 水产动物的营养原理；(2) 不同种类、不同生理状态下，水产动物对营养物质的适宜需要量的研究方法；(3) 饲料的配方设计。

本书编者是一直从事水产动物营养饲料研究和应用的团队，在海水鱼类尤其是卵形鲳鲹的配合饲料研究和应用推广等方面具有扎实的基础。2013—2016 年，广州大学生物技术专业的学生在本团队基地进行教学实践，学生参与基地课题的研究，学校与研究所共同指导本科毕业论文。在此基础上，2016 年本团队承担了“广州大学校企协同育人实验班”建设项目，实验班采用“3+1”的模式，广州大学协同南海水产研究所深圳实验基地，遵循应用型人才培养规律，以课程教学（包括专业实习、本科毕业设计和由基地开设水产专业的核心课程）、学生参与基地研究课题为途径，以培养大学生实践能力和创新意识为重点，充分发挥协同育人企业的优势，拓展高校育人的课堂，努力探索学院与研究所联合培养应用型人才的模式，提高创新型应用型人才培养水平。南海水产研究所深圳实验基地承担了水产动物营养与饲料的教学和实践任务。本书是授课老师在长期研究和教学的基础上，参考国内外大量教材和专著后整理撰写而成的。

本书主要介绍水产动物营养学原理、水产动物营养研究方法、水产动物所需的各种营养物质的营养作用与营养缺乏症、饲料营养价值与饲料加工利用、配合饲料产品设计、产品质量管理和海水养殖鱼类饲料标准等内容。本书共 11 章。第一章绪论和第二章水产动物营养学原理由中国水产科学研究院南海水产研究所（以下简称“南海所”）林黑着和广州大学生命科学学院李海燕编写；第三章水产动物营养研究方法和第四章鱼类的摄食、消化和吸收由南海所周传朋编写；第五章配合饲料原料由南海所黄忠编写；第六章饲料添加剂由南海所黄忠和杨铿编写；第七章饲料配方的设计与加工由南海所林黑着和姜松编写；第八章配合饲料的质量管理与安全控制由南海所林黑着和李涛编写；第九章海水鱼类投喂策略和第十一章饲料法规及海水鱼类饲料标准汇编由南海所虞为编写；第十章卵形鲳鲹营养需求与饲料研究由南海所黄小林和周传朋编写。全书由林黑着统稿。本书适合高等院校水产养殖及相关专业的师生、科研人员以及饲料生产企业和水产养殖人员使用。

本书是“广州大学校企协同育人实验班”和广州大学2016年中央支持地方高校发展资金建设项目的重要建设内容之一，即校企协同育人核心课程教材建设，并得到该项目经费的大力支持。此外，在本书编写过程中，参考和引用了相关论文和书籍的内容，在此我们对原作者表示最诚挚的谢意！

由于编者的学识水平有限，书中难免有不妥之处，请读者批评指正。

林黑着　李海燕

2017年11月

目　录

第一章 绪 论

当前，中国渔业发展到了“转方式、调结构、促进转型升级”的关键时期，同时也到了再上新台阶、开启发展新阶段的重要分水岭。在水产养殖方面，饲料工业功不可没。

饲料工业是联结种、养的重要产业，为现代养殖业提供物质支撑，为农作物及其生产加工副产物提供转化增值渠道，与动物产品安全稳定供应息息相关。我国饲料产业体系为发展现代养殖业、繁荣农村经济、增加农民收入做出了重大贡献。未来水产养殖将更多地采取更高密度的精养模式，也将更依赖于营养丰富的高效配合饲料，而且饲料原料来源必须充裕，能够保证供应的可持续性。要应对这个挑战，必须及时将营养学的最新研究成果加以推广应用。

我国饲料工业发展的总体目标包括，饲料产量稳中有增，质量稳定向好，利用效率稳步提高，安全高效环保产品快速推广，饲料企业综合素质明显提高，国际竞争力明显增强。

第一节 中国饲料工业发展概况

最近三十多年来，中国饲料工业从无到有，从小到大，发展迅猛。2015 年饲料总产量达到 2 亿 t，这是我国创造的一个奇迹。主要成就包括：（1）饲料产量快速增长；（2）饲料产品质量稳步提高；（3）饲料添加剂从进口国变为出口国；（4）饲料机械工业技术和设备达到国际先进水平；（5）饲料资源开发利用成效显著；（6）科技教育与技术推广不断发展；（7）饲料质量监测不断加强；（8）饲料标准化工作同步进行。

中国饲料工业发展经历了创业起步、快速发展和整合提升三个阶段。

一、创业起步阶段（1978—1984 年）

我国一向以农业文明著称于世，饲养业也有着悠久的历史。但是，长期以来，饲养业处于分散的家庭副业地位，农民利用业余时间，一把菜、一瓢糠地饲养，规模小、商品率很低。这种自然经济下的生产方式，对饲料工业没有高的要求。改革开放后，人民在解决了基本温饱问题的基础上，对品质有了要求，如不但要求有米面吃，还要求吃上鸡、鱼、肉、蛋、奶。要满足广大群众膳食结构改善的要求，就必须大力发展现代化的养殖业。在此背景下，现代化的饲料工业应运而生，并得到快速发展（图 1－1）。

邓小平同志高瞻远瞩，大力倡导发展饲料工业。1982 年 10 月，邓小平同志在同国家计委负责同志谈话时指出：“要搞饲料工业，这也是一个行业”。1983 年 1 月，邓小平同志在与国家计委、经委等领导同志谈农业发展规划时，又明确指出：“全国都要注意

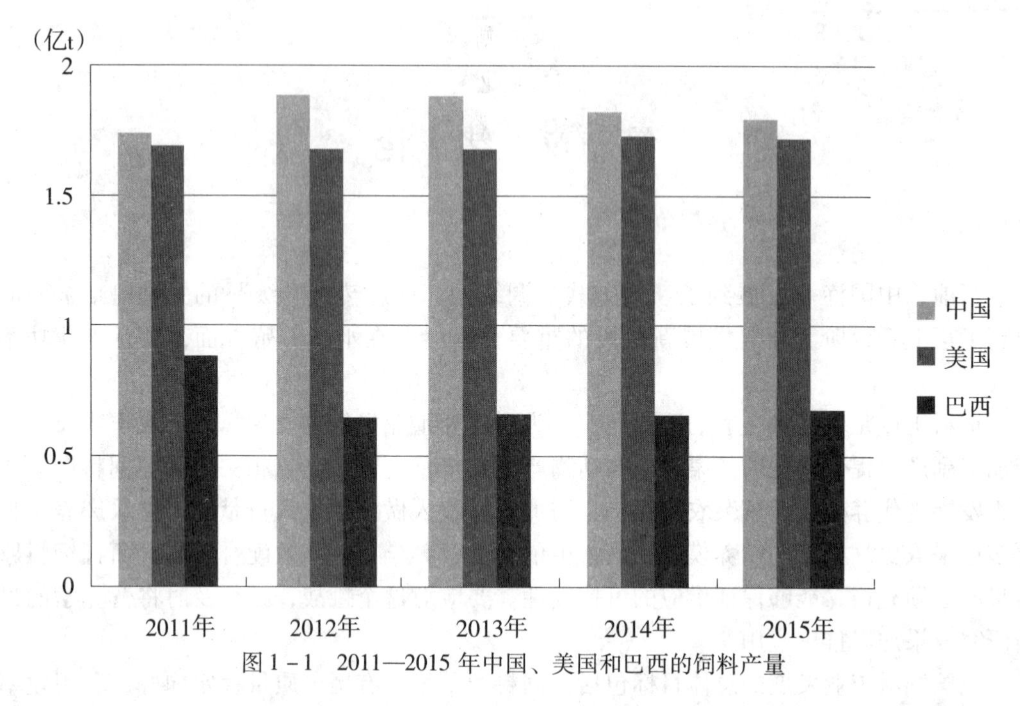

图 1-1　2011—2015 年中国、美国和巴西的饲料产量

搞饲料加工，要搞几百个现代化的饲料加工厂。饲料要作为工业来办，这是个很大的行业。”

1982 年 12 月，第五届全国人大五次会议通过的《关于第六个五年计划的报告》中明确提出：要建设一批畜禽良种场、饲养场和饲料加工厂。1983 年 2 月，国务院办公厅批准了国家计委《关于发展我国饲料工业的报告》，强调饲料工业是发展饲养业的基础，必须迅速建立和发展饲料加工业。1983 年的《政府工作报告》又强调：积极发展饲料工业，大幅度提高配合饲料产量。1984 年 5 月 8 日，国务院第 33 次常务会审查通过了《1984—2000 年全国饲料工业发展纲要（试行草案）》（简称《纲要》），并于当年 12 月 26 日正式颁布。从此，饲料工业建设正式纳入国民经济和社会发展序列。《纲要》的实施，标志着我国饲料工业进入快速发展的阶段。

二、快速发展阶段（1985—2000 年）

饲料工业发展的事实证明，《纲要》是一个科学的指导性文件。它提出的指导方针、发展目标和政策措施，符合我国的实际情况，符合我国现代化建设的要求。正是在这个文件的指导下，在以后的三个“五年计划”期间，我国饲料工业持续迅速、健康地发展。

1991 年，我国配合饲料产量达到 3494 万 t，居世界第二位，一跃成为饲料生产大国。到 1999 年，我国基本建成了完整的饲料工业体系，全国饲料标准体系已初步建立起来，科研成果的推广、职业技能的培训和鉴定，都取得了显著的成效。

三、整合提升阶段（2000 年以后）

我国饲料工业经过 20 年的快速发展，进入 21 世纪以后，迈进了新的发展阶段，进入了整合提升阶段。从国内市场来看，市场对饲料工业提出了更高的要求。经过 20 年的行业大发展，我国饲料工业出现了产能过剩的情况，加上原料涨价、成本上升等问题，行业企业利润滑坡、压力增大，中小企业生存艰难。从国际市场看，国际跨国公司大举进入中国市场，市场竞争的广度和深度都大大超出以往，企业的兼并、重组随之加快（图1－2）。

想要在激烈的竞争中生存、发展，我国饲料工业就必须优化产业结构，调整战略布局，转变发展方式，从量的扩张向质的提升转变，从外延式发展向内涵式发展转变，从粗放经营向科学发展转变，从而提高核心竞争力，保持发展的协调性、全面性和可持续性。

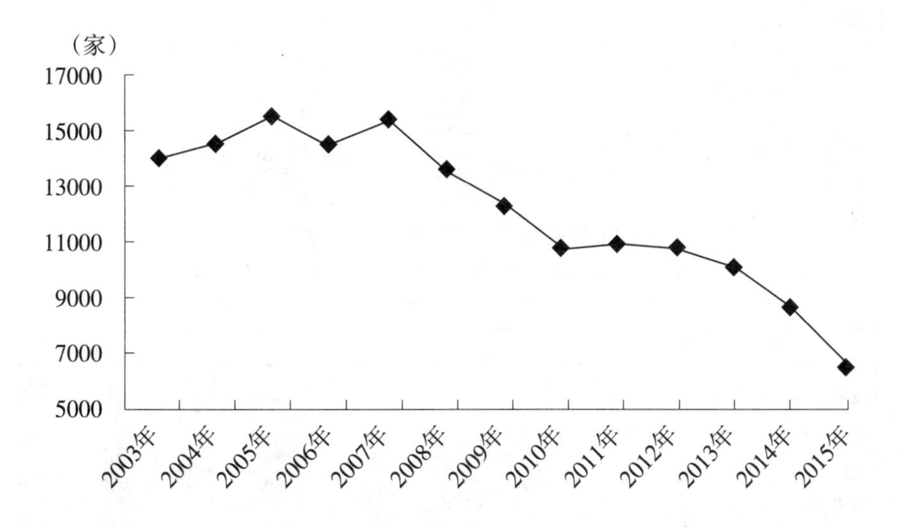

图1－2　2003—2015年全国饲料加工企业数量

第二节　中国水产动物营养饲料现状

我国具有悠久的水产养殖历史，水产品养殖总量连续20多年位居世界第一，同时也是唯一的养殖水产品总量超过捕捞总量的国家。1978年至2014年，我国水产品养殖年产量从2.33×10^6 t跃升至4.75×10^7 t，36年间增长至20倍。在市场巨大需求的推动和政策的引领下，我国水产动物营养科技与水产饲料工业取得巨大的进步。目前，我国已经成为一个国际上全新的水产动物营养研究与水产饲料产业中心，堪称产业带动发展、科技推动产业进步的典范。

我国水产养殖业的快速发展，很大程度上依赖于水产饲料工业的推动作用。据有关资料显示，我国水产动物饲料年产量已从1991年的75万t快速增长到了2015年的1900万t，占据了全球水产饲料年总产量的65%。但是，我国水产饲料工业的发展仍滞后于发达国家，人工配合饲料的普及率不高。中国水产动物营养研究与饲料开发应用在养殖业中的贡献率仅有40%左右，与我国水产养殖大国的地位极不相称。随着我国水产养殖业规模化的迅猛发展，水产饲料工业对营养需求的基础参数、鱼粉和鱼油替代技术、原料前处理与饲料加工工艺、营养与抗应激、品种改良以及养殖对生态环境的影响等方面

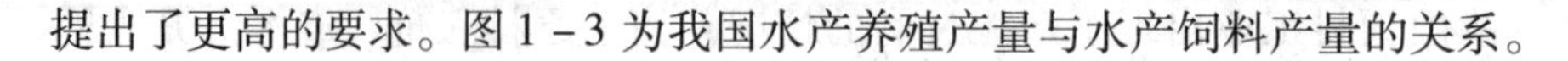
提出了更高的要求。图 1－3 为我国水产养殖产量与水产饲料产量的关系。

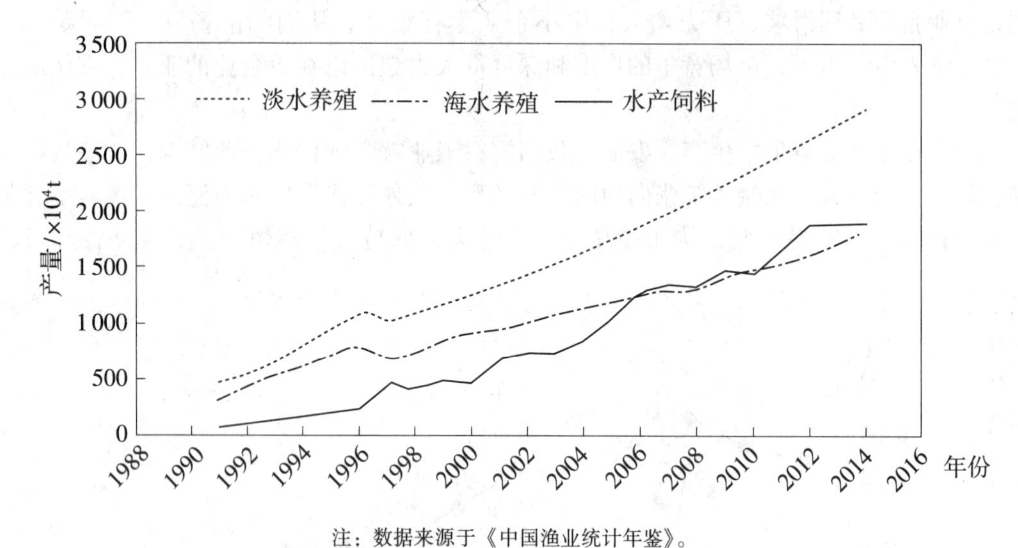

注：数据来源于《中国渔业统计年鉴》。

图 1－3　中国水产养殖产量与水产饲料产量的关系

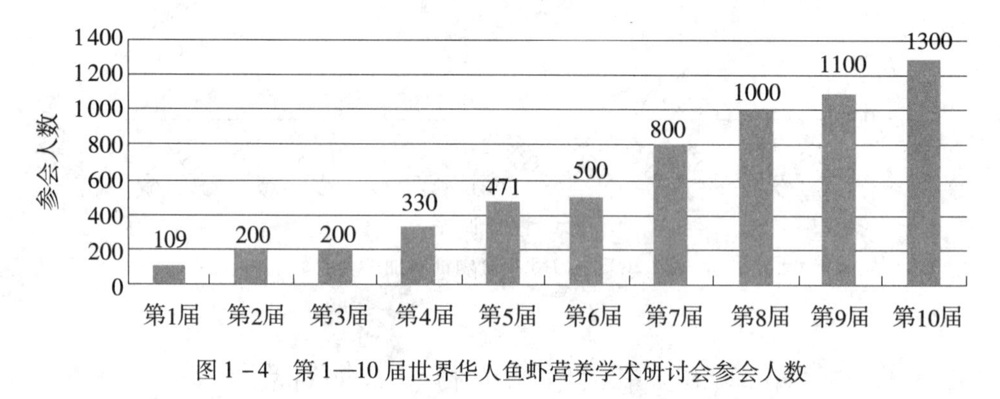

图 1－4　第 1—10 届世界华人鱼虾营养学术研讨会参会人数

我国开展水产饲料营养学研究的人员逐年增加，研究领域不断拓展。图 1－4 为第 1—10 届华人鱼虾营养学术研讨会参会人数。

一、水产动物营养需要与高效饲料配制技术研究

我国的水产养殖具有显著的特殊性，地域分布、养殖种类、食性类型、养殖模式等都具有高度的多样性，种类更替也非常快。我国的水产动物营养与饲料利用的研究完成了草鱼、异育银鲫、罗非鱼、团头鲂、中华绒螯蟹、对虾、大黄鱼、鲈鱼、军曹鱼、大菱鲆、牙鲆和半滑舌鳎等养殖鱼类不同生长阶段营养素的需要参数及常规水产饲料主要原料的利用研究，逐步完善了我国主要水产养殖动物的营养参数公共平台。

二、水产动物摄食与饲料投喂技术的研究

水产动物的摄食较为复杂，不仅与其本身的遗传背景有关，还随年龄、环境，如季节、食物丰度等发生变化。研究发现饲料的营养水平会影响到水产动物的摄食率，动物循环系统中的代谢产物水平、摄食节律及禁食均会通过一系列与食欲控制有关的调节控

制摄食。

科学投喂能够显著提高饲料利用率、养殖效益和环境效益。最佳投饲频率和投饲量与养殖品种、不同生长阶段、养殖环境及气候变化密切相关。合理的投喂可以显著降低饲料消耗，提高饲料转化率，降低成本，改善产品品质。通过改变投喂频率，可以提高部分鲤科鱼类对晶体氨基酸和蛋白质的利用效率。

三、仔稚鱼营养及微颗粒饲料的研发

我国在仔稚鱼的摄食行为、消化生理和营养需要方面的研究相对薄弱。不同的饵料、粒径大小和投喂技术对仔稚鱼的存活、生长、消化酶发育等影响较大。蛋白源对仔稚鱼的影响很大，饲料中添加外源性消化酶可以显著促进仔稚鱼的生长，低分子量小肽对于鱼体的生长和消化道发育起到一定促进作用，饲料中适宜含量的脂肪水平、磷脂可以改善仔稚鱼的生长、存活及酶活力，饲料脂肪和脂肪酸水平还能够在转录水平上不同程度地影响脂肪合成及分解代谢相关基因的表达。我国已有的人工微颗粒饲料，在水中稳定性、诱食性、可消化率等方面，还有待提高，亟待解决的重要问题是加工工艺的改进。

四、饲料添加剂研制技术

进入21世纪以来，饲料添加剂工业发展迅猛。品种大幅度增加，质量明显提高，产量快速增长，完全依赖进口的局面得以改变，许多产品甚至还进入了国际市场。近年来，我国开发了环境友好的非抗生素类微生物（态）饲料添加剂，或水环境质量调节剂——益生素和益生菌制剂及免疫增强剂，以调节养殖动物消化道的微生态平衡，还通过免疫增强剂激活免疫系统，提高养殖动物的健康水平，实行健康养殖管理，减少乃至停止抗生素的使用。

五、水产饲料加工工艺与装备技术研究

我国水产饲料机械设备改革开放后才逐步发展起来。20世纪80年代中期以前，我国尚无真正适用的水产饲料机械设备。即使从美国、荷兰、法国以及我国台湾地区引进的设备，在熟化调质、制粒、干燥等技术环节也不能完全符合我国实际情况的要求。近十多年来，微粉碎设备和膨化成套设备的国产化与应用的普及，对提高我国水产饲料加工工艺水平和饲料质量起到重要的作用。

第三节 海水鱼类养殖种类和模式

一、海水养殖的主要种类

目前，我国已养殖的海水鱼品种有石首鱼科、石鲈科、鲷科、鲈科等80多种（包括部分引进种），其中达到规模化产量的约60余种，而达到一定规模产量的只有30多种。主要海水养殖鱼类包括大黄鱼、鲆类、美国红鱼、石斑鱼、卵形鲳鲹、军曹鱼、鲈

鱼、河鲀、鲕鱼、鲽类等，大黄鱼、鲆鲽类、鲈鱼、石斑鱼和卵形鲳鲹年产超过10万t。

二、海水鱼养殖的主要模式

我国的海水鱼类养殖，由原来的池塘单养、鱼虾混养和近海岸网围养殖，逐渐发展形成工厂化养殖、抗风浪网箱、深水网箱养殖等集约化养殖方式。

1．工厂化养殖

利用建造的室内环境条件，引流自然海水，在室内进行海水商品鱼类的养殖与苗种养殖。目前在鲆（大菱鲆、牙鲆）、鲽类和石斑鱼养殖中取得很好的养殖效果。

依据引流海水的利用方式，工厂化养殖包括流水开放式养殖、半封闭式养殖和封闭式循环水养殖三种主要模式。流水开放式养殖模式可以获得新鲜的海水，养殖鱼类生长速度较快、饲料利用效率较高，同时，残余的饲料和鱼体排除的粪便可以及时从养殖系统中排出。但需要大量的海水，消耗较多的电力，同时，养殖工厂的建设也必须是靠近海岸以便于进排海水，养殖场地受到较大的限制。封闭式循环水养殖模式则是将养殖系统流出的海水经过沉淀、过滤、生物处理、杀菌、控温、增氧之后，再流入养殖系统。其最大的优点是海水使用量大大减少，可以选择离海岸相对较远的地区建设养殖工厂；但是，最大的不足是养殖水体处理的工序较多，水处理设备采购和运行消耗的成本显著增加，使养殖成本显著增加。半封闭式养殖模式是介于流水开放式养殖模式和封闭式循环水养殖模式之间的一种改进型流水养殖方式，养殖海水部分流出、部分经过处理后再利用。

2．网箱养殖

在辽阔的海洋环境中，网箱养殖是较为适宜的养殖方式。但是，该方式受风浪大小、海水深度与海流速度、离岸距离等因素的影响较大。海水网箱包括近岸网箱、离岸网箱和深水网箱等。

海水网箱养殖的范围不断扩大，从近岸到离岸；网箱框架材料不断升级换代，采用高强度塑料、塑钢橡胶、不锈钢、合金钢、钢铁等材料；网衣材料由传统的合成纤维，向高强度尼龙纤维、加钛金属合成纤维的方向发展；网箱形状除传统的长方形、正方形、圆形外，还开发了蝶形、多角形等形状。网箱养殖形式由固定浮式发展到浮动式、升降式、沉下式等；网箱容积由几十立方米增加到几千立方米甚至上万立方米；网箱年单产鱼类由几百千克增加到近百吨；养殖品种扩大到几十种，几乎涉及市场需要量大、经济价值高的所有品种。

（1）近岸网箱养殖（又称为鱼排）　近岸网箱养殖是目前我国海水鱼养殖主要模式之一。由于它具有资金投入较小，离岸距离近，运输成本相对较低，养殖的鱼类品质高于池塘养殖等优点，是最早发展的海水网箱养殖方式。但是，受到近岸距离、风浪大小、交通运输等条件限制，发展的规模也是有限的。

（2）抗风浪网箱养殖　抗风浪网箱在网箱支架、浮力材料与结构、网衣材料等方面有了很大的提高。网箱的水域位置也可以设置在离海岸较远的地方，这样海水质量得到较大的改善，抗风浪能力得到加强。但相应的网箱成本和养殖成本也增加。

（3）深水网箱养殖　深水网箱养殖按其工作方式可分为浮式、升降式、沉下式三种。由于在网箱结构和材料等方面较一般抗风浪网箱有了进一步的加强，所以可以在离海岸更远一点的水域设置网箱。养殖海区也可以选择在 20 ～25 m 等深线以内的半开放海区（至少有两处自然屏障物），泥沙质底较平坦的海区，潮流通畅、流速在 50 ～100 cm/s、表层水温 8 ～28 ℃、透明度 0. 3 m 以上的海域。

3. 池塘养殖

池塘海水养殖依然是我国目前海水鱼养殖的主要模式之一。海水池塘养殖与淡水池塘养殖没有显著的差别，主要是水源的差异。池塘海水养殖的种类也较多，除了大型海水鱼类如军曹鱼、溶解氧需要量大的如大黄鱼等外，多数种类均适合于池塘养殖。目前池塘养殖产量较大的有鲈鱼、卵形鲳鲹和石斑鱼等种类。

第四节 海水养殖鱼类饲料应用状况

海水鱼类是鱼类种质资源数量最大的类型，但是其作为养殖种类的还不是很多。同时，海水虽然水域辽阔，但真正适合进行人工养殖的区域面积还是很有限。海水养殖设施投入和养殖成本较大，而且存在很多风险。我国海水鱼类养殖配合饲料是现代养殖业科学技术和知识要素集成的成果，用配合饲料养成的动物产品生产效率更高、安全更有保证。我国海水鱼养殖产量和配合饲料统计见图 1 -5。但是，我国海水鱼类养殖饱受争议，原因是大量投喂冰鲜小杂鱼，2. 5 ～3. 5 kg 野生杂鱼可转化为 0. 5 kg 商品鱼，成本尽管不高，可能还低于配合饲料，但对渔业资源的杀伤力很大，对水生环境的破坏也很大。当前，我国海水养殖鱼类配合饲料的普及率还不高，每年仍有百万吨级鲜杂鱼被直接用于海水鱼养殖，所以要尽快研究解决配合饲料替代问题。如果除了投喂冰鲜幼杂鱼，其它配合饲料解决不了，这样的鱼是可以放弃养殖的。

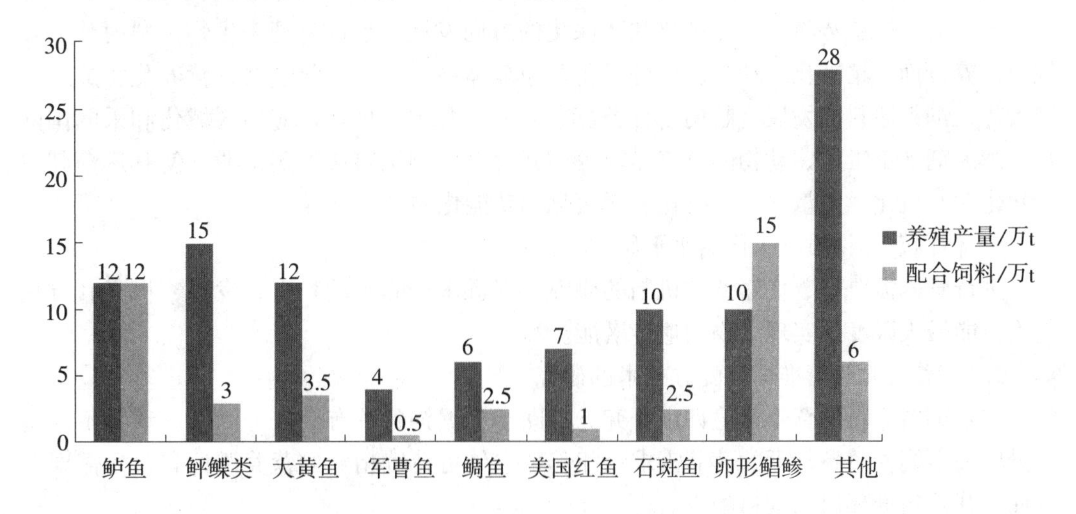

资料来源：谭北平，2015 广东省饲料行业年会会刊

图 1 -5 我国海水鱼养殖产量和配合饲料统计

为什么仍有不少养殖户选择冰鲜杂鱼作为饲料呢？归纳起来，有几方面原因：①养殖者习惯于使用鲜杂鱼进行喂养的固有思维和习惯短时间内难以改变；②养殖区域的鲜

杂鱼资源丰富、质优、价格合理，鲜杂鱼投喂具有天然优势；③国内膨化饲料粒径不能满足个体大的鱼的需求；④某些养殖种类投喂的饲料营养不全面，其生长速度低于投喂冰鲜鱼；⑤鲜杂鱼和饲料费用的结算方式以及成本核算也对此有一定影响。

但是，投喂冰鲜杂鱼存在着很大的隐忧：①严重破坏和浪费了宝贵的动物性优质蛋白质资源；②污染养殖水域环境，导致养殖产品疾病暴发；③小杂鱼的供应受海洋资源和休渔期的影响，质量和数量均无法得到保证，从而增加了养殖的风险；④人工成本高。

第五节　水产动物的营养与饲料研究趋势

水产养殖已在全球范围内得到快速的发展。在提高营养物质的体内沉积、减少与环境污染有关的粪便及代谢废物排出、研究饲料使用海洋来源原料的利弊和饲料配方组成与养殖产品营养物质的含量关系等方面，水产动物营养学家都面临挑战。

营养需要参数是维持水产动物正常生长和其它生理反应的最低饲料含量，是生长阶段营养需要的建模工具。数据是基于饲料营养成分的生物利用率。持续增长的水产养殖量依赖于精准的饲料配方设计而生产的高效饲料，饲料能维持水产养殖动物的最佳生长与健康，同时能够把对环境的影响降至最低的程度。精准的饲料配方设计，是以养殖动物的营养需要、饲料原料的营养组成及营养素的可利用率等信息为基础。使用更多的谷物、油料作物及其它原料替代海洋性原料而生产的饲料，并制定科学的投喂策略，是进行高效的水产养殖生产的全球性大趋势。

产品品质风味和生态问题可能会因为生物饲料的发展而得到极大的缓解。饲料原料的发酵与处理使饲喂动物的效率更高，全程使用发酵饲料，将成为未来发展的一种趋势。饲料的发展趋势将朝着无抗化和环保化的方向发展，也许将迎来生物饲料时代。在饲料营养方面，精准化、动态化、分子化、净能体系化、调控化、器官营养化将成为发展大势；饲料原料的发展将趋向于种类复杂化、发酵预处理化、应用区域化和采购国际化。添加剂加工工艺、动物的营养需求等因素都会影响饲料添加剂工业，使其逐渐朝着天然化、有机化、减量化、无抗化、无痕化和功能化的方向发展。

1．体内营养物质分子代谢水平研究

进行营养需要量、代谢调控机制的研究，促进水产养殖动物生长发育，提高其抗病能力，能最大限度地实现动物的遗传潜能。

2．营养需要与精准饲料配方技术的研究

加强饲料原料的营养价值评定研究，有助于根据饲料的有效养分、水产动物不同生长阶段和不同养殖条件下的营养需求量、养殖水体可持续精养的营养调控和市场需要等方面，开发精准环保的饲料配方。

3．饲料质量控制与加工工艺的研究

从原料、配方、工艺和参数配置与管理等方面进行水产饲料的质量控制，以稳定饲料品质，并在饲料加工过程中注意提高饲料转化效率，钝化饲料中抗营养因子，消除致病菌和霉菌毒素等有害物质。

4. 科学规范的投喂技术

根据养殖种类、健康体征、动物营养需求、环境因素以及饲料营养成分等，确定投喂量和投喂频率，建立数据库，形成不同种类水产动物的投喂技术规范。

5. 水产品品质调控技术的研究

研究水产品中有毒有害物质的摄入、代谢、积累及清除关系，建立水产品营养、风味、口感等形成及其调控的营养学技术。

第六节　基本概念与方法论

鱼类营养研究遇到了许多陆生动物营养研究所没有的挑战。这些挑战主要源自于水环境，包括投饲方法、设置观察、废物的收集与定量以及各种鱼类独特的生理学特征。鱼类物种众多，饲料原料以及相应的营养组成更是纷繁复杂，精确实验数据的收集、进行实验结果的科学阐释以及实际应用也更加困难。正确的实验设计和相应的统计学分析方法对推进鱼类营养学的发展具有重要意义。

实验设计必须考虑许多因素，包括动物种类、养殖系统、饲料配方设计、取样与数据收集、化学分析和数据的统计分析。实验设计必须与定义清楚及可检验的科学假设相结合。鱼类营养学研究的进步需要使用常规的实验方法进行假设检验，但并非所有常规实验方法都能普遍适用于所有动物种类，或者适用于同一物种的不同发育阶段。饲养实验设计、实验过程管理及数据分析是控制养殖动物对营养素或者饲料成分影响的重要变异或变异来源。

一、实验设计和实验条件

实验设计的目的就是要把导致实验误差的变异降到最低。水体是水生动物生存与养殖的环境，在鱼类营养研究实验设计基本原理时需要特别考虑。投喂饲料颗粒后，如果饲料不被立即摄食，水体就会破坏饲料颗粒与营养组成的完整性。水体本身又可能提供营养物质，如水溶性矿物质及浮游生物。因此，在整个实验期间要密切注意养殖系统和水供应，维持良好的水质条件。在饲养实验过程中，由于摄食率和生物量的增加，维持良好的水质条件显得至关重要，同时也是一项极具挑战性的任务。在许多水生动物群体中存在固有的相互作用关系，如与密度相关的生长或等级优势行为，需要保持一个合理的饲养密度（数量及与之相关的总生物量），避免负面影响的产生。

二、实验养殖系统

要在营养研究中准确评估动物对营养因素变化的响应，实验养殖系统的设计十分重要。养殖系统设计的根本目的是让实验动物在研究条件下通过有效利用实验饲料实现最佳生长。

在水产动物营养实验中，有各种各样的实验养殖系统，如流水系统、循环系统、半循环系统和静水系统。虽然每个系统都不完美，但其目的都是在所设定的环境条件下使实验动物能够正常生长。静水系统需要精心管理水质，防止代谢废物积累而影响生长速率或其它相关参数。因此，静水系统有必要进行日常换水。然而，换水过程会对所观察的变量造成一定程度的负面影响。循环水系统需要利用适当的生物过滤和物理过滤技术，防止代谢废物和颗粒饲料（间接增加系统的微生物负荷）积累，以免对生产或者其它相关参数造成负面影响。流水系统需要科学管理，避免系统水质与水源水质波动太大。

设计理想的养殖系统能够保证不同实验重复的完全隔离。这样可以避免由于不同养殖重复之间的水体转移流动而可能使代谢废物在某些养殖单元积累造成的负面影响。在天然环境中代谢废物也许短暂存在，但在实验水体中即使是少量的代谢物积累，对动物生长也能产生负面的影响。因此，在营养实验中要避免不同处理的养殖水体流动互用。

每个实验养殖的重复应该有足够的水体空间，以满足动物在整个饲养期间生物量增加（生长）的需要，生物量的增加不应成为影响养殖动物对不同营养处理的响应参数的另一个变量。因此，需要预测实验结束时单位水体的最终生物量来计划实验初始的放养密度。同时，还需要充裕的水体空间，加上适当的水流速度，保证水族系统拥有一个合适的水体周转速率，以消除任何可能导致响应参数的因子。

组成养殖系统的实验重复通常代表实验数据的观察单元，由此测量的各种指标数据供统计学分析。要进行方差分析（ANOVA）或者其它参数的统计分析，都需要一个假设，那就是假定每个观察单元都是独立的，包括实验单元的水源供应。每个实验单元放养动物的数量主要取决于所研究的动物种类，这个数量必须能够限制研究对象的等级化摄食行为以及性别比例差异对摄食的影响。如果一个实验重复放养的是一个动物群组，那么就应将这个动物群组的实验数据作为一个统计学观察单元，而不是将这个动物群组内动物个体的实验数据作为统计学观察单元。如果对每个实验饲料处理的动物在整个实验周期不同阶段的体重（包括始重和终重）都进行测量与记录，就可以计算动物生长率指数（growth rate exponential，GRE）。GRE 是对同一个处理内每个动物在不同时间的体重的对数进行直线回归分析所得到的斜率。不同处理的斜率（生长率）可以通过方差分析加以比较，以检验不同处理间是否存在显著性差异。但是，对某些动物种类进行反复的体重测量可能引起胁迫反应，从而导致与实验处理无关的死亡。

三、实验动物

实验鱼类的来源、品系、年龄、前期营养史和健康状况都能影响营养研究结果。因此，应该清楚并报告实验鱼类的来源和遗传背景，否则，将无法对实验指标进行比较。要观察实验动物对营养素变量的反应，其生长速率必须充分体现。根据研究目的，实验动物需来自单一配对交配（全同胞）或多配对交配的同一批次的动物，以便降低观测指标的变异范围。如果实验动物是来自不同繁殖批次的动物，应在各个饲料处理中按比例分配来自不同繁殖批次的实验动物，以减少由于来自不同繁殖批次的实验动物所产生的变异。

四、实验饲料

水产养殖动物营养需要研究应设计理想的实验饲料。它能够允许所研究的营养成分的含量独立变化（增加、减少或完全剔除）。实验研究通常使用由化学成分明确的精制原料组成的基础饲料。这样的饲料称为半精制饲料或纯化饲料，能最大限度地控制实验饲料的整体营养组成，特别是所研究的特定营养成分含量。然而，当使用半精制饲料时，某些实验动物种类的摄食量和生长速率可能显著低于正常水平。因此，作为实验设计的一部分，建议设计一个参考饲料，它的营养组成清楚，并已证明能保证实验动物的正常生长，用它来评估在实验条件下实验动物最终可实现的生长潜力。对照饲料可由实用原料（如玉米、鱼粉）或半精制原料（如淀粉、酪蛋白）组成。此外，许多优质、稳定的实用原料已经用于营养需要的实验研究。使用实用原料通常需要更加小心，除所研究的营养成分外，其它所有营养成分需维持在相同的水平上。通过精确地控制全部实用原料的质和量，就可把所研究的营养成分设计出一个适当的浓度范围。活饵料可以用作某些养殖种类的参考资料，它能够为实验动物和实验系统适用性提供重要的基准信息。参考饲料可以与其它实用原料的实验饲料结果进行比较以及统计分析。但是，在纯化饲料的营养需要研究中，参考饲料的结果不能合并进行比较以及统计分析。

无论使用半精制饲料或实用原料饲料，适当的加工处理都至关重要，以保证获得所希望的饲料物理特性。所有实验饲料的每一种原料都应来自组成相同且均匀的同一批次原料。根据配方将原料混合后，所有饲料都要经过粉碎，达到一个标准粒度，再重新混合均匀，然后进行饲料颗粒加工。饲料颗粒加工成为适于养殖动物摄食的形状后，应该避免饲料颗粒受热而损失营养成分，尤其是所研究的营养成分的生物利用率。强烈建议将实验饲料储藏于适当的条件下（通常是冷冻贮藏），使得在整个实验期间都能保持饲料的鲜度（营养的完整性）。在即将投喂之前，将少量饲料置于4℃解冻后投喂。

在饲养实验开始之前，应对实验饲料进行营养分析，以便确认营养含量是否达到所设计的水平。实验结果报道应以分析的实际数据为依据，而不是（配方）设计的数据。如果不知道所研究营养成分的实际含量是否达到设计水平，就可能产生混乱和误导性的结果。

准确测定养殖动物对某一营养成分的定量需求，需要充足的实验处理（饲料）数，以便为所研究的营养成分配制一个浓度梯度范围，而实验饲料中的其它营养成分达到或超过养殖动物的需求。基础饲料（不添加所研究的营养成分）为评估养殖动物的反应指标提供一个基准营养水平，而所研究的营养成分在其它饲料中能很好地覆盖一个浓度梯度范围，即从显著不足到超过预期判断的需要量。

为测定养殖动物的营养需要而设计的实验，通常先设计一个等距离、广范围的浓度梯度实验，初步评估养殖动物的反应。然后，在这个结果的基础上设计一个适当地缩小浓度梯度范围的实验，可满意地测得养殖动物的精准营养需要。在一个选定浓度梯度间隔的实验中，饲料数量（处理）一般不低于5个。

五、饲料管理和实验周期

实验动物的投喂量应该尽可能接近其饱食量，以确保动物达到其最大生长速率，这样才能观察到饲料效果存在的差异。以适当的投喂频率，使用人工饱食投喂方式，或稍为超过饱食量，可以获得最大生长速率。计算饲料利用率时，应尽可能减少残饲量，或通过回收残饲以获得准确的摄食量数据。生长速率与饲料投喂次数、养殖动物的种类和生长期有关，高频率投喂方式通常有利于幼年和快速生长动物的生长。投喂频率依据不同生长期进行调整。

当饲料种类转换时，大多数实验鱼类都表现出短期的摄食量下降。通常应该让实验鱼摄食实验饲料一定时间之后，才正式开始实验。有必要在这段时间内建立一个“基准线”，并使用一种驯化或过渡性饲料喂养。在某些情况下，驯化或过渡性饲料的原料及营养组成与实验饲料相似。这是在实验生物中建立一个营养基准水平，在进行任何实验研究前，使每个处理的实验动物的营养状态大抵相当。

以体增重作为反应参数时，必须确保反应参数达到足够高的水平，以便在不同处理之间进行统计学比较，满足饲养实验要求。对快速生长的生物而言，实验期间的体增重最好达到实验始重的10倍。但是，对较大的鱼类而言，体重增加2～3倍即可。通常实验上把终重是始重的300%（即比始重增加了2倍）作为一个标准。需要多长的实验周期才能观察到体重增加幅度取决于研究对象对所研究营养素的敏感性和水温。如果在不同处理之间很容易观察到评价指标的差异，实验周期就无须太长。但是，如果饲养实验结束得过早，就有可能忽略一些由于不同饲料处理产生的显著差异。

饲养实验通常至少要持续8～12周，而不能任意确定一个实验周期。重要的是，如果进行一个剂量－反应实验，就需要观察到体重的充分增加，也许还需要观察到剂量－反应的显著相关关系。体增重是最常用的反应参数，然而它并非总是最适合的参数。

六、实验设计中的重复设置

营养定量需要的确定是基于典型的回归实验设计。关于研究对象反应参数变异的知识是确定每个饲料处理重复数的基础。实验鱼类的反应是对饲料处理差异、实验设计误差和生物学差异的综合反映。饲料处理所产生的差异必须可检测，而且这种差异要远远大于实验设计和实验生物本身的固有差异。如果生物本身固有差异较大，再加上实验重复数不足，就有可能掩盖饲料处理所产生的差异，即使用统计效率分析（statistical power analysis）来确定实验重复的数目，也难以对所观测的实验参数做出准确、可靠的统计学判断。研究者对统计效率分析和样本数量计算重要性的认识正在不断加深，并已成为合理实验设计不可或缺的步骤。

七、观测指标的测量

营养均衡饲料的营养素能够满足养殖对象所有的生理和生长需要。饲料原料中也许含有一些对生长产生正面、负面或中性影响的化合物。进行实验设计时，需要了解什么生理反应能够可靠而准确地反映动物对所需的营养物质、添加剂或代谢调节剂的综合反应，从而提供一个合适的观测指标。

（一）体增重

生长是用来评估优化营养素含量的最常用指标。水生动物的生长潜能受到生长期、遗传品系、环境条件和营养摄入的影响。生长可以通过测量动物体重或体长的变化获得，不同实验处理动物的体增重可以以不同的方式来表达。常见的计算体增重的公式包括：

$$平均体重 = 总生物量/动物总数$$

$$体增重 = W_t - W_0$$

$$增重率(\%) = (W_t - W_0) \times 100/W_0$$

$$瞬时生长率(IGR) = [\ln(W_t) - \ln(W_0)]/t$$

式中，W_0 为动物初始体重，kg；W_t 为动物终末体重，kg；t 为时间，天。

（二）饲料的利用

动物的生长是营养物质在动物体内净保留的结果，受饲料组成、摄食量和动物生理状态的影响。描述饲料转化为体增重的最常用术语是饲料系数（FCR，总投饲量/体增重）或饲料效率（FE，100×体增重/总投饲量）。这些指标是关于饲料营养价值的定量指标，是关于饲料营养价值一些有限的、描述性的信息，主要用于评估饲料的经济实用性。要准确测量饲料转换效率，必须在保证高成活率的前提下，通过准确测量残饲量才能获得。要寻找更详细的反映饲料处理对养殖对象影响的观测指标，通常要分析体重增加部分的具体组成。

（三）组织的组成

在水产养殖活动中，人们更希望养殖动物的体重增加，即瘦肉组织的组成应该是来自蛋白质的沉积，而不是脂肪的沉积。因此，在大多数营养实验中，饲养实验前后都要对实验动物整个机体组织的组成（蛋白质、脂肪、灰分、水分等）进行分析，也可以对总能进行分析。饲料蛋白质和脂肪的体内保留率的计算如下：

保留率(%)＝100×[(终重×终营养素水平)－(始重×始营养素水平)]/营养素摄入量

机体蛋白质的最大沉积和与之相关的机体肌肉生长率决定了其生长和理想机体组成的营养需要。组织中酶的活性检测在一些与矿物元素和维生素相关的营养需要研究中也许很有价值，因为一个功能性指标能够反映实验动物特定营养素的营养状态。在研究微量营养素（如矿物质）需要量时，体增重和蛋白质沉积量都不是理想的指标。对这些微量元素和其它微量营养素（如维生素）来说，如相关酶的活性、营养素或其代谢物在组织中的浓度很可能比体增重更敏感。在一些周期长的微量元素的实验研究中，生长数据仍然是决定微量元素需要量的重要依据。因此，在研究微量营养素时，组织学信息是养殖动物生长和摄食数据的重要补充。酶活性的数据往往可作为早期缺乏症的有用指标。营养素能够影响基因表达的产物，这方面的知识为确定营养素的需要量奠定了基础。维生素的不足和过量，以及其它饲料组分（磷脂）都会对鱼类骨骼发育的基因表达产生影响。

（四）水产动物形体指标

养殖动物形体保持正常，除了体长和生长速度要保持正常外，还包括一定的检测指标才能正确评价。单位重量的体长是评价形体的重要指标：体长/体重＝平均体长（cm）/平均体重（g）；肥满度也是重要指标之一，肥满度＝平均体重（g）/(平均体长 cm)^3；还有内脏指数，内脏指数＝100×［个体内脏总重（g）/个体体重（g）］。

形体指标的评价从两个方面考虑：一是进行实验组之间的相互比较，尤其是对配方筛选、添加剂的选择实验进行相互比较；二是与正常指标值进行比较，一般选用同种水产动物在野生环境中的相应值或该种动物种质标准的相应指标进行比较、评判。

（五）养殖鱼类健康、生理机能指标评价体系

在进行营养学研究时，必须用相应的鱼类健康评价检测指标进行合理的评价，包括鱼体生理机能、行为能力和对环境适应能力等方面。

1. 肝功能指标

肝胰脏是水产动物关键性的代谢器官。肝胰脏重量的变化可以选择肝胰脏指数，肝胰脏指数愈大则可能是肝肿大、脂肪肝等。

肝胰脏指数 = 100 × [个体肝胰脏重量(g)/个体重量(g)]

肝胰脏色泽比较分析。正常的肝胰脏颜色应该是紫红色，肝胰脏颜色变成白色、淡黄色或绿色、浅绿色，均是出现病变的反映。肝胰脏脂肪增加则颜色变浅，如白色、淡黄色，严重时出现脂肪肝、肝硬化。同时，结合肝胰脏脂肪含量的测定结果可以进一步判定是否为脂肪肝。当然，肝胰脏组织学切片的结果可以更为直观地观测肝胰脏的组织形态，对营养学实验结果更为完善。

肝胰脏生理机能指标可以选择转氨酶活力指标。在正常新陈代谢过程中，血清内维持一定水平的转氨酶活性（即正常值）。当肝、心、肾等组织发生病变时，由于组织细胞肿胀、坏死导致大量的酶释放至血液中，从而引起血清谷丙转氨酶（GPT）、谷草转氨酶（GOT）活性显著升高。在人体医学临床检验中就将血清转氨酶活力指标作为肝功能是否正常的检验指标。转氨酶一般用谷氨酸 - 丙酮酸转氨酶（简称“谷 - 丙转氨酶”）和谷氨酸 - 草酰乙酸转氨酶（简称“谷 - 草转氨酶”）两种转氨酶来表示。在具体实验中可以就不同实验组进行相互比较，也可以结合肝胰脏形态学、组织学、生化指标综合分析，对肝胰脏生理功能进行综合评价。一般采用改良的 King 氏法谷氨酸转氨酶活性。

2. 免疫功能

鱼体免疫器官主要有脾脏、肾脏、头肾、胸腺。肾脏的功能除了排泄外，还有造血和免疫功能。脾脏是重要的造血和免疫器官。头肾是一种重要的免疫器官，是各类粒细胞和抗体产生细胞增殖的主要器官。胸腺是草鱼的中枢淋巴器官，淋巴细胞主要在胸腺内增殖和分化，并输送到血液和外周淋巴器官，在免疫反应中发挥着重要的作用。

在实验中可以选择免疫器官重量的变化和免疫功能生理生化指标，在免疫增强剂及相关添加剂实验中这些指标尤为重要。

免疫器官指数可以用免疫器官占个体体重的百分数表示，如头肾和脾脏指数：

头肾指数 = 100 × [个体头肾重量(g)/个体重量(g)]

脾脏指数 = 100 × [个体脾脏重量(g)/个体重量(g)]

血液学指标也是评价免疫生理功能的重要指标，包括白细胞数量、吞噬细胞数量、吞噬活性等。外周围血中的白细胞包括粒细胞、淋巴细胞、单核细胞。按照常规的血液分析方法就可以进行有效的测定和分析。

生理生化指标则可以选择血清溶菌酶活力指标。溶菌酶能溶解细菌的细胞壁，从而降低细菌悬液的浊度。可用分光光度计测定这一反应，根据溶菌的数量多少确定溶菌酶活力的大小。

3．造血功能指标

鱼肾脏在肾小管之间充满肾间质组织，它是鱼重要的造血组织之一。脾脏主要功能是造血、过滤血液和参与机体免疫反应。造血功能目前还是一个不容易测定的指标，但是，很多因素可能导致鱼体出现贫血，即红细胞数量的减少和血红蛋白含量的减少。因此，可以测定红细胞数量的变化和血红蛋白含量的变化，并在各实验组之间进行比较以确定实验因素对造血功能的影响。

红细胞计数可用等渗稀释液将血液按一定倍数稀释后，滴入血细胞计数板，然后于显微镜下，计数一定范围内的红细胞数，经过换算即可求得每升积压液中的红细胞数。血红蛋白含量的测定一般采用血红蛋白试剂盒进行测定。

八、营养素定量需求计算

计算水生动物的营养素定量需求已有多种统计学方法，包括经方差分析（ANOVA）后的平均数多重比较、非线性回归分析和各种各样的线性动力学模型。要对饲养不同营养素水平所获得的数据进行定量需求估算，平均数多重比较在技术上并不是一种正确的统计学方法，由于它不能精确估算获得最大生长率的营养素最低需要量，因此该方法的应用价值不大。与平均数多重比较相反，如果营养素水平变化范围足够大，各种回归分析或者拟合曲线方法更适用于评估实验动物对不同营养素定量需求。图 1－6 为适用于解析剂量—响应实验的数学模型。

（一）折线模型

在水生动物营养研究中，折线模型是根据剂量—响应的数据资料确定营养需要量的一种广泛使用的方法。这种方法是用两条直线来拟合剂量—响应参数的相关关系。这个线性模型基于如下假设：随着一种限制性营养素摄入量的增加，动物生长率直线上升，直到满足其需要量后，生长率不再增加，成为一条水平线（斜率 =0），有时也可见到生长率下降的现象。两条直线的交叉点称为折点（break point），即为相应的营养需要量，或称为产生最大生长率（或其它反映指标）的最低营养水平。

线性模型的一般数学表达式为：

$$y = f + 0.5g(x - h - |x - h|)$$

式中，y 为所观测的反应指标（平均体增重）；x 为自变量（营养素的含量，g/kg 饲料）；f 和 h 分别为折点的纵坐标和横坐标；g 为当 $x < h$ 时直线的斜率。

这个折线模型可以通过最小二乘法对数个 x 值获得 f 值和 g 值来构建。最小化残差平方和达到的 h 值就是最大似然估计值。

对几种氨基酸来说，摄入量与体增重存在明显的线性相关关系。折线回归分析成为氨基酸需要量研究的选择模型，主要是因为该方法简单易行，能客观地确定两个线性方程的交点为需要量。因此，这个方法简单地诠释了响应曲线。但是，人们意识到折线模型一般会比采用以下所描述的其它模型估算的需要量要低。当进行回归分析时，每个处理中每个重复的数据都要包括在内，而不是仅仅使用每个处理中的平均数。

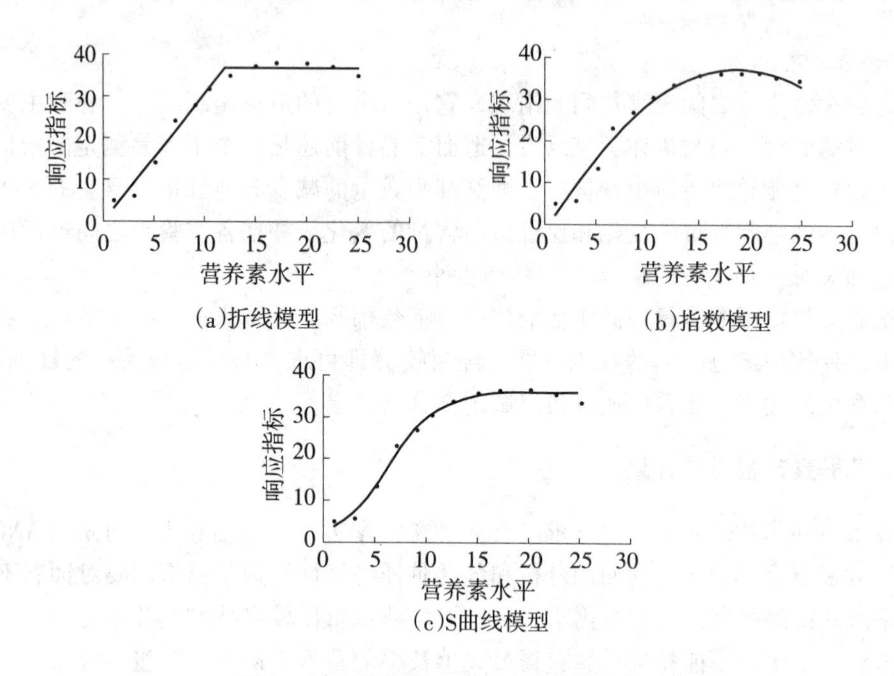

图 1-6 解析剂量—响应实验的数学模型

（二）非线性模型

在样本数据不能很好地拟合折线模型时，就试图用非线性模型来解决此类问题。在这种情况下，实验动物的体增重达到最大值后，开始显著下降。因而，非线性模型是基于一个称之为“效益递减规律”（law of diminishing return）的生物学原理。在所有的非线性模型中，水生生物营养素需要研究普遍使用的是指数模型和 S 曲线模型。这些模型的局限在于设置 95% 为最大的响应随意性。

对指数模型来说，动物对营养素摄入量增加的响应不是线性的，而是当一个等距增量的营养素添加接近产生最大增重的水平时，动物的体增重开始递减。Rodehutscord 等（1995）建立的指数方程是：

$$y = y_{max}\ [1 - e^{-b(x-c)}]$$

式中，y_{max}是曲线的最大值（上渐近线）；b 是描述曲线斜率的参数；c 是当 $y=0$ 时的 x 值。

营养严重不足时，限制性营养素的添加使生长速率显著上升（线性响应），随着营养素的进一步添加，这种作用逐步减小（曲线斜率的逐步下降体现了这一点），直至生长速率对营养素浓度的提高不再响应。从非线性模型估算营养素的需要量，通常是计算达到最大反应指标（如体增重、体蛋白增加和成活率）的 95% 的营养素水平作为其需要量。

S 曲线模型用 4 个参数描述 S 曲线的形状。把营养响应曲线的不同部分分别定义为临界、不足、充足和最适四个区域，然后通过一个抑制常数来建立一个饱和动力学模型（SKM）。

根据 Gahl 等（1991）计算得出 S 曲线模型如下：

$$y = \{y_{max} + [d(1+m)] - y_{max}e^{-kx}\}/(1+me^{-kx})$$

式中，y_{max}是曲线的最大值（上渐近线）；d 是 y 轴上的截距；k 是 x 的缩放参数；m 是位于拐点的形状参数。

非线性模型被认为是拟合生物反应的最佳方法。然而，使用何种模型，需考虑实验设计，尤其是所研究的营养素浓度范围。如果营养素的浓度范围非常大，从严重不足到明显过量（抑制），那么饱和动力学模型（SKM）就是最适用的模型。在营养素的定量需要研究中，当所研究的营养素浓度在从严重不足到高于最适水平的大范围内变化时，S 曲线模型一般比指数模型更适合，因为当响应曲线的上升部分为线性或近似线性时，用 S 曲线模型拟合得更好。但是，如果所研究的营养素浓度范围很窄，则使用简单、容易理解的指数模型更合适。当实验配方的原料无法使所研究的营养素处于一个严重缺乏的水平时，使用指数模型特别合适。

目前，鱼类营养研究在制定实验方案中，采用限制投喂还是饱食投喂，主要取决于研究目的。在不断改进研究方法时，必须考虑物种的特异性，提高研究结果的可靠性。对营养需要的数据需要小心谨慎运用，因为不同养殖系统、不同生长发育阶段和所用的观测指标的不同，或是生存环境（淡水、海水、或半咸水）的不同，都可能导致营养需要参数的差异。营养需要的知识是开发经济实用饲料配方的基础。对饲料原料的营养组成及其利用率的认知是满足动物营养需要的保证。

第二章　水产动物营养学原理

饲料是动物维持生命、生长和繁殖的物质基础。动物获取并利用饲料的过程称为动物营养，研究动物营养的科学即称为动物营养学。饲料是营养素的载体，含有动物所需要的营养素。所谓营养素是指能被动物消化吸收、提供能量、构成机体及调节生理机能的物质。动物需要的营养素包括蛋白质、脂肪、糖类、维生素、矿物质和水等 6 大类。蛋白质、脂肪和糖类称为宏量营养素；维生素和矿物质称为微量营养素。除水之外的 5 种营养素在体内具有 3 种重要功能：①提供能量。动物只有不断获得能量才能维持生命。能量被用来维持体温、完成生命活动做功，如机械功（肌肉收缩、呼吸活动等）、渗透功（渗透压调节、体内物质转运）和化学功（合成和分解代谢）等。②构成机体。营养素是构成机体的原料，用于新组织生长、原有组织的更新和修补。③调节生理机能。动物体内的化学反应和生理活动需要各种生物活性物质进行调节、控制和平衡，这些生物活性物质本身或其前体也要由饲料中的营养物质来提供。各种营养素都具有一定的生理功能，一般来说，蛋白质主要用于构成动物机体；糖类和脂肪主要供给能量；维生素用以调节新陈代谢；矿物质有的构成机体，有的调节生理活动。

营养学是一门实用科学，其理论基础是生物化学、动物生理学和营养素的理化性质。水产动物营养学的任务就是研究水产动物对营养素的摄取、消化吸收、代谢利用和废物排出等生理生化过程；研究营养素对水产动物生长发育、繁殖活动的影响，以及水产动物对各种营养素的定性和定量需要。营养学一方面为动物营养学理论的构建、生物进化与营养需要变化的关系提供理论和素材，另一方面为动物养殖的饲料选择、人工配合饲料配方的制定和养殖生产提供理论依据。

第一节　蛋白质营养

一、蛋白质的组成、分类和生理功能

（一）蛋白质的组成

蛋白质是以氨基酸为基本单位所构成的，并始终处于不断分解又不断合成的动态平衡之中，有特定结构并且具有一定生物学功能的一类重要的生物大分子。对蛋白质的元素分析发现，蛋白质的元素组成与糖类和脂质有所不同，除含有碳、氢、氧外，还含有氮和少量的硫，有些蛋白质还含有其它一些元素如磷、铁、铜、碘、锌和钼等。

（二）蛋白质的分类

蛋白质种类繁多，结构复杂，功能多样，分类方法也是多种多样，一般根据蛋白质的某方面特征进行分类。常见的蛋白质的分类方法至少有以下五种：

（1）根据蛋白质的化学组成，蛋白质可分成简单蛋白质和结合蛋白质。简单蛋白质水解产物全属氨基酸，没有其它成分。自然界的许多蛋白质都属此类，如血清蛋白、肌球蛋白、角蛋白等。结合蛋白质水解产物中除氨基酸外还有非氨基酸成分，如色素蛋白、糖蛋白、脂蛋白、磷蛋白等。

（2）根据蛋白质的溶解性和组成，对简单蛋白质，根据其溶解性质的差别分为清蛋白、球蛋白、谷蛋白、醇溶谷蛋白、精蛋白、组蛋白和硬蛋白等七类；对结合蛋白质，根据辅基成分不同，可分为核蛋白、脂蛋白、糖蛋白、磷蛋白、金属蛋白、血红素蛋白和黄素蛋白等七类。

（3）根据蛋白质分子形状，蛋白质可分成球状蛋白质和纤维状蛋白质两类。球状蛋白质近似球形或椭圆形，较易溶解。大多数蛋白质属于这一类。纤维状蛋白质，分子形状不对称，类似细杆状或纤维状。有的可溶，如肌球蛋白、血纤维蛋白原等；大多数都不溶，如胶原蛋白、弹性蛋白和丝心蛋白等。

（4）根据蛋白质生物学功能，蛋白质可分为酶、运输蛋白质、贮存蛋白质、收缩蛋白质或运动蛋白质、结构蛋白质和防御蛋白质等。

（5）根据蛋白质的来源，蛋白质可分为动物蛋白、植物蛋白、菌体蛋白等。在饲料原料学中常按此法对蛋白质进行分类。

（三）蛋白质的生理功能

水生动物的生长主要是指依靠蛋白质在体内构成组织和器官，水生动物对蛋白质的需要量比较高。水生动物对糖类的利用能力较低，必须从外界饲料中摄取蛋白质，在消化道中经消化分解成氨基酸后被吸收利用，其生理功能如下：

（1）供给生长、更新和修补组织的材料。蛋白质是生物细胞原生质的重要组成成分。仔鱼生长需要蛋白质组成新的细胞组织。胶原蛋白和弹性蛋白等在骨骼和结缔组织中成为鱼体的支架。细胞核蛋白在其生长过程中发挥重要作用。成鱼体内脏器官与组织细胞内的蛋白质，在不断分解破坏的同时，仍由蛋白质进行修补和更新。

（2）参与构成酶、激素和部分维生素。蛋白质是组成生命活动所必需的各种酶、激素和部分维生素的原材料。酶的化学本质是蛋白质，如淀粉酶、胃蛋白酶、胰蛋白酶、胆碱酯酶、碳酸酶和转氨酶等。含氮激素的成分是蛋白质或其衍生物，如生长激素、甲状腺素、肾上腺素、胰岛素和促肠液激素等。有的维生素是由氨基酸转变而成或与蛋白质结合存在，如尼克酸可由色氨酸转化，生物素与赖氨酸的氨基结合成肽。鱼类有机体借助于酶、激素和维生素调节体内的新陈代谢，并维持其正常的生理机能。

（3）为水生动物提供能量。脂肪和蛋白质是鱼类能量来源的主要物质，特别是在饲料能量不足的条件下，鱼类将大量氧化氨基酸作为机体所需要的能量来源。鱼类利用饲料蛋白质作为能源，是由其利用糖类的能力较差的生理特点所决定的。

（4）参与机体免疫。机体的体液免疫主要是由抗体与补体完成，而构成白细胞和抗体、补体都需要有充足的蛋白质。吞噬细胞的作用与摄入蛋白质量有密切关系，大部分吞噬细胞来自骨髓、肝、脾和淋巴组织，长期缺乏蛋白质，这些组织会显著萎缩，机体失去制造白细胞和抗体的能力。吞噬细胞在质与量上都不能维持常态，从而使机体抗病能力降低，易感染疾病。

（5）参与遗传信息的控制。遗传的主要物质基础是脱氧核糖核酸（DNA），在细胞内DNA与蛋白质结合成核蛋白，并以染色质的形式存在于核内。染色质在细胞周期内的复制和分裂过程中，将遗传信息传递给子细胞。另外，蛋白质还与DNA所携带的遗传信息的表达有关。

（6）参与体液调节。蛋白质对维持毛细血管的正常渗透压、保持水分在体内的正常分布起着重要的作用。血浆与组织液间水分不断交流，保持平衡状态。而血浆胶体渗透压是由其所含蛋白质（白蛋白）的浓度来决定。

（7）具有运输功能。蛋白质具有运输功能，在血液中起着“载体”作用，如血红蛋白携带氧气，脂蛋白是脂类的运输形式，转铁蛋白可运输铁，甲状腺素结合球蛋白可以运输甲状腺素等。

此外，蛋白质还有参与血凝和维持血液酸碱平衡的作用。

二、蛋白质的代谢

饲料中的蛋白质并不能直接构成鱼体的组织蛋白质，要经过分解、吸收和再合成的过程，即蛋白质在动物体内不断发生分解和合成。在合成机体组织新的蛋白质的同时，老组织的蛋白质也在不断更新，使动物能很好地适应内、外环境的变化。被更新的组织蛋白质降解成氨基酸进入机体氨基酸代谢库，相当一部分又可重新用于合成蛋白质，只有少部分转化为其它物质。这种老组织不断更新，被更新的组织蛋白降解为氨基酸，而又重新用于合成组织蛋白质的过程称为蛋白质的周转代谢。

（一）蛋白质的代谢原理

蛋白质无论是外源性蛋白质（饲料蛋白质），还是内源性蛋白质（体组织蛋白质）均是首先分解成氨基酸，然后进行代谢。因此，蛋白质的代谢实质上乃是氨基酸代谢。

将饲料蛋白质在消化酶作用下产生的氨基酸称作外源性氨基酸；而将体组织蛋白质在组织蛋白酶（存在于细胞内）作用下分解产生的氨基酸，或由糖等非蛋白物质在体内合成的氨基酸称作内源性氨基酸。内源性氨基酸与外源性氨基酸两者联合组成氨基酸代谢池，共同进行代谢。外源性氨基酸与内源性氨基酸仅在来源上有所不同，而在代谢上则无任何实质性差异。

外源性氨基酸与内源性氨基酸，两者均经血液循环而达全身，并进入各种组织细胞进行代谢。在代谢过程中，氨基酸可用于合成组织蛋白质，供机体组织更新、生长及形成动物产品的需要。其次，各种氨基酸还具有特定的功能，可作为合成各种重要的生物活性物质的原料。未用于合成蛋白质和生物活性物质的氨基酸则在细胞内进行分解，含氮部分大都转变为代谢废物尿素、尿酸或氨等排出体外，无氮部分则氧化分解为二氧化碳和水并释放能量，或者转化为脂肪和糖原作能量贮备。被水生动物摄取的饲料蛋白质在消化管内消化分解为肽和氨基酸被吸收，被吸收的氨基酸在体内主要有三个方面功用：①用于组织蛋白质的更新、修复，以维持蛋白质的现状；②用于生长（蛋白质量的增加）；③作为能源消耗。

（二）蛋白质代谢平衡

所谓蛋白质代谢平衡，是指动物所摄取的蛋白质的氮量与在粪和尿中排出的氮量之差，可用下列公式表示：

$$B = I - (F + U)$$

式中，B 为氮的平衡；I 为摄入的氮量；F 为粪中排出的氮量；U 为尿中排出的氮量。

氮的平衡有三种情况：

（1）氮零平衡。摄入的氮量与排出的氮量相等时称为氮平衡，即 $B = 0$，$I = F + U$。这表明，水生动物体内蛋白质分解代谢和合成代谢处于动态平衡状态。当水生动物达到生长极限时，其体重不再增加，摄入的蛋白质除补偿组织蛋白质消耗外，多余的分解供能，故表现为氮零平衡。

（2）氮正平衡。摄入的氮量多于排出的氮量时称为氮正平衡，即 $B > 0$。摄入的饲料蛋白质除了补偿体蛋白的消耗外，还有一部分用于构成新的组织成分，表现为水生动物体重增加，体蛋白质增加。常见于正处在生长阶段的幼鱼，因体内蛋白质合成代谢旺盛，体蛋白质增长，故表现为氮正平衡。

（3）氮负平衡。通过粪和尿排出的氮量多于摄入的氮量时称为氮负平衡，即 $B < 0$。水生动物体内蛋白质的分解代谢高于合成代谢。常见于蛋白质缺乏症，导致鱼类的营养不良或代谢障碍或鱼病，其主要表现为鱼体消瘦、体重减轻。

三、氨基酸及肽的营养

（一）必需氨基酸与非必需氨基酸

必需氨基酸是指在动物体内不能合成，或合成的速度和数量不能满足机体的需要，必须由饲料供给的氨基酸。鱼类的必需氨基酸经研究确定有精氨酸、组氨酸、亮氨酸、异亮氨酸、赖氨酸、蛋氨酸、苯丙氨酸、苏氨酸、色氨酸和缬氨酸等10种。

非必需氨基酸是指动物体能够自身合成而不需要从饲料中获得的氨基酸。鱼体内能够合成的8种非必需氨基酸有甘氨酸、丙氨酸、天门冬氨酸、谷氨酸、丝氨酸、胱氨酸、酪氨酸和脯氨酸等。从营养角度来说，非必需氨基酸并非不重要，它也是体内合成蛋白质所必需，只是动物体能够自身合成这些氨基酸而已，不一定非得由饲料供给，仅仅在这点上说它们是非必需的。某些非必需氨基酸在鱼体内是由必需氨基酸转化而来的，如酪氨酸可由苯丙氨酸转变而来，胱氨酸可由蛋氨酸转变而来，即当饲料酪氨酸及胱氨酸含量丰富时，在体内就不必耗用苯丙氨酸和蛋氨酸来合成这两种非必需氨基酸，故将酪氨酸、胱氨酸称为“半必需氨基酸”。

无论是非必需氨基酸，还是必需氨基酸，都是动物合成体蛋白质所必需的，只是某些种类氨基酸动物体能够通过自身合成来满足生理需要，而有些种类则必须从饲料中获得。另外，半必需氨基酸也不能完全代替必需氨基酸，只是在一定程度上节约必需氨基酸的用量。

（二）限制性氨基酸

所谓限制性氨基酸，是指一定饲料或饲料的某一种或几种必需氨基酸的含量低于动物的需要量，而且由于它们的不足限制了动物对其它必需氨基酸和非必需氨基酸的利用，其中缺乏最严重的称第一限制性氨基酸，相应为第二、第三、第四……限制性氨基酸。限制性氨基酸的次序依水生动物的种类及饲料组成不同而变化。许多研究者对鲑科鱼类、鳗鲡、真鲷等所要求的必需氨基酸数量进行研究时，发现鱼类对精氨酸、赖氨酸等的需要量较高，因而精氨酸成了许多饲料的限制性氨基酸。如大鳞大麻哈鱼，第一限制性氨基酸是精氨酸，第二限制性氨基酸是苯丙氨酸，第三限制性氨基酸是赖氨酸；鲤鱼的第一限制性氨基酸为蛋氨酸，其次为赖氨酸和色氨酸；而黑鲷的第一限制性氨基酸为赖氨酸，第二限制性氨基酸为蛋氨酸。

饲料中由于限制性氨基酸的不足，会使其它必需氨基酸和非必需氨基酸的利用受到限制和影响。因此，为了提高蛋白质和氨基酸的利用率，生产实践中需在饲养中补充限制性氨基酸，方法是按限制性顺序依次补充。否则会加重饲料氨基酸的不平衡，不但达不到补充氨基酸的效果，而且会产生副作用。

（三）氨基酸平衡

所谓氨基酸平衡，是指饲料中各种必需和非必需氨基酸的数量和相互间的比例与动物体维持、生长和繁殖的需要量保持一致。在饲料中氨基酸只有保持平衡的条件下，氨基酸才能有效地被利用，吸收的氨基酸才能高效地参与生物化学反应，合成新的蛋白质。营养学家经常以木桶结构与盛水关系，形象地解释必需氨基酸的平衡关系。将蛋白质比喻为由 20 块桶板组成的水桶，每块桶板代表一种氨基酸，当每种氨基酸的数量（桶板高度）都恰好达到水桶的上沿时，这个桶就是一个理想的蛋白质，这种情况下各种氨基酸之间的比例就是最佳的，即氨基酸是平衡的。

与氨基酸平衡相对应的概念有氨基酸的缺乏、不平衡、拮抗和中毒等。所谓氨基酸的缺乏，是指在低蛋白质饲料情况下，可能有一种或几种必需氨基酸含量不能满足动物的需要。氨基酸不平衡是指饲料中氨基酸的比例与动物所需氨基酸的比例不一致，一般不会出现饲料中氨基酸的比例都超过需要的情况，往往是大部分氨基酸符合需要的比例，而个别氨基酸偏低。拮抗是指某些氨基酸在过量的情况下，有可能在肠道和肾小管吸收时与另一种或几种氨基酸产生竞争，增加机体对这种（些）氨基酸的需要，例如，赖氨酸可干扰精氨酸在肾小管的吸收而增加精氨酸的需要。氨基酸中毒是指由某种氨基酸过量而造成的不良作用，在自然条件下几乎不存在氨基酸中毒，只有在使用合成氨基酸时才有可能发生。

任何一种氨基酸的不平衡都会导致鱼体内的蛋白质的利用效果下降。这是因为合理的氨基酸营养，不仅要求饲料中必需氨基酸的种类齐备和含量丰富，而且要求各种必需氨基酸相互间的比例也要适当，即与动物体的需要相符合。倘若饲料中必需氨基酸的含量较多，但相互间比例与动物体的需要不相适应，就会出现氨基酸的平衡失调，影响其它氨基酸的利用率；而非必需氨基酸的不足也势必消耗必需氨基酸，增加必需氨基酸的需要量，同样使蛋白质合成受阻，生长减慢。

为了便于平衡饲料中的氨基酸，生产中常添加合成氨基酸，如合成赖氨酸、蛋氨酸等。通过添加合成氨基酸，可降低饲料粗蛋白水平，改善饲料蛋白质的品质，提高其利用率，从而减少氮的排泄。近年来，国际上提出了以“理想蛋白”的氨基酸平衡模式来指导水产养殖。所谓氨基酸平衡模式，是指动物饲料以氨基酸平衡为基础，并通常以限制性氨基酸赖氨酸的需要量作 100，表述各种必需氨基酸需要量相对比值的模式。

理想氨基酸平衡模式具有以下优点：①在确定氨基酸需要量时，只要知道赖氨酸的需要量，就可以根据氨基酸与赖氨酸的比例关系算出其它氨基酸的需要量；②在进行饲料配制时，设法使饲料中各种氨基酸比例接近理想氨基酸模式，可较好地保证饲料氨基酸平衡，从而有效地提高饲料氨基酸的利用率。

（四）鱼类必需氨基酸缺乏症与过多症

鱼类的某些疾病系由营养中缺乏某些必需氨基酸所致。鱼类缺乏必需氨基酸，一般不表现出典型的缺乏症，主要表现为活动力降低、食欲减退、生长缓慢、吃进饲料后又吐出来等症状。一般来说，缺乏蛋氨酸会影响甲基供体对肝脏的保护作用，还会影响合成肾上腺素、胆碱、肌酸和烟酰胺，因而造成肝功能异常。缺乏赖氨酸，会造成骨胶原形成减慢，并引起鳍腐烂。缺乏精氨酸等，大都出现类似的缺乏症状而严重影响生长，甚至死亡。

在饲料配制操作中考虑到氨基酸的有效性，往往采取按已知的氨基酸需要作为标准，超量配给。适当超量是正确和必要的，但是超量过多却有害，同样破坏了氨基酸平衡而引起过多症。如赖氨酸、蛋氨酸过多形成氮负平衡，造成俨低色素性贫血、肝功能受损、生长停滞，甚至发生器质性病变，中毒死亡。

（五）肽的营养

随着蛋白质和氨基酸营养研究的深入，人们已逐渐认识到肽的营养重要性。小肽是由两个以上的氨基酸以肽键组成的，有些是天然的，有些则是通过水解蛋白质而产生的。动物对蛋白质的需要不能完全由游离氨基酸来满足，肽特别是小肽（二、三肽）在蛋白质营养中有着重要的作用。动物为了达到最佳生产性能，必须需要一定数量的小肽。因此，肽是一种动物所必需的营养素。

1. 小肽的吸收

小肽吸收机制与游离氨基酸完全不同。游离氨基酸的吸收是一个主要依靠 Na^+ 泵的主动转运过程，而小肽的吸收是一个主要依赖于 H^+ 或 Ca^{2+} 离子浓度电导而进行的消耗能量的转运过程。大多数小肽的转运需要一个酸性环境，1 分子肽需 2 个 H^+。肠黏膜上存在二、三肽的载体，三肽以上的寡肽必须在肠肽酶作用下水解释放游离氨基酸后才能被吸收。

肠道小肽转运系统具有转运速度快、耗能低、不易饱和等特点。大量研究表明，小肽比由相同氨基酸组成的混合物的吸收快而且多。小肽中氨基酸残基被迅速吸收的原因，除了小肽吸收机制本身外，可能是小肽本身对氨基酸或其残基的吸收有促进作用，作为动物肠腔的吸收底物，小肽不仅能增加刷状缘氨基肽酶和羧基肽酶的活性，而且还能提高小肽载体的数量，这可能是小肽吸收不易饱和的原因。

小肽与游离氨基酸的吸收机制是相互独立的，肽不影响氨基酸的吸收，氨基酸对小肽的吸收亦无影响。

2. 小肽的营养生理功能

小肽作为蛋白质的主要消化产物，在氨基酸消化、吸收以及动物营养代谢中起着重要的作用。近年来，人们对小肽的代谢特点和营养作用已有了许多新的认识。小肽的生理功能主要体现在如下几点：

（1）增强动物的免疫力，提高其成活率。消化道的活性小肽可使幼小动物的小肠提早成熟并促进小肠绒毛的生长，提高机体的消化吸收能力以及免疫能力。由酪氨酸、脯氨酸、苯丙氨酸等三个氨基酸组成酪啡肽，其具有增进采食、调节机体胃肠运动以及提高血液中胰岛素水平、促进淋巴细胞增生、调节动物免疫系统的功能。

（2）提高水产动物的饵料转化率，促进水产动物的生长。大量的实验结果证明，由30个氨基酸组成的胰多肽能促进动物采食，提高胰高血糖素的浓度，提高血液中生长激素浓度，从而提高增重以及饲料转化率。

（3）促进矿物质元素的吸收和利用。酪蛋白的水解产物中，有一类含有可与Ca^{2+}、Fe^{2+}结合的磷酸丝氨酸残基，能提高其溶解性和吸收率。研究发现，铁能够以小肽铁的形式到特定的靶组织而被利用。

（4）促进蛋白质的合成。循环中的小肽能直接参与组织蛋白质的合成。当以小肽形式作为氮源时，整体蛋白质沉积高于相应游离氨基酸饲料或完整蛋白质饲料。

四、蛋白质的营养价值

蛋白质的营养价值，通常称作蛋白质的质量，它主要是由蛋白质中的氨基酸组成所决定。为了提高动物对饲料蛋白质的有效利用率，要节约饲料蛋白质资源，提高饲料转化效率。

（一）蛋白质品质

饲料蛋白质转化成动物体蛋白质的效率称作蛋白质品质，它主要取决于氨基酸的种类、数量和配比，特别是必需氨基酸的种类、数量及有效性。

必需氨基酸的有无和多少是决定蛋白质营养价值高低的主要因素。凡必需氨基酸的种类齐全、数量足够的蛋白质，其品质好，营养价值高；反之，则品质差，营养价值低。品质优良的饲料蛋白质，其利用率就高，反之就低。一般来说，动物性饲料的蛋白质所含的必需氨基酸从组成和比例方面都比较合乎鱼体的需要，植物性蛋白质则略差些。所以，动物性蛋白质的营养价值比植物性蛋白质高些。

蛋白质营养价值的高低，其实质是氨基酸的组成情况。鱼类利用可消化蛋白质合成体蛋白的程度，与氨基酸的比例是否平衡有着直接关系。因此，饲料蛋白质的氨基酸平衡与否是影响蛋白质营养价值的重要因素。

（二）提高蛋白质营养价值的方法

平衡饲料蛋白质的氨基酸，提高蛋白质的营养价值，是改善动物蛋白质营养的有效措施。

（1）利用蛋白质的互补作用。所谓蛋白质的互补作用（也称氨基酸的互补作用），是指两种或两种以上的蛋白质通过相互组合，以弥补各自在氨基酸组成和含量上的营养缺陷，使其必需氨基酸互补长短，提高蛋白质的营养价值。由于一般植物性蛋白的氨基酸组成和含量与动物的氨基酸营养需要存在较大差异，故单一植物性蛋白营养价值往往较低。但是，若将两种或两种以上的植物性蛋白质加以组合，则因蛋白质的互补作用而提高其营养价值。在水生动物饲料中使用植物性蛋白源时，搭配一定数量的动物性蛋白质，以提高混合后蛋白质的营养价值及植物性蛋白的利用率。一方面可以扩大饲料蛋白源，另一方面亦能降低饲料成本。这也是配合饲料配制的最基本原理。

（2）添加必需氨基酸。由于饲料蛋白质缺乏某种必需氨基酸，动物体自身又无法弥补而直接影响饲料蛋白质的营养价值。在饲料中添加相应的必需氨基酸添加剂，使饲料中氨基酸组成达到平衡，以提高蛋白质营养价值。使用氨基酸添加剂必须具备两个基本条件：其一是要准确掌握氨基酸的有效成分；其二是严格控制添加量。在添加氨基酸添加剂时，首先应满足饲料中第一限制性氨基酸的需要，其次再满足第二限制性氨基酸的需要。否则，会出现必需氨基酸平衡失调的情况。

（3）供给非氮能量物质。饲料中蛋白质、脂肪和糖类三大营养物质之间是彼此牵连、相互制约的，糖类和脂肪等非蛋白质能量物质过多或不足，都会影响蛋白质的营养价值及其有效利用。正常情况下，水生动物消化吸收的蛋白质一部分用于合成体蛋白质，一部分在体内分解供能。饲料中能量不足时，将增大体内蛋白质的分解，降低蛋白质的营养价值。因此，在水产品养殖中，在提高蛋白质品质的同时，饲料中应增加脂肪和糖类的含量，以维持足够的能量供给，避免将大量蛋白质作为能量使用而降低了蛋白质的营养价值和有效利用率。

（4）加热处理。蛋白质的加热处理主要使用于某些豆类籽实及其饼粕。在一些豆类籽实中含有蛋白酶抑制剂，它可抑制动物体内蛋白酶的活性，减弱对蛋白质的降解作用，从而降低蛋白质的利用率。豆类籽实中含有的蛋白酶抑制剂耐热性差，通过加热处理可能使其被破坏而丧失活性。

（5）抗氧化剂处理。饲料中的蛋白质可与糖类、脂肪起反应，使氨基酸的可利用性降低，从而降低蛋白质的营养价值。因此，用抗氧化剂处理饲料，不仅有助于维生素和脂肪的保存，而且亦有助于氨基酸的保存。在蛋白质与氧化脂肪的化学反应中，参与反应的氨基酸主要是赖氨酸，其次还有组氨酸和精氨酸等。

五、蛋白质缺乏或过剩对鱼类的影响

蛋白质在饲料中含量过高或过低对动物都是不利的。为了提高鱼类对饲料蛋白质的利用率，节约饲料蛋白质资源，提高饲料转化效率，特别要注重饲料蛋白质水平。

（一）蛋白质缺乏对鱼类的影响

饲料缺乏蛋白质，对于鱼类的健康、生产性能和产品品质均会产生不良的影响。鱼体贮备蛋白质的能力极其有限，当摄食的蛋白质减少时，贮备蛋白将被消耗。所以，必须由饲料供给鱼类适宜数量和品质的蛋白质，否则很快会出现氮的负平衡，危害鱼类健康和降低生产性能。其有害后果具体表现在以下几个方面：

（1）消化机能减退。饲料蛋白质缺乏，首先会影响胃肠黏膜及其分泌消化液的腺体组织蛋白质的更新，从而影响消化液的正常分泌，引起消化功能紊乱。此时，鱼类会出现食欲下降、采食量减少和营养吸收不良的异常现象。

（2）生长减缓和体重减轻。饲料缺乏蛋白质，幼鱼会因体内蛋白质合成代谢障碍而使体蛋白沉积减少甚至停滞，导致生长速率明显减缓，甚至停止生长；成鱼则会因体组织器官尤其是肌肉和脏器的蛋白质合成和更新不足，而使体重大幅度减轻，并且这种损害很难恢复正常。

（3）繁殖功能紊乱。饲料缺乏蛋白质，会影响控制和调节生理机能的重要内分泌腺——脑垂体的作用，抑制其促性腺激素的分泌，使精子生成作用异常、精子数量和品质降低，并影响母体正常的发情、排卵和受精过程，从而导致繁殖功能紊乱。

（4）生产性能降低。饲料缺乏蛋白质时，将严重影响动物潜在生产性能的发挥，产品的生产将骤然减少，产品品质也明显降低。

（5）抗病力减弱。饲料缺乏蛋白质可导致动物健康状况严重恶化。由于血液中免疫和传递蛋白的合成以及各种激素和酶的分泌量显著减少，从而使机体的抗病力减弱，易发生传染性和代谢性疾病。

（6）组织器官结构与功能异常。饲料缺乏蛋白质，肝脏将不能维持正常结构和功能，出现脂肪浸润、血浆蛋白合成障碍，致使血浆蛋白尤其是白蛋白浓度下降，还会引起肾上腺皮质功能降低，机体对应激状态的适应能力下降。肌肉组织亦会因蛋白质缺乏而导致肌肉蛋白合成与更新不足，造成正常结构不能维持而引起肌肉萎缩。

（二）蛋白质过剩对鱼类的影响

饲料中蛋白质过剩一般不会对动物机体造成持久的不良影响，因为机体具有氮代谢平衡的调节机制。当饲料中蛋白质含量超过机体实际需要时，过剩的蛋白质分子中的含氮部分，可通过一系列变化而转变为尿素或尿酸由尿排出体外，无氮部分则作为能源而被利用。然而，这种调节机制的作用是有限的。当蛋白质大量过剩以致超过了机体的调节能力时，则会造成有害的后果，主要表现为代谢机能紊乱，肝脏结构和功能损伤，最终导致机体中毒。此外，由于饲料中蛋白质含量过高，不仅不能增加体内氮的沉积，反而会使排泄氮增加，即大量蛋白质被用于异常代谢和由尿排出，导致蛋白质利用率下降，生物学价值降低，造成饲料浪费和环境污染。

六、蛋白质及必需氨基酸的营养需要

（一）水产动物蛋白质需要的评定方法

水产动物蛋白质需要可采用综合法和析因法进行测定。综合法不考虑不同的生产目的，笼统地评定对蛋白质的总需要，通常的饲养实验及平衡实验，即为综合法的实验方法。一般采用不同营养水平的饲料，以最大日增重、最佳饲料利用率或胴体品质的营养水平作为需要量，而不剖析动物不同的生产目的对养分的具体需求。

在确定水产动物的蛋白质需要时，也可采用析因法，它将总蛋白质的需要剖析成不同生产目的的需要，然后再用回归公式进行计算。估计蛋白质需要量时，采用析因法的计算公式如下：

$$I = I_m + I_g + I_e$$

式中，I 为吸收的蛋白质（净蛋白质）；I_m 为蛋白质的维持量；I_g 为水产动物生长需要的蛋白质量；I_e 为能量消耗的蛋白质量。

（二）水产动物对蛋白质的需要

水产动物对蛋白质的需要有三层含义：①蛋白质最低需要量，维持体蛋白动态平衡所需要的蛋白质量，即维持体内蛋白质现状所必需的蛋白质最低需要量；②蛋白质最大需要量，满足水产动物最大生长所需要的蛋白质需要量；③实用饲料中最适蛋白质供给量，饲料蛋白质的最适含量是以水产动物蛋白质需要量为基础。然而，蛋白质的需要量

与饲料中的蛋白质最适添加量是两个不同的概念，其数值只在投饲率为100%时才相等。

（三）影响饲料蛋白质适宜添加量的因素

（1）水产动物种类。水产动物种类不同，食性及代谢机能也不同，即使在其它条件相同的情况下，对饲料蛋白质水平的要求也不同。一般规律是肉食性动物要求蛋白质水平高，草食性动物要求低，而杂食性动物的要求居中。

（2）水产动物生理阶段。对同一种动物，在不同的生长发育阶段，其生理代谢活动不同，对蛋白质的需求也不同。幼体阶段代谢旺盛，生长潜力大，对蛋白质的要求较高；随着生长发育的进行，生长潜力减小，对蛋白质的要求也降低。另外，与动物消化系统发育也有关系，小规格时消化系统发育不完善，消化机能低，为满足生理需要，要求饲料蛋白质水平高。随着消化系统的发育和完善，消化机能渐强，对饲料蛋白质水平的要求也逐渐降低。但是，对于亲体来说，为促进其性腺发育，对蛋白质的要求量比成体要高。

（3）蛋白质品质。各种饲料因其蛋白质来源不同，必需氨基酸的种类和数量也不尽相同，氨基酸的平衡程度和差异性大，营养价值就不同。在一定条件下，水产动物对各种必需氨基酸的需求是一定的。因此，氨基酸平衡、品质高的蛋白质，饲料中的含量可低些；相反，氨基酸不平衡、品质低的蛋白质，饲料中的含量则要高一些。

（4）饲料中能量饲料的添加。在水产动物营养上，为了让蛋白质尽量地转化为体蛋白，饲料中应含有一定量的非蛋白可消化能量（来自于脂肪和糖类）。这是因为假如饲料中能量不足，动物体将利用部分蛋白质作为能量而消耗，这就减少了蛋白质供给生长的数量。因此，只有当饲料中非蛋白质可消化能量供给充足时，蛋白质才能被机体充分利用（合成体蛋白）。减少蛋白质用作能量的消耗，起到节约蛋白质的作用。

（5）天然饵料。在一定的条件下，水产动物对蛋白质的需求量是一定的。如果养殖水体中天然饵料含量丰富，则人工饲料中蛋白质含量可低些；反之，蛋白质含量应高些。所以，池塘粗养或半精养时，人工饲料中蛋白质含量可低些；而池塘精养或网箱养殖、流水养殖时，人工饲料中蛋白质水平应高些。

（6）投饲率。在一定的条件下，水产动物对蛋白质的需求量是一定的。若投饲率较高，饲料中有少量蛋白质即可满足需要；反之，则要求饲料中含有大量的蛋白质方可满足需要。但是，由于水产动物消化器官的结构和机能等方面的因素，投饲率也不可能过大或过小。因此，饲料蛋白质水平也就不能过低或过高。

（7）环境因素。水温和溶解氧是影响水产动物饲料中蛋白质适宜含量最重要的环境因素，特别是水温。在一定的范围内，水温、溶解氧越高，机体代谢越旺盛，就要求有大量的蛋白质满足其营养需要。此外，盐度、pH值和硬度等也会影响蛋白质适宜水平。

（四）必需氨基酸的需要

氨基酸是组成蛋白质的基本单位。饲料蛋白质通常是被水产动物消化器官分泌的消化酶分解为氨基酸，才能被水产动物吸收利用。因此，在供给水产动物一定数量蛋白质的同时，还必须考虑蛋白质中氨基酸（主要考虑必需氨基酸）的比例或模式是否合理。水产动物对蛋白质的需要量，实际上是对必需氨基酸和非必需氨基酸混合物的需要。因此，只有达到氨基酸平衡，才能完全满足机体对蛋白质的需要并最大限度地利用饲料蛋白质。

（五）影响必需氨基酸需要的因素

（1）年龄和体重。鱼类的年龄和体重不同，对必需氨基酸的需要量亦不一样。总的规律是，随着年龄增长和体重增加，必需氨基酸的相对需要量有所下降。

（2）必需氨基酸的含量和比例。饲料中各种必需氨基酸的含量和比例应保持均衡。任何一种必需氨基酸如在饲料中的含量和比例不当，都会影响到其它必需氨基酸的有效利用。当饲料中缺少赖氨酸时，尽管其它必需氨基酸含量充足，体内蛋白质也不能够正常合成。此时，这部分氨基酸只能用作合成非必需氨基酸的原料，或经分解后供作其它用途，或排出体外。

（3）非必需氨基酸的含量和比例。饲料中若非必需氨基酸的含量和比例不能满足鱼类内蛋白质合成的需要，则会加重鱼类机体对某些必需氨基酸的需要量。附加需要的这部分必需氨基酸是供转化为非必需氨基酸之用。饲料中胱氨酸不足会加重蛋氨酸的需要，酪氨酸不足会加重苯丙氨酸的需要。所以，若非必需氨基酸在饲料中的含量和比例恰当，就可以节省必需氨基酸的需要量。为了幼鱼快速生长，应按含氮量计算非必需氨基酸及必需氨基酸的最适比例。

（4）蛋白质水平。饲料含有的必需氨基酸的数量，在很大程度上取决于其中蛋白质的水平。饲料中含氮物质愈多，动物对必需氨基酸数量上的要求就愈高。

（5）其它营养物质。饲料中某些营养物质不足，可影响到动物对必需氨基酸的需要量。维生素 B_{12}、胆碱及硫的不足，会妨碍蛋氨酸在合成体蛋白过程中的利用，从而使动物增加对蛋氨酸的需要量。尼克酸不足，则机体将利用色氨酸合成尼克酸，此时动物对色氨酸的需要量几乎增加 1 倍。吡哆醇亦为动物正常利用色氨酸所必需，故当其不足时将增加对色氨酸的需要量。

（6）加热处理。某些饲料经加热处理后，会妨碍动物对其中一些必需氨基酸的利用。鱼粉和肉粉等经加热处理后，会降低动物对其中含有的赖氨酸、精氨酸和组氨酸的利用效率，从而增加对这些氨基酸的需要量。富含淀粉和糖的饲料如谷实类等在受热处理后，其中含有的赖氨酸、色氨酸和精氨酸等会形成动物体难以吸收的复合物，因而大大增加动物对这些氨基酸的需要量。

第二节　糖类营养

一、糖类的概念

糖类是由碳、氢、氧三种元素组成的。糖类是自然界中分布极为广泛的一类有机化合物，大多数植物体糖含量可达干重的 80%。植物种子中的淀粉，根、茎、叶的纤维素，动物组织中的糖原、黏多糖，以及蜂蜜和水果中的葡萄糖、果糖等都是糖类。糖类是人和动物所需能量的重要来源，是一类非常重要的营养素。因此，糖类物质常常是动物饲料的重要原料之一。

二、糖类的种类、分布和生理功能

（一）糖类的种类

糖类按其结构可以分为单糖、低聚糖和多糖三大类。

1. 单糖

单糖是最简单的糖，其化学成分是多羟基醛或多羟基酮，它们是构成低聚糖、多糖的基本单元，如葡萄糖、果糖（己糖）、核糖、木糖（戊糖）、赤藓糖（丁糖）、二羟基丙酮、甘油醛（丙糖）等。

2. 低聚糖

低聚糖是由2～6个单糖分子失水而成。按其水解后生成单糖的数目，低聚糖又可分成双糖、三糖、四糖等，其中以双糖最为常见，如蔗糖、麦芽糖、纤维二糖、乳糖等。

3. 多糖

多糖是由许多单糖聚合而成的高分子化合物，多不溶解于水，经酶或酸水解后可生成许多中间产物，最后生成单糖。多糖按其种类可以分为同型聚糖和异型聚糖。同型聚糖按其单糖的碳原子数又可分成戊聚糖（木聚糖）和己聚糖（葡聚糖、果聚糖、半乳聚糖、甘露聚糖），其中以葡聚糖最为多见，如淀粉、纤维素等。饲料中的异型聚糖主要有果胶、树胶、半纤维素、黏多糖等。

（二）糖类在饲料中的分布、含量及作用

1. 单糖

单糖几乎都是植物从光合作用到形成贮藏物质或糖类氧化过程中产生的中间产物，但是戊糖和己糖可以参与组成贮藏物质，或者参与执行某些特殊功能。

（1）戊糖　戊糖中的核糖是DNA、RNA、维生素B_2及ATP的组成部分，在动物饲料中含量虽然不高，但广泛存在。

（2）己糖　己糖中以葡萄糖、果糖和半乳糖最为重要。葡萄糖是动植物组织中快速提供能源的单糖，如血糖。游离状态的葡萄糖广泛存在于植物的果实和汁液中，是植物合成淀粉和纤维素的基本单元分子，是鱼类等动物消化糖类的最终产物。糖类的吸收及在体内的运输也是以葡萄糖的形式进行的。果糖是唯一重要的已酮糖。半乳糖在天然状态下不以游离形式存在，其两个分子聚合形成乳糖，与其它单糖聚合形成三糖（棉籽糖）、四糖（水苏糖）。

2. 低聚糖

（1）双糖　主要包括蔗糖、麦芽糖、纤维二糖、蜜二糖等。蔗糖在甜菜和甘蔗中含量丰富，也存在于其它各类果实、蔬菜或树木汁液中。蔗糖水解后生成一分子葡萄糖和一分子果糖。麦芽糖通常在发芽的种子中含量较高，是淀粉在鱼体内消化后的中间产物，在麦芽糖酶作用下可继续分解成两分子的葡萄糖。纤维二糖是纤维素的组成单元，在自然界不以游离形式存在，仅当纤维素经酸水解或某些微生物产生纤维素酶水解时才出现。纤维二糖系由两分子葡萄糖以β-（1，4）-糖苷键链接而成，动物体内尚无相应的

酶可以水解它。

（2）三糖、四糖、五糖　在植物组织中分布最广的三糖是棉籽糖，除大量存在于棉籽外，豆科籽实中含量也较高，其组成是*D*-半乳糖、*D*-葡萄糖、*D*-果糖各一分子，水解时首先析出果糖，余下的双糖为蜜二糖。由于鱼虾类缺少半乳糖苷酶，故对含半乳糖的低聚糖不能利用。

3. 多糖

（1）淀粉　淀粉是植物贮存葡萄糖的主要形式，是葡萄糖的聚合体，大量存在于植物的块根、块茎和种子中。淀粉按其结构有直链淀粉和支链淀粉之分，前者以α-1,4-键连接的长键化合物，亦称β-直链淀粉，能溶于热水而不成糊状，遇碘显蓝色。后者除以α-1,4-糖苷键相连外，还以α-1,6-糖苷键相连，在冷水中不溶，与热水作用则膨胀而成糊状，遇碘呈紫或红紫色。淀粉在动物体内可经酶水解成葡萄糖，供机体利用。

各种植物的淀粉粒形状均有自己的特征。由于淀粉的这种存在形式，特别是淀粉粒表面众多氢键的作用，使淀粉具有一定的抵抗涨破或压碎的能力。如果不经高温蒸煮，消化酶很难渗透到淀粉粒中，从而引起消化障碍。这种利用高温或其它手段使淀粉粒结构破坏的过程称之为糊化（α-化）。糊化的淀粉称为糊化淀粉或α-化淀粉，糊化作用可以提高生淀粉的利用率和颗粒饲料的黏结性。

（2）糖原　糖原是唯一动物来源的糖类，分布于动物肝脏和肌肉组织中。糖原是动物体内能量贮备物质，当机体需要时，随时可分解释放出能量。

（3）糊精　糊精是淀粉不完全水解或消化而产生的一系列有支链的小分子化合物。在鱼体内的消化过程中，从支链淀粉中可分解出α-极限糊精，再经糊精酶进一步水解为葡萄糖和麦芽糖。在营养上，糊精还是嗜酸性细菌的良好培养基，因而在消化道内可改善B族维生素的合成。

（4）纤维素　纤维素是植物细胞壁的主要构成成分，是葡萄糖以β-1,4-糖苷键联接起来的聚合体，是呈扁带状的微纤维。除纤维素本身内部的结构稳定外，在微纤维间还有氢键互相牢固链接，使纤维素成为不溶性物质，对酶的作用也具有极大的抵抗力。分解纤维素的酶一般不存在于鱼的消化道中。虽然有报道认为某些鱼类（如草食性鱼类）肠道中可检测出纤维素酶的活性，但是活性较低，对纤维素的分解极其有限。而有些酶的活性可能来自于消化道的微生物。

（5）半纤维素　半纤维素是许多不同单糖聚合体的异源混合物，它也是植物细胞壁的重要组成部分，在壁中与果胶以共价键结合，与纤维素以氢键相连接，从而增强了细胞的坚实程度。这些物质对化学处理抗性较强，在鱼肠道中几乎不能被水解。

（6）甲壳素　又称壳多糖、几丁质。它们是许多低等动物尤其是节肢动物外壳的重要组成成分。甲壳素是由2-乙酰胺葡萄糖单体通过β-1,4-糖苷键连接起来的直链多糖。甲壳素不溶于水，其水解产物是2-氨基葡萄糖及醋酸。在一定的条件下，甲壳素可脱去分子中的乙酰基变成壳聚糖。由于其溶解性大大改善，因此又称可溶性甲壳素。虾、蟹类生长需要不断脱壳和再生壳，而甲壳素的分解产物2-氨基葡萄糖对于虾、蟹壳的形成具有重要作用。因此在饲料中适当添加甲壳素（生产中可添加虾糠或虾头粉），可促进其生长。

（7）果胶　果胶存在于果实、块茎与茎的细胞壁和组织中，是由6-甲氧基半乳糖醛酸所构成的一种多糖，在细胞壁中与多缩阿拉伯糖相结合。在植物组织中果胶物质以不溶性的原果胶存在，经酸处理或在原果胶酶的作用下，可转变为可溶性果胶。可溶性果胶在稀碱或果胶酶的作用下容易脱去甲氧基，形成甲醇与游离的果胶酸（即多半乳糖醛酸），其结构虽然为α-型，但不能为动物消化利用。饲料常使用微生物产生的复合酶饲料添加剂，因其含果胶酶，可促进饲料果胶的利用。

4．其它

糖苷是糖类的衍生物。在某些饲料中含有，如菜粕中的硫葡萄糖苷、高粱中的氢氰酸糖苷。糖苷本身无毒，但是其分解产物如氢氰酸、异硫氰酸盐、噁唑烷硫酮对鱼类是有毒的。

（三）糖类的生理功能

糖类按其生理功能可以分为可消化糖（或称无氮浸出物）和粗纤维两大类。可消化糖包括单糖、糊精、淀粉等，其主要作用有：

（1）体组织细胞的组成成分　糖类及其衍生物是鱼体组织细胞的组成成分，如五碳糖是细胞核核酸的组成成分，半乳糖是构成神经组织的必需物质，糖蛋白则参与细胞膜的形成。

（2）提供能量　糖类可以为鱼提供能量。进入鱼体内的葡萄糖经氧化分解，释放出能量，供机体利用。动物游泳时肌肉运动、心脏跳动、血液循环、呼吸运动、胃肠道的蠕动以及营养物质的主动吸收、蛋白质的合成等均需要能量。除蛋白质和脂肪外，糖类也是重要的能量来源。摄入的糖类在满足鱼类能量需要后，多余部分则被运送至某些器官、组织中（主要是肝脏和肌肉组织）合成糖原，储存备用。

（3）合成体脂肪　糖类是合成体脂肪的主要原料。当肝脏和肌肉组织中储存足量的糖原后，继续进入体内的糖类则合成脂肪，储存于体内。

（4）合成非必需氨基酸　糖类可为鱼类合成非必需氨基酸提供碳架。葡萄糖的代谢中间产物，如磷酸甘油酸、α-酮戊二酸、丙酮酸可用于合成一些非必需氨基酸。

（5）蛋白节约效应　糖类可改善饲料蛋白质的利用，有一定的蛋白节约效应。当饲料中含有适量的糖类时，可减少蛋白质的分解供能，同时ATP的大量合成有利于氨基酸的活化和蛋白质的合成，从而提高饲料蛋白质的利用效率。

粗纤维包括纤维素、半纤维素、木质素等，一般不能为鱼类消化和吸收，但却是维持鱼类健康所必要的。饲料中适当的纤维素含量具有刺激消化酶分泌、促进消化道蠕动的作用。

三、鱼类的糖类代谢

摄入的糖类在鱼消化道被淀粉酶、二糖酶分解成单糖，然后被吸收。吸收后的单糖在肝脏及其它组织进一步氧化分解，并释放出能量，或提供碳源合成糖原、脂肪、氨基酸，或参与合成其他生理活性物质。糖类在动物体内的代谢包括分解、合成、转化和输送等环节。糖原是糖类在体内的贮存形式，葡萄糖氧化分解是供给鱼类能量的重要途径，血糖（葡萄糖）则是糖类在体内的主要运输形式。

鱼类只有消化降解糖原和淀粉的内源性消化酶，而缺乏分解纤维素、几丁质和木质素的消化酶。对大多数肉食性、杂食性鱼类来说，糖不是它们食物的主要成分。鱼类的人工配合饲料含有各种各样的糖类，包括淀粉（植物原料）、几丁质（甲壳动物、昆虫动物的副产品）、纤维素（植物原料）和糖原（动物组织）等。在多数情况下，并不清楚消化这些糖的酶来自鱼组织，还是来自消化道的微生物。在许多鱼类的胃中能检测到淀粉酶、二糖酶和具有一定活性的纤维素酶和几丁质酶。

鱼类虽然可以利用糖类作为其能量的来源，但利用率较低。关于鱼类对糖的低利用能力的研究表明，导致这种低能力的原因很多：① 己糖激酶活性低；② 某些氨基酸比葡萄糖更易刺激胰岛素分泌；③胰脏 D-细胞能够分泌生长激素抑制剂来抑制胰岛素的释放；④ 与哺乳动物相比，胰岛素受体数量少。在这些原因中，第一种原因可能占主要地位而导致对胰岛素敏感的外围组织（如肌肉）对葡萄糖的利用率低。

鱼类对多糖的消化吸收能力存在显著的种间差异，同一种鱼在不同的生长发育阶段，由于其食性的变化，对糖的消化吸收能力也会变化。糖类在鱼体内消化率的大小一般与其分子结构的复杂程度有着相反关系。也就是说，单糖类较双糖类易于为鱼体吸收利用，双糖类也较多糖易于为鱼体吸收利用，即鱼类对低分子量糖类的利用率高于高分子糖类。

鱼类对糖利用能力是有限的，其利用能力的高低又随鱼的种类而异。一般草食性鱼类和杂食性鱼类对糖的利用能力较肉食性鱼类高。其原因是草食性和杂食性鱼类淀粉酶活性较高，并且分布在整个肠道；而肉食性鱼类淀粉酶活性较低，仅仅在胰脏中可见到淀粉酶。从肝脏糖代谢酶活性看，肉食性鱼糖原合成酶活性高，而糖分解酶活性低。因此，对吸收的葡萄糖不能有效地利用，形成类似糖尿病的糖代谢。草食性鱼类等尽管利用糖的能力比肉食性鱼类强，但饲料中糖也不宜过多，过多了容易使鱼形成脂肪肝。

四、鱼饲料中糖类的适宜含量

（一）可消化糖的适宜含量

饲料中有些特定的可消化糖可以起到特殊的作用，某些鱼类在摄食不含有糖类的饲料时生长表现很差。如果饲料不含糖，鱼类将分解更多的蛋白质和脂肪来提供能量及合成生命所必需的其它物质。糖类是最廉价的能源，因此，饲料中合理使用糖类可以有效降低饲料成本。淀粉还通常用来作为颗粒饲料和膨化饲料的黏合剂，改善饲料颗粒的物理性状。饲料含适量的糖类可以减少因蛋白质分解造成的养殖环境氮污染。然而，鱼类对糖的利用能力较差，如果饲料含糖量过高会导致糖原和脂肪在肝脏和肠系膜大量沉积，发生脂肪肝，使肝功能削弱，解毒功能下降，导致鱼呈病态肥胖体质。因此，使饲料含有适量的糖类是重要的技术环节。鱼类的适宜糖类需求量因种类而异，一般认为，海水鱼类的可消化糖类适宜水平小于或等于20%。因为鱼类对糖类的利用能力有限，所以当饲料中糖类含量过高，超过适宜含量的时候，鱼类的生长和身体组成将会受到影响。投喂高水平的可消化糖类时，会出现肝肿大，并且肝糖的含量随着糖类水平的升高而升高，这可以部分地解释鱼的肝体比为什么会随着饲料糖类含量的增加而增大。

（二）粗纤维的适宜含量

粗纤维指不消化的植物性物质如纤维素、半纤维素、木质素、戊聚糖和其它复杂的糖类，这些物质只能在某些肠道细菌的作用下才能被利用。鱼类本身一般不分泌纤维素酶，不能直接利用纤维素。但是，饲料中含有适量的粗纤维对维持鱼类消化道的正常功能具有重要的作用。从配合饲料生产的角度讲，在饲料中适当配以纤维素，有助于降低成本，拓宽饲料原料来源。然而，饲料中纤维素过高又会导致食糜通过消化道速度加快、消化时间缩短，蛋白质和矿物元素消化率下降、粪便不易成型、水质易污染等问题。所有这些都将导致鱼类生长速度和饲料效率下降。

肉食性鱼类在其饲料中的纤维素增加，饲料干物质的消化率明显下降。根据我国饲料特点，纤维素饲料来源广，成本低。在以植物性饲料为主要饲料源的配合饲料中，一般不必顾虑粗纤维含量过低，主要应防止粗纤维含量过高。因此，我国目前制定的渔用配合饲料标准中，一般仅对粗纤维含量作了上限规定。

五、影响糖类利用的主要因素

肉食性鱼类对糖类的利用能力比杂食性或植食性鱼类差。在探讨单糖、双糖和多糖对鱼类的营养作用以及对糖代谢的影响时，发现肉食性的长吻鮠和杂食性的异育银鲫在适宜的饲料糖水平下，对不同复杂程度糖类（葡萄糖、蔗糖、糊精、淀粉和纤维素）的利用有较大差异。

糖本身结构的复杂程度对鱼的利用能力有着不同的影响。随着饲料中糖类结构的复杂性增加，鱼体的增重和饲料效率下降。关于鱼类对不同糖源的不同利用能力，因为缺乏足够的酶来完成葡萄糖的快速代谢，糖代谢中的一些重要酶的活性受到了糖类结构的影响。

第三节　脂类营养

一、脂类的组成、分类及性质

脂类是在动、植物组织中广泛存在的脂溶性化合物的总称。脂类物质按其结构可分为中性脂肪和类脂质两大类。中性脂肪，俗称油脂，是三分子脂肪酸和甘油形成的酯类化合物，故又名甘油三酯。

脂肪的性质主要取决于所含的脂肪酸种类。在天然脂肪成分中，和甘油结合的脂肪酸绝大多数为含有偶数个碳原子的直链脂肪酸。凡是氢原子数为碳原子数两倍者，称为饱和脂肪酸。主要由饱和脂肪酸组成的脂肪，其熔点较高，在常温下多为固态的脂。凡是氢原子数低于碳原子数两倍者，称为不饱和脂肪酸。主要由不饱和脂肪酸组成的脂肪，熔点较低，在常温下多为液态的油。饱和脂肪酸常见的有月桂酸（12：0）、软脂酸

（16：0）、硬脂酸（18：0）等；不饱和脂肪酸常见的有油酸（18：1n－9）、亚油酸（18：2n－6）、亚麻酸（18：3n－3）、花生四烯酸（20：4n－6）、二十碳五烯酸（20：5n－3）和二十二碳六烯酸（22：6n－3）等。

类脂质种类很多，常见的类脂质有蜡、磷脂、糖脂和固醇等。磷脂是动、植物细胞不可缺少的成分，在动物的脑、心、肝、肾、卵、脊髓等组织和大豆中含量特别多。它与甘油酯的不同在于甘油的三个羟基中只有两个与高级脂肪酸结合，而另一个羟基则通过酯键与磷酸结合，磷酸又通过酯键与含氮碱相结合。如果含氮碱为胆碱，则为卵磷脂；如果含氮碱是胆胺，则为脑磷脂。根据磷酸与甘油羟基结合的位置不同，磷脂又有α-型与β-型之分。磷酸与甘油中的伯醇基相结合称为α-磷脂，如与甘油中的仲醇基相结合则称为β-磷脂。

自然界所存在的磷脂主要是α-卵磷脂和α-脑磷脂。磷脂在动、植物原料中分布极广泛，卵磷脂在大豆籽实和油料籽实中含量较高。油厂精炼植物油后的油脚料含有丰富的磷脂，既可作饲料也可对其进行工业提纯。脑磷脂在动物脑组织中含量最丰富，它们在生物体生命活动中起重要作用，是细胞膜的组成成分，能促进油脂的乳化，从而有利于油脂的消化、吸收及在体内的运输。

糖脂与磷脂的化学组成有相似之处，其主要区别在于磷酸不是和含氮碱基相结合，而是与糖（1～2个半乳糖或甘露糖）相结合。此外，糖脂中的另两个脂肪酸多为高度不饱合脂肪酸。甘油三酯是植物种子中的主要脂类，而糖脂是叶片中的主要脂类。

脂类的性质很多，其中与营养学有关的性质有以下几个方面：

（1）脂类一般不溶于水（某些脂类物质如磷脂具有亲水性质），而易溶于有机溶剂。根据这一性质，可提取和测定饲料中的脂质含量。

（2）脂类的熔点与其结构密切相关。在饱和脂肪酸中，碳链越短，熔点越低。在不饱和脂肪酸中，碳原子数相同时，双键数目越多，则其熔点越低。鱼类对脂肪的消化率与脂肪熔点有关，熔点越低，其消化率就越高。

（3）某些不饱和脂肪酸（如n－3、n－6高度不饱和脂肪酸），鱼类本身不能合成或合成量不能满足其需要。为满足鱼类正常的生长、发育的需要，需由饲料直接提供这类脂肪酸。

（4）油脂可在酸、碱的催化下发生水解，水解产物是甘油和脂肪酸。鱼类消化道内的脂肪酶也可催化这一反应的进行。

（5）油脂在贮存期间，受湿、热、光、氧和其它化学物质的作用，逐渐产生难闻的臭味，这种现象称为油脂的酸败作用。饲料在贮存和加工过程中极易发生此类反应。酸败的化学本质是由于油脂水解放出游离脂肪酸，游离脂肪酸再氧化成醛或酮。低分子脂肪酸（如丁酸）的氧化产物都有臭味。

二、脂类的生理功能

脂类在鱼类生命代谢过程中具有多种生理功用，是鱼类所必需的营养物质。

（一）组织细胞的组成成分

一般组织细胞中均含有1%～2%的脂类物质，而磷脂和糖脂是细胞膜的重要组成成分。蛋白质与类脂质的不同排列与结合构成功能各异的各种生物膜。鱼体各组织器官都含有脂肪，鱼类组织的修补和新组织的生长都要求经常从饲料中摄取一定量的脂质。此外，脂肪还是体内绝大多数器官和神经组织的防护性隔离层，可保护和固定内脏器官，并作为一种填充衬垫，避免机械摩擦，并使之能承受一定压力。

（二）提供能量

脂肪是含能量最高的营养素，直接来自饲料的甘油酯或体内代谢产生的游离脂肪酸是鱼类生长发育的重要能量来源。鱼类由于对糖类特别是多糖的利用率低，因此，脂肪作为能源物质的利用显得特别重要。同时，脂肪组织含水量低，占体积小，所以贮备脂肪是鱼类贮存能量，以备越冬利用的最好形式。

（三）利于脂溶性维生素的吸收运输

维生素 A、D、E、K 等脂溶性维生素只有当脂类物质存在时方可被吸收。脂类不足或缺乏，则会影响这类维生素的吸收和利用。饲喂脂类缺乏的饲料，鱼类一般都会并发脂溶性维生素缺乏症。

（四）提供必需脂肪酸

某些高度不饱和脂肪酸为鱼类维持正常生长、发育、健康所必需。但鱼本身不能合成，或合成量不能满足需要，必须依赖饲料直接提供，这些脂肪酸叫作必需脂肪酸。

（五）作为某些激素和维生素的合成原料

如麦角固醇可转化为维生素 D_2，而胆固醇则是合成性激素的重要原料。与鱼类不同，甲壳类水产动物不能合成胆固醇，必须由食物提供。

（六）节省蛋白质、提高饲料蛋白质利用率

鱼类对脂肪有较强的利用能力。因此，当饲料中含有适量脂肪时，可减少蛋白质的分解供能，节约饲料蛋白质用量，这一作用称为脂肪的节约蛋白质作用。对处于快速生长阶段的仔鱼和幼鱼，脂肪对蛋白质的节约作用尤其显著。

三、鱼类对脂类的消化吸收及利用

鱼类的脂肪酶最适 pH 值通常偏碱性（pH 值 7.5），故在酸性环境的胃中，脂肪几乎不被消化。鱼类的幽门垂虽能检出脂肪酶，但活性较低，所以也不是脂肪消化的主要部位。脂肪消化吸收的主要部位在肠道前部（胆管开口附近），但是，肠道内的脂肪酶大多数并非由肠道本身分泌，而是来自肝胰腺（由胆管、胰管导入）。对于具有幽门盲囊的鱼来说，幽门盲囊中的脂肪酶活性最高，是脂类消化的主要部位，这些脂肪酶来自胰腺。饲料中的中性脂肪在脂肪酶的作用下分解为甘油和脂肪酸而被吸收。然而，并非所有的中性脂肪都要在完全水解后才能被吸收，一部分甘油一酯、甘油二酯及未水解但已乳化的甘油三酯也可被肠道直接吸收。

脂肪本身及其主要水解产物游离脂肪酸都不溶于水，但可被胆汁酸盐乳化成水溶性微粒。当其到达肠道的主要吸收位置时，此种微粒便被破坏，胆汁酸盐留在肠道中，脂肪酸则透过细胞膜而被吸收，并在黏膜上皮细胞内重新合成甘油三酯。在黏膜上皮细胞内合成的甘油三酯与磷脂、胆固醇和蛋白质结合，形成直径为 0.1～0.6 μm 的乳糜微粒和极低密度脂蛋白，并通过淋巴系统进入血液循环，也有少量直接经门静脉进入肝脏，再进入血液，以脂蛋白的形式运至全身各组织，用于氧化供能或再次合成脂肪贮存于脂肪组织中。

当机体需要能量时，贮存于脂肪组织中的脂肪即被水解，所产生的游离脂肪酸在血液中与血清白蛋白结合，并输送至相应组织氧化分解，释放能量，供组织利用。当血液中游离脂肪酸超过机体需要时，多余部分又重新进入肝脏，并合成甘油三酯，甘油三酯再通过血液循环回到脂肪组织中贮存备用。

鱼类对脂肪的吸收利用受许多因素的影响，其中以脂肪的种类对脂肪消化率影响最大。肉食性鱼类和杂食性鱼类利用脂肪的能力较高。鱼类对熔点较低的脂肪消化吸收率很高，但对熔点较高的脂肪消化吸收率较低。

四、鱼类的脂类生物合成

鱼类都能够通过常规途径经脂肪酸合成酶催化合成饱和脂肪酸 16∶0 和 18∶0。海洋鱼类在自然环境中的长链不饱和脂肪酸非常丰富，体内合成脂肪酸（包括碳链延长和去饱和）的能力很有可能被抑制。一些高脂食性的鱼类合成脂肪酸的能力十分有限，甚至完全丧失。因此，在养殖鱼类的饲料中添加适量和合适种类的长链不饱和脂肪酸十分重要。一般认为鱼类不能合成 n－3 及 n－6 系列脂肪酸，除非在食物中已有这种 n－3 或 n－6 系列脂肪酸构造的前体物质。从 18 碳的脂肪酸前体合成 20 碳和 22 碳的不饱和脂肪酸，这种途径对鱼类来说十分重要。

在目前所研究的海水鱼类中脂肪酸从 18∶3n－3 转化为 22∶6n－3 的效率非常低。这些差异是阐明鱼类对必需脂肪酸需求的基础。鱼、虾类在脂肪酸合成基础上，利用脂肪酸和其它相关分子为底物，可以合成所需要的脂类，如甘油三酯、磷脂等；但是，合成的具体路径和机理仍然不甚清楚。鱼类自身能够将乙酸合成胆固醇，而虾、蟹类却没有这个能力。

五、鱼类对脂肪和必需脂肪酸的需求

脂肪是鱼类生长所必需的一类营养物质。饲料中的脂肪含量不足或缺乏，可导致鱼类代谢紊乱，饲料蛋白质效率下降。同时，还可并发脂溶性维生素和必需脂肪酸缺乏症。但是，如果饲料中的脂肪含量过高，又会导致鱼体内脂肪沉积过多，甚至发生脂肪肝，鱼体抗病力下降。同时，饲料中的脂肪含量过高，也不利于饲料的贮藏和成型加工。因此，饲料中脂肪含量须适宜。鱼类对脂肪的需要量受其种类、食性、生长阶段、饲料中糖类和蛋白质含量及环境温度的影响。

鱼类对脂肪的需要量除与鱼类的种类和生长阶段有关外，还与饲料中其它营养物质的含量有关。对肉食性鱼来说，饲料中粗蛋白愈高，则对脂肪的需要量愈低。这是因为饲料中绝大多数脂肪是以氧化供能的形式发挥其生理功用，若饲料中有其它能源可利用，那么就可减少对脂肪的依赖。

必需脂肪酸是指那些为鱼类生长所必需的，但鱼本身不能合成或者合成量不能满足

其需要，必须由饲料直接提供的脂肪酸。n－3、n－6系列不饱和脂肪酸为鱼类的必需脂肪酸。必需脂肪酸是组织细胞的组成成分，在体内主要以磷脂形式出现在线粒体和细胞膜中。必需脂肪酸对胆固醇的代谢也很重要，胆固醇与必需脂肪酸结合后才能在体内转运。此外，必需脂肪酸还与前列腺素的合成及脑、神经的活动密切相关。

虽然n－3、n－6系列不饱和脂肪酸对所有的鱼类都是重要的必需脂肪酸，但不同鱼类或不同环境下生长的鱼类对必需脂肪酸的需求有一定的差异，这种差异可能是由其本身的脂类（主要是磷脂）的脂肪酸组成特异性所决定的。亚油酸和亚麻酸对于海水鱼不具有必需脂肪酸效果，二十碳以上n－3高度不饱和脂肪酸才是海水鱼的必需脂肪酸。海水鱼如大菱鲆、真鲷等不能将饲料中的18：3n－3有效地转变为组成磷脂质的22：6n－3，因此，必须由饲料直接提供22：6n－3。

鱼类生长需要必需脂肪酸，但需要量都很低。如果饲料中必需脂肪酸超过了鱼类需要，不仅不利于饲料贮藏，而且还会抑制鱼类生长，饲料效率则显著下降。必需脂肪酸过多所引起的鱼体成分变化与必需脂肪酸缺乏时相同，即鱼体水分增加而蛋白质显著减少。

六、鱼类对类脂质的要求

磷脂在鱼类营养中具有多方面的作用。①促进营养物质的消化，加速脂类的乳化，以利消化吸收；②提供和保护饲料中的不饱和脂肪酸；③提高饲料制粒的物理质量，减少营养物质在水中的溶失；④可引诱鱼类采食；⑤提供未知生长因子；⑥磷脂是脂蛋白的必需组成成分，而血液中的脂蛋白对于脂类的体内运输起重要作用。鱼类自身可合成部分磷脂，但对于快速生长的鱼类来说，其自身合成量往往不能满足需要，在集约化养殖条件下饲料补充磷脂是必需的。在鱼饲料中使用卵磷脂的效果取决于鱼的生理发育阶段，磷脂对处于开食阶段和快速生长期内的鱼苗是有效的，但对成鱼及稍大规格的鱼种并未显示出明显的促生长效果，这可能是由于鱼苗期的磷脂合成能力较低。磷脂具有保证鱼苗正常发育，降低骨骼畸形率的作用。

胆固醇在动物生命代谢过程中同样具有十分重要的作用。有鳍鱼类能由乙酸和甲羟戊酸合成胆固醇，往往不必由饲料中直接提供。在以植物蛋白源为主的饲料中添加胆固醇有利于提高鱼类的摄食量和生长率。磷脂和胆固醇之间存在着明显的协同作用。

七、脂肪对蛋白质的节约作用

当饲料的可消化能含量较低时，饲料中的部分蛋白质就会被作为能源消耗掉。在此种饲料中添加适量的脂肪，可以提高饲料的可消化能含量，从而减少蛋白质作为能源被消耗，使之更好地用于合成体蛋白，这一作用称为脂肪对蛋白质的节约作用。肉食性鱼类利用糖类的能力很低，其能量主要来自脂肪和蛋白质，因此，利用脂肪来节约饲料蛋白质是可行的。海水鱼绝大多数为典型的肉食性鱼，在饲料中添加适量油脂可起到节约饲料蛋白质用量的作用。

在肉食性鱼饲料中可消化能含量较低时，添加油脂的确可起到节约蛋白质的作用。

从营养物质代谢的角度看，以脂肪节约蛋白质，仅限于把蛋白质的分解供能降低到最低限度，而蛋白质的其它功能则是脂肪无法替代的。

八、脂肪的氧化及其对鱼类的危害

油脂中的不饱和脂肪酸的双键被空气中的氧气所氧化，生成相对分子质量较低的醛、酮和酸的复杂混合物。此过程在光、热和适当催化剂（如铜、铁、叶绿素）存在时更易发生，而且为自身催化型反应，即反应一经开始，便将以越来越快的速度进行下去，直至最后完成。这一类型的氧化酸败多发生在含有相当数量的高度不饱和脂肪酸的油脂中，它是油脂酸败中最常见、最主要的变化。

微生物的作用可使油脂酸败，在温度高、湿度大和通风不良的情况下，微生物（霉菌）或植物细胞释放出的脂肪酶可使油脂水解为甘油和脂肪酸，脂肪酸进一步在微生物作用下，在β-碳原子上发生氧化，生成的β-酮酸经脱羟基生成酮。

脂肪酸氧化酸败的结果是产生大量具有不良气味的醛、酮、酸等低分子化合物，不仅使脂肪营养价值和饲料适口性下降，而且在氧化过程中产生的大量过氧化物会破坏某些维生素及其它营养成分，蛋白质的消化率也显著下降。脂肪酸氧化酸败，除了使饲料营养价值下降外，氧化过程中产生的醛、酮、酸对鱼类还有直接毒害作用。

第四节　能量营养

能量不是一种营养物质，而是在蛋白质、脂肪和糖氧化代谢时释放出来的。因此，能量是一种抽象的概念，它仅从一种形式转化为另一种形式时能被测定出来。从生物学的意义上讲，能量是完成一切生命活动包括新陈代谢的化学反应、物质的逆浓度梯度运输、肌肉的机械运动等等所需要的。

动物需要摄入各种营养素来维持其生命过程，以满足其生长、活动和繁殖需要。营养素作为前体物质，被用来合成具有结构或储存功能的多种分子、酶、代谢中间产物及大量其它分子。摄取的部分营养素被用于分解代谢以产生化学自由能，这些化学自由能用于同化作用以及维持生命的其它过程。每种营养素在动物体内都有特定的作用和代谢途径，动物不是简单地对能量本身进行代谢，而是对特定的营养素进行代谢。每一种营养素都有特定的作用，并有着各自的代谢途径。多种营养素及其代谢产物可能在生物体的同一生命过程中发挥作用，而且它们之间也存在着复杂的相互作用。此外，多种内在因素（遗传、性别、生理状态、营养史等）和外界因素（温度、水、氧气），也影响着动物对营养素的代谢。

生物体的新陈代谢包括了物质代谢和能量代谢两个相互紧密联系的过程。生物体的生命活动包括组织的合成、渗透压调节、消化、呼吸、繁殖和运动等。生物能量学是研究生物体系中生化反应所伴随的能量变化的学科，也就是研究生物体为了维持生命活动而进行的能量摄入和能量利用之间的平衡关系。营养能量学的研究内容属于生物能量学的研究范畴，是从能量学的角度来研究营养物质在生物体内的代谢和重新分配的情况。

对于动物能量分配的表述有多种不同的体系，美国国家科学研究委员会动物营养委员会建立了一套系统化的术语，用于描述畜禽动物和鱼类对能量的利用情况（NRC，1981）。

一、营养物质的能量

在动物营养学上，“能量”一词与物理学上关于能量的定义是相同的，都用卡（Calorie）或焦耳（Joul）表示。卡为能量的非法定单位，卡与焦耳的换算关系为：

1卡(Cal) =4.1868焦耳(J)

1焦耳(J) =0.2388卡(Cal)

鱼类所需能量主要来源于饲料中的三大营养素，即蛋白质、脂肪和糖类。这些含有能量的营养物质在体内代谢过程中经过酶的催化，通过一系列的化学反应，释放出贮存的能量。这三大营养素常被称为能源营养物质。

饲料中三大能源营养物质完全氧化后生成水、二氧化碳和其它氧化产物，同时释放出能量。各种物质氧化时释放能量的多少与其所含的元素种类和数量有关。有机物质分子中只有 C、H 两种元素与外来的 O 元素化合才产生热量。但两种元素在分别与 O 元素化合时产生的热量也不相同。如每克单质 C 氧化为 CO_2 时，产生 33 807 J 的热量；而每克单质 H 氧化成 H_2O 时，则产生 144 348 J 的热量。糖类的平均产热量为 17 154 J/g，脂肪的平均产热量为 39 539 J/g，蛋白质的平均产热量为 23 640 J/g。

二、标准的能量分配体系

能量在动物体内的流动示意图见图 2－1。鱼类的能量消耗率要低于陆生恒温动物，其主要原因是：①鱼是变温动物，不需要消耗能量来维持恒定的体温；②鱼生活在水中，依靠水的浮力，只需要很少的能量就能供给肌肉活动和保持在水中的位置和平衡；③鱼的氮排泄废物氨或者三甲胺与陆生动物的氮排泄废物尿素或尿酸相比，其形成和分泌过程只需要较少的能量。

从热力学的观点出发，可以这样来认识鱼体的能量流动过程：①鱼体是一个能量转换系统，在其中以各种形式转换的能量总是守恒的；②能量转换的方向一定，因为伴随着转换过程总有热产生（代谢产热），所以能量转换是一个热力学不可逆过程；③这个系统是一个开放系统，不断由环境输入能量（食物），又不断向环境放热（代谢），它向环境耗散的能量必须保持在一定的水平（标准代谢）之上，才能维持生命系统的高度有序状态。

在水产动物的营养能量学研究中，鱼类的研究结果最为系统和完善。鱼类营养能量学的中心问题是阐明能量收支各组分之间的定量关系，以及各种生态因子对这些关系的作用，探讨鱼类调节其能量分配的生理生态学机制，阐明不同营养状态下鱼体内能量的分配和利用规律性。

鱼类通过食物摄入的能量在体内进行转化、代谢和重新分配后，一部分留在了体内，一部分以废物的形式排出体外，另外一部分则以散热的形式排出体外。

可以用以下等式来简单表示摄入能量在鱼体的流动情况：

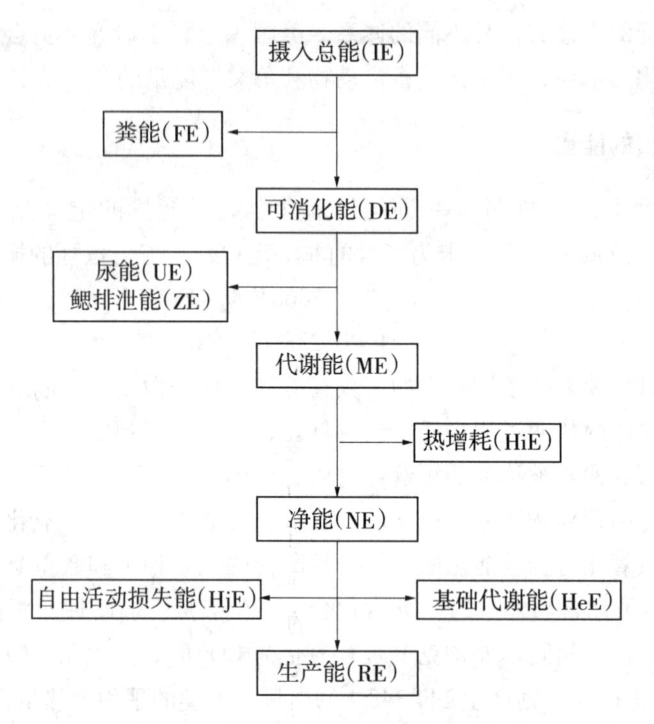

图 2-1　能量在动物体内的流动示意图

$$E_I = E_O + E_P$$

式中，E_I 为摄入的能量；E_O 为输出体外而消耗的能量；E_P 为贮存在体内的能量。

如果将上式进行扩展可以得到鱼类能量收支方程式的模型：

$$C = F + U + M + G$$

式中，C 为从食物中获得的能量；F 为以粪便的形式损失的能量；U 为以排泄废物的形式损失的能量；M 为代谢耗能；G 为贮存在体内的能量（生长能）。

对上式进行变换可以得到如下方程式：

$$G = C - F - U - M$$

建立方程式右边各项与环境因子之间的定量关系，便可计算特定环境条件下的生长能。

鱼类的能量收支除了受到遗传因素的影响外，还受到体重、水温、光周期、溶解氧、营养因子和摄食水平等外界条件的影响。因此，要建立准确的能量收支方程式并在不同的研究结果间进行比较，都必须明确特定的环境条件。

（一）摄入总能

总能（GE）是指摄入一定量饲料中所含的全部能量，也就是饲料中蛋白质、脂肪和糖类三大能源营养物质完全燃烧所释放出来的全部能量。摄入总能（IE）是指动物摄入食物中所含有能量的总和。

总能是营养学中表示燃烧焓的通常术语。物质总能的测定通常是采用氧弹式热量计的方法来完成，即将待测物质在密封、厚壁的金属容器（氧弹）中通过充氧燃烧而测得。在此条件下，碳和氢被彻底氧化成二氧化碳和水，这与在水生生物体内的反应相似。饲料的总能大小取决于其化学组成。摄入总能（IE）是用于表示动物摄入食物的总能量，可简单地用摄食饲料量和单位饲料重量的能量值的乘积来表示。

鱼类摄食量的多少受到鱼体重、鱼体生理状态、投饲率、饲料种类、水温和溶解氧等诸多因素的影响。

（二）可消化能

饲料中的营养物质必须首先经过消化和吸收，其所含的能量才能够供机体代谢使用。没有被消化吸收的那部分物质以粪便的形式排出体外，其所含的能量称为粪能（FE）。摄入总能（IE）减去粪能后所剩的那部分能量称为可消化能（DE）。动物所摄食的总能中有很大一部分以粪能的形式排出体外，所以饲料的可消化性是影响其被动物利用为能源物质的主要因素。

一般来说，饲料中各成分的消化率变异是造成其对动物供能效率差异的主要因素。在评价饲料中可利用能量水平时，动物对饲料的 DE 值比饲料本身的 GE 值更实用。因此，饲料配方设计以 DE（以及可消化营养素）为基础比以 GE 或者粗营养素（如粗蛋白）含量为基础更实用、更合理。

可消化能的大小被认为是决定鱼类摄食的主要因素之一，在给予鱼类不同 DE 水平的饲料时，鱼类可以通过调整摄食量以满足每日特定的能量摄入。投喂不同 DE 水平的饲料时，鱼类所表现出来的摄食差异并非是对饲料 DE 水平的简单反映，可能反映了动物为满足其生长或身体组织的能量需要，从而调整了对不同 DE 水平饲料的摄食量。

影响鱼类消化率的因素有很多，除了动物和饲料本身的内在因素外，还有一些外部因素，如摄食水平、投喂频率、水温和盐度等。不同的摄食水平可以改变动物对饲料中营养物质和能量的消化和利用程度。一般情况下，摄食水平较低时饲料蛋白质的表观消化率就会降低，代谢粪氮的排出量升高。但是，也有其它不同的研究结果认为摄食水平和投喂频率都不会影响饲料干物质、粗蛋白、脂肪和总能的表观消化率。当然，动物摄食水平的高低并不取决于投喂频率的高低，而是取决于本身的生理状态和饲料的特性。

较高的水温可以促进鱼类摄食，提高鱼类的代谢率，同时也加快了摄入的营养物质穿过肠道内表皮的速率，从而影响饲料的消化率。而在水温较低的时候，食物在胃中的排空时间相对较长。较低的水温可能导致动物摄食量减少，消化道内消化酶活力降低，肠道的黏膜细胞、消化酶、黏蛋白和其它肠道分泌物在粪便中的比重相对较高，从而使得饲料的表观可消化能（ADE）下降。

（三）代谢能

把鱼类生理代谢能够利用的那部分能量称为代谢能，即摄入单位重量饲料的总能与由粪、尿及鳃排出的能量之差，也就是可消化能在减除粪尿能和鳃排泄能后所剩余的能量。其计算公式如下：

$$ME = IE - FE - UE - ZE$$

或

$$ME = DE - UE - ZE$$

影响尿能和鳃排泄能的主要因素是那些可以影响鱼类体蛋白质沉积和含氮废物排泄的因素，包括饲料组成、鱼类生理状态和环境因子等。饲料组成主要是指饲料中蛋白质能量和非蛋白质能量之间平衡与否、饲料中的氨基酸组成情况和糖类及脂肪的含量。

关于饲料中蛋白质能量和非蛋白质能量之间的平衡可以用饲料中可消化蛋白质（DP）和可消化能（DE）的比值来表示，即 DP/DE。非蛋白质能量的增加而引起饲料可消化能的升高会降低动物的氨氮排泄量、降低尿能和鳃排泄能，从而导致可代谢能升高。在一定范围内，尿能和鳃排泄能随着饲料中 DP/DE 值的升高而升高，随着 DP/DE 值的降低而降低。造成这一现象的主要原因是饲料中脂肪和糖类对蛋白质的“节约效应”。饲料中非蛋白质能量含量较高，有部分蛋白质不需要在体内被分解氧化为机体提供能量，而是以组织蛋白质的形式被保留下来，从而鱼类的含氮废物排泄量减少。

饲料中氨基酸的组成情况是决定饲料中氮的利用率、尿能和鳃排泄能的另外一个因素。如果饲料中某类氨基酸的供给量高于鱼类的需求量，就会引起体内氨基酸的分解代谢增多，氨氮排泄量增大，相应的能量损失也会升高。因此，不仅饲料中蛋白质与非蛋白质能量的相对比例会影响饲料的能量效率，而且在蛋白质中各种氨基酸的配比相对于养殖对象对氨基酸需求的适合程度，也对饲料的能量效率有重要影响。

饲料中的糖类含量也会影响鱼类尿能和鳃排泄能的损失。当饲料中的可消化糖类含量过高时，鱼类表现出持续的高血糖症，在其尿液和鳃排泄物中都能检测到葡萄糖，增大了尿能和鳃排泄能的损失量，从而降低了可代谢能的量。

某些营养素在分解代谢后形成了必须被排出体外的代谢废物（如氨）。鱼类通过鳃和尿液排出代谢废物。大多数鱼类具有肾小球，水溶性维生素、葡萄糖、氨基酸等过量营养素以及某些代谢产物都可通过肾小球过滤后随尿液排出。在计算能量收支时，氨和尿素、肌酸酐、葡萄糖、氨基酸、三甲胺（TMA）和氧化三甲胺（TMAO）等其它形式的可燃物质，鱼类通过鳃及尿液排泄时造成的能量损失必须被考虑进去。这些可燃物质通过鳃排出的部分被称为鳃排泄能损失（ZE），通过尿液排放的部分称为尿能损失（UE）。从 DE 中扣除这些非粪能损失就估算出饲料的代谢能值。

影响非粪能量损失的主要因素就是那些影响鱼体蛋白质或氨基酸沉积的因素，这些因素主导着终产物（氮）通过鳃和尿液的流失。

（四）摄食热增耗

鱼类体内三大营养素的代谢反应会导致能量以热量的形式散失，用于维持机体结构和功能过程中释放的热量被称为基础代谢能（HeE），或者称为最低代谢。鱼类身体运动是做功的过程，也会增加代谢率，被称为自由活动损失能（HjE）。摄食过程伴随着摄食、消化、代谢利用饲料成分的额外做功而增加了代谢率，这部分增加释放的热量称为热增耗（HiE）。黏液、鳞片和上皮细胞脱落而流失的可燃组分所造成的能量损失称为体表能量损耗（SE）。对于鱼类而言，这些能量损耗或许很小且无法定量。

鱼类在将摄取的食物转化为机体物质时，或者是在水解 ATP 为体内的生理和生化活动提供能量的时候，会产生热量排出体外。摄食热增耗可能的解释是由于机械运动和生化代谢的耗能产热所致：①消化道运动做功；②氨基酸的氧化和尿素合成；③蛋白质的合成。硬骨鱼类的主要排泄物是氨，尿素所占的比例很少，尿素的合成与 HiE 的产生没有密切的关系。HiE 既与氨基酸的氧化有关，也与鱼类生长和蛋白质合成过程的能量消耗相联系。所以，HiE很可能是摄食后蛋白质的代谢过程——包括蛋白质合成、分解以及氨基酸的氧化加速所致。

（五）生产能

生产能（RE）的定义是动物经过一段时间的生长后身体所含有的总能与生长之初身体总能之间的差。生产能用于鱼类的生长和繁殖。一般情况下，研究者将鱼类用于生长的那部分能量称为生长能（G），并以此来表示鱼体的能量沉积量。

在一段时间内，实验开始和结束时身体燃烧热（GE）的差值即称之为生产能（RE）。估测生产能最直接的方法是在生长实验开始和结束时选取有代表性的动物样本，用氧弹式热量计测动物体的总能。这种测定生产能的方法称为"动物体比较分析法"或"屠宰法"。另外，生产能还可由摄入能（IE）－粪能（FE）－鳃能（ZE）－尿能－生产耗热而得到，这种方法也称为"能量平衡法"。

从上面的公式可以看出生长能可以是正值，也可以是负值。当G为正值时，表明动物经过一段时间的生长后，贮存了比生长之初更多的能量；当G为负值时，表明动物经过一段时间的生长后，贮存的能量还小于生长之初的能量。

生长能指标能够比较简便地反映动物的生长以及营养物质在动物体内的沉积情况。但是，生长能的多少并不能完全代表动物的体重增减情况。动物体内的三大能源物质是蛋白质、脂肪和糖原，而糖原在动物体内所占比例小于1%，因此其对动物体总能的贡献很小。在蛋白质含量不变的情况下，动物体脂肪含量升高会导致身体总能升高。然而，脂肪含量升高同样会导致身体水分含量降低，致使动物的湿体重减轻。所以说，生长能的增减并不总是和动物体重的增减完全同步。

蛋白质和脂肪沉积是分别受到两种不同机制调节的生物学过程。蛋白质和脂肪沉积的重要性取决于大量的营养因素。当摄入高消化能饲料，或可消化蛋白与可消化能比例不合适的饲料，或必需氨基酸组成不合理的蛋白源时，生产能通常主要以脂肪的形式沉积。身体组成会随着季节的变化而发生改变，这主要与特定的生理阶段或内分泌状况有关。另外，还应当考虑到脂肪沉积和组织分布的种间差异。

（六）繁殖能

对于许多动物，繁殖是生活史必经的阶段。此时部分生长能必须重新分配，以供给繁殖需要。繁殖期间的耗能总量高于产生生殖细胞的耗能量。第二特征的发育、黏液的产生、交配行为与活动、迁移过程和其它方面都涉及能量支出。在水产养殖条件下，与生殖相关的耗能可能并不如野生鱼类那样受人关注。但是，对于养殖种类而言，生殖是生长周期中的关键部分，此时鱼类在能量分配上会发生急剧的改变。不论动物摄入多少能量，生殖所涉及的新组织合成和暂时储存都照常进行。如果饲料提供的能量不足，则会分解其它体组织来供应能量。因此，发生在生殖季节的组织能量再分配会使能量平衡的测定和生产耗能的估计更加复杂。

三、水产动物生长能量需求的计算

动物生物能量学的研究具有非常重要的意义，它提供了一个方便、准确的体系，可以根据动物体重、生长速率、性别、运动、生理状态、环境和动物的食物组成来预测饲料需要量或者饲料利用率。大量不同形式的生物学模型，已用于预测不同鱼类在不同条件下的生长、摄食率、饲料系数和废物输出。

在生物能量学模型中，鱼类的生长通常是采用两种不同的方法来预测的。一种方法是假设摄入总量（IE）决定体重增加。这个假设主要被应用到水产业和生态研究中，因为在自然生态系统中鱼类的生长常常受到可获取食物的限制。另一种方法认为限制动物生长的因子是遗传或潜在的（预期的）生长率，而不是营养因素。在该方法中，摄入总能是个体获得既定生长潜力或生产目标能力的函数，主要用于水产养殖，因为养殖鱼类多以营养全面的饲料饱食投喂。

在众多生物能量学研究中，常将能量需要量表示为“最大产出”所需要的DE的绝对量，或者将能量支出和沉积表示为与“最大耗料”的比值。动物的最大产出或最大耗料高度依赖于遗传因素、饲料成分、环境条件（如温度）、养殖管理、健康状况和其它参数。最大产出或最大耗料是可变的参数。因此，在一些研究中计算得到的最大产出的能量需要量（能量需要表示为绝对数，如kJ/(尾·d)），只适用于该研究中的特定条件(如饲料组成、品种、温度和养殖条件)。鱼类不同的生长率会导致不同的营养沉积率，因而会有不同的能量和饲料需要量。能量需要量应当根据可描述的行为水平（如预期或可达到的行为水平）、饲料组成和生长阶段来计算。根据鱼类的预期行为水平、饲料组成和预期体组成，可按照如下步骤估算鱼类可消化能的需要量，进而计算饲料的需要量：①分析饲料的特性（包括可消化能含量）；②计算预期的活体重和生产能；③根据鱼的大小和水温分配基础代谢值；④分配维持热能耗和能量沉积的热能耗；⑤分配尿能+鳃能；⑥计算最小消化能需要量；⑦计算饲料需要量。

第五节　维生素营养

一、维生素的概念及分类

维生素是维持动物机体正常生长、发育和繁殖所必需的微量小分子有机化合物。动物对维生素需要量很少，其主要作用是：作为辅酶参与物质代谢和能量代谢的调控；作为生理活性物质直接参与生理活动；作为生物体内的抗氧化剂保护细胞和器官组织的正常结构和生理功能；还有部分维生素作为细胞和组织的结构成分。对于多数维生素，动物本身没有全程合成的能力，或合成量不足以满足营养需要，主要依赖于食物的供给。动物肠道微生物可以合成部分维生素如生物素、B_{12}和K_3等。

维生素种类多，一般按其溶解性分为脂溶性维生素和水溶性维生素两大类。脂溶性维生素是可以溶于脂肪或脂肪溶剂（如乙醚、氯仿、四氯化碳等）而不溶于水的维生素，包括维生素A（视黄醇）、维生素D（钙化醇）、维生素E（生育酚）和维生素K。水溶性维生素是能够溶解于水的维生素，包括维生素B_1（硫胺素）、维生素B_2（核黄素）、泛酸（遍多酸）、烟酸（尼克酸）、烟酰胺（尼克酰胺）、维生素B_6（吡哆素）、生物素（维生素 H）、叶酸、维生素 B_{12}（氰钴素）、维生素 C（抗坏血酸）等，它们对酸稳定，易被碱破坏。

二、脂溶性维生素的性质与生理功能

脂溶性维生素在饲料中常与脂类共存，其吸收也必须借助脂肪的存在。脂溶性维生素可在动物肝（胰）脏中大量贮存，待机体需要时再释放出来供机体利用。脂溶性维生素主要作为生理活性物质起作用，但长期过量供给也可能产生中毒反应。

（一）维生素 A

维生素 A 最常见的有视黄醇（维生素 A_1）和脱氢视黄醇（维生素 A_2）两种。维生素 A_1 主要存在于哺乳动物和海水鱼的肝（胰）脏。淡水鱼同时存在维生素 A_1 和维生素 A_2，维生素 A_1 的相对生理活性高于维生素 A_2。鱼类和其它动物能够利用存在于很多植物中的 β-胡萝卜素作为合成维生素 A 的前体。维生素 A 的化学性质很活泼，可以被氧化生成相应的视黄醛和视黄酸，也容易被空气氧化及紫外线破坏而失去生理活性。维生素 A 应避光贮存，在实际生产中一般是将视黄醇与脂肪酸（如乙酸、棕榈酸等）反应形成酯使用。

维生素 A 的主要生理功能是参与动物眼睛视网膜光敏物质视紫红质的再生，维持正常的视觉功能。维生素 A 在细胞分化方面具有重要的生理作用。在细胞核中已经发现了视黄酸的受体，视黄酸在细胞核内与其受体结合后通过促进基因转录来调节机体的新陈代谢和胚胎发育，从而影响细胞的增殖和分化。维生素 A 的这种功能与类固醇激素的功能较为相似。视黄醇影响细胞分化的另一途径是通过形成视黄酰基蛋白完成对蛋白质的修饰作用来进行的。

（二）维生素 D

维生素 D 为一类固醇类的衍生物，没有明显的生理活性。维生素 D 为无色针状结晶，易溶于脂肪和有机溶剂，除对光敏感外，化学性质一般较稳定，不易被酸、碱、氧化剂及加热所破坏。

维生素 D 的主要生理功能是通过增强肠道对钙、磷的吸收和通过肾脏对钙、磷的重吸收来维持体内血钙、血磷浓度的稳定，参与体内矿物质平衡的调节。在骨骼系统的生长和发育中，维生素 D 具有溶骨和成骨的双重作用。在钙、磷供应充足时，维生素 D 主要促进成骨作用。当血钙降低、肠道钙吸收不足时，主要促进溶骨，使血钙升高。在免疫方面，维生素 D 可以调节淋巴细胞、单核细胞的增殖与分化，以及这些细胞由免疫器官向血液转移。摄入过量的维生素 D 将刺激肠道中钙的吸收和骨钙的重吸收，最终会导致软组织钙化。

食物中的维生素 D 在胆盐和脂肪存在的条件下由肠道吸收，通过被动扩散的形式进入肠细胞。

（三）维生素 E

维生素 E 又名生育酚，其中以 α-生育酚的生理效用最强。维生素 E 为油状物，在无氧状况下能耐高热，对酸和碱比较稳定，但对氧却十分敏感，是一种有效的抗氧化剂，被氧化后即失效。它与维生素 A 或不饱和脂肪酸等易被氧化的物质同时存在时，可保护维生素 A 及不饱和脂肪酸不受氧化。因此，维生素 E 可作为这些物质的抗氧化剂。维生素 E 的醋酸酯对氧较稳定，常用作饲料添加物。

维生素 E 在大多数动、植物饲料中含量都很丰富，特别是谷物胚芽、籽实、青饲料中含量都很高。

维生素 E 的主要生理功能是清除细胞内自由基，从而防止自由基、氧化剂对生物膜中多不饱和脂肪酸、富含巯基的蛋白质成分以及细胞核和骨架的损伤，保持细胞、细胞膜的完整性和正常功能。维生素 E 对正常免疫功能，特别对 T 淋巴细胞的功能有重要作用。维生素 E 可以影响花生四烯酸的代谢和前列腺素的功能；通过抑制前列腺素-2 和皮质酮的生物合成来促进体液、细胞免疫和细胞吞噬作用，增强机体的整体免疫机能。维生素 E 能够保护红细胞膜，使之增加对溶血性物质的抵抗力；同时，还能保护巯基不被氧化而保护酶的活性。此外，维生素 E 还参与调节组织呼吸和氧化磷酸化过程。

(四) 维生素 K

维生素 K 是 2-甲基-1,4-萘醌的衍生物，在自然界中最重要的维生素是 K_1，广泛存在于动、植物体内；其次是维生素 K_2，主要由细菌合成。人工合成的种类也很多，其中以维生素 K_3 的活性最强，化学结构为 2-甲基萘醌。

维生素 K 性质比较稳定，有耐热性，但碱、光可将其破坏。维生素 K 的主要作用是参与动物的凝血反应。首先，激活凝血酶原使之转变为有活性的凝血酶，凝血酶再催化血纤维蛋白原转变为有活性的血纤维蛋白，血纤维蛋白相互交织成网状结构阻止血液的流动，从而起到止血的作用。其次，血液凝血因子Ⅶ、Ⅸ和Ⅹ的合成也需要维生素 K。所以，维生素 K 缺乏将使动物凝血能力减弱，或延长凝血时间。

许多蛋白质生理作用依赖于维生素 K 而存在，维生素 K 在机体代谢中发挥着重要作用。维生素 K 依赖性羧化酶系统除了凝血作用外，还参与成骨作用；在皮肤中的一种维生素 K 依赖性羧化酶系统还参与皮肤的钙代谢。

动物肠道细菌可以合成部分维生素 K，但是还没发现鱼类消化道存在合成维生素 K 的微生物区系。维生素 K 以甲基萘醌盐的形式作为饲料添加剂，如亚硫酸氢钠甲萘醌和亚硫酸氢二甲基嘧啶甲萘醌。

三、水溶性维生素的性质及生理功能

水溶性维生素大多数都易溶于水，通过作为辅酶而参与动物物质代谢、能量代谢的调控，部分水溶性维生素是以生物活性物质直接参与对代谢反应的调控作用，还有部分水溶性维生素是作为细胞结构物质发生作用。动物体及其肠道微生物可合成某些维生素，但大多数维生素仍然依赖饲料提供。水溶性维生素在植物性饲料、微生物饲料中含量较高。

(一) 维生素 B_1

维生素 B_1 又名硫胺素，在体内的存在形式包括游离的硫胺素及硫胺素磷酸酯，其中的焦磷酸硫胺素为维生素 B_1 的活性辅酶形式。单纯的硫胺素为白色粉末，其盐酸盐

为针状结晶体，有特殊香味，极易溶于水。维生素 B_1 在酸性溶液中较稳定，加热到120℃也不被破坏。但在碱性及中性溶液中易被氧化。氧化剂及还原剂均可使其失去作用。

维生素 B_1 在体内主要以焦磷酸硫胺素（TPP）作为 α-酮酸脱羧酶的辅酶参与 α-酮酸如丙酮酸和 α-葡萄糖酮酸的氧化脱羧反应，作为 α-酮戊二酸氧化脱羧酶的辅酶参与氨基酸的氧化脱羧反应。焦磷酸硫胺素在磷酸戊糖代谢途径中参与转酮醇作用，并与核酸合成、脂肪酸合成相关联。

硫胺素的非辅酶作用包括维持神经组织和心肌的正常生理功能等。硫胺素三磷酸在神经元细胞和激动组织如骨骼肌、鱼类的电器官中富集，当受到刺激时快速分解并由此改变膜的阴离子通透性，从而对神经冲动的传导产生作用。硫胺素有抑制胆碱酯酶的作用，胆碱酯酶能催化神经递质乙酰胆碱水解，而乙酰胆碱与神经传导有关。肠道内游离硫胺素可以被直接吸收，硫胺素磷酸酯则在磷酸酶的作用下水解为硫胺素再被吸收。

维生素 B_1 在酵母、谷类胚芽及皮层、瘦肉、核果及蛋类中含量较多。商品形式为盐酸硫胺素、单硝酸盐硫胺素等。

（二）维生素 B_2

维生素 B_2 又名核黄素，微溶于水和酒精，但不溶于其它有机溶剂；在酸性溶液中较稳定，但在碱液或暴露于可见光时，易发生分解。核黄素在体内以游离核黄素、黄素单核苷酸（FMN）和黄素腺嘌呤二核苷酸（FAD）三种形式存在，后两者为其辅酶形式。FMN 和 FAD 是体内多种氧化还原酶的辅酶，催化多种氧化还原反应，参与多种物质如蛋白质、脂质的中间代谢过程。FAD 是细胞呼吸链的一个部分，主要参与电子和氢的传递，是细胞能量代谢的中心环节。

核黄素通过参与谷胱甘肽氧化还原循环而具有预防生物膜过氧化损伤的作用。生物膜中含有大量不饱和脂肪酸，它们很容易被氧化破坏。最大威胁来自于细胞内的过氧化物类物质，而谷胱甘肽过氧化物酶可以破坏生物膜中的过氧化物，从而对生物膜起到保护作用。此外，核黄素对维护皮肤、黏膜和视觉的正常机能均有重要的作用。

核黄素广泛分布于动、植物中，在米糠、酵母、动物肝脏、奶、豆中含量都很高。食物中的核黄素化合物需水解为游离核黄素才能被肠道吸收。在饲料中通常以干粉形式直接加到多维预混料中使用。

（三）泛酸

泛酸也叫遍多酸，是由泛解酸和 β-丙氨酸组成的一种酰胺类物质，主要在微生物中合成。泛酸溶于水和乙醚，对氧化剂和还原剂均较稳定，在有水时加热也很稳定，但在干热及酸碱性介质中加热时易被破坏。

泛酸作为 CoA 的组成成分发挥着重要作用。泛酸在机体组织中与巯基乙胺、焦磷酸及3′-磷酸腺苷结合成为 CoA，其活性基为巯基（—SH）。CoA 存在于所有组织中，并为组织代谢中最重要的辅酶之一。CoA 的主要功能是作为羧酸的载体，如 CoA 与草酰乙酸结合生产柠檬酸而进入三羧酸循环。来自于脂肪酸、α-氨基酸和糖氧化分解的二碳中间产物与 CoA 生产乙酰 CoA 进行三羧酸循环。同时，脂肪酸要进入线粒体氧化分解时必须活化，即形成酯酰 CoA 后才能进入线粒体，酯酰 CoA 是体内脂肪酸氧化分解的关键中间产物。所以，CoA 在机体物质分解代谢和能量产生中具有关键性的作用。乙酰 CoA 是许多物质生物合成的直接原料，在脂肪酸、胆固醇、固醇类激素、酮体等物质的合成代谢中，CoA 起着重要的中间代谢作用。

泛酸的非辅酶作用表现在可以刺激抗体的合成而提高肌体对病原体的抵抗能力。泛酸也是蛋白质及其它物质的乙酰化、酯酰化修饰所必需的物质，许多与信号传递作用有关的蛋白质，如红细胞、免疫系统、神经系统和对激素有反应的各种蛋白质均是被乙酰化的，同时这些修饰作用可以影响到蛋白质定位和活性。由乙酰 CoA 与乙酸形成的活性乙酸盐与胆碱结合形成乙酰胆碱，而乙酰胆碱是神经细胞重要的神经信号传递物质。

泛酸广泛存在于动、植物中，在酵母、种皮、米糠、饼粕类饲料中含量尤为丰富。泛酸主要以泛酸钙的干粉形式通过多维预混料加入饲料中使用。

（四）烟酸

烟酸又名尼克酸，是烟酸及具有烟酰胺生物活性的衍生物的通称。烟酸、烟酰胺烟酸和烟酰胺均为白色针状晶体，对热、光、酸均较稳定。烟酸微溶于水，能大量溶于碱性溶液中；烟酰胺则易溶于水和乙醇，在碱性溶液中加热，烟酰胺可水解为烟酸。

烟酰胺主要作为烟酰胺腺嘌呤二核苷酸（又称辅酶 I，NAD +）和烟酰胺腺嘌呤二核苷酸磷酸（又称辅酶Ⅱ，NADP +）的组成成分参与体内的代谢。辅酶 I 为体内很多脱氢酶的辅酶，是连接作用物与呼吸链的重要环节，是细胞线粒体呼吸链的重要组成部分。在呼吸链中作为氢和电子的传递体，是能量产生的关键场所和关键性反应。辅酶Ⅱ在生物合成反应中是重要的供氢体，参与许多物质的生物合成。重要的非氧化还原反应也需要 NAD +，如催化蛋白质连接生成糖蛋白的酶和涉及 DNA 损伤修复的酶均需要 NAD +作为辅酶。烟酸的突出药理功能是降血脂。同时，烟酸可以与体内的三价铬形成烟酸铬，也因此烟酸成为葡萄糖耐量因子的一部分。葡萄糖耐量因子是一种有机铬复合物，具有加强胰岛素反应的作用。

烟酸和烟酰胺的分布很广，以酵母、瘦肉、肝脏、花生、黄豆、谷类皮层及胚芽中含量较多。在生产中可以以干粉的形式直接使用。

（五）维生素 B_6

维生素 B_6 为一种含氮的化合物，主要有三种天然形式，即吡哆醇、吡哆醛和吡哆胺。吡哆醛、吡哆胺很不稳定，遇热、光、空气迅速被破坏，一般以盐酸吡哆醇的形式补充维生素 B_6。盐酸吡哆醇易溶于水，在酸、碱溶液中耐高热，但暴露于可见光时易被破坏。

维生素 B_6 主要以磷酸吡哆醛形式参与蛋白质、脂肪酸和糖的多种代谢反应；吡哆醛为 100 多种酶的辅酶。

维生素 B_6 与氨基酸代谢有密切关系，主要有以下几个方面：①维生素 B_6 在体内与磷酸结合生成磷酸吡哆醛或磷酸吡哆胺，它们是转氨酶的辅酶；饲料蛋白质水平增加时对维生素 B_6 的需要量也增加。②磷酸吡哆醛是谷氨酸、酪氨酸、精氨酸等氨基酸脱羧酶的辅酶，也是丝氨酸、苏氨酸脱氨基酶的辅酶。③维生素 B_6 为含硫氨基酸及色氨酸正常代谢所必需，色氨酸在转变为烟酸的过程中也需要维生素 B_6。④维生素 B_6 能提高氨基酸的吸收速度和消化率。

维生素 B_6 在肝脂质代谢中具有重要作用。在细胞免疫方面维生素 B_6 也具有重要作用，缺乏时将导致细胞介导的免疫反应受损。

维生素 B_6 在自然界分布很广，谷物、豆类、种子外皮及禾本科植物含量较多。

（六）生物素

生物素又称维生素 H，是一种双环含硫化合物。生物素微溶于水，其钠盐易溶于水。生物素化学性质较稳定，不易被酸、碱及光破坏，但高温和氧化剂可使其丧失活性。生物素在动物体内是作为羧化酶的辅酶而参与代谢反应。羧化酶是生物合成和分解代谢的重要酶类，主要作为 CO_2 的中间载体参与羧化或脱羧反应。主要的羧化酶包括乙酰 CoA 羧化酶、丙酮酸羧化酶、丙二酰 CoA 羧化酶和 β-甲基丁烯酰 CoA 羧化酶等。生物素也是长链不饱和脂肪酸代谢的必需物质。

在蛋白质和核酸代谢中，生物素在蛋白质合成、氨基酸脱羧、嘌呤合成、亮氨酸和色氨酸分解代谢中起重要作用，也是许多氨基酸转氨基脱羧反应所必需的。生物素在蛋黄、肝脏、蔬菜中的含量较高。水生动物肠道微生物可以合成部分生物素。生物素以干粉形式通过多维预混料加入饲料使用。

（七）叶酸

叶酸由蝶啶核酸、对氨基苯甲酸和谷氨酸所组成，因其广泛存在于植物叶片中，故称叶酸。叶酸的辅酶形式为四氢叶酸（FH_4）。

叶酸为黄色结晶，微溶于水，在酸性溶液中稳定，但遇热或见光易分解。在还原型辅酶Ⅱ（NADPH）和维生素 C 的参与下，叶酸经叶酸还原酶催化加氢成为四氢叶酸才有生理活性。叶酸是生成红细胞的重要物质。叶酸与核苷酸的合成有密切关系，当体内缺乏叶酸时，“一碳基团”的转移发生障碍，核苷酸特别是胸腺嘧啶脱氧核苷酸的合成减少，骨髓中幼红细胞 DNA 的合成受到影响，细胞分裂增殖的速度明显下降。叶酸也是维持免疫系统正常功能的必需物质，因白细胞分裂增殖同样需要叶酸。

叶酸通常以干粉形式通过多维预混料加入饲料使用。

（八）维生素 B_{12}

维生素 B_{12} 又名钴胺素和氰钴胺素、氰钴素，为粉红色结晶，在弱酸溶液中很稳定，可因氧化剂、还原剂的存在而遭破坏。

维生素 B_{12} 重要的功能是参与核酸和蛋白质代谢，也在脂肪和糖代谢中发挥重要作用。维生素 B_{12} 参与体内一碳基团的代谢，是传递甲基的辅酶，而甲基化反应是体内许多物质合成所必需的，具有非常重要的作用。甲基钴胺也是维生素 B_{12} 的辅酶形式，甲基钴胺是 5－甲基四氢叶酸甲基转移酶的辅酶，参与体内甲基转移反应和叶酸代谢，其作用是促进叶酸的周转利用，以利于胸腺嘧啶脱氧核苷酸和 DNA 的合成。维生素 B_{12} 能使机体的造血机能处于正常状态，促进红细胞的发育和成熟。

维生素 B_{12} 的另一种辅酶形式为 5′－脱氧腺苷钴胺，它是甲基丙二酰辅酶 A 变位酶的辅酶，参与体内丙酸的代谢。体内某些氨基酸、奇数碳脂肪酸和胆固醇分解代谢可产生丙酰 CoA。正常情况下，丙酰 CoA 经羧化生成甲基丙二酰 CoA，后者再受甲基丙二酰 CoA 变位酶和辅酶 B_{12} 的作用转变为琥珀酰 CoA，最后进入三羧酸循环而被氧化利用。

动物肝脏、肌肉中含有较多的维生素 B_{12}，但植物中不含有维生素 B_{12}。许多微生物（如动物消化道中的某些微生物）可合成维生素 B_{12}。维生素 B_{12} 的吸收主要依赖于肠道中的一种内因子（肠壁分泌的一种黏蛋白）的存在。

维生素 B_{12} 可以干粉的形式通过多维预混料添加到饲料中。

（九）维生素 C

维生素 C 又名抗坏血酸，在水溶液中有较强的酸性。维生素 C 可脱氢而被氧化，有很强的还原性，氧化型维生素 C（脱氢抗坏血酸）还可接受氢而被还原。但是，维生素 C 在碱性溶液中很快被破坏。维生素 C 对于许多物质的羟化反应都有重要作用，而羟化反应又是体内许多重要化合物的合成或分解的必经步骤。胶原蛋白是细胞间质的重要成分，当维生素 C 缺乏时，胶原和细胞间质合成出现障碍，毛细血管壁脆性增大，通透性增强，轻微创伤或压力即可使毛细血管破裂，引起出血现象即坏血病。维生素 C 具有强的还原性和螯合特性，能使酶分子中—SH 保持在还原状态，从而起到保护含巯基酶的活性的作用。维生素 C 还有解毒的作用，药物或毒物在内质网上的羟化过程是重要的生物转化反应。

维生素 C 能使难吸收的 Fe^{3+} 还原成易吸收的 Fe^{2+}，促进铁的吸收，有利于血红素的合成。此外，维生素 C 还有直接还原高铁血红蛋白的作用。

维生素 C 能够促进血清中溶血性补体的活性、免疫细胞的增殖、吞噬作用、信号物质的释放和抗体的产生。维生素 C 增强机体的免疫功能不限于促进抗体的合成，它还能增强白细胞对病毒的反应性以及促进 H_2O_2 在粒细胞中的杀菌作用等。维生素 C 可有效降低由于环境恶化和管理不善等带来的应激反应。维生素 C 的主要来源是新鲜水果、蔬菜和动物的肾、肝和脑垂体等。

维生素 C 极不稳定，在储藏、加工中（特别是在高温膨化加工过程）易被氧化破坏。因此，在饲料的多维预混料中一般不加晶体维生素 C，而是使用各种包被的维生素 C，或者是对高温稳定的维生素 C 多聚磷酸酯。

（十）胆碱

胆碱是 β-羟乙基三甲胺的羟化物。它不仅是机体的构成成分，而且对某些代谢过程有一定的调节作用。胆碱可以在肝中合成，但合成速度不一定能够满足需要。与其它水溶性维生素不同，胆碱没有辅酶的功能。它作为卵磷脂的构成成分参与生物膜的构建，是重要的细胞结构物质。胆碱可以促进肝脂肪以卵磷脂形式输送，或提高脂肪酸本身在肝脏内的氧化作用，故有防止脂肪肝的作用。胆碱有三个不稳定的甲基，在转甲基反应中起着甲基供体的作用。胆碱的衍生物乙酰胆碱是重要的神经递质，在神经冲动的传递上很重要。

胆碱一般以质量分数 20%～60% 的氯化胆碱干粉的形式加入饲料，如果储存期过长，氯化胆碱可降低多维预混料中其它维生素的稳定性。

（十一）肌醇

具有生物活性的肌醇是环六己醇，其六磷酸酯为植酸。肌醇以磷脂酰肌醇的形式参与生物膜的构成。磷脂酰肌醇参与一些代谢过程的信号转导，这种信号转导系统在许多方面与腺苷酸环化酶转导系统相似；但是，磷脂酰肌醇系统在激素刺激下产生两个二级信使。受磷脂酰肌醇二级信使系统控制的生理生化过程包括淀粉酶分泌、胰岛素释放、平滑肌收缩、肝糖原分解、血小板凝集、组胺分泌、纤维细胞和成淋巴细胞中的DNA合成。肌醇以干粉形式通过多维预混料加入饲料中。

四、维生素缺乏症

维生素缺乏症是动物为维持正常的生理功能、生长、发育和繁殖所需要的维生素种类、含量得不到满足时而出现的代谢紊乱或病理性变化。维生素供给不足包括所需要的维生素的种类不足、单个维生素的含量不足两方面。供给不足可能是食物中的维生素种类、含量的缺乏或不足，也可能是在肠道吸收进入体内的维生素种类或含量不足，还可能是食物中抗维生素因子作用导致维生素供给不足。维生素缺乏症的表现形式包括生理生化的异常反应，细胞、组织、器官乃至个体的形态变化，以及个体生产、繁殖性能下降等不同层次的变化。

维生素作为动物体内代谢反应酶的辅酶、辅助因子或生理活性物质直接参与营养素和能量代谢的调控。动物自身有一套调节、控制机制以维持体内的物质、能量代谢内稳定状态。因此，当维生素供给出现轻度或短暂不足时，动物体会启动自身的调控机制来消除维生素供给不足的影响而保持生理状态的内稳定，不会出现明显的缺乏症。当维生素的缺乏超过了动物自身的调控能力后，首先就会出现生理生化方面的症状，此时可以通过血液、肝（胰）脏中维生素的含量或相关的酶活力大小进行相应的评价和判定，这是维生素缺乏症较为灵敏的判别指标。进一步缺乏会出现个体形态方面和发育、生长、繁殖等方面的症状，表现在形态指标或可以测量的生长、饲料效率等生产性能指标的异常。对于维生素缺乏症的判定也应该根据上述分析在不同层次、不同表现形式上进行检测和分析。

在养殖生产中，水产动物维生素缺乏症较为共性的表现主要有：①食欲不振、饲料效率和生长性能下降；②抗应激能力、免疫力下降，发病率和死亡率上升；③多数情况下出现贫血症状，如血细胞和血红蛋白数量减少，耐低氧能力下降；④多数情况下有体表色素异常、黏液减少，体表粗糙，眼球突出、眼部白内障等症状；⑤多数情况下出现体表充血、出血的现象。维生素是一类不同于氨基酸、糖类、脂类的有机化合物。动物需要从外界（通常是饲料）摄入微量的维生素，以维持机体生长、繁殖和健康。8种B族水溶性维生素的需要量相对较小，主要作为辅酶。另外3种水溶性维生素，即胆碱、肌醇和维生素C，需要量相对较大，虽不作为辅酶，但具有其它功能。维生素A、维生素D、维生素E和维生素K是脂溶性维生素，其作用与酶无关；但在有些情况下，如维生素K具有辅酶的作用。维生素缺乏会导致哺乳动物产生典型的缺乏症，但这些单一维生素缺乏症在水产动物上表现得并不特别明显。表2-1列出了鱼在维生素缺乏时所表现出的症状。

表 2－1　部分鱼类的维生素缺乏症

缺乏症症状	维生素类型	鱼种类
游泳能力异常（运动失调）	核黄素	鲑科鱼类
	泛酸	日本鳗鲡
	烟酸	日本鳗鲡
	生物素	日本鳗鲡
	C	许氏平鲉
腹水	A	鲑科鱼类
	E	鲑科鱼类
	C	鲑科鱼类
鳍、皮肤或支气管外膜充血	E	黄条鰤
	硫胺素	黄条鰤、日本鳗鲡、真鲷
	泛酸	日本鳗鲡
	B_{12}	黄条鰤
	叶酸	黄条鰤
体表黑色素沉积	A	黄条鰤
	E	黄条鰤、杂交鲈
	硫胺素	黄条鰤
	核黄素	鲑科鱼类、黄条鰤、杂交鲈
	生物素	日本鳗鲡
	肌醇	鲑科鱼类、黄条鰤
	叶酸	鲑科鱼类、日本鳗鲡
	胆碱	黄条鰤
	C	黄条鰤、许氏平鲉
肝脂肪量降低	胆碱	罗非鱼、美国红鱼
畸形（脊柱、颌骨、吻部）	核黄素	鲑科鱼类
	烟酸	杂交罗非鱼
	C	黄条鰤、褐牙鲆、许氏平鲉、尖吻鲈
皮炎	核黄素	日本鳗鲡
	泛酸	日本鳗鲡
水肿	A	鲑科鱼类
	E	鲑科鱼类
	烟酸	鲑科鱼类、杂交罗非鱼

续表 2－1

缺乏症症状	维生素类型	鱼种类
溃烂	A	石斑鱼
	核黄素	黄条鰤、蓝色罗非鱼、虹鳟
	肌醇	鲑科鱼类
	C	日本鳗鲡、罗非鱼、尖吻鲈、花鲈
眼部疾病（虹膜炎、白内障）	A	鲑科鱼类
	核黄素	黄条鰤、鲑科鱼类、斑点叉尾鮰、杂交条纹鲈
	C	牙鲆、墨西哥丽体鱼
鳃部病理变化（棒状鳃、鳃瓣上皮细胞增生、鳃瓣退化、鳃丝扭曲）	泛酸	鲑科鱼类、黄条鰤、蓝色罗非鱼
	生物素	鲑科鱼类
	C	鲑科鱼类
血液学指标的变化（贫血；血红细胞异常；红细胞脆性降低；血细胞比容值下降；巨幼红细胞增多症；少量红细胞出现畸形细胞核；血小板数量降低；造血干细胞和中性粒细胞数量增加；红细胞发生破裂；凝血时间延长）	A	黄条鰤
	E	鲑科鱼类、杂交条纹鲈
	K	鲑科鱼类
	吡哆醇	鲑科鱼类
	泛酸	鲑科鱼类、黄条鰤、蓝色罗非鱼
	烟酸	鲑科鱼类、日本鳗鲡
	叶酸	鲑科鱼类
	B_{12}	鲑科鱼类、黄条鰤
	肌醇	鲑科鱼类
皮下出血	A	黄条鰤、杂交条纹鲈、大西洋庸鲽、石斑鱼
	K	鲑科鱼类
	硫胺素	日本鳗鲡、真鲷
	核黄素	鲑科鱼类、日本鳗鲡
	泛酸	日本鳗鲡
	烟酸	黄条鰤、日本鳗鲡、杂交罗非鱼
	生物素	黄条鰤
	胆碱	鲑科鱼类
	C	鲑科鱼类、黄条鰤、日本鳗鲡、杂交罗非鱼、褐牙鲆、许氏平鲉
过度应激（应激性）	硫胺素	鲑科鱼类
	吡哆醇	鲑科鱼类

续表 2－1

缺乏症症状	维生素类型	鱼种类
肝脂含量增加（脂肪肝、肝脏脂质浸润）	D	鲑科鱼类
	生物素	鲑科鱼类
	胆碱	鲑科鱼类、杂交条纹鲈
	肌醇	石斑鱼、杂交罗非鱼
组织损伤	A	鲑科鱼类
	吡哆醇	台湾红罗非鱼
	烟酸	鲑科鱼类、黄条鰤、杂交罗非鱼
	生物素	鲑科鱼类
活力降低（呆滞、精神萎靡、运动能力下降、不能运动）	核黄素	鲑科鱼类、日本鳗鲡、蓝色罗非鱼
	吡哆醇	黄条鰤、台湾红杂交罗非鱼
	泛酸	蓝色罗非鱼
	生物素	黄条鰤
	叶酸	鲑科鱼类
	肌醇	黄条鰤
	C	鲑科鱼类
脊椎前弯症	C	黄条鰤、美国红鱼、花鲈
平衡失调	硫胺素	鲑科鱼类
	C	美国红鱼
肌肉营养不良（肌无力）	E	鲑科鱼类、许氏平鲉
	烟酸	鲑科鱼类
器官病变（胰腺萎缩，肾和胰脏退化；头肾坏死；肝脏、肾脏、小肠发生组织病理变化；胰腺细胞萎缩、干细胞空泡化；肠道灰白化、肝脏严重萎缩）	吡哆醇	隆颈巨额鲷
	泛酸	鲑科鱼类
	生物素	鲑科鱼类
	肌醇	日本鳗鲡
食欲不振（厌食）	A	杂交条纹鲈
	核黄素	杂交条纹鲈、蓝色罗非鱼
	吡哆醇	杂交罗非鱼、台湾红杂交罗非鱼
	B_{12}	日本鳗鲡
	C	褐牙鲆、许氏平鲉、黄条鰤
脊椎侧凸	C	鲑科鱼类、黄条鰤、褐牙鲆、许氏平鲉、美国红鱼、花鲈
体型短小（较高的环境因素）	核黄素	台湾红杂交罗非鱼、蓝色罗非鱼

续表 2－1

缺乏症症状	维生素类型	鱼种类
皮肤色素减少	A	鲑科鱼类
	E	鲑科鱼类
	核黄素	蓝色罗非鱼
腹部肿胀	肌醇	鲑科鱼类
搐搦症（神经紊乱、紧张、痉挛性萎缩、抽搐）	D	鲑科鱼类
	硫胺素	鲑科鱼类
	吡哆醇	鲑科鱼类、黄条鰤、日本鳗鲡
	泛酸	隆颈巨额鲷
	E	鲑科鱼类、黄条鰤
鳃盖扭曲	A	黄条鰤、虹鳟
	E	许氏平鲉
	吡哆醇	鲑科鱼类

五、鱼类对维生素的需要

鱼类对维生素的需要包括对维生素种类的定性需要和定量需要。配合饲料中维生素总量分别来自于饲料原料中维生素含量和维生素的添加量（预混料中的量）。考虑到饲料加工和储藏过程中维生素的损失和动物对饲料中维生素的利用率，在实际生产中，一般是将养殖动物对维生素的需要量直接作为饲料中维生素的添加需要量。

确定鱼饲料中的维生素最适含量是一项十分复杂的工作，很多方面还有待进一步研究，比如养殖生态系统中还有天然饵料生物的维生素贡献，某些养殖种类自身还有一些维生素的合成能力（如鲟合成维生素 C，皱纹盘鲍合成肌醇），等等。在生产当中是否需要添加维生素，应根据具体情况，具体分析。在有关理论问题尚未进一步阐明的情况下，一般是采用适当提高添加量的方法，以确保饲料中各种维生素均能满足需要。

通过投喂化学成分明确而缺乏某种特定维生素的饲料，可以定性和定量地评价鱼类对该维生素的需求。水产动物对维生素的需要量还受其个体大小、年龄、生长率、各种环境因子和营养物质间相互作用的影响。因此针对维持同一种类正常生长的维生素需要量，不同的研究者获得的结果存在较大的差异。生长并非是测定鱼类维生素需要量的唯一指标，还有一些用来定量维生素需要量的指标，包括脂肪累积、骨骼畸形、特定的酶活性、组织维生素累积量、未出现缺乏症、肝脏脂肪含量、肝指数、脂肪氧化程度、热休克蛋白和免疫反应等。表 2－2、表 2－3 列出了海水鱼类维生素需要量。

表 2－2　海水鱼类维生素需要量

维生素和鱼	需要量/(mg/kg 饲料)	评价标准
维生素 A[a]		
黄条鰤（*Seriola lalandi*）	5. 68	WG、MLS
石斑鱼（*Epinephelus spp.*）	0. 93	WG
大西洋庸鲽（*Hippoglossus hippoglossus*）	2. 5	MLS、ADS
杂交条纹鲈（*Morone chrysops female* × *Morone saxatilis*）	0. 51～40. 52	WG
褐牙鲆（*Paralichthys olivaceus*）	2. 7	WG
欧洲狼鲈（*Dicentrarchus labrax*）	315	WG
维生素 E		WG、ADS
大西洋鲑（*Salmo salar*）	35	WG
	60	WG、ADS
太平洋鲑（*Oncorhynchus spp.*）	30	WG、ADS
	40～45	WG、MLS
黄条鰤（*Seriola lalandi*）	119	MLS
杂交条纹鲈（*M. chrysops female* × *M. saxatilis*）	28	WG
许氏平鲉（*Sebastes schlegeli*）	45	WG
石斑鱼（*Epinephelus spp.*）	131. 91	WG、AASLP
美国红鱼（*Sciaenops ocellatus*）	31	WG
维生素 K		
大西洋鲑（*Salmo salar*）	<10	WG
硫胺素		
太平洋鲑（*Oncorhynchus spp.*）	10～15	MLS
黄条鰤（*Seriola lalandi*）	11. 2	MLS
核黄素		
太平洋鲑（*Oncorhynchus spp.*）	20～25	MLS
	7	WG、ADS
黄条鰤（*Seriola lalandi*）	11	MLS
杂交条纹鲈（*M. chrysops female* × *M. saxatilis*）	4. 1～5. 0	WG、MLS
维生素 B_6		
大西洋鲑（*Salmo salar*）	5	WG、ADS
太平洋鲑（*Oncorhynchus spp.*）	10～20	MLS
	6	WG、ADS
黄条鰤（*Seriola lalandi*）	11. 7	MLS

续表 2-2

维生素和鱼	需要量/(mg/kg 饲料)	评价标准
泛酸		
太平洋鲑（*Oncorhynchus spp.*）	40～50	MLS
黄条鰤（*Seriola lalandi*）	35.9	MLS
烟酸		
太平洋鲑（*Oncorhynchus spp.*）	150～200	MLS
黄条鰤（*Seriola lalandi*）	12	MLS
生物素		
太平洋鲑（*Oncorhynchus spp.*）	1～1.5	MLS
黄条鰤（*Seriola lalandi*）	0.67	MLS
花鲈（*Lateolabrax japonicus*）	0.046	WG
维生素 B_{12}		
太平洋鲑（*Oncorhynchus spp.*）	0.015～0.02	MLS
黄条鰤（*Seriola lalandi*）	0.053	MLS
叶酸		
太平洋鲑（*Oncorhynchus spp.*）	6～10	MLS
黄条鰤（*Seriola lalandi*）	1.2	MLS
胆碱		
太平洋鲑（*Oncorhynchus spp.*）	600～800	MLS
黄条鰤（*Seriola lalandi*）	2920	MLS
杂交条纹鲈（*M. chrysops female* × *M. saxatilis*）	500	WG
军曹鱼（*Rachycentron canadum*）	696	WG
美国红鱼（*Sciaenops ocellatus*）	588	WG
肌醇		
太平洋鲑（*Oncorhynchus spp.*）	300～400	MLS
黄条鰤（*Seriola lalandi*）	423	MLS
石斑鱼（*Epinephelus spp.*）	335～365	WG、MLS
褐牙鲆（*Paralichthys olivaceus*）	617	WG

注：AASLP，维生素 C 激活的脂肪过氧化作用；ADS，未出现缺乏症；MLS，肝脏最大累积量；WG，增重率。

a. 10000IU≈3000 μg 维生素 A（视黄醇）。

表2-3　海水鱼类维生素C需要量

种类	维生素C来源	需要量/(mg·kg^{-1})	评价标准
大西洋鲑(*Salmo salar*)	AA	50	WG、ADS
	C2MP-Ca	10	WG、ADS
		20	C/H
杂交条纹鲈(*Morone chrysops female* ×*Morone saxatilis*)	C2PP	22	WG、ADS
拟庸鲽(*Pleuronectes platessa*)	AA	200	WG、ADS、C/H
隆颈巨额鲷(*Sparus auratus*)	AA	63	ADS
许氏平鲉(*Sebastes schlegeli*)	AA	144	WG
	AA	100～102	WG、SG、PER、FE
	C2MP-Ca	112	WG
	C2MP-Na/Ca	101	WG
	C2D	50	WG、ADS
黄条鰤(*Seriola lalandi*)	AA	122	WG、ADS
	C2MP-Mg	14～28	WG、ADS、C/H
	C2MP-Mg	52	WG
	C2MP-Na/Ca	43	WG
褐牙鲆(*Paralichthys olivaceus*)	C2MP-Mg	28～47	WG
	C2PP	91～93	WG、PER
大菱鲆(*Scophthalmus maximus*)	C2PP	20	WG
美国红鱼(*Sciaenops ocellatus*)	C2PP	15	WG、ADS、FE
尖吻鲈(*Lates calcarifer*)	C2MP-Mg	30	WG、ADS、FE
欧洲狼鲈(*Dicentrarchus labrax*)	AA	200	WG、ADS、MLS
	C2PP	20	WG
	C2PP	5	WG、ADS、FE
		5～31	C/H
		121	MLS
大黄鱼(*Pseudosciaena crocea*)	C2PP	28.2	SUR
		87	MLS
花鲈(*Lateolabrax japonicus*)	C2PP	53.5	WG
		93.4	MLS
		207.2	MMS

续表 2-3

种类	维生素 C 来源	需要量/(mg · kg^{-1})	评价标准
石斑鱼（*Epinephelus spp.*）	AA	45.3	WG
	C2MP-Mg	17.9	WG
	C2MP-Na	8.3	WG
	C2PP	17.8	WG
	C2S	46.2	WG
	C2D	42	WG
红鳍东方鲀（*Takifugu rubripes*）	C2MP	29	WG、SGR
军曹鱼（*Rachycentron canadum*）	C2PP	44.7～53.9	WG、MLS

注：AA，抗坏血酸；ADS，缺乏症；C2D，L-抗坏血酸-2-葡糖糖；C2MP，抗坏血酸-2-磷酸酯；C2PP，L-抗坏血酸多聚磷酸盐；C2S，L-抗坏血酸-2-硫酸酯；C/H，胶原蛋白或羟脯氨酸浓度；FE，饲料效率；PER，蛋白质效率；MLS，肝最大积累量；MMS，肌肉最大积累量；SGR，特定生长率；SUR，存活率；WG，增重率。

第六节　矿物质营养

与其它大多数营养素相比，关于鱼类的矿物质营养的研究很少。由于鱼类除了能从饲料中获得矿物元素外，还可以从其生活的水体中吸收某些矿物质，故水生生物矿物质营养研究相对比较困难。制约矿物质定量需求研究的因素包括：评估水环境中可能含有的矿物元素对于需求量的潜在贡献、确定摄食前饲料中矿物质的溶失、制备靶矿物质元素内源性含量低的实验饲料以及矿物质生物利用率等数据的匮乏。

矿物元素在鱼类体内的代谢不仅受到饲料中矿物元素含量的影响，也受到水体中矿物元素含量以及组成的影响。水体中矿物质元素含量以及组成可能对机体的渗透压调节、离子调节和酸碱平衡产生影响。鱼类可通过鳃吸收多种矿物质来满足其代谢的需求。鱼类从饲料或水环境中摄取矿物质以及通过尿和粪便排出矿物质受到机体渗透压调节的影响，该过程影响了机体对环境盐度的适应。海水鱼类处于高渗透环境，机体不断失去水分（但可从环境中获得一价离子），同时不断饮水，通过鳃中特异的泌氯细胞以及鳃上皮细胞的主动运输过程，将摄取的多余盐分排泄。与此同时，肾脏通过少量尿液排泄二价离子，其它盐类主要在粪便中集聚后排出。除了保持体内稳定的渗透浓度外（相对于水环境），鱼类的鳃、肾、胃肠等器官通过主动及被动过程来维持合适的离子水平和酸碱平衡，这些过程可能直接影响某些矿物质的代谢。

钙、氯、镁、磷、钾和钠这 6 种元素是最常见的常量矿物元素，它们在饲料中的需求量以及体内需要量相对较高。常量矿物元素的功能包括参与骨骼和其它硬质组织（如鳍条、鳞、牙齿和外骨骼等）的形成、电子传递、调节酸碱平衡、膜电位的产生以及渗透压调节。微量矿物元素在饲料和体内的需要量较常量元素低很多，它们是激素和酶的重要组成部分，并作为众多酶的辅基和/或激活剂来广泛参与一系列生化过程。饲料中最重要的矿物元素中包括 8 种阳离子（Ca^{2+}、Cu^{2+}、Fe^{2+}、Mg^{2+}、Mn^{2+}、K^{+}、Na^{+}、

Zn^{2+}）和5种阴离子或离子团（Cl^-、I^-、MoO_4^{2-}、PO_4^{3-} 和 SeO_3^{2-}）。

一、常量元素

（一）钙和磷

钙和磷是饲料无机部分的两种主要成分。钙和磷的功能主要是作为硬质组织的结构性成分（如骨骼、外骨骼、鳞片和牙齿）。除了结构功能以外，钙还参与了血液凝固（脊椎鱼类）、肌肉功能、神经冲动传导、渗透压调节，以及作为酶促反应的辅助因子。磷是鱼类体内骨中有机磷酸盐的主要成分，如核酸、磷脂、辅酶、脱氧核糖核酸（DNA）和核糖核酸。无机磷酸盐也是维持细胞内液和外液正常 pH 值的重要缓冲剂。

大多数常量矿物元素通常以离子形式存在于水中，因此即使饲料中缺乏钙等常量矿物元素，鱼类也很难出现缺乏症。然而，在鱼饲料中添加磷非常关键，这是因为磷在水体中的含量和鱼对其利用率非常有限。饲料缺磷会损害鱼类的中间代谢，导致生长缓慢和饲料利用率降低。当磷摄入量不足时，可能导致各种骨骼畸形及硬质组织矿化下降。

与钙相反，天然水体中磷的浓度通常很低，因此，鱼类从淡水和海水中大量吸收磷的概率很低，而饲料来源的磷则更为重要。鱼类饲料磷需要量一般占饲料的 0.3%～1.5%。磷需求量数据的变异在一定程度上来源于饲料中的有效磷的差异。斑点叉尾鮰鱼苗至性成熟前对有效磷的需要量低至 0.3%；虹鳟对饲料中的磷的需要量为 0.56%，高于斑点叉尾鮰；杂交条纹鲈和条纹鲈幼鱼的磷需要量为 0.45% 和 0.58%。以最大增重率为评价指标时，花鲈对有效磷的最低需要量为饲料的 0.68%；若根据鱼体磷和脊椎磷含量评价，则有效磷需要量更高，分别为 0.86% 和 0.90%。以增重率为评价指标时，大黄鱼对饲料磷的需要量为 0.70%，但是以脊椎和全鱼中磷的沉积为评价指标时，其有效磷的需要量为 0.90%。类似的数据还有黑线鳕对饲料磷的需要量为 0.72%、美国红鱼对饲料磷的需要量为 0.86%。以增重率为评价依据时，黑鲷对饲料磷的需要量是 0.55%，但是以鱼体、脊椎和鳞片磷的沉积为评价依据时，磷的需要量则分别为 0.81%、0.87% 和 0.88%。以非粪磷排放量为依据，黄条鰤的磷需要量则明显更低，仅为 0.44%。

在钙硬度正常的淡水中，鲤和斑点叉尾鮰等鱼类能够通过鳃从水体中吸收钙；因此，鱼类钙缺乏症很难诱导，这一点与磷截然不同。然而，低钙水体会造成增重率、饲料效率和骨矿化程度下降等明显的缺乏症。从水体中摄入钙主要是通过鳃实现的，但鳍和口腔上皮等其它组织也具有同样的功能。适当的钙硬度是淡水鱼类养殖的重要水质特点。海水中钙离子充足，代谢所需要的钙通常可由养殖水体来满足。在低钙淡水中，斑点叉尾鮰和奥尼罗非鱼对饲料钙的需要量分别为 0.45% 和 0.70%。当水体钙离子质量浓度为 27～33 mg/L 时，以增重率、骨钙和鳞片中钙含量作为评价依据，杂交罗非鱼对饲料钙的需要量在 0.35%～0.43% 之间。鲤和日本鳗鲡对饲料钙的需要量低至 0.34%。海水养殖的大西洋鲑可利用水体中的钙，因此饲料不需要添加钙。然而，真鲷不能从海水中获得足够的钙，需要在饲料中添加 0.34% 的钙。红鳍东方鲀和褐平鲉需要在饲料中添加乳酸钙来保证正常生长，但黑鲷则不需要添加钙。

许多因素影响钙和磷的吸收、分布和排泄。饲料钙主要在肠道通过主动运转来吸收。在脊椎鱼类中，通过调节肠道吸收（通过 Ca^{2+} 结合蛋白）、肾重吸收以及骨骼钙的解离等途径，维生素 1,25－双羟基胆钙化醇参与了血浆中钙、磷水平的维持。

（二）镁

在脊椎动物中，体内约 60% 的镁存在于骨骼中。存在于骨骼中的镁，大约 1/3 与磷结合，其余的松散地吸附在矿化结构的表面。在软组织中，胞内和胞外都有镁的存在。镁对于保持鱼类细胞内外的动态平衡至关重要，对于细胞呼吸作用以及由三磷酸腺苷、二磷酸和单磷酸盐参与的磷运转反应也是必不可少的。镁是焦磷酸硫胺素反应的激活剂，并参与脂肪、糖类和蛋白质的代谢。

多种淡水鱼的研究都记载了镁的缺乏症，主要表现为生长减缓、厌食、呆滞、肌肉松弛、惊厥、脊柱弯曲、高死亡率，以及机体、血清和骨骼中镁的含量减少。虹鳟能够从水体中摄入镁（1.3 mg/L）来部分满足其代谢需要。海水中通常镁的质量浓度高达 1 350 mg/L。海水鱼类可以排泄镁，这使得它们血液中镁含量低于环境水体。因此，海洋动物饲料中不需要添加镁。在半咸水（Mg 质量浓度 54 mg/L）中养殖的大西洋鲑，其饲料中至少含有 0.01% 镁才能满足机体、血液和骨骼矿化所需。相比较而言，海水养殖的真鲷摄食含量低至 0.012% 镁的饲料时，并没有表现出缺乏症。

饲喂不同水平镁的大西洋鲑，接种鳗弧菌疫苗后表现出相似的抗体滴度、溶菌酶活性和血清溶血补体活性。然而，接种疫苗的鱼和未经接种的鱼相比，溶菌酶和血浆补体活性有所提高。

（三）钠、钾和氯

钠、钾和氯被认为在鱼类众多生理过程中发挥着至关重要的作用。这些生理过程包括酸碱平衡和渗透压调节。鱼类很难出现钠和氯的缺乏症，这是因为钠和氯在水体及饲料原料中的含量非常充足。

饲料中添加高水平的 NaCl（4.5%～11.6%）会降低淡水养殖虹鳟的饲料效率，这可能是由于营养素被稀释的结果。此外，在淡水中养殖的斑点叉尾鮰和养殖在淡水或海水中的大西洋鲑饲料中添加 NaCl，未产生任何正面或负面的影响。然而，淡水养殖的杂交罗非鱼精制饲料中需要添加约 0.15% 的 Na^+，才能达到适宜的增重率、鳃 Na^+-K^+-ATP 酶活性和鱼体 Na^+ 保留率，而海水养殖的杂交罗非鱼饲料中则不需要添加。

在低盐水体中，饲料中添加 2%～10% 的 NaCl 可以促进美国红鱼的生长。同样，在饲料中分别添加 3% 和 4% 的 NaCl，可以改善淡水养殖的欧洲狼鲈和尖吻鲈的生长及饲料利用率，可能是由于 NaCl 的添加促进了氨基酸的吸收。氨基酸通过欧洲狼鲈肠上皮细胞刷状缘膜囊泡运转时，除了需要 Na^+ 浓度梯度激活，还依赖于 Cl^- 的存在。在低盐水体中，饲料中添加 NaCl 可以增加氨基酸的吸收或满足其它代谢需要，因此对某些物种能够产生生理优势。增加淡水养殖动物饲料的盐分，能提高刷状缘碱性磷酸酶、乳酸酶和亮氨酸肽酶的活性，这种影响在幽门盲囊中尤其显著。

斑点叉尾鮰和淡水养殖的大鳞大麻哈鱼对饲料中钾的需要量已经确定，但无法确定海水养殖真鲷对饲料中钾的需要量。这可能表明海水鱼类能够从海水中获得足量的钾。虽然斑点叉尾鮰和大鳞大麻哈鱼都能够吸收水体中的钾，但是饲料中不添加钾则不能满足其代谢需要。这两个种类鱼对饲料中钾的需要量分别为 0.26% 和 0.80%。以最适增重率、鳃 Na^+-K^+-ATP 酶活性和体钾沉积率为评价指标，淡水杂交罗非鱼所需要的饲料中钾含量为0.2%～0.3%。与等渗和高渗水体相比，尖吻鲈在低渗水体（5‰）中需要在饲料中添加更多的钾。非洲鲶在饲料钠钾比为1.5∶2.5时可获得更佳的生长和饲料效率，但当饲料中钾含量超过钠时就会导致生长缓慢。

二、微量元素

（一）铁

铁的功能主要是构成血红蛋白，参与氧气的运输。铁在细胞氧化中是细胞色素氧化酶和黄素蛋白等的组成成分，在氧化还原反应中起到传递氢的作用。血红蛋白是红细胞中的载氧体，主要在鱼类脾脏的淋巴髓质组织中形成。红细胞可周期性地再生，大部分的铁也随之循环，不能再循环的铁则通过胆汁排到肠中。

饲料中的无机铁和与蛋白质结合的铁必须在鱼的消化道中被还原成二价铁后再吸收。在饲料中存在的还原性物质如抗坏血酸等可增进铁的吸收，被吸收的二价铁在肠黏膜细胞内被氧化成三价铁，和脱铁蛋白结合，形成铁蛋白。二价铁的吸收量受到肠黏膜细胞内存在的铁蛋白的制约，仅吸收生物体所需要的铁量。出血后和贫血时，造血机能亢进，铁吸收速度增加。饲料中铁含量越低，铁吸收率越高。

铁摄入不足时，会产生贫血症。真鲷缺铁产生的贫血症表现为血红蛋白减少和小红细胞性贫血，鳃呈浅红色（正常为深红色），肝呈白至黄白色（正常为黄、褐至暗红色）。斑点叉尾鮰在缺铁时呈现血红素、血球容积比及红细胞数等下降。这些血液学和组织学的结果足以说明在鱼类饲料中添加铁的必要性，但并未观察到饲料中铁不足对鱼生长的影响。铁过量会产生铁中毒，导致生长停滞、厌食、腹泻、死亡率增高。

大西洋鲑、鳗鱼和真鲷对铁的需要量在30～170 mg/kg之间，鱼饲料中铁的需要量随所含盐类之不同而异。真鲷添加氯化亚铁需150 mg/kg的铁，而添加柠檬酸铁则需要200 mg/kg的铁；鳗鲡以柠檬酸铁作为铁来源时，需增加至170 mg/kg的铁；三氯化铁及氯化亚铁的利用率都比柠檬酸铁高。

（二）铜

铜在鱼类体内参与铁的吸收及新陈代谢，为血红蛋白合成及红细胞成熟所必需。铜是软体动物和节肢动物血蓝蛋白的组成部分，作为血液的氧载体参与氧的运输。铜是细胞色素氧化酶、酪氨酸酶和抗坏血酸氧化酶的成分，具有影响体表色素形成、骨骼发育和生殖系统及神经系统的功能。含铜的赖氨酸氧化酶，可直接由组织细胞产生，促进弹性蛋白和胶原蛋白的联结。

饲料中铜缺乏时，斑点叉尾鮰心脏中细胞色素C氧化酶、超氧化物歧化酶及血浆铜蓝蛋白的活性皆降低；铜在饲料中含量过高（773 mg/kg以上）时，生长下降，饲料效率低。斑点叉尾鮰和虹鳟对铜的需要量较低，对饲料中铜的需要量仅为1.5 mg/kg，真鲷对铜的最低需要量为5.1 mg/kg。添加3 mg/kg的铜对鲤和虹鳟有促进生长的作用。

（三）锌

锌是鱼体中比较大量存在的微量元素，是维持机体正常生长、发育和发挥生理功能所必需的元素。锌分布于动物机体的所有组织中，其中以肌肉和肝脏的含量较高。锌是许多酶，如碳酸酐酶、胰羧肽酶、谷氨酸脱氢酶和吡啶核苷酸脱氢酶的组成成分，以及某些酶如碱性磷酸酶的激活剂。锌还是构成胰岛素及维持其功能的必需成分，还参与核蛋白的结构及前列腺素的代谢。鱼吸收锌的主要部位是鳃、胃和肠，可通过肾脏和鳃正常地排出，以维持体内平衡。

饲料中缺锌时，鱼生长缓慢、食欲减退、死亡率增高，血清中锌和碱性磷酸酶含量下降；骨骼中的锌和钙含量下降，皮肤及鳍糜烂、躯体变短。锌的缺乏会引起核酸和蛋白质的代谢紊乱，蛋白质消化率也降低。在繁殖期，饲料中缺锌可降低鱼的产卵量及孵化率。锌缺乏的斑点叉尾鮰经鮰爱德华杆菌攻毒后，死亡率为100%；在饲料中添加5 mg/kg 蛋氨酸锌和30 mg/kg 硫酸锌后，攻毒成活率最高；添加15 mg/kg 蛋氨酸锌和30 mg/kg 及以上硫酸锌处理组的抗体产生量最高。以增重率、组织中锌饱和量和（或）体锌沉积量为评价指标，通过饲喂半精制饲料已确定了多种鱼类对锌的需求量：斑点叉尾鮰对饲料锌需求量为20 mg/kg，鲤和虹鳟对饲料锌的需求量为15～30 mg/kg，杂交罗非鱼为26～29 mg/kg，美国红鱼对锌的需求量为20 mg/kg。

（四）锰

锰广泛分布于动物组织中，在骨中含量最高，在肝脏、肌肉、肾、生殖腺和皮肤中含量也较多。在这些组织中，锰主要集中于线粒体中。锰的主要功用和镁相似，是许多酶的激活剂，如激酶、磷酸转移酶、水解酶和脱羧酶，其激活剂为非专一性的，既能为锰激活，也能为镁激活。而某些酶，如糖转移酶，锰作为激活剂具高度专一性。锰也是精氨酸酶、丙酮酸脱羧酶、超氧化物歧化酶的组成成分，在三羧酸循环中起重要作用。

鱼类饲料中锰缺乏常常导致鱼类生长性能低下，骨骼畸形、胚胎死亡率增高和孵化率低下。饲料中锰含量不足，则虹鳟鱼生长不良和尾柄缩短，心肌和肝脏中的Cu－Zn－超氧化物物歧化酶和Mn－超氧化物歧化酶的活力下降。从免疫功能及抗病力来看，锰缺乏会引起虹鳟白细胞、自然杀伤细胞活性的下降。当饲料中含12～13 mg/kg 锰时，鲤和虹鳟的生长明显加快。鲤对鱼粉中的锰的利用率很高，对硫酸锰和二氯化锰的利用率较低。植物性饲料中所含的植酸也会降低锰的生物效价。以肝脏锰超氧化物歧化酶及全鱼锰含量为评价指标，杂交罗非鱼对锰需求量为7 mg/kg，异育银鲫的锰需求量为14 mg/kg。

（五）钴

钴除了是维生素 B_{12} 构成成分外，还是某些酶的激活因子，在饲料中添加钴盐，可促进鲤生长及血红素形成。饲料中缺乏钴，容易发生骨骼异常和短躯症。鲤肠道中细菌能合成维生素 B_{12}，如果缺钴，则肠道中维生素 B_{12} 的生成会严重降低。鱼体对钴的积累能力小，过量的钴会迅速被排出体外。另外，钴的营养需要量与有毒量之间距离很大，在实际饲养条件下，不太可能发生钴中毒。

钴是鱼类必需的矿物元素，饲料的钴含量不足时，虹鳟生长差。以鱼粉为主的鳗鲡饲料，如不另外添加钴盐，容易发生骨骼异常和短体症。鲤和虹鳟对钴的需求量约为0.1 mg/kg。

（六）碘

碘广泛分布于各种组织中，但其中一半以上集中于甲状腺内。碘和酪氨酸结合生成一碘酪氨酸和二碘酪氨酸，而后转变成甲状腺素，为甲状腺球蛋白的组成部分。甲状腺素可加速体内组织和器官反应，故可增加基础代谢率，促进生长发育。鲑对碘的需要量，体重0.4～0.8 g的小鱼为0.6 mg/kg，8.5～50 g的鱼则为1.1 mg/kg。真鲷在水中含有0.06 mg/kg的碘时，即使饲料中仅含有0.11 mg/kg的碘，饲喂3个月后也未见有任何异常现象发生。

（七）硒

硒既是动物生命活动所必需的元素，又是毒性较大的元素。它是谷胱甘肽过氧化物酶的组成成分，能防止细胞线粒体的脂类过氧化，保护细胞膜不受脂类代谢产物的破坏。硒被认为是葡萄糖代谢的辅助因子。硒也有防御某些重金属如镉和银的毒性作用。硒的生理功用与维生素E有关，硒有助于维生素E的吸收和利用，并协同维生素E维持细胞的正常功用和细胞膜的完整。对大西洋鲑的研究表明，在降低鱼初期死亡率及预防白肌病上，硒与维生素E必须同时存在。

饲料硒缺乏会导致谷胱甘肽过氧化物酶活性的降低，并可导致生长性能的下降。斑点叉尾鮰饲料中同时缺乏硒和维生素E时，将会引发更为明显的缺乏症，如营养性肌肉营养不良症及渗出性体质等。饲料中添加维生素E醋酸酯500 IU/kg和硒0.1 mg/kg能防止鲑鱼肌肉萎缩；虹鳟在每100 g饲料中添加维生素E 40 IU时，水中含0.4 μg/kg的硒，硒的需要量为0.07 mg/kg，如添加13 mg/kg以上，则引起中毒，生长速度下降，死亡率升高。

（八）其它微量元素

铬是动物和人所必需的元素，铬的氧化价有0、+2、+3和+6价，铬能形成配位化合物和螯合物，正是这种重要的化学性质使之成为生物所必需的微量元素。在饲料中铬以两种形式存在，即无机Cr^{3+}和生物分子的一部分。三价铬有助于脂肪和糖类的正常代谢以及维持血液中胆固醇的稳定。其生物功能与胰岛素有关。目前，饲料中+3价铬对鱼的影响研究没有显示任何缺乏症和过剩症，但是，曾经观察到+6价铬对溪红点鲑的毒性。

氟是分布于水产动物全身的一种微量元素，在骨骼和牙齿中含量较高。增加氟的摄入量，可增加氟在虹鳟脊椎的积累。氟中毒可使牙齿凹陷、穿孔，直至齿髓暴露，骨和关节发生畸形。氟是积累中毒，长期摄入少量的氟才会出现中毒症状，故开始往往不易引起人们的重视。

第七节　各种营养素之间的关系

水产动物摄食饲料后，饲料中各种营养物质在消化吸收和代谢过程中，相互间存在多种多样的复杂关系，它们或相互协同，或相互制约，或相互拮抗。任何一类营养物质的消化吸收以及代谢都与其它营养物质密切相关。各类营养物质共同存在于天然饲料原料中，而绝大多数原料中的营养物质均不可能满足水产动物的营养需要，所以深入研究配合饲料中各种营养物质的相互关系，对科学制定饲料配方，保持各种营养素之间的平衡，最大限度地提高饲料的利用率，减低生产成本，具有重要的现实意义。

饲料按在动物体内的作用来分，可概括为3类：能源物质、结构物质和活性物质。

它们相互间既有区别又有联系。营养物质的相互关系呈现多样化，具体有如下几种类型：①营养物质相互间的转化；②营养物质相互间直接的物理或化学作用；③一些营养物质参与另一些营养物质的代谢；④相互对机体的吸收与代谢直接影响；⑤通过激素的作用间接影响其它营养物质的代谢。

一、能量营养素之间的关系

（一）蛋白质、糖类和脂肪之间的关系

蛋白质、糖类和脂肪在机体内氧化成二氧化碳和水，并释放出能量的过程，称为生物氧化。在复杂的代谢反应中，这三大能量物质的中间代谢产物通过三羧酸循环而相互影响、相互转化。三羧酸循环不仅是它们共同代谢的途径，也是相互联系的渠道。

1．蛋白质、糖类和脂肪相互间的转变

（1）蛋白质与糖类　在动物体内，蛋白质可转化为糖类。组成蛋白质的各种氨基酸（亮氨酸除外）均可通过脱氨基作用生成 α-酮酸，然后沿糖异生作用合成糖类。糖类也可以转变为蛋白质，主要是由糖原转变为非必需氨基酸。糖在代谢过程中可生成 α-酮酸，然后通过氨基转换作用或氨基化作用转变为氨基酸。

（2）糖类与脂肪　糖类可转变为脂肪，糖类代谢的中间产物磷酸二羟丙酮可以还原为磷酸甘油，乙酰辅酶 A 则可缩合成脂肪酰辅酶 A，磷酸甘油与脂肪酰辅酶 A 经酯化即可生成脂肪。脂肪亦可转变为糖类。脂肪组成中的甘油，可通过磷酸二羟丙酮而转变为糖类。同时，脂肪需要糖类才能氧化完全。

（3）蛋白质与脂肪　组成蛋白质的各种氨基酸均可在动物体内转变为脂肪。生酮氨基酸可以转变为非必需氨基酸，就是生糖氨基酸亦可先转变为糖，然后转变为脂肪。脂肪也可转变为蛋白质。脂肪组成中的甘油可转变为丙酮酸和其它一些酮酸，并进一步经氨基移换或氨基化而转变为非必需氨基酸，参与蛋白质合成。

总之，三种营养物质在体内可以相互转化。然而，这种转化也是有一定条件和局限性的。在形成脂肪时，有些必需脂肪酸（如亚麻酸）是不能合成的；在形成蛋白质时，首先必须有非蛋白质含氮物，然后才有氨基化的可能；糖类和脂肪加氨基转变为蛋白质，也只不过是一些非必需氨基酸，而不能合成必需氨基酸。也就是说，必需氨基酸和必需脂肪酸不能由体内的糖类、脂肪及氨基酸转变而来，需要由饲料来提供。因此，鱼类饲料中必须含有一定量的蛋白质和脂肪，才能满足水产动物生长的需要。

2．蛋白质、糖类和脂肪的相互影响

（1）蛋白质的节约作用　糖类、脂肪和蛋白质三者之间的关系，表现最为突出的就是脂肪或糖类对蛋白质的节约作用。在进行饲料配方时，充分利用脂肪或糖类提供机体所需能量，可以减少蛋白质作为能量供应的分解代谢，有利于改善机体的氮平衡，增加氮的储备量，从而降低饲料成本。鱼类（尤其是海水肉食性鱼类）对糖类的利用率有限，所以糖类对蛋白质的节约作用没有陆上动物明显。

（2）能量蛋白比　饲料中能量和蛋白质应保持适当的比例。适宜的能量蛋白比使鱼类机体所需能量主要由糖类、脂肪提供，从而保证蛋白质最大限度地用于生长和沉积，以提高蛋白质的利用效率。如果能量蛋白比不当，不仅影响营养物质的利用效率，甚至

会发生营养障碍。糖类、脂肪含量过低，鱼类势必利用价值昂贵的蛋白质作为能量来源，其结果是蛋白质利用率低；但糖类比例过高，鱼类的利用能力有限，则极易导致代谢紊乱，最直接的后果是大量脂肪沉积于肝脏中，影响脂肪的代谢功能。

为了节省饲料蛋白质消耗和保证能量的最大利用效率，要求饲料中的能量和蛋白质含量保持一定的比例，即适宜的能量蛋白比。高能量低蛋白饲料或高蛋白低能量饲料均会大大降低经济效益。

(3) 蛋白质、脂肪和糖类的交互关系　蛋白质与糖类之间存在交互作用。饲料中适宜的蛋白质和糖类含量有利于水产动物的生长。脂肪代谢与肝脏含糖量有关，而肝脏含糖量与饲料中糖类含量有关。饲料中糖类充足，即有足够的肝糖可供利用，脂肪分解减少，酮体产生也就较少；若肝糖不能满足需要，脂肪分解增加，酮体随之增多，超过一定限度就会导致酮体症而影响水产动物的生长。这说明脂肪与糖类亦存在交互作用。此外，脂肪对蛋白质的节约作用实际上是脂肪与蛋白质之间的交互作用。

(二) 氨基酸之间的关系

(1) 协同关系　必需氨基酸与非必需氨基酸之间有时可以相互取代，其中比较典型的例子有胱氨酸和蛋氨酸、酪氨酸和苯丙氨酸。饲料中胱氨酸和酪氨酸含量充足时，可以使蛋氨酸和苯丙氨酸两个必需氨基酸转化为胱氨酸和酪氨酸的量减少或不转化。在合成体蛋白质的过程中，除必需氨基酸外，总氮量也必须充分，因为非必需氨基酸也是构成体蛋白质的一个很大组成部分。缺乏某些非必需氨基酸，即使能量供应充足，仍不能合成蛋白质。缺乏某一非必需氨基酸还容易引起代谢障碍，如胱氨酸不足引起胰岛素减少，血糖升高。在饲料配方和养殖实践中，不能片面强调必需氨基酸的重要性，而忽视了非必需氨基酸。

(2) 拮抗关系　氨基酸因化学性质和结构不同，在代谢过程中也存在着拮抗作用。某些氨基酸在过量的情况下，有可能在肠道等部位吸收时与另一种或几种氨基酸产生竞争，增加机体对这种（些）氨基酸的需要，这种现象称为氨基酸的拮抗。

提高饲料中蛋氨酸和赖氨酸的含量，能增加异亮氨酸、亮氨酸和精氨酸的消耗而产生新的不平衡，导致蛋白质合成出现障碍。亮氨酸过高，可降低异亮氨酸的利用率。赖氨酸过多，影响精氨酸的利用。

精氨酸、蛋氨酸、鸟氨酸配合可以阻碍赖氨酸的吸收；赖氨酸、精氨酸和鸟氨酸配合可以阻碍胱氨酸的吸收。氨基酸的拮抗以精氨酸和赖氨酸间的拮抗较为典型。其原因是高赖氨酸饲料会提高肝脏中精氨酸酶的活性，增加了尿中精氨酸的排出量，提高了动物对精氨酸的需要量。

苯丙氨酸与缬氨酸、苏氨酸，亮氨酸与甘氨酸，苏氨酸与色氨酸之间也存在拮抗作用。存在拮抗作用的氨基酸之间，比例相差愈大，拮抗作用愈明显。拮抗往往伴随着氨基酸的不平衡。

(三) 粗纤维与其它能量营养素之间的关系

饲料中适量的粗纤维对鱼体消化吸收的正常进行和鱼体健康是必要的。粗纤维可以促进肠道的蠕动，利于消化道内各种营养物质分布均匀，并促进消化吸收，而且还有填充肠道、稀释营养物质的作用。鱼类本身对粗纤维利用能力很小，过多的粗纤维本身不会产生任何营养作用，但会大大提高消化速度，缩短消化时间，降低营养物质的有效浓度，从而降低其它有机物的利用率。随着饲料中粗纤维含量的增加，营养物质的消化率降低。因此，饲料中粗纤维含量一定要适宜，过高或过低均对水产动物生长不利。

二、能量营养素与非能量营养素之间的关系

（一）能量营养素与维生素之间的关系

1．蛋白质与维生素之间

维生素 B_6 参与氨基酸代谢，可影响机体蛋白的合成效率。维生素 B_6 通常以磷酸吡哆醛的形式作为代谢的辅酶，与蛋白质或氨基酸代谢有关，增加动物饲料的蛋白质含量将提高维生素 B_6 的需要量。维生素 B_6 不足，则氨基酸转换酶活性降低，从而造成氨基酸合成蛋白质的效率降低，故高蛋白饲料对维生素 B_6 的需要量增加。维生素 B_6 还可以显著提高亮氨酸、异亮氨酸、赖氨酸、组氨酸和精氨酸的消化吸收率。

维生素 B_2 与机体蛋白质的沉积关系也相当密切。其作为黄素酶的成分，通过催化氨基酸的转化来参与蛋白质的代谢，维生素 B_2 与体内蛋白质沉积有关。饲料中维生素 B_2 需要量还与蛋白质含量有一定的相关性，所以高蛋白质饲料，应增加维生素 B_2 的添加量。

蛋白质与维生素 A 在水产动物营养中具有密切关系。水产动物对蛋白质的有效利用需要一定量的维生素 A，而对维生素 A 的利用和贮存也需要足够的蛋白质。首先，饲料中蛋白质含量不足，维生素 A 转载体蛋白的形成就会受到影响，进而导致机体对维生素 A 的利用率降低。其次，蛋白质的营养价值也可影响维生素 A 的利用和储备。投喂动物蛋白饲料时，动物肝脏中维生素 A 的储备显著高于投喂植物蛋白饲料，维生素 A 可影响机体内含硫的蛋氨酸在组织蛋白中的沉积量。

2．糖类、脂类与维生素之间

维生素 A 可影响糖类的正常代谢。维生素 A 不足时，醋酸盐、甘油合成糖原的速度将会显著降低。

糖类的正常代谢离不开维生素 B_1。维生素 B_1 是糖类正常代谢所必需的，通常以焦磷酸硫胺素形式作为脱羧酶的辅酶，催化糖的分解反应。若硫胺素不足将会使糖代谢中间产物丙酮酸的脱羧作用受阻，不能正常氧化或合成脂肪。鱼类对维生素 B_1 的需要量随饲料中糖类的增加而增加。

高脂肪饲料可大大提高维生素 B_2 的需要量。同时不饱和脂肪酸还能影响水产动物对维生素 E 的需要量。维生素 E 可阻止不饱和脂肪酸被氧化成水合过氧化物，所以体内的不饱和脂肪酸越多，则维生素的需要量也相应增加。

另外，有机营养物质的含量也影响维生素的吸收和利用。饲料中适当的脂肪含量为脂溶性维生素的吸收所必需；某些水溶性维生素的吸收必须借助于某些蛋白载体的作用，即适当的蛋白水平乃是某些水溶性维生素吸收所必需。

（二）能量营养素与矿物质之间的关系

1．能量营养素与钙、磷之间

三大类营养物质均与钙、磷吸收密切相关。蛋白质对 Ca、P 吸收的影响又和蛋白质

的氨基酸组成有关。在各种氨基酸中，赖氨酸对 Ca、P 吸收起主要作用，其余氨基酸所起作用较小或不起作用。但赖氨酸对 Ca、P 吸收有促进作用的前提是饲料中有足够的易消化的糖类，否则，会降低赖氨酸的利用率。另外，高蛋白饲料可提高 Ca、P 的吸收，而高脂饲料则不利于 Ca、P 的吸收。适宜的 P 含量可以有效促进脂肪在体内的氧化，减少蛋白质作为能量的消耗，用于体重的增加。若饲料中 P 含量较低，则脂肪作为能量的利用受阻，造成脂肪在体内的积蓄，鱼体肥满度增加；同时蛋白质用于供能，导致增重率下降。所以鱼饲料中应特别注意 P 的添加量。

2. 能量营养素与微量元素之间

微量元素 Zn 是很多参与糖类和脂类代谢的酶类的主要因子，Zn 与胰岛素的合成、分泌和活性表达关系密切。饲料中缺乏 Zn 时，通常会降低鱼的生长。精氨酸与 Zn 有拮抗作用。含硫氨基酸与 Se 有关，含硫氨基酸不足会增加对 Se 的需要量。鱼类肝脏对 Se 的解毒能力受到饲料糖含量的影响，糖含量过高会增加饲料中 Se 的毒性；Zn 含量增加，血糖量增加，可提高糖原合成量；含 Zn 过多，会加速脂肪的氧化。

（三）非能量营养素之间的关系

非能量营养素之间的关系是指维生素和矿物质之间的关系，不同种类维生素之间的关系，以及不同矿物质之间的关系。维生素和矿物质之间既存在协同作用又存在拮抗作用。

1. 维生素和矿物质之间的关系

（1）协同作用　维生素 E 和 Se 对机体的代谢及抗氧化能力有相似的作用。在一定的条件下，维生素 E 可以替代部分 Se 的作用，但 Se 不能替代维生素 E。其原因可能是 Se 能促进维生素 E 的吸收，而减少维生素 E 的需要量并在一定程度上减轻因维生素 E 缺乏而出现的症状。饲料中维生素 E 不足时易出现缺 Se 症状。另外 Se 在肝脏以及其它组织中的含量和维生素 E 的代谢有关。饲料中添加 Se 时，肝脏、血液等器官组织中维生素 E 的含量增加。

维生素 D 能促进鱼类肠道中 Ca 的吸收和 Ca、P 在骨中的沉积。维生素 D 还能促进腮、皮肤、肌肉和骨骼等组织对周围水体中钙的吸收和利用。

此外，Mn 与烟酸，维生素 C 与 Fe、Cu，Co 与维生素 B_{12} 间在维持身体的正常功能方面具有协同作用。

（2）拮抗作用　饲料中维生素 A 易被多数矿物质所破坏。饲料中微量元素添加剂可以降低维生素 A、维生素 K_3、维生素 B_1、维生素 B_6、维生素 B_{11} 等的效价，在配制预混料时应避免同时混用。

维生素 A、维生素 D、维生素 E 等脂溶性维生素均可因氧化而被破坏，有铁存在时这一过程会加速，所以脂溶性维生素不能与硫酸亚铁、氯化亚铁等同用。

维生素 D_3 易受饲料中的钙破坏，使用中应避免维生素 D_3 与石灰石、贝壳粉、硫酸钙等混用。

胆碱的强碱性环境使得钙、磷的吸收率降低，形成了钙、磷与胆碱之间的拮抗关系。

因为维生素 C 的水溶性对氧化剂敏感，在有碱和微量重金属离子存在时（尤其是铜），分解加速。所以饲料中维生素 C 过多会降低铜的吸收率。

有铜、锰、钼酸盐、碱、还原剂和氟化物存在时，维生素 C 会对维生素 B_{12}起降解作用。

2. 维生素之间的关系

（1）协同作用　维生素 B_1 和维生素 B_2 联合作用可以强化糖代谢和脂类代谢。若缺少其中一种，会直接影响另外一种在体内的利用情况。缺乏维生素 B_1 时，尿中维生素 B_2 排出量增加。维生素 B_2 缺乏时，机体组织中维生素 B_1 含量下降。

维生素 B_2 和烟酸同时作为辅酶成分参与生物基质的氧化，二者具有协同作用。当体内缺乏维生素 B_2 时，体内色氨酸转化为烟酸的过程就会受到抑制，从而出现烟酸的缺乏症。

维生素 C 可减轻其它维生素缺乏症症状，其它维生素可促使维生素 C 的合成。

此外，维生素 B_{12}与维生素 B_{11}、维生素 B_6、胆碱之间也存在协同关系。维生素 B_{12}与维生素 B_{11}之间的关系与维生素 B_2 与维生素 B_1 之间的关系相似。维生素 B_{12}缺乏时，甲硫氨酸合成酶的含量低下，活性降低，叶酸便不能转化为有活性的四氢叶酸，进而消耗更多的 5 - 甲基叶酸，导致叶酸的功能性缺乏。

维生素 E 在水产动物体内能促进维生素 A、维生素 D 的吸收以及维生素 A 在肝脏中的贮存，并可以保护饲料及肠道中维生素 A 免遭氧化，维生素 E 是维生素 A 的保护剂。此外，维生素 E 还可以促进体内胡萝卜素转化为维生素 A，饲料中维生素 E 的含量影响维生素 A 的需要量。维生素 C 和维生素 E 在防止脂肪氧化方面有交互作用，维生素 C 对动物维生素 E 的需求量有一定的节约效应。

（2）拮抗作用　维生素 A 与维生素 C 之间表现为拮抗关系，当体内维生素 A 过量时，内源性维生素 C 不能被活化，表现出维生素 C 的缺乏症。维生素 C 的水溶液呈酸性，且具有较强的还原性，可以破坏维生素 B_{11}和维生素 B_{12}，在配制预混料时要注意减少它们之间的接触。维生素 B_{12}对叶酸的破坏性显著；维生素 B_1 可加速维生素 B_{12}在高温下的破坏作用。

3. 矿物质之间的关系

水产动物体内矿物质含量占有相当的比重，各元素之间存在协同或拮抗作用。这种作用可能在消化吸收过程中发生，也可能在中间代谢过程中发生。

（1）协同作用　矿物元素存在协同关系，有的发生在两元素之间，有的发生在多元素之间，比较典型的例子有 Ca 和 P 之间，还有与造血有关的 Fe、Cu 和 Co 之间。

Ca 和 P 之间的关系很特殊，会随着比例的变化而变化。当二者比例适宜时，有利于 Ca、P 的吸收及在体内的利用，从而表现为明显的协同关系；但当二者比例失调时，如 Ca 过多，则降低 P 的吸收；P 含量过多，会降低 Ca 的吸收。鱼类对 Mg 的需求量随着饲料中 Ca 或 P 的增加而增加。这可能与鱼类能迅速由水中吸收某些矿物质有关。血液 Cu 的水平随 Ca、Mg 的增加而下降。

在造血上，Fe、Cu 和 Co 之间也存在明显的协同关系。Fe 是血红蛋白的主要原料，Cu 和 Co 则可以促进红细胞的生长和成熟。若缺乏三种中的任何一种，红细胞的生长均会出现障碍。

（2）拮抗作用　任何物质在消化吸收和利用的过程中都会由于比例不当而出现一方抑制另一方吸收、利用的现象，矿物质也不例外，这就是拮抗作用。Ca 与 P 存在拮抗关系；饲料中大量 Ca 吸收会加重 Mg 的缺乏；饲料中 Ca 含量过高会抑制 Mn 和 Mg 的吸收；Ca 摄入过多会抑制 Zn 的吸收，Zn 过多也会降低 Ca 的吸收利用率。饲料中 P 含量过高会降低 Mn、Zn、Mg、Fe 的利用，通过虹鳟鱼实验还显示 P 的吸收率下降。矿物质中如 Ca 与 P、Mg、Zn、Mn、Cu、I、Fe、Mo 等元素过剩也会降低 P 的吸收率，究其原因是这些阳离子与磷酸根结合成不溶性盐，从而影响了它们的吸收。

第三章　水产动物营养研究方法

制定科学、合理的研究方法是研究成功的前提。水产动物营养学涉及的领域很多，所用的研究方法十分广泛。本章对消化生理、饲养实验、能量学研究的相关研究方法进行介绍。

第一节　消化生理研究方法

消化生理需要研究的内容包括饲料和动物两个方面：①研究饲料在消化道内的移动和消化，消化产物去向等基本消化途径，以及消化和吸收量等内容。②研究动物消化道的形态结构、生理功能，以及对饲料的消化能力与消化机制、吸收能力与吸收机制等内容。

对消化生理的研究方法包括生物学研究方法如解剖、测量等常规方法；生理学研究方法，如酸碱度测定、食糜移动速度测定等；生物化学定位、定性、定量分析方法与技术，如对蛋白质、氨基酸、葡萄糖等的定性与定量测定。一些现代的研究手段和方法如电子显微镜技术、同位素示踪技术、高效液相色谱分析等现代分子生物技术，以及离体细胞组织器官培养、离体灌注、对活体动物的外科手术等在消化生理研究中也发挥着重要的作用。

一、消化道组织结构和生理功能研究

水产动物的消化系统包含摄食和消化两大部分。食物摄食主要在口腔进行，食物通过食道进入胃、肠道，未消化的食物最后成为粪便从肛门排出。动物对食物的消化和吸收从食物进入口腔就开始，一直到未消化的食物从肛门排出才结束。

（一）消化道形态结构的常规研究方法

研究材料要求能够代表特定动物种类消化系统的基本结构特征，因此，一定要具有该生物种类的代表性，如不同性别、生长发育阶段和生活环境等条件下的实验材料。对收集的实验材料有两种处理方法，对于数量较大、容易损坏的材料一般采用波恩氏液、甲醛或酒精浸泡，或冰冻保存处理后再进行研究。对于新鲜样品则可以直接进行实验研究。

消化系统基本形态的观察和测量主要采用常规动物解剖和生物测量方法，包括长度测量、重量测量等定量分析方法。主要的研究内容包括水产动物消化系统的基本结构和基本形态的定性、定量测定。对结果的分析一般结合该种类的食性，分析其基本结构特征与其食性的适应性，以及消化道结构与其对食物消化、吸收功能之间的适应性。

（二）组织学和组织化学方法

消化道组织结构和消化功能的研究，主要是通过消化道组织学与组织化学等研究方法和技术来实现。为了对细胞和组织形态、结构进行细微观察，必须将材料样品切成薄片再在显微镜下进行观察。用于光学显微镜的组织学染色切片厚度一般要求在 5 μm 左右。切片方法有石蜡切片和冰冻切片。石蜡切片是常规的研究方法，其优点是组织结构保存良好，能切连续薄片，组织结构清晰，定位准确，主要用于形态结构观察。冰冻切片是组织化学染色中最常用的一种切片方法，其最突出的优点是能够较完好地保持细胞和组织原有的酶活性和功能特性，主要用于组织化学染色和功能定位。由于冰冻时组织中游离水易形成冰晶，若冰晶少而大时对细胞和组织影响较小，如果冰晶小而多时则对细胞和组织结构损害较大，因此冰冻切片需要对材料进行快速冷冻，以减少冰晶对细胞和组织的损害。快速冷冻可以采用干冰－丙酮（酒精）法或液氮法。

根据不同的需要选择不同的染色方法。细胞或组织染色的一般原理是染色剂对细胞或组织内的物质具有特定的颜色反应。如石蜡切片一般采用苏木精－伊红染色，然后对细胞形态和组织结构进行观察。酶化学染色是根据酶水解的中间产物或终产物具有特定颜色反应而建立的染色方法。为了提高显微观察的灵敏度，还可以采用荧光免疫染色法对细胞或组织进行结构和功能定位研究。

（三）电子显微镜技术

应用电子显微镜可以更细致地观察消化道的组织学和细胞学的微结构和超微结构，这些结构在光学显微镜下难以观察到。目前使用的电子显微镜主要有扫描电子显微镜和透射电子显微镜，前者主要是对组织材料的表面结构如黏膜绒毛、分泌孔和分泌物等进行表面结构观察，而后者主要对组织切片进行组织学、细胞学的结构观察和细胞功能研究，如对胃肠道黏膜层、绒毛结构及黏膜层细胞内的结构观察，以及对黏膜功能细胞分泌功能的定性和定位研究。

二、水产动物食性和消化特性研究

饲料营养物质消化特性主要包括饲料的可消化性和动物的消化能力两个方面。前者是指饲料物质可以被动物消化的程度或性质，而后者主要是指动物消化饲料物质的能力。

（一）食性分析

水产动物的食性是指动物在自然环境下对摄取的食物的选择性，包括被摄食的食物种类和数量。这是进行营养与饲料研究的基础。

进行食性分析的实验动物应该取自其生活的自然环境，分析的对象是动物消化道的食物或食糜。分析内容包括食物的生物种类（种、属或大类）、食物种类出现的频率、不同种类重量、食物总量，以及食物在消化道内被消化的状态、消化程度等。其基本分析方法包括常规解剖方法、重量分析和光学显微镜分析等。研究者应当对研究对象的食性类型作出判定，同时了解摄食行为习性、节律及摄食量等。

在食性分析中必须完成下述几个指标的测定和分析：

（1）食谱或食物组成　实验对象消化道中出现的全部动物、植物食物的种类。肉食性水产动物食物组成一般较为简单，食物种类可以鉴定到种；而杂食性、草食性等其它食性的水产动物的食物种类较为复杂，对其食物种类的鉴定一般按照大类进行分类和统计。

（2）食物出现频率　是指特定种类的食物在被解剖的消化道中出现的次数占全部被解剖动物（肠道）数量的百分比，计算公式为：食物出现频率（%）=某种（类）食物在被解剖的肠管中出现的次数/解剖肠管数（空肠管不计）×100%。

（3）食物饱满指数　是指食物重量占动物体重的百分比。将胃、肠道内食物全部取出后用滤纸吸干水分后分别称量食物团重量和体重，计算公式如下：食物饱满指数=食物总重/体重×100%。

（4）食物充塞度　即食物在肠道内的充塞程度，是一个目测的定性指标。按照习惯一般分为6级：0级表示空肠管或肠管中有极少量食物；1级表示只部分肠管有少量食物或食物占肠管的1/4；2级表示全部肠管有少量食物或食物占肠管的1/2；3级表示食物较多，充塞度中等，食物占肠管的3/4；4级表示食物多，充塞度全部；5级表示食物极多，肠管膨胀。

（二）消化道酸碱度测定

消化道酸碱度是指胃、肠道内液体的酸碱度，用pH值表示，是消化道重要的内环境衡量指标。pH值的测定可直接用精密pH试纸对解剖取出的食物或食糜进行测试，较为精确的方法是将食物或食糜用蒸馏水（蒸馏水量为食物或食糜重量的2倍）溶解后用pH计进行测定。

（三）食物（食糜）在消化道内移动速度

食物在水产动物消化道内移动的速度是消化生理研究的重要内容之一，也是了解水产动物对食物或饲料消化速度、摄食节律或排粪节律的重要指标。食物在消化道移动速度可以用平均速度（cm/s）表示，也可以用完全通过消化道所需要的时间（如完全通过肠道的时间为6 h）等方法来表示。移动速度测定方法可以采用指示剂方法，即选择一种指示剂，观察或测定指示剂完全通过消化道所需要的时间。

根据对指示剂的检测方法的不同有以下几种测定方法：

（1）观察指示剂　选择肉眼可以观察的指示剂如活性炭、苯酚红等拌入饲料中，在不同时间宰杀实验动物以观察指示剂在消化道中的位置，或者观察指示剂在粪便中出现的时间以确定平均速度或完全排除所需要的时间。

（2）化学检验指示剂　选用化学检验的指示剂如Cr_2O_3、Y_2O_3或放射性同位素如^{32}P拌入饲料中，不同时间宰杀实验动物并对食糜中的指示剂进行“有”或“无”的定性检测，也可以进行定量测定，或者对排出的粪便进行检测以确定完全排出所需要的时间。

（3）使用造影剂的X光　选用人用的造影剂如钡盐，以灌喂的方法注入水产动物消化道，在不同时间对实验动物照X光来观察造影剂在消化道中的位置可以很准确地测定食物移动的平均速度或到达消化道某一点所需要的时间。

（四）消化酶测定

水产动物对食物的消化主要是依赖消化酶的催化分解作用。从口腔开始的整个消化道内都有消化酶的分布，这些酶来源于消化道黏膜分泌细胞和消化腺。对消化酶种类及其特性进行分析，有助于了解水产动物的消化能力和特性。

饲料营养成分主要有蛋白质、脂肪和糖类三大类营养物质，核酸及其它种类的有机、无机化合物。水产动物依赖于消化道内分泌的消化酶将食物水解成可被消化道上皮细胞吸收的成分，因此酶的种类非常多，但一般只是对主要的消化酶如蛋白酶、脂肪酶、淀粉酶等进行研究。

蛋白酶活力测定一般采用 Folin - 酚试剂法。Folin - 酚试剂在碱性条件下可被酚类化合物还原而呈蓝色（钼蓝和钨蓝混合物），由于蛋白质分子中含酚基的氨基酸（如酪氨酸、色氨酸等）可使蛋白质及其水解产物呈上述反应，因此可利用此原理对生成的氨基酸量进行定量测定，从而计算蛋白酶的活力。淀粉酶水解淀粉生成葡萄糖，其活力既可以根据淀粉的减少量也可以根据葡萄糖的生成量进行定量测定。常用的次碘酸钠法就是对生成的葡萄糖进行定量的淀粉酶活力测定。脂肪酶催化脂肪水解生成脂肪酸和甘油，利用标准碱液对生成的脂肪酸进行定量滴定，根据消耗的标准碱液如氢氧化钠的多少可以定量测定生成的脂肪酸的数量，由此对脂肪酶活力进行定量分析。

消化率是评价水产动物对食物消化力和食物可消化性的重要指标。在数量上是指被动物消化吸收的量占所摄入食量的百分比。

三、对消化产物吸收与运输的研究

动物对消化产物的吸收实际上包含了消化、吸收和对所吸收营养物质的转运等基本生理过程。消化在消化道内和黏膜表面进行（部分物质在黏膜细胞内还在进行消化作用），吸收通过黏膜细胞进行，对营养物质的转运主要依赖于血液系统进行。对营养物质吸收的研究内容主要包括：黏膜细胞对肠道内营养物质的吸收和转运的生理和生物化学机制，营养物质吸收、转运能力（动力学）和吸收效率及其影响因素等。

（一）对吸收营养物质的定量分析

对营养物质进行吸收、转运研究，必须首先对营养物质进行定性和定量分析。对吸收的营养物质的定量研究可以从两个方面进行：①差额分析方法，即定量测定消化道内营养物质的减少量，这部分营养物质应该是被消化道吸收的量；②对吸收物质直接定量分析，包括在消化道组织积累的和已经进入血液及淋巴系统的营养物质。

除了脂质类可以大分子状态被消化道黏膜细胞吸收外，蛋白质、糖类等营养物质只能以小分子化合物如小肽、氨基酸、葡萄糖等被消化道黏膜以不同方式吸收、积累和转运。对这些小分子化合物的定量分析方法很多，在营养学研究中，对小肽、氨基酸、葡萄糖等的定量分析可以采用同位素分析方法、高效液相色谱分析方法等，其测定结果有助于营养物质吸收机制、吸收动力学特征、吸收途径等方面的研究。

（二）同位素示踪技术

同位素标记的化合物与相应的非标记化合物在化学性质上完全一样，可以参与完全相同的化学反应，具有完全相同的生理作用。这就是可以用放射性同位素进行示踪的基本依据。在标记化合物中混合一定量的非标记化合物后，放射性比度下降，降低的程度与相应的非标记化合物的数量（或浓度）成正比，根据放射性比度下降的量就可以定量测定和计算非标记同种化合物的含量。这就是同位素示踪定量分析的基本原理。

同位素示踪技术的优点：

（1）灵敏度高，使用同位素示踪技术可以检测到 10^{-12}～10^{-14} g 的物质量，是其它定量分析方法难以达到的。

（2）可以区别原有分子与新加入或新合成的同种分子。

（3）分析操作程序简化，进行定量分析时，可以不必对被检测物质进行复杂的分离、纯化等程序，只需要进行简单处理或不处理，即可以测定放射性。

（4）不影响动物的正常生理条件。同位素示踪方法所用的射线剂量一般是微量的，可以在生理剂量以下进行工作，不会影响动物正常的生理活动。

然而，使用的同位素元素具有放射性，对生物有潜在的损伤和危害，甚至对环境造成污染，因此，同位素示踪技术要求专门的实验技术培训，也需要在专业实验室进行实验研究。

根据实验的需要选择适当的放射性同位素元素。放射性同位素选择主要考虑的因素包括射线类型、半衰期，不同放射性同位素释放不同种类和不同能量的射线，相应地，使用不同的仪器进行检测。不同放射性元素的半衰期不同。γ 射线能量强，容易检测，但对动物、人体的损伤也大；β 射线能量较小，也容易检测，对动物、人体损伤小；α 射线能量低，不容易检测。对于能量较强的 γ 射线使用 G－M 计数器或定标器就能够进行检测，而对于能量较低的 β 射线则需要用液体闪烁计数仪（β 射线，如 ^{3}H、^{32}P、^{14}C 等）和晶体闪烁计数仪（β 射线，如 ^{131}I、^{57}Cr 等）进行检测。

同位素示踪技术在动物营养研究中的应用越来越广泛，但主要应用还是在定量分析和示踪分析两个方面。目前氨基酸的吸收动力学、吸收机制、吸收转运途径等实验多采用低能量的 ^{3}H 进行标记。

（三）营养物质吸收研究模型

动物肠道对肠道内物质进行消化、吸收的研究可以采用活体实验模型，也可以采用离体实验模型。主要的实验模型和方法有以下几种。

1．血液分析方法

由于营养物质被动物肠道吸收后会很快释放到血液并输送至全身各处，供给动物体的生长需要，因此通过分析实验动物血液中的相关营养成分在摄食后的增加量，可以了解肠道对食物营养物质的吸收状况。这就是较为经典的血液分析方法。在大多数实验动物对饲料氨基酸、小肽、葡萄糖等营养物质的吸收研究中均可应用血液分析法。

2．外科手术法

外科手术法又称荷术实验法、瘘管实验法。这种方法是将动物麻醉后对实验动物实施外科手术，在胃或肠道等消化道适当位置安置特殊导管，导管引出体外，缝合伤口，待动物恢复后进行实验。实验开始后定期分析导管接收到的胃或肠内容物，即可得知肠道对营养物质的吸收状况。这种方法在水产动物中使用较为困难，除非体型较大的鱼类，如鲟、三文鱼等。

3．屠宰实验法

屠宰实验法是将实验动物饲喂一段时间后，宰杀动物取出胃肠道，按胃肠道的不同部位分别结扎以免相互污染，再取出内容物进行分析。对动物胃肠道营养物质的吸收率、吸收部位等方面的研究可采用这种方法。

4．翻转肠囊实验法

翻转肠囊实验法是将动物处死后立即取出肠道，将肠道翻转使黏膜面在外面，两端结扎制成肠囊；将肠囊放入适宜的培养液中模拟体内环境，如充氧、控温等进行短暂时间的培养；在培养液中加入带有放射性元素的底物，如^{3}H标记的氨基酸、葡萄糖等，一定时间后测定胃肠道的放射强度，根据放射强度与已知相应营养物质的浓度比例及放射强度的变化即可得知胃肠道对营养物质的吸收量。此法主要用于肠道对营养物质的吸收转运效率、吸收机制及吸收动力学研究。

5．肠道刷状缘细胞培养法

通过肠道刷状缘细胞培养法也可研究肠道细胞对营养物质的吸收。但由于碱性磷酸酶（AKP）是刷状缘细胞的标志性酶，因此通常还需要测定AKP活性来确定刷状缘细胞的纯度。纯化的刷状缘细胞可用带放射性标记的实验溶液进行培养，分析刷状缘细胞中的放射强度，便可得知刷状缘细胞所吸收的营养物质量。

6．穿壁运输法

穿壁运输法的原理是动物胃肠道内的营养物质进入胃肠道黏膜后，积累到一定程度，通过扩散的方式穿过浆膜层进入胃肠道外的毛细血管，运输至全身各处。因此通过模拟体内状况，分别配制带放射性标记物的黏膜灌注液和不带放射性的黏膜培养液，对离体肠道进行灌注。一定时间后，测定浆膜培养液的放射性强度，即可了解肠道对营养物质的释放情况。

第二节　饲养实验研究方法

营养饲料学研究的目的是保证动物正常生长、繁殖、健康以及产品品质和安全。动物饲养实验是其中必不可少的一个环节，因为营养素的定性与定量需要、配方筛选、原料选择、加工工艺与添加剂的效果评估等等都依赖动物饲养实验。动物饲养实验可在可控环境条件下进行，也可以在实际生产条件下进行，依具体的实验目的而定。

一、可控环境的营养研究

（一）可控环境营养研究的目的与意义

影响动物生长的因素众多而复杂，营养学就是研究营养性因素或与营养有关的环境因素对动物生长、发育、健康以及产品品质和安全的影响。就某一营养实验而言，只能研究其中一个或几个因素，所以要把其它所有可控因素控制在一定水平，才能研究被研究因素所起的作用。这些因素可归纳为两个主要来源：饲料来源和环境来源。前者可通过制定饲料配方、改善加工工艺来控制；后者可通过把实验置于可控环境来控制。这种实验往往在室内的小水族箱或水池进行，对光照、水温及水质等环境因素实行严密的监测与控制。营养物质的定量需要、添加剂的效果或环境因素对营养物质吸收利用的影响等研究都应在可控环境条件下进行。可控环境的营养研究将提供可靠的基础实验数据；同时，由于实验规模小，可减少实验材料的消耗。

（二）可控环境的实验设备

实验容器应无毒，大小依实验群体大小而定，并应满足这个群体的体重增加 5 ～ 10 倍之后对空间的需要，同时还要考虑实验动物的栖息习性。实验容器的用水可分为静水式、循环过滤式及流水式三种。静水式利于调节水温，但水质易恶化，故不适用于鱼、虾营养研究。循环过滤式的适用性取决于过滤槽的净化能力。当鱼、虾产生的代谢产物超过过滤槽的净化能力时，水质便会逐渐恶化，从而影响实验结果。在充分考虑过滤槽中微生物繁殖及其代谢产物的影响，并注意排污和净化水质的条件下，循环过滤装置也广泛应用于鱼、虾营养研究。流水式需要大量的连续用水，维持水温的成本很高。但是这种方式能使鱼、虾处于清洁的水环境中，对于鱼、虾营养研究是最合适的。若同时通气增氧，既可节约大量用水，又有利于保持水温。流水式容器饲养鲤和虹鳟，它们的饲料效率与养鱼池的大体一致。抽自池塘、河流及海区的水源要经黑暗沉淀及过滤以排除水中的天然饵料，地下井水要经曝气处理。水温要控制在最适水温附近。一般采用 14∶10 的光暗周期，或自然光周期。

（三）实验设计及动物的选择与分组

1. 实验设计

在营养研究中常用的方法主要是单因素实验法和多因素正交实验法。单因素实验虽然不能在短期内了解养殖对象的整体营养特征，但其规模小，成本低，所以应用较为广泛，不失为一种打开缺口，逐个击破的方法。而且，该实验设计能在局部范围内获得详细的实验数据。单因素实验设计简单，选定某一因素施予数个水平，固定其它可控因素即可。然而，饲料配方各种成分总和为 100%，当所选定的某一成分给予不同水准时，必然引起其它成分的含量变化。通常固定其它营养成分的含量，而以非营养性添加剂（如纤维素）去调节。但当被试的成分含量较高、不同水平差异较大时，高含量的纤维素填充剂可能会引起消化及排粪等障碍。这时可以用另一种含量较高的成分进行调节，如蛋白质含量以淀粉含量调节。这时实际上是双因素调节，分析结果时应予注意。

2. 动物的选择与分组

（1）动物的选择

选择快速生长的遗传品系供实验使用。实验动物最好来自同一母体，以减少遗传性状的差异。一些动物生长速度在个体间差异甚大（如石斑鱼等），并且很快分化。对于这类动物，实验前要安排适当的暂养期，以确保选择生长快速、均匀的个体进行实验。实验动物还应选择幼龄动物。因为幼龄动物生长迅速，对实验饲料的差异反应敏感。一般地，如果某一处理对幼龄动物没有显著影响，那么就有把握说其对成年动物也不会有显著影响。然而，动物对营养物质的需要会随其生长而变化。在确认某营养物质对幼龄动物的必要性之后，不同生长阶段需要量的变化也应进行研究。

实验前必须考虑动物的营养史。通过对鲶的饲养实验发现：A、B 两组鲶在第一期实验中投予不同实验饲料，A 组生长显著比 B 组快。第二期实验两组鲶都投予同一种优质饲料，结果 B 组生长比 A 组快。这种现象叫代偿生长。可见，实验前所有实验动物应有相同的饲养史。鱼、虾对某些营养物质（如维生素等）的代谢需要量特别低，这些营养物质会在组织中储存很长时间。因此，在没有完全消耗这些营养物质之前，鱼虾不宜用于与维生素有关的实验。用幼龄动物做实验可以减少代偿生长及微量营养物质在体内储存过长的影响。

（2）动物分组

在介绍动物分组方法之前，先介绍三个概念：实验单元、处理和重复。实验单元指在实验中可施以不同处理的实验单位群。处理则指因素、水平、方法、条件等。而重复是同一处理中完全相同的实验单位数。在一个实验中，实验单元可以是一个或多个；而处理必须两个或两个以上。生物实验常设对照实验。为了达到统计学要求，每个处理起码要求作三个或三个以上的重复。鱼、虾营养实验的每个重复需饲养多少动物呢？主要考虑如下两方面的因素：①数量要达到消除不等性比的影响。多数鱼、虾的雌、雄生长速度不一。如莫桑比克罗非鱼雄鱼比雌鱼生长快，而半滑舌鳎和对虾则相反。在自然种群中，性比接近 1∶1。如每个水族箱的放养数目太少便会导致不等性比。②要避免等级化摄饵模式（Hierarchical feeding pattern）。在实验和生产中都发现，在同一水槽或池塘中，有些个体越长越快，而另一些越长越慢。这些现象随着养殖密度的增加而更加严重。尽管投饲量及溶解氧等环境条件未成为限制因素，高密度组的平均生长速度也比低密度组低。这实质上是动物种内竞争的结果。体型大而活泼的个体的优势行为（Dominance behavior）会导致弱小个体处于紧张状态而摄食不足。这种摄食活动的等级化现象称为等级化摄饵模式。这种现象在同类相残的种类中更为严重。另外紧张状态远不止导致摄饵不足，还会引起弱小个体一系列生理生化的机能紊乱而产生更严重的后果。因此放养密度既要考虑统计学的要求和避免不等性比出现，又要防止密度过高而加剧种内竞争。

尽管选择了遗传性状相似、大小相近的实验动物，但动物分组和水族箱排列时的人为因素都可能给实验导入系统误差。这种系统误差不能通过任何数据处理方法消除，会使实验作不出正确的判断而报废，或导致错误的结论。这种系统误差可在安排实验时通过动物分组和水族箱排列的随机化方法来消除。

①动物分组随机化。准备做实验的鱼苗总数应比实用总数高出 25% 左右，甚至更多。把健壮活泼的鱼、虾全部置于一个大小合适的水族箱中，然后随机捞取，随机分配到各实验水族箱。但不是配足一个水族箱后再配第二个，因为先捕到的鱼苗活力可能差一些；另一方面，后捕到的鱼苗由于长时间的捞取易造成应激反应和物理损伤，所以可能导致前后不均。如实验需要的 20 尾鱼苗可分几次捞取。捞一轮随机分配到全部水族箱后，再捞第二轮，直至每个水族箱分配到 20 尾鱼苗为止。分配过程也不必按次序，只要记住每个水族箱的分配次数即可。捞取过程要完全随机化，绝不要施以人为的干扰。

②水族箱排列次序的随机化。随机化排列方法很多，例如随机化区组配置法、完全随机化配置法、拉丁方随机化方法和正交划分法等。

（四）实验饲料

可控环境的营养实验往往旨在精确评价营养素或添加剂对动物生长、发育、健康以及产品品质和安全的影响，因此实验饲料应由高度纯化的成分组成，以便精确控制营养物质在各处理中的含量。根据原料的纯化程度，实验饲料可分为精制饲料（Purified diet）和半精制饲料（Semi－purified diet）。不过这二者之间还没有明确的界限。实验饲料应符合如下要求：①除被实验的成分外，实验饲料的所有其它组分尽可能完全一致，且营养全面。②实验饲料的化学物理性状应符合实验动物的摄食习性要求。③具有良好的水中稳定性，以减少营养物质的溶失，提高营养物质摄入量的估计精度。

酪蛋白和明胶是精制饲料的优质蛋白源，且两者常以4:1的比例混合使用。做维生素需要实验时常以不含维生素的酪蛋白做蛋白源，血纤维蛋白（Blood fibrin）是矿物质需要实验的理想蛋白源，而全卵蛋白是蛋白质及氨基酸实验的适用蛋白源。所有这些蛋白源都已有高度纯化的商品出售。

糊精是传统的糖源。熟淀粉对温水性鱼类来说是理想的，但冷水性鱼类对它的利用能力较差。鱼油是n－3系列不饱和脂肪酸的重要来源。尽管做能量调节的脂肪可来自植物油和动物油，但做必需脂肪酸等脂质需要的专门实验时，所有脂质都应来自纯化的脂肪酸、甘油三酯及类脂质等。纯化纤维素一般作非营养性填充剂。

无论是制作湿性还是干性的实验饲料，黏合剂都必不可少，以保证饲料具有良好的水稳定性。明胶、面筋、琼胶、褐藻酸及羧甲基纤维素等常用作实验饲料的黏合剂，添加量一般为2%～5%。

不同的研究目的有不同的研究配方。然而，典型研究配方的基本框架可以不变。这样既可减少开始时制定配方的盲目性，又可增加不同研究者之间研究结果的可比性。一般地说，要研究某一营养成分的需要时，可对典型配方中相应组分进行有目的的调整，而其它成分保持不变或做必要的增减，即可达到不同研究的目的要求。

1．必需氨基酸需要的研究

确定水产动物对必需氨基酸的需要量有以下两种方法：

（1）通过饲养实验确定需要量。用适宜的氨基酸混合饲料，将其中某一必需氨基酸以浓度梯度法变动其含量，制成实验饲料，进行饲养实验。主要观察对鱼、虾增重率的影响来确定最适需要量。

（2）分析鱼、虾肌肉的氨基酸含量而进行计算。一般认为与动物体的必需氨基酸组分相近似的饲料即为该动物的最适饲料。鱼、虾整体或其肌肉的氨基酸组成模式与其对必需氨基酸需要量模式之间存在高度的正相关性。因此分析鱼、虾整体或肌肉的氨基酸组成，可以作为其必需氨基酸需要量的重要参考。但这种确定方法不够精确，因只考虑到蛋白质合成，而未考虑体内氨基酸代谢的氮的维持量。但该方法简单、快速。在对一些新的养殖品种的必需氨基酸需要量一无所知的情况下，此法是确定必需氨基酸需要量的简便方法。

当用浓度梯度法实验研究鱼虾的必需氨基酸需要量时，可用混合氨基酸全部代替半精制配方的蛋白源。但这样饲料较昂贵，通常是用酪蛋白、明胶作为部分氨基酸来源，其余部分用晶体氨基酸调节配方的氨基酸组成。实践证明：鱼类对酪蛋白、明胶的消化率几乎可达100%。许多鱼类的氨基酸需要研究都是以全卵蛋白的氨基酸组成为标准；有的也以研究对象喜食的饵料，鱼体、自身肌肉或卵的氨基酸组成为标准。实验饲料的蛋白质水平常设计与最适蛋白质水平一致，或略低于最适蛋白质水平以保证限制性氨基酸被最大限度利用。

也有一些研究用非平衡蛋白源来代替精制配方中的酪蛋白及明胶。这些不平衡蛋白源常常是玉米面筋和玉米醇溶蛋白。这些蛋白源的某些氨基酸，尤其是必需氨基酸含量特别低，如玉米醇溶蛋白不含赖氨酸和色氨酸。因此，用这些蛋白源构成配方的部分蛋白源，其余部分用晶体氨基酸调整，可使某种必需氨基酸缺乏或处于所期望的水平。也有一些研究使用生产实用蛋白源，这类实验配方上需要少量晶体氨基酸，可节省研究费用。然而，用这些非精制配方所获得的结果只能是一个估计值。因为这种方法存在一些问题，如不同蛋白源的可消化程度不同；各种蛋白源的消化吸收及通过消化道的速度比添加的氨基酸要慢。玉米醇溶蛋白等不平衡蛋白源含有极高的亮氨酸，它可能会抑制其它氨基酸的吸收。

2. 必需脂肪酸需要的研究

一般地说，精制典型配方的总脂含量在5%～10%之间。肉食性鱼、虾的总脂水平可以更高一些；杂食性、草食性鱼类的可以低一些。虹鳟对18：3n－3的需要量随着饲料总脂含量的升高而增加，占总脂的20%左右。因此在确定总脂实验水准之后，必需脂肪酸的中心水平可定在总脂的20%左右。水产动物的必需脂肪酸有两大类，n－3和n－6系列的不饱和脂肪酸。虽然不少研究结果已表明，淡水鱼类与海水鱼类需要的脂肪酸种类有明显不同。但是对新的研究对象来说，两类脂肪酸和二者的混合效果都应进行研究。鱼、虾对必需脂肪酸的代谢需要量很低，贮存在体内的少量脂肪酸，甚至从卵黄带来的微量脂肪都会影响实验结果。所以选择实验鱼、虾应注意实验前消除体内贮存的脂肪酸影响。

在许多脂肪酸营养研究中，都是使用脂肪酸甲酯或乙酯，它们与天然脂肪酸的化学状态有很大不同，所以研究实验应该使用纯化脂肪酸的甘油三酯。尽管不饱和脂肪酸甘油三酯要昂贵一些，但其与水产动物天然食物的脂肪酸更相近。

3. 维生素需要的研究

维生素是一种代谢需要量很低的营养素，因此在研究维生素需要量时，基础配方的全部成分要求完全不含或基本上不含维生素。在研究新品种的维生素需要时，可在经典配方的基础上，除去配方中的某一维生素，便可研究这种维生素对新品种的必要性以及所表现的缺乏症；若调整其中某种维生素的浓度以建立系列浓度梯度饲料，就可进行定量需要研究。

由于维生素的需要量低，一些脂溶性维生素可在体内贮存很长时间；而且不同品种、不同年龄、不同维生素出现缺乏症所需要的时间长短不一，所以不要轻易下结论。为了缩短实验周期，可以采取一些措施。例如尽量使用幼龄实验动物和使用抗维生素。抗维生素是一类与维生素具有相似化学结构、却无维生素生物活性的物质。它在体内同维生素竞争与酶系结合，使维生素不能发挥生理作用而引起缺乏症。例如，用缺乏维生素B_6的饲料饲养虹鳟，需要20 d才出现缺乏症，若在饲料中加入0.02 mg/kg脱氧吡哆素，14 d便可产生严重缺乏症。

值得注意的是，有时使用抗维生素所产生的症状与该维生素的缺乏症不一定完全一致。这可能是抗维生素本身的副作用引起的，要加以区别。在许多营养实验中，为了确认某些营养障碍的原因，常用恢复实验方法（Recovery test）来验证。例如，用缺乏维生素B_6（或添加了脱氧吡哆素）的饲料饲养虹鳟，产生了生长障碍及某些缺乏症后，再

用含有足量维生素 B_6 的完全饲料饲养这些鱼，如能使其生长改善、症状消失，即证明这种生长障碍是由于缺乏维生素 B_6 所引起的。

（五）实验管理

实验前要给动物一至两周时间以适应实验环境和饲料。其间还可以进行药浴处理以去除体外病原。

实验期间，根据实验动物体重设计投饲量，投饲量常以投饲率表示（每日投喂饲料占实验动物体重的百分比），根据投喂量不同，投饲策略可分为饱食投喂和半饱食投喂等。投饲频率为一定时间（通常为 24 h）内的投饲次数，同样对实验动物的生长存活产生影响。不同生长阶段的实验动物往往需要不同的投饲频率。但无论采用何种方式，鱼、虾都要喂饱以达到最大生长率。这可增加不同实验饲料对生长影响的灵敏度。总体而言，小鱼、虾每天投喂次数应多些，大鱼、虾可少些，具体应根据养殖对象的摄食习性、节律而定。

水质、水温、光照等环境条件要经常检查，要确保各处理间完全一致，如条件允许，要保证整个实验周期环境条件的一致。实验期间，要经常观察实验动物的摄食、行为及外观等是否异常。若发现死亡或濒死鱼、虾应立即捡出、称重、解剖。观察外观及内脏有无异常，并详细记录；然后作适当处理保存，以供日后病理组织学、生理学及生物化学等分析用。若有疾病或环境问题出现，且确认与饲料无关，就要把病鱼与其它正常鱼分离开，以免传染。另外，即使只有部分实验鱼受疾病或环境的影响，全部实验都要停止投饲，直至受影响的鱼组恢复正常，以避免在病鱼和健康鱼之间由于摄食不均而影响实验结果。当然，如果其中小部分已受到不可挽回的影响，可以弃之不要，而其它正常组可照常进行。

实验期间，要对水温、溶解氧、pH 值等环境因素作日常观测记录。若使用循环过滤式饲养系统，测量氨氮水平是十分必要的。

实验期间，应定期地进行抽样测量，尤其是体重和体长的测量。这可以比较整个实验过程不同处理动物生长的变化。但测量太频繁，会导致动物的应激反应或受伤，影响日后摄食与生长，应特别注意。实验期的长短不同，测量频度也不同，一般每两周测量一次。测量体重时，可对各组中的全部个体分别测量。若个体数目较大，可随机抽取部分测量或测量总重。但总重不能反映组内个体生长的变异程度。

实验期的长短是实验设计必须考虑的问题。实验期是为了获得不同处理间产生统计学差异所需要的最短饲养时间。它取决于实验动物种类、年龄、营养物质种类及环境因素等，不可能统一规定。在研究小鱼对必需氨基酸的需要量时，缺乏必需氨基酸组一般经两周左右体重就不再增加了，4～5 周便能获得不同处理间的统计学差异。即使在同种鱼内，不同氨基酸实验所需要的时间也有差异。例如美国红鱼（*Sciaenops ocellatus*）的亮氨酸实验需要 5 周，蛋氨酸实验需要 8 周，必需脂肪酸实验一般进行 7～12 周。维生素种类不同，出现缺乏症所需要的时间大不一样，短的四周，长的需要十几周甚至更长时间。因此，做实验设计时，要根据以往的研究报告作一个大体的估计。

（六）实验结果的处理与计算

1．实验判据与饲养实验结束时的注意事项

在任何定量实验中，实验方案必须确定一个或几个判据，作为定量地判明所研究现象的性质。实验过程就是收集这些判据的有关资料的过程。营养饲养实验最简单又有普遍意义的判据是生长率、存活率和饲料系数等。由于不同营养素具有不同营养功能，所以又可以找到一些具有一定专一性的判据。例如，进行必需氨基酸的需要量研究时，可以把体内的游离必需氨基酸浓度作为一个判据。因为当饲料中某种必需氨基酸不足时，其在体内氨基酸库的浓度就会降低，只有在充分满足实验动物正常生长需要之后，其在体内氨基酸库的浓度才会升高。动物的体脂肪酸组成对饲料中必需脂肪酸的丰欠十分敏感。因此，测量实验后动物体脂肪酸组成变化是必需脂肪酸定量研究的重要判据。必需脂肪酸充足指数便是建立在这个基础上的。维生素的研究除了生长率、存活率等判据外，还有两个重要的生化判据：相关酶的活力和水溶性维生素在肝肾等组织的最大积累量。因为大多数维生素在生物体内都以辅酶的形式参与各种生化代谢过程，因此与维生素密切相关的酶的活力高低可反映该维生素在饲料中的丰欠程度。动物把过量的水溶性维生素排出体外，因此可把使体组织含量达到最高时的饲料维生素最低含量视为最适需要量。

另一类判据便是营养缺乏症。有些可用肉眼观察到，如病变损伤、出血、色素异常、鳃盖增生、眼部白内障、骨骼畸形等。有些表现为亚临床症状，如组织细胞损伤，中间代谢产物的水平以及各种相关生理生化指标等异常。这些亚临床症状有时会更灵敏地反映动物的营养状况。

饲养实验结束后，有两方面工作要做好。一方面对实验动物的终体重、体长及存活率等测量纪录，同时对肉眼可见的临床症状仔细观察记录。另一方面，对样品进行适当处理保存，供进一步组织学、生理学、生物化学等项目的分析研究用。样品的处理保存方法依检测项目和方法而定。例如，要进行病理组织学检查可把样品固定在10%的福尔马林溶液、包恩氏液或其它固定液中。若做一般生化分析，采用一般烘箱干燥保存即可。但若做游离氨基酸、脂肪酸、酶及中间代谢分析，则要求样品保存于液氮或-20℃以下的惰性气体中。

生长速度通常是评价饲料质量的重要指标之一。生长速度是指单位时间内体重或体长的增加量，可以表示为整个实验期体重或体长增加的百分数或倍数，也可表示为每尾鱼、虾体重或体长的日增加量。这里体重的增加，仅是从“量”上考虑。然而，无论是从营养研究还是从商业生产的角度考虑，生长都存在质的区别。动物的真生长是结构组织，如肌肉、骨骼、器官的体积与重量的增加，应和储备组织中的脂肪沉积区别开来。脂肪的大量沉积虽然也表现出体重的增加，但从营养病理学的角度，这很可能是病态症候，同时也降低了商品鱼的品质。因此，只有当不同实验饲料不会影响鱼体组成时，用体重的增加表示生长才可靠。然而，不同的饲料组成往往会影响被吸收的营养物质用于蛋白质合成和以脂肪形式沉积的量。所以单从体重的增加作判断，往往会导致错误的结论。体蛋白的增加只有在相应高蛋白水平时，才会随着可消化能的升高而直线递增；低蛋白饲料中的额外能量则以脂肪的形式沉积，而不用于真正的生长。因此，实验前一般应该对实验动物的体蛋白、脂肪、水分及灰分等进行分析。如果发现不同饲料对体成分影响显著，生长指标即应以体蛋白的变化表示。

2. 实验结果的统计分析

对实验数据进行统计学处理与研究中的其它工作同样重要，是获得实验研究结论的关键一环。获得实验数据后，应根据实验目的、条件、数据的性质等选择适当的生物统计学方法，进行正确数据处理，以便获得正确的结论。一般要求实验数据要给出平均数及标准差。进行平均数比较时，应选择合适的方法进行差异显著性比较。具体统计方法请参考有关统计学书籍。

二、实际生产环境的营养研究

当营养研究的目标旨在评估生产配方、饲料添加剂的使用和投饲策略等对实际生产产量、经济效益和环境效益等的影响时，实验应在与实际生产环境尽可能相似的条件下进行。但设计实验时，又要尽可能达到统计学分析的要求。

（一）生产环境的要求与设施

水产动物养殖生产环境主要包括池塘、网箱、室内工厂化鱼池等。实际生产环境的实验结果反映了自然环境及饲料的综合效果。所有的养殖品种都能不同程度地利用养殖水体中的天然饵料。据报道，在完全不投饲的天然池塘中，每公顷斑点叉尾鮰产量可达250. 5 kg，而每公顷罗非鱼产量却能达975～1950 kg。当然，养殖环境不同，天然生产力的影响也不同。池塘养殖天然饵料影响最大，而网箱养殖及室内工厂化养殖是高度集约化的人工养殖环境，天然生产力的影响最小。所以同一处理的不同重复之间的变异就会比池塘养殖的小，因而网箱或室内工厂化养殖能更敏感地反映出实验饲料的质量差异。不过，实验饲料必须营养全面，才能获得理想的养殖效果。然而，池塘养殖仍是我国实际生产中最重要和最普遍的养殖方式。实际生产环境的营养研究的环境设施应该选择与养殖对象相对应的主要养殖模式。

例如，一口实验池塘应代表一口商业生产池塘，最小面积应在667 m^2（1 亩）以上。实验塘的水源要清洁充裕，池塘结构应有利于换水、排干与收获。尽管管理相似，池塘实验的同一处理内不同重复间仍会产生较大的变异，因此，重复塘数要多才能反映不同处理间的统计学差异。Shell（1966）曾报道，在美国亚拉巴马进行斑点叉尾鮰的池塘实验时，变异系数是10～15；在以色列进行鲤池塘实验时，变异系数是8～16。因此，如果没有大量重复塘数，要反映不同饲料处理间的较小差异是不可能的。在研究实验中，由于成本或其它条件限制，通常采用3个重复，很少采用更多的重复数。由于不同池塘之间的客观差异较大，所以动物分组与实验塘排列的随机化处理十分重要。当期望的差异较小时，一般不用池塘实验，而用网箱养殖及室内工厂化养殖实验。

（二）实验管理

实验的管理包括饲料生产的管理、水产动物生产环境的管理以及投饲量的管理等。实验饲料的制作方法应与饲料的商业生产方式一致。饲料规格要满足动物不同生长期的要求。研究者要监督实验饲料生产的全过程，以避免任何可能差错发生。

饲养管理一方面要求与实际生产相一致，另一方面又要允许准确收集有关数据。实验期要长达一个生长周期。由于水温及水质等条件的变化，短期的实验结果往往不能代表实际生产情况。投饲方法一般分为三种：限量投饲、过量投饲与适量投饲。限量投饲指投饲量稍低于鱼、虾的最大摄食量。这种方法能最大限度地利用所投入的饲料，尤其能使一些优质饲料获得更高的饲料转化率，同时也可减少残饵对水质的污染；但大多数养殖对象都存在等级化摄饵模式，所以限量投饲会造成个体大小的分化。过量投饲指投饲量大于鱼、虾的摄食量。这种方法既可满足养殖对象的摄食要求，降低等级化摄饵模式的影响，又不必准确估计鱼、虾的摄食量，故可减少工作量；但是这种方法会使残饵对水质的污染更加严重，饲料系数也无法计算。适量投饲是投饲量充分满足鱼、虾的摄食要求，但又尽可能不过量。这种投饲方法的优点是不言而喻的，但在实验过程中自始至终地做到适量投饲并非易事。如果使用浮性膨化饲料，研究者即可观察到养殖对象的摄食情况及摄食量，又可及时地清除残饵。但有些鱼、虾喜食沉性颗粒饲料，若前人已制定了投饲量表，可以参考，同时采用定点投喂、定期抽样观察、及时调整的方法投喂。一般地，每周调整一次投饲量较好。但是有些养殖种类对抽样检查的应激反应较强烈，导致停食、疾病感染等问题，应予注意。自动投饲机是另一种解决这一问题的好方法。

其它管理措施可根据实际生产情况拟定，可参考可控环境研究的管理方法综合考虑，以获得更有价值的实验数据。

第三节　能量学研究方法

鱼类能量学研究主要有两个途径。一是侧重以自然种群为对象，主要通过对胃含物的定量分析，推算出种群食物的平均日消耗量和年消耗量，同时估计种群在自然条件下的生长、繁殖、活动等的耗能量，对其分配与利用能量的规律进行探讨。另一途径是侧重于实验室工作，主要进行两类实验：①代谢实验，探讨鱼类在标准状态下或一系列生态因子影响下，其代谢强度的变化规律；②摄食—生长实验，探讨摄食量与生长的相关关系，以及各种生态因子对摄食与生长的影响。本书所介绍的方法是通过侧重于实验室工作的途径来进行鱼类营养能量学的研究。

我们知道，鱼类摄食的总能一部分以生产能（RE）的形式沉积在体内，一部分以粪能（FE）、尿能（UE）和鳃排泄能（ZE）的形式排出体外，另外一部分则在摄食热增耗（HiE）、标准代谢（Ms）和活动代谢（Ma）过程中以热能的形式散失掉。本节以鱼类摄食总能在体内的分配与利用过程中的各个能量组分为顺序，介绍相关的研究方法。

一、总能

饲料总能（gross energy，GE）的测定方法有直接测定法和间接推算法两种。

（一）直接测定法

总能量一般用氧弹仪（bomb calorimeter）直接测定，所测之值被称为燃烧热（heat of combustion）。氧弹仪为双层箱体结构，内层为厚壁钢筒，称为燃烧室，夹层中装水。氧弹仪测定物料的恒容燃烧热的原理依据是能量守恒定律。待测物料（包括样品、燃烧铁丝和氧弹中的杂质气体氮等）完全燃烧后所释放的总能量（热量），由弹壁传导给外部定量、恒温的介质水，使其前后温度发生变化，由该温度改变值可计算出该样品的恒容燃烧热，即该样品的能值。

在氧弹仪中物质所含的C和H被完全氧化为CO_2和H_2O，这与物质在体内被完全氧化的情况一样。然而，在氧弹仪中氮也被氧化，并与水反应生成强酸，这是一个吸热过程，在体内则不会发生。因此，可以利用滴定法对产生的强酸进行定量，更正用氧弹仪测得的能量值，使其接近体内氧化产生的能量值。

（二）间接推算法

用氧弹仪直接测定总能，方法简便，数据可靠，但需要较为昂贵的专门设备。为了在一般实验室条件下能够进行饲料总能含量的测定工作，通常采用根据饲料营养成分乘以营养素平均产热量的近似计算，即为间接推算法。其计算公式如下：

$$GE = 5.6CP + 9.4EE + 4.1CARB$$

式中，GE为总能，kcal；CP、EE、CARB分别代表所测饲料中蛋白质、脂肪、糖类的含量，g；式中的数字分别是各种营养素的平均产热量，kcal/g。

间接推算法的准确性受到以下因素的影响：一是在测定饲料中蛋白质、脂肪和糖类含量时产生的误差；二是不同的饲料原料其营养素的平均产热量可能不同，用同样的平均产热量去计算难免会产生误差。

二、可消化能

在确定鱼类摄入饲料所含的总能后，若测定出鱼类对饲料的消化率，则能够计算出饲料中的可消化能（digestible energy，DE）。测定饲料消化率的方法分为直接法和间接法。直接法需要测定鱼类对饲料的总摄入量和粪便的总排出量；间接法的原理是饲料中存在或人工均匀掺入一种完全不被消化吸收的指示剂，它可以随食物在消化道内一起移动，本身无毒，也不妨碍饲料的适口性和营养物质的消化吸收，且定量容易。这样，根据指示剂及营养成分在饲料和粪便中相对含量的变化，便可以计算出营养成分的消化率。

三、可代谢能

要计算鱼类的可代谢能（metabolizable energy，ME）就必须知道尿能（UE）和鳃排泄能（ZE）的值。由于可以通过直接或间接的手段确定尿能和鳃排泄能的值，可代谢能的测定方法相应地分为直接法和间接法。

（一）直接测定法

直接测定可代谢能从技术上讲比较困难，因为这需要知道鱼体排入水环境中的尿能和鳃排泄能的准确值。Smith（1971）发明了一种测定虹鳟可代谢能的方法，试图避开这一难点。这种方法的大概过程如下：①将虹鳟鱼麻醉，向其体内插入一根导管，以便收集尿液；②将虹鳟限制在一个水箱中，并用隔板将其身体的前后部分分开；③在麻醉的状态下对虹鳟进行强制喂食；④分别收集由鳃和肾排泄的含氮废物。用这种方法测定得到的虹鳟饲料中的可代谢能值占可消化能值的72%～93%。但是这种方法存在明显的缺陷：强制喂食给实验动物带来了较大的外界胁迫，导致动物的氮排泄升高，而摄食量降低。这样就会造成动物的负氮平衡，可代谢能占可消化能的比值降低。

其实，不一定必须把从肾脏排泄的氮和鳃排泄的氮绝对分开，只要知道排泄氮的总量就可以了。目前常用的方法是直接检测养殖动物所在水体中氨氮的变化情况，在实验动物正常的生理状态条件下，连续检测水中氨和尿素氮的含量。这种方法要求养殖用水保持一个稳定的流量，能够精确测定水体中低浓度的氨含量。

（二）间接推算法

直接测量尿能和鳃排泄能的值的技术很复杂，并且比较耗时。因此，研究者倾向于采用间接法测定可代谢能。间接法的理论基础是鱼体的氮收支平衡的原理，即尿氮（urinary N loss，UN）和鳃排泄氮（branchial N loss，ZN），可以通过可消化氮（digestible N intake，DN）的量减去鱼体保留氮（recovered tissue N，RN）的量计算得到。鱼体氮收支平衡方程式如下：

$$ZN + UN = DN - RN$$

式中，ZN 为鳃排泄氮；UN 为尿氮；DN 为可消化氮；RN 为体组织保留氮。在鱼类排泄的含氮废物中氨约占 85%，尿素约占 15%。氨和尿素所含的能量分别是 20.5 kJ/g（24.9 kJ/g N）和 10.5 kJ/g（22.5 kJ/g N）。因为，含氮排泄物中大部分是氨，并且氨态氮和尿素氮所含能量非常接近，为了方便起见，一般认为鱼类每排泄 1 g 氮即损失能量 24.9 kJ。因此，与氮收支相关的能量平衡方程式为：

$$ZE + UE = (ZN + UN) \times 24.9\text{kJ/g N}$$

$$ME = DE - (ZE + UE)$$

式中，ZE 为鳃排泄能；UE 为尿能；ME 为可代谢能；DE 为可消化能。

另外一种间接推算可代谢能的方法是根据排泄废物损失的能量占摄入总能的比例来进行估算。崔奕波和 Wootton（1988）发现鱥（*Phoxinus*）在不同的温度下排泄物损失的能量占摄入总能的比例为 2.18%～8.67%，平均为 6%。Elliott（1976）通过对鳟的研究结果分析，提出近似估计排泄物损失能的值应为 8%（4%～12%）。Brafield（1985）统计了 6 种鱼的能量收支，发现排泄物含能量平均为摄食总能的 6.8%。Brett 和 Groves（1979）提出肉食性鱼类排泄物的含能量平均为摄食总能的 7%。谢小军（1989）在研究南方鲇排泄废物能量损失时也采用了 7% 的比例。

四、摄食热增耗

研究摄食热增耗（HiE）的基本实验方法是测定鱼在进食前后代谢强度的变化。鱼在进食后代谢率上升，在一段时间后升高到最大值（HiE 峰值），然后逐渐下降到进食前水平。该过程一般持续几小时到几天（HiE 持续时间），其间所消耗的能量与标准代谢水平所消耗的能量之差即为 HiE 的总消耗量。Beamish（1974）为了消除自发活动对测定的影响，让鱼在管道型呼吸仪中保持一定的低速游泳，对 HiE 进行研究。Yarzhombek 等（1983）采用同位素法对鲤和虹鳟的 HiE 进行了研究。Goolish 和 Adelman（1987）则通过测定由于食物消化及生长引起的胃肠组织的细胞色素氧化酶（CCO）活力的变化，来探讨 HiE 的机制。

对 HiE 进行定量的方法主要有两种：测热法和体组成分析法。测热法又分为直接测热法和间接测热法。前者是直接测定动物排出体外的热量，而后者是通过测定动物呼吸所产生的二氧化碳量或者是耗氧量以及氮排泄量来推算动物排出体外的热量。由于水产动物排出体外的热量较少，同时所引起水环境温度的变化较小，需要有精密的仪器来记录水温的变化，所以直接法很难得到准确的体增热值。与之相比较，由于动物的耗氧量和氮排泄量的准确定量比较容易，所以间接法所得的数据更接近真实值。

五、标准代谢

鱼类的标准代谢测定方法主要有两种：直接测热法（简称直接法）和间接测热法（简称间接法）。直接法是直接测定鱼在标准代谢过程中释放出的全部热能，间接法是根据所测得的鱼的代谢产物或耗氧量间接计算出产热量。

（一）直接法

直接测定法的原理是基于这样一个事实：各种营养素在体内分解产生的能量，在供给机体各种机能活动之需后，最终以热的形式散发出来。所以，只要直接测定出机体散发出的热量后，就可以知道体内有多少能量被代谢。对于陆生动物来讲，常将其放入呼吸热量计的密闭箱里测定。对于水产动物来讲，由于其生活在水环境中，所以测定装置也比较特别。Davis（1966）曾在一种测试瓶中放入 1 ～ 6 尾体重 6 g 左右的金鱼，用电热计测定瓶中水温的变化，根据水的质量和温差，计算出鱼散发出的全部热量。但该方法的明显缺陷是，水温很难精确测定，实验难以较长时间地进行。

Smith（1978）对 Davis 的方法进行了改进，设计了一个收容槽（待测鱼放入其中）和套在槽外的夹层箱。测定时，氧气经过埋在夹层箱中的水管（使氧的温度和水温一致）后，再通入收容槽。收容槽与夹层箱之间有虹吸管相通，不必取出鱼就可以直接更换收容槽中的水，使用灵敏的贝克曼温度计测定水温的变化。用这种装置可以对鱼进行较长时间的测定（达 6 ～ 8 h）。这种方法比 Davis 的方法优越，但要经过长时间调整夹层箱与收容槽的水温使其相等后，再精确测定温度的变化，也是相当不容易的。

鉴于直接法要求的装置精密度高及操作困难，人们现在一般倾向于使用间接法来测定鱼的能量代谢。

（二）间接法

间接法的原理是蛋白质、脂肪和糖类在鱼体内分解代谢时均需消耗一定数量的 O_2 和产生一定数量的 CO_2，同时产生一定数量的热量。鱼体消耗 O_2 的量与某种养分分解时所产生的热量有一定的相关性。因此，可以通过测定鱼体在一定时间内的耗氧量和 CO_2 产生的量，然后结合呼吸商值推算在一定时间内鱼体利用三大能源营养物质氧化放能的比例，再根据三者的热价、氧热价和呼吸商等数据，间接计算机体在一定时间内的能量代谢量。这种方法又称呼吸测定法。

六、活动代谢的研究方法

活动代谢（Ma）是最难估计的代谢组分。实验室测定 Ma 的方法通常是采用一定的技术手段，迫使鱼以一定的速度游泳，同时测定该条件下的代谢率，以一系列不同速度下的资料建立起代谢率与游速之间的定量关系，从而对鱼的活动消耗进行估计。野外条件下目前尚无成熟的测定 Ma 的方法，但可观察自然条件下鱼的摆尾频率，然后由实验室测得的摆尾频率、游泳速度、代谢强度的关系，推算其活动耗能量。对于静息性鱼类，采用电影或电视录像来监测鱼的游泳模式。进行声学或无线电装置的标志放流可获得鱼在较大范围运动的资料。还有的学者通过遥测心率、鳃换气率和肌电变化等生理指标，对鱼类在自然环境的活动代谢进行研究。

第四节　营养免疫学研究方法

营养免疫学（nutritional immunology）是动物营养学与免疫学的交叉学科。它研究的是借助现代营养学、免疫学理论和技术研究营养素，或可通过饲料途径添加的免疫增强剂对动物免疫力的影响及其作用的分子机制，从而通过提高营养素水平、添加免疫增强剂等方法来提高机体的免疫力和对疾病的抵抗力。人们正在研究建立一系列的免疫指标，以便确定增强动物免疫力和抗病力的特殊营养需要。然而，国内外在水产动物营养免疫学研究领域还处于起步阶段，有关研究方法仍然不成熟。本节仅就鱼类营养免疫学研究的一些方法进行简要概述。

一、鱼类免疫学指标检测方法

与高等脊椎动物一样，鱼类营养免疫学研究的常用免疫学指标是检测非特异性及特异性免疫功能的相关指标。由于免疫系统的复杂性以及免疫反应器官和细胞的多样性，因此要确定某一营养因子或非营养型免疫增强剂对免疫功能的影响，往往需要研究其对鱼类体液免疫、细胞免疫功能的综合影响，从不同角度反映问题，彼此相互联系、相互补充。下面就几种应用较为普遍的免疫学指标的检测方法进行介绍。

（一）鱼类非特异性免疫指标的检测

1. 血细胞比容、白细胞比容和白细胞分类计数

血细胞比容（%）是指血液中红细胞在全血中所占容积的比率。

白细胞比容（%）是叠积的白细胞体积所占全血体积的百分比。

白细胞分类计数通常是将白细胞分为淋巴细胞、血栓细胞、单核（巨噬）细胞、粒细胞（嗜中性、嗜酸性和嗜碱性粒细胞），显微镜下对它们所占白细胞总数的百分比进行计数。而血细胞比容和白细胞比容均采用比容计测定。用这三种方法可以使研究者取得一些基础数据，但是采用这些方法将外周免疫细胞的数目作为评价免疫力的指标，既费时又费力，并且水产动物的年龄、性别、季节等均会影响测定结果。而且，有些营养因子能影响免疫功能而不改变免疫相关细胞的数量。因此，有必要对免疫力进行分析。

2. 吞噬作用及吞噬活性的测定

吞噬作用是细胞内消化、杀灭入侵的微生物的过程，是非特异性免疫的主要组成部分。这一过程主要包括三步：吞噬细胞与病原颗粒表面接触，形成吞噬体，消化分解吞噬体中的病原颗粒。其中单核细胞（巨噬细胞）和粒细胞（嗜中性粒细胞和嗜酸性粒细胞）具有吞噬能力，它们能消化多种抗原性颗粒。

吞噬实验是将分离的吞噬细胞与细菌、酵母菌或碳粒等一起培养，显微镜下计数，计算出吞噬率及吞噬指数。此法简单，并能在类似于鱼体内的条件下研究吞噬过程，而

且可考虑到调理素、补体、自然和免疫抗体的影响。实验中黏附于吞噬细胞表面的细菌与被摄食细菌的区分可凭经验解决，是一项花费不大，且很精确、可靠的技术。具体操作可参考 Pulsford 等（1995）的方法。取细胞悬液，用甲醇清洗过的玻片进行涂片，在室温、湿润环境下贴壁 2 h，未贴壁的细胞用任氏液洗去，然后滴加含量为 1.2×10^6 个/mL 的酵母溶液，再在室温、湿润环境下反应 1 h，用任氏液冲洗、晾干、加甲醇固定，然后用瑞氏染液进行染色。每张玻片随机计数 200 个细胞，以吞噬了酵母的细胞所占总细胞比例计算吞噬百分数，计算如公式：

$$吞噬率(\%)=100\times 发生吞噬的细胞总数/200$$

3. 溶菌酶活力测定

溶菌酶是鱼类预防微生物入侵的最有效因子之一。它主要存在于头肾等白细胞富集的组织及其它易受细菌入侵的部位，如皮肤、鳃、消化道和卵等。对于格兰氏阳性细菌，溶菌酶主要是通过破坏细胞壁的 N－乙酰胞壁酸和 N－乙酰葡糖胺之间的聚糖链，使细胞壁失去韧性而发生低渗性裂解，从而杀伤细菌。而对于格兰氏阴性细菌，溶菌酶是在补体和其它酶已经破坏细菌外层胞壁、露出细胞内层肽聚糖之后起作用。

血清溶菌酶活力通过浊度比色法测定（Ellis，1990）。反应底物为用磷酸缓冲溶液（0.05 mol/L、pH 值为 6.1）配制的 0.2 mg/mL 微壁溶球菌（Sigma）悬液。100 μL 血清与 1900 μL 菌悬液混合，在 530 nm 波长下，分别在反应时间 0.5 min 和 4.5 min 测定吸光值（OD）。活力单位定义为每分钟吸光值减少 0.001 所需的血清量。

4. 呼吸爆发及超氧阴离子（O_2^-）产量的测定

抗原颗粒与吞噬细胞的结合或其它可溶性物质的刺激，可以激发吞噬细胞产生大量的活性氧，如超氧阴离子（O_2^-）、单线态氧（$^1O_2$）、过氧化氢（H_2O_2）等，这些活性氧具有很强的氧化性，可以直接或间接杀灭病原微生物。这一过程即为呼吸爆发，能使吞噬细胞本身免于被氧化，被广泛用作衡量鱼类吞噬细胞吞噬活力的指标。目前可直接检测到过氧根离子和过氧化氢的存在，同时也通过化学发光间接证明了单线态氧的存在。超氧阴离子（O_2^-）产量的测定方法较多，下面分别进行简单介绍。

（1）NBT 还原法　超氧阴离子（O_2^-）可将氮蓝四唑（NBT）还原为非水溶性的蓝黑色物质，后者可经二氧六环萃取得到，并在 580 nm 波长处产生光吸收。通过对二氧六环萃取物溶液在 580 nm 处的比色，测定被还原的氮蓝四唑，从而间接测定反应体系中超氧阴离子（O_2^-）的产量。

（2）高铁细胞色素 C 还原法　超氧阴离子（O_2^-）能使一定量的氧化型细胞色素 C 还原为还原型细胞色素 C，而还原型细胞色素 C 的最大吸收峰在 550 nm 处。通过比色可以测定溶液中还原型细胞色素 C 的含量，从而间接反映超氧阴离子（O_2^-）的产量。

（3）流式细胞仪测定法（荧光法）　无荧光的 DCFH－DA 渗入细胞后，被酶水解为 DCFH。细胞内的 DCFH 在细胞呼吸爆发时可被氧化为荧光物质 DCF。可利用流式细胞仪对细胞内的荧光强度进行检测，反映细胞呼吸爆发的强弱。

5. 补体系统及替代途径补体活力的测定

补体系统是脊椎动物免疫系统中不可缺少的部分。目前在日本鳗鲡、鲤、斑点叉尾鮰、香鱼、罗非鱼等许多鱼类中发现存在经典途径补体和替代途径补体活力。补体可以杀灭侵入体内的病原，并且补体中的 C_3 是激活吞噬作用的主要因子，可以作为调理素促进吞噬作用。

血清中替代途径补体活力（ACH50）可参考 Yano（1992）的方法测定。将 100 μL 兔血红细胞（RaRBC）悬液（每毫升缓冲溶液含有 2×10^8 个细胞）加到 250 μL 用缓冲溶液系列稀释的鱼血清中，并不断摇动，在 22℃ 反应 2 h。反应结束时加入 3.15mL 预冷的生理盐水，然后在离心机中以 3 000 r/min 离心 5 min。血清的溶血程度通过用分光光度计在 414 nm 处测定上清液的吸光值可得到。活力单位定义为使 RaRBC 发生 50% 溶解的血清量。

（二）攻毒实验

动物免疫功能的变化通过免疫学指标的变化来体现。然而，免疫学指标数值的高低并不总是与动物的抗病力密切相关。通常采用一定量（如半致死浓度）的病原对实验动物进行人工感染，随后观察不同实验处理之间实验动物的累积死亡率，以判断其对病原的抵抗力。这一类实验叫作攻毒实验。这是一项复杂繁琐的工作，需进行认真设计和摸索。分析攻毒实验结果与其它免疫学指标的相关关系，以判断营养素、免疫增强剂等对养殖动物免疫力和抗病力的影响。

第五节　分子营养学研究方法

分子生物技术的不断发展和普及，使得营养素对动物代谢调控方面的研究逐步深入到分子水平。目前，分子营养学的研究主要集中在两个方面，一是探讨营养素的种类和数量如何影响动物基因表达和蛋白质的合成；二是研究基因的表达与营养成分代谢途径和代谢效率之间的关系，从而决定动物的需要量。所谓基因表达，是指 DNA 转录为 mRNA，mRNA 再翻译为蛋白质的过程。营养素对基因表达的调节有直接作用和间接作用两种方式。直接调控是指营养素可与细胞内转录因子作用，影响基因的转录及 mRNA 的丰度和翻译；间接调控是指营养素的摄入、可激活、信号传导系统、激素和细胞分裂素等。研究显示，从 DNA 到 RNA 再到蛋白质的每一个环节和步骤，基因表达都可以被调控，这包括转录调节、RNA 修饰调节、RNA 转运调节、mRNA 稳定性调节、翻译调节以及翻译后调节。在每一个调节位点上营养素均可以不同方式对其起作用，进而调控代谢的整个过程，影响营养需要和疾病的发生。

近年来，有关营养与基因表达的关系及其作用机制方面的研究，主要集中在营养素的摄入量对高等哺乳动物、畜禽的基因表达和体内一些关键代谢酶的作用等，直接研究营养素对水产动物基因的表达和调控，直到近几年才开始有大量的报道。本节主要介绍探讨营养素—基因相互关系和对特定基因表达量检测的几种研究方法。

一、差异显示 PCR（DD-PCR）

差异显示 PCR（differential display PCR，DD-PCR）又称差异显示反转录 PCR（differential display reverse transcription PCR，DDRT-PCR），是由 Liang 和 Pardee 于 1992 年建立的一种研究差异表达基因的方法。基本原理是：所有的真核细胞 mRNA 都有 Poly

(A) 尾，在 Poly (A) 前面的第一位碱基 (A 除外) 有 3 种可能 (G、T 或 C)，第二位的碱基有 4 种可能 (A、C、G 或 T)，这 2 个碱基共有 12 种组合。人工合成这 12 种引物，和一个 5′端的任意引物 (Arbitrary primer，AP) 作 PCR 扩增，在 mRNA 逆转录产物中扩增出一定数量、不同大小的 cDNA 片段，通过引物的设计使电泳后在分离胶上显示出 50～100 个条带。对不同样品 PCR 扩增产物的条带比较分析，可发现并分离某些差异表达的基因，然后可将该基因克隆、测序和进一步分析其结构和功能。

自 DD-PCR 建立以来，这一技术主要用在肿瘤方面的研究，在动物营养学方面的研究应用还不多。在家禽的生产中，由于肉鸡饲养过程中出现肥胖症会影响到肉鸡的产量和质量，所以一直在探索肥胖症产生的原因和代谢机制。机体脂肪生成过程主要发生在肝脏，脂肪组织仅起到储存脂肪的作用。但比较研究瘦型和肥胖型两种肉鸡肝脏的脂肪合成和分泌相关基因后发现，包括苹果酸酶、ATP 柠檬酸裂合酶和脱辅基蛋白等多种基因在内，两个品系之间的差异都不大。为此，可尝试用 DD-PCR 技术，结合 Northern 杂交，来鉴定瘦型和肥胖型肉鸡的基因表达差异，分别从瘦型和肥胖型两个品系的肉鸡分离 RNA。用 DD-PCR 技术分析，从中筛选到 26 条不同的 DNA 产物，把这些产物先用单链构相多态 (SSCP) 胶电泳分离和纯化，然后进行测序和 Northern 杂交。经同源性比较分析可知，细胞色素 P450 2C 亚基因在两个品系的肝脏中有明显的差异。推测这些基因可能在调控脂肪的代谢和肥胖症的发生中起着极为重要的作用。

二、抑制性消减杂交 (SSH)

抑制性消减杂交 (suppression subtractive hybridization，SSH) 技术由 Diatchenko 等人于 1996 年建立。该技术是在抑制性 PCR 的基础上建立起来的 cDNA 消减杂交方法。其基本原理是：通过把含有差异表达目标序列的测试方 (tester) cDNA，与不含有目标基因的驱动方 (driver) cDNA 杂交，以消除测试方和驱动方双方共有的序列，只剩下目标序列。然后利用抑制性 PCR 对目标序列进行选择性扩增。抑制性 PCR 是利用非目标序列片段两端的反向重复序列在退火时产生“锅—柄”结构无法与引物配对，从而选择性地抑制非目标序列的扩增。

自 SSH 技术报道以来，其应用主要集中在肿瘤基因的克隆上，包括肿瘤转移特异性基因、肿瘤激素受体相关基因、肿瘤细胞信号传导基因、肿瘤细胞凋亡相关基因、癌基因和抑癌基因的克隆与功能鉴定。在我国，SSH 的应用还不多，目前仅在医学上和发育生物学上有初步的应用，尚未被用于克隆与营养相关的基因。但随着该技术的普及和应用，相信它将在阐明营养物质调控机理和营养缺乏病的分子基础、寻找营养相关基因等方面发挥重要的作用。

三、DNA 芯片 (或 DNA 微阵列)

DNA 芯片 (或 DNA 微阵列，microarray) 的概念最早是 1991 年由 Affymetrix 公司的科学家 Fodor 提出来的。DNA 芯片的基本原理是 DNA 的碱基配对和互补原则，任何线状的 DNA 或 RNA 序列均可被分解为一系列碱基数固定、错落而重叠的寡核苷酸亚序列。

如果把这些亚序列全部检测出来，就可以据此重新组建出原序列。一个 DNA 探针可测出一种基因片段，如果许多种 DNA 探针集中固定在玻璃、硅胶、尼龙膜等材料上，形成一个 DNA 探针的阵列，就可以同时测出多种基因或一种基因的多个片段。将待测基因提取出来后切成长短不一的片段，再用荧光化学物质（如荧光素、丽丝胺等）或放射性物质（如^{32}P）进行标记，然后与 DNA 芯片进行杂交，通过放射自显影、荧光双通道扫描或激光共聚焦显微镜扫描芯片后，就可获得杂交信号的强度及分布模式图。由于芯片上的格式布局都是事先制定好的，所以根据荧光强弱的图案就可以得知被测基因的 DNA 序列。将大量寡聚核苷酸或 cDNA 探针固定在一块二维的、高密度阵列，类似于依靠光电工业而进行的高密度循环装置即为 DNA 芯片。

随着科学技术的发展，DNA 芯片已扩展到抗原芯片、抗体芯片、细胞芯片、组织芯片等，阐明与营养因素密切相关的生长发育的分子机制，已经成为营养学的研究热点。DNA 芯片将成千上万个基因固定在一块芯片上，可以对来自不同个体、不同细胞周期、不同分化阶段的组织或细胞的 mRNA 进行检测分析，迅速将这些基因与营养因素联系起来，缩短实验周期，大大加快这些基因功能的确定，从而为揭示这些营养素对机体基因调控的分子机制提供可能。

DNA 芯片可以快速地检测与营养相关疾病基因的突变。在医学上利用 DNA 芯片技术监测人群中营养相关基因的变异表达，以达到早期诊断、早期治疗营养相关疾病的目的。寻找营养相关新基因，获取新基因是 DNA 芯片技术最主要的应用之一，对营养学也不例外。传统的营养学研究技术最大的缺点就是费时、费力，且不利于自动化。用 DNA 芯片技术发现一种新基因所用的人力、物力及时间均明显减少，从芯片制备、杂交到信号扫描分析整个过程，DNA 芯片技术一般只需一周左右的时间。

四、荧光定量 PCR

荧光定量 PCR（也称 QF-PCR）是美国 PE（Perkin Elmer）公司 1995 年研制出来的一种新的核酸定量技术。该技术是在常规 PCR 基础上加入荧光标记探针来实现其定量功能的。QF-PCR 的工作原理是：利用 Taq 酶的 5′→3′外切酶活性，在 PCR 反应系统中加入一个荧光标记探针，该探针可与引物包含序列内的 DNA 模板发生特异性杂交。探针的 5′端标以荧光发射基因 FAM（6－羧基荧光素，发射峰值在 518 nm 处），靠近 3′端标以荧光淬灭基因 TAMRA（6－羧基四甲基若丹明，荧光发射峰值在 582 nm 处），探针的 3′末端被磷酸化以防止探针在 PCR 扩增过程中延伸。当探针保持完整时，淬灭基团抑制发射基团的荧光发射。发射基团一旦与淬灭基团发生分离，抑制作用即被解除，518 nm 处的光密度增加而被荧光探针系统检测到。复性期探针与模板 DNA 发生杂交，延伸期 Taq 酶随引物延伸而沿 DNA 模板移动，当移动到探针结合的位置时，发挥其 5′→3′外切酶活性，将探针切断，淬灭作用被解除，荧光信号释放出来。模板每复制一次，就有一个探针被切断，伴随一个荧光信号的释放。由于被释放的荧光基团数量和 PCR 产物数量是一一对应的，因此用该技术即可对模板进行准确定量分析。

五、蛋白免疫印迹技术

蛋白免疫印迹技术（westernblot）是通过聚丙酰胺凝胶电泳分离目的蛋白质标本，并将其转移到固相载体（例如硝酸纤维素膜，聚偏二氟乙烯膜等）上，固相载体以非共价键形式吸附蛋白质，且能保持电泳分离的多肽类型及其生物学活性不变，以固相载体上的蛋白质或多肽作为抗原，与相对应的单克隆或者多克隆抗体起免疫反应，再与酶标记的二抗起反应，经过底物显色检测电泳分离的特异性目的蛋白成分与含量。

蛋白免疫印迹技术由美国斯坦福大学的乔治・斯塔克发明，其基本原理是通过特异性抗体对凝胶电泳处理过的蛋白样品进行着色，再通过分析着色的位置和深度获得目的蛋白在样品中的表达情况信息。蛋白免疫印迹技术集凝胶电泳、蛋白转印和免疫学标记等于一体，在现代生物医学中广泛应用。

蛋白免疫印迹法自发明以来被广泛应用于现代生物学研究中的蛋白质定性和半定量分析，技术已较为成熟。免疫印迹法在蛋白质的检测方面有着重要作用，尤其在医疗方面的应用有着巨大的影响和发展空间，其发展潜力是较大的，但目前更偏向于应用，未来可能在不同物种的蛋白质研究和疾病诊断方面深入发展。

综上，营养学的研究目前可以考虑从以下几个方面着手：①通过荧光 PCR 定量检测受营养素调控和影响的基因的表达情况，从机理上进一步了解营养素的作用；②利用荧光定量 PCR 强化饲料安全和质量检测，可有效控制使用违禁的饲料源，如疫区的牛、羊肉骨粉；③快速检测出因营养不良导致的病变；④利用 westernblot 检测相关调控营养代谢或免疫的蛋白质变化等。

第四章　鱼类的摄食、消化和吸收

鱼类为了生存、生长和繁衍后代，需要充足的营养物质，而鱼类只有经过摄食、消化、吸收等一系列过程才能利用各种营养素。

第一节　鱼类的摄食

摄食是鱼类赖以生存的行为，包括觅食和食物的摄取。鱼类的摄食方式主要有滤食、采食及捕食等。如果摄取的食物是浮游生物或悬浮碎屑，其摄食方式为滤食，如鳙、鲢、鲱、鲭等，滤食性鱼类一般以滤食器官摄食浮游生物。许多鱼类以大块或大颗粒物质为食物，其摄食方式为采食和捕食，如大多数草食性、肉食性与杂食性鱼类。这些鱼类具有不同发达程度的摄食器官，如草鱼有呈锯齿状的咽喉齿以切割水草，青鱼有强大的咽喉臼齿以压碎螺壳，鲨鱼是掠食性鱼类，具有锐齿，齿尖，而且有缺刻，甲壳类动物具有咀嚼器。

一、摄食过程

摄食是一个复杂的生理生态学过程，既包括机体运动、口腔活动、肠胃内分泌系统的调动，又包括各种刺激对动物体、口腔、胃肠等器官组织的作用。鱼类的摄食机制主要包括食欲的调节、摄食过程和相应的摄食刺激等几个方面。鱼类摄食不但受饲料的组成、性质和饲养方式的制约，而且受其胃肠道的消化和机体的代谢状态的影响。当鱼类处于饥饿状态时，食欲加强；摄食后，特别是经过消化和吸收后，食欲下降。所有这些内外环境因素引起的鱼类的摄食行为，都可通过神经、内分泌系统进行调节。

动物的摄食主要受神经调节，体液因素也参与。神经调节主要是食欲中枢的调节。一般认为这个中枢位于下丘脑，包括摄食中枢和饱感中枢两个功能单位。摄食中枢位于下丘脑的外侧区，平时呈持续兴奋状态，当其兴奋时，动物摄食。饱感中枢位于下丘脑腹内侧区，当其兴奋时，动物停止摄食。

如果鱼类感受到食物缺乏，胃肠空虚，血液中的血脂、血糖、氨基酸等营养物质水平降低，摄食中枢兴奋，鱼类就会产生食欲，激发其摄食行为。如果食物被消化吸收以后，血液中血脂、血糖、氨基酸等营养物质水平升高，会使鱼类饱感中枢兴奋而终止摄食。因此，血液中的氨基酸浓度和血糖水平的变化是鱼类调节食欲中枢的直接刺激。

鱼类还可通过视、听、嗅、味、侧线、触须等感受器官，感受食物信号刺激，来兴奋或抑制食欲中枢的活动，对喜欢或厌恶的食物可做出不同的摄食反应。当胃肠道的机械、温度、化学、容积等感受器，感受到不同的胃肠道功能状态和食物、食糜的化学性刺激后，经过传入神经把信息传入下丘脑，使摄食中枢兴奋，鱼类产生食欲，再通过传出神经，激发鱼类的采食行为；或使饱感中枢兴奋，产生饱觉，抑制鱼类的采食行为。

鱼类在体内体外的相关刺激下，产生趋向食物的定向运动，若该刺激不适宜，则不被接收，趋向运动终止；反之，若为适宜刺激，鱼类会抓取食物，开始摄食。食物被摄取后，通过口腔的味觉感受器等，产生相应的感觉。若感觉不适宜，则很快将食物吐出；反之，开始咀嚼、撕咬等一系列摄食行为。在咀嚼、撕咬过程中通过味觉、化学等感受器的作用感受刺激，若遇到不适宜刺激，则产生呕吐行为；反之，当刺激适宜时，则通过咽喉将食物吞咽进入消化道，此过程标志摄食基本完成。在这个过程中存在一系列的反馈调节，相当复杂，即使食物进入胃内，当食物含有毒有害物质时，动物仍然可能将食物从胃内呕吐出体外。

鱼类对各种刺激的接受有着本身的特点。刺激一般分为两类，一类是体内刺激，如血糖、氨基酸浓度的变化，经由化学感受器感觉。季节、日时间段、光强、温度、持续摄食时间、食物性质以及可能存在的体内节律对这类刺激的影响比较大。另一类是外界刺激，如光、声、形、色、运动、味等，经由感受器感知。

成鱼体重和摄食量是相对稳定的，这是由于摄食长期性的调控，使鱼类维持能量收支平衡。能够调节脂肪代谢的激素，如生长激素、瘦素（leptin）、甲状腺激素、性激素、糖皮质激素均参与摄食的长期性调控，当生长激素或甲状腺激素、雄性激素分泌增多，或糖皮质激素及瘦素减少时均可以使鱼类摄食明显增加。另外，胰岛素也因其降血糖效应刺激摄食中枢，促进鱼类摄食。

二、鱼类的摄食量

（一）摄食量的概念

了解摄食量可以使人们知道鱼类每次摄食的数量，使生产、投喂饲料时不致盲目，从而掌握投食规律，节约饲料，减少浪费，降低生产成本。

摄食量是指一次投饲，鱼所吃的食物量。摄食量又有绝对摄食量和相对摄食量之分。绝对摄食量是指鱼的一次摄食的数量（g）；相对摄食量又可称为摄食率（%），是指绝对摄食量占体重的百分比。

饱食量是指一次连续投饲，使空腹鱼吃饱的摄食量。在生产实际应用中，通常采用日摄食量或日摄食率来衡量鱼类的摄食状况。顾名思义，日摄食量或日摄食率表达一天的摄食量大小。

（二）影响鱼类摄食量的因素

影响鱼类摄食量的因素很多，鱼的种类和体重、胃的容积、水温、水体的溶解氧浓度、饵料的性质以及鱼类的偏好性等，都会影响鱼类对食物的摄取数量。

1. 胃容积

对有胃动物来说，胃的容积大小可直接影响到动物的摄食量，而且由于胃的存在，往往形成摄食的节律性，也使一些动物对饥饿的耐受性增强。一般来说，胃容积大的动物，一次摄食量大，摄食的节律性强，耐受饥饿的能力也强；否则反之。

对无胃动物（如无胃鱼等）来说，前肠相当于胃的部位，其容积大小，或多或少地影响动物的摄食及其节律，但远没有有胃动物那样明显，因而无胃动物往往摄食的节律性不太强，耐受饥饿的能力相对来说也较差。

2. 鱼类的种类和体重

不同的鱼类，即使是体重相同，其摄食量也是不同的。这是造成不同鱼类生长差异的一个重要原因。体重相近的同种鱼类摄食率可相差数倍，这也是造成鱼类个体生长差异的重要原因。一般来说，草食性鱼类的摄食量比杂食性鱼类的摄食量大，而肉食性鱼类的摄食量相对较小。如草鱼的摄食率可达40%，其原因是草食性鱼类以草类为食，而草类的营养价值较低，粗蛋白和能量等营养成分含量较低，这样草食性鱼类必须摄食较多的数量来满足需要；而肉食性鱼类则可以少食一些。

同一种类的不同体重鱼的摄食量是不同的。一般来说，绝对摄食量随体重增加而呈指数级增加，其关系式为

$$C_{max} = aW^{b}$$

式中，C_{max}为饱食量；W为体重；b为体重指数，一般小于1，多在0.7～0.8之间。这表明随着体重增加，鱼类的摄食量在增加，但摄食率却在下降。日本竹荚鱼的摄食量和摄食率的变化也存在类似的现象，其摄食率

$$(C_{max}/W) = 0.0801 + 0.115091/W$$

3. 水温

由于鱼类是变温动物，其代谢活动随水温的变化而变化，因而水温也影响到这些动物的摄食活动。一般来说，温水性鱼类在适宜的水温范围内，水温越高，摄食量越大；当温度高于临界值（最适摄食温度）时，摄食率随温度的增加而下降（谢小军和孙儒泳，1992；Buckel等，1995；Clapp和Wahl，1996）。如日本竹荚鱼25 ℃时的饱食量为15 ℃时的2倍。齐氏罗非鱼稚鱼的摄食率也随水温的变化而变化，当水温为28～32℃时摄食量最大。

水温变化会引起鱼类摄食量产生季节性的变化。对于温水性鱼类而言，夏秋季节的摄食量比冬春季节的摄食量大，一般在夏季对养殖鱼类的投饲管理比冬春季节要严格得多。

4. 溶氧量

水中溶解氧浓度对鱼类的摄食量影响很大。在一定的溶氧范围内，水中溶氧量越高，摄食率也越高，但超过一定范围，鱼类的摄食量不会无限度地增加，反而有所下降。如Stewart等（1967）研究发现，当水中溶氧量由2 mg/L升高到8 mg/L时，大口黑鲈（*Micropterus salmoniodes*）的摄食率不断增加；当溶氧量在8～9 mg/L时，大口黑鲈的摄食量最大；但是当溶氧量进一步增加时，大口黑鲈的摄食率并没有增加，反而下降。

一般来说，当溶氧量低于饱和度的50%时，鱼类的食欲会明显下降，摄食量剧减。如水中溶解氧饱和度为35%时，鲤鱼的摄食量只有溶解氧饱和度为90%时的1/2。一般淡水鱼类的摄食量均存在这种现象。在鱼类的养殖生产过程中，应该密切注意水中溶解氧的问题，避免水中溶解氧过低的现象，应使鱼类处于最佳摄食状态，促进鱼类的生长。

5. 饲料的化学成分

鱼类的摄食也受到饲料成分的显著影响。一般情况下，当饲料中不含鱼粉时，鱼类的摄食率会显著下降。例如，用几种蛋白质水平相同的饲料饲养斑点叉尾鮰时，当投喂不含鱼粉的饲料时，摄食率最低；投喂添加6.8%血粉的饲料，摄食率变化不显著；而投喂添加5%鱼粉的饲料，摄食率显著提高。Fontainhas 等（1999）指出，植物蛋白（含豆粕）替代鱼粉含量分别为0%、33%、66%时，罗非鱼对这三种饲料的摄食率差异不显著；完全替代时，摄食率显著下降。另外，当饲料中添加一定比例的某些植物性蛋白质时，鱼类的摄食率也会受到影响，如在饲料中添加22%经热处理的菜籽粕，大菱鲆摄食率显著下降。解绶启等（1999）的研究也表明，饲料中土豆蛋白的比例增加时，虹鳟的摄食率显著下降。

6. 饵料的物理性质

饵料的大小、形态、硬度、色泽等均影响鱼类的摄食量，因此饵料大小必须与鱼类的口径相适应。鱼苗口径小，只摄食卵黄小颗粒或浮游生物；成鱼则可摄食颗粒较大的饵料。鲢、鳙鱼等滤食性鱼类喜欢摄食形状较小的浮游生物、粉状饲料等；草鱼喜欢摄食带绿色的植物；青鱼喜食带硬壳的底栖动物；鲤鱼对饵料的硬度、大小、色泽选择性较广，蚕蛹中的光色素能够引诱鲤鱼摄食；带红色的水蚯蚓可以吸引金鱼摄食；蓝色、黄色颗粒可使虹鳟的食欲增强；红色物质引诱真鲷摄食。鳜鱼对鱼形运动的饵料有特别兴致，而对非鱼形运动和静止的食物不感兴趣，因此鳜鱼喜欢捕食活鱼。

7. 鱼类的摄食偏好影响摄食量

对一次吃饱了某种饵料的鱼，若再投给更喜欢的饵料，该鱼还可再吃。如果一开始投喂配合饲料，每尾虹鳟平均摄食4.2 g后，即停止摄食；但若再投以鳟鱼卵，则鱼的摄食活动又活跃起来，每尾平均摄食量可达11.9 g。相反，若一开始投喂鳟鱼卵，饱和量为10.5 g，再投配合饲料则表现为不摄食。丝鳍单角鲀（*Stephanolepis cirrhifer*）也有上述类似现象，若先喂日本鲐肉，再改投牡蛎肉，摄食活动加强，摄食量增加（喜好牡蛎肉）。鲕鱼也有类似现象，先投糜饵，再投玉米筋，摄食活动加强（喜好玉米筋）。

8. 其它因素与摄食量

很多因素都会影响鱼类的摄食，如水的污染程度、盐度、投饵方法、鱼类摄食前的状态、种群密度、光照周期、pH 值、NH_3 等。一般来说，水的污染程度与鱼类的摄食量呈负相关，如鲤鱼在水体硫酸铜含量为 0.08×10^{-6} 时，食欲大减，摄食量可减少30%。在适宜盐度范围内，鱼类的摄食比较正常，但盐度过高或过低都会影响鱼类的摄食。如虹鳟在盐度为15～18的海水中，摄食量比在淡水中大；但在盐度为32.5的海水中摄食量又显著减小。

若投饲前金鱼处于空腹状态，则表现为开始时摄食很多，后来逐渐减少；3～4 h后，摄食量又有所增加；8～10 h后，摄食量达最大。以后虽然摄食量重复地、周期性地增加和减少，但摄食活动一直持续不断。这可能是因为金鱼是无胃鱼，没地方储存食物所导致。日本鲐鱼等只有在胃内食物量少于饱食量时，才摄食。

第二节　鱼类的消化与吸收

消化系统是消化和吸收的结构基础，由消化道及与其相连的消化腺组成。消化系统的主要生理功能是对食物进行消化和吸收。

动物体在进行新陈代谢的过程中，需要不断从外界摄取营养物质，以提供机体组织生长和各项活动所需要的物质和能源。食物中的营养物质，如蛋白质、脂肪和糖类等，是分子结构复杂、难溶于水、不能渗透吸收的物质，必须在消化道内经过分解，变成简单的、可溶的物质，如氨基酸、脂肪酸、葡萄糖等，才能透过消化管黏膜上皮细胞进入血液循环以供机体利用。在消化道内，食物被分解为结构简单、可以被动物体直接利用的小分子物质的过程称为消化。食物经过消化后，通过消化管黏膜进入血液循环的过程，称为吸收。消化和吸收是两个相辅相成紧密联系的生理过程。

一、消化系统

1. 消化系统组成

消化系统主要包括消化管道和消化腺两部分。一般鱼类的消化管道主要由口腔、咽、食道、胃、十二指肠、小肠、直肠和肛门等构成，其胃部构造比较多样化，如鱼类的胃有I形、U形、V形、Y形和卜形等几种，有的鱼还有幽门盲囊等结构。但是对无胃动物（如无胃鱼）来说，没有胃这个部分，而在前肠通常有一膨大部分，一些研究认为该膨大部分相当于胃部，可以暂时性地储存一些食物，但在功能上与胃部功能相差很大。

2. 消化腺

消化腺是鱼类消化系统中十分重要的组织，主要包括胃腺、胰腺、肠腺和肝脏等。对无胃动物而言，不具有胃腺。胃是动物在进化中出现的，动物进化到到鱼类才开始具有真正的胃，水生无脊椎动物（如甲壳类）没有胃腺。从形态解剖学的角度看，很多鱼类的胰腺与肝脏组织混合在一起，形成肝胰脏。有关鱼类的肠腺问题，大多数教科书都没有详细描述，有些学者认为鱼类有肠腺，有些学者认为鱼类没有肠腺，还有些学者认为不是所有的鱼类都有肠腺，目前比较确定的是鳕鱼等部分鱼类具有肠腺。

胃腺、胰腺、肠腺、肝脏相应地分泌胃液、胰液、肠液和胆汁等消化液。消化液对食物的消化起着至关重要的作用，因为这些消化液中含有各种各样的消化酶。

3. 消化酶

鱼类的消化酶主要是蛋白质、脂类物质和糖类的分解酶，其中蛋白酶类主要有蛋白酶、胃蛋白酶、胰蛋白酶、胰凝乳蛋白酶、碱性蛋白酶、中性蛋白酶、弹性蛋白酶、肠肽酶、胶原酶、羧肽酶、二肽酶、三肽酶、氨基肽酶等；糖类酶主要有α-淀粉酶、麦芽糖酶、蔗糖酶、乳糖酶、半乳糖苷酶、α-葡糖苷酶等；脂肪酶类主要有脂肪酶、磷酸酯酶、胆碱酯酶、酯酶、卵磷脂酶等。还有很多其它酶类，这些酶类在鱼类的消化道内，将食物或饲料蛋白质、多糖和脂类物质水解成可吸收的大分子物质。除了胃蛋白酶以外，一般来说，这些酶作用的适宜pH值都在碱性范围内，多数在7.0～10.0。鱼类胃蛋白酶作用的适宜pH值为2～3。

有些报道认为鱼类消化道内还具有纤维素酶、壳多糖酶、壳二糖酶、透明质酸酶、地衣多糖酶、海藻糖酶等酶类的活性，但对这些酶类的来源还不是很清楚。一般认为这些酶可能不是鱼类的消化腺体分泌，而是随着食物带入肠管，或者肠道内的微生物代谢所产生，如草鱼虽然吃草，但是肠中没有纤维素酶，而是借助外来细菌的酶来消化部分纤维素。

二、口腔和食道内的消化

鱼类口的位置、形态和大小是多种多样的，这与摄取食物的性质和摄食方式有密切关系。一般来说，口腔内的消化（如鱼类）主要体现为机械性消化作用，使食物变碎；化学性消化作用较弱。大多数鱼类口腔内没有消化酶的活性存在，但罗非鱼口腔内有淀粉酶，有些学者发现鲤科鱼类的咽部黏膜的提取物中有水解酶，但有无消化意义尚待研究。

食道具有分泌黏液的杯状细胞，有的鱼类食道也有味蕾。食道管壁上具有横纹肌，加上味蕾，故食道具有选择和唾弃食物的功能。有的鱼类食道具蛋白酶类，如遮目鱼。遮目鱼是有胃和砂囊将食道和肠分隔开的鱼类，实验表明遮目鱼的胃内无蛋白酶，故遮目鱼食道内的蛋白酶具有重要的消化食物的功能。鲤鱼食道内有相当强的淀粉酶、麦芽糖酶和蛋白酶活性，罗非鱼食道内有淀粉酶和脂肪酶。

三、胃内的消化

从进化角度来看，鱼类才开始具有真正的胃，比鱼类低等的动物种类无胃，如甲壳类。有些鱼类也无胃，如鲤科鱼类，而另一些鱼类则具有复杂的胃。

鱼类的胃壁肌肉运动可对食物进行机械性消化，但更重要的是胃蛋白酶对食物进行初步的化学性消化。胃蛋白酶是胃腺的胃壁细胞分泌的。从胃腺分泌出来的胃蛋白酶以胃蛋白酶原的形式存在，不具有生物活性，但在盐酸作用下，被激活成具有生物活性的胃蛋白酶。一般鱼类的胃蛋白酶原激活的适宜 pH 值为 2～4。

胃内的盐酸也是胃壁细胞分泌的，除了为胃蛋白酶的激活及其生物活性的作用提供必要的酸性环境外，盐酸还可以在胃内酸化溶解食物中的植物细胞壁、甲壳、贝壳（部分），杀死与食物一起进入胃内的细菌和其它微生物，使饲料蛋白质变性，帮助食物的消化。另外，盐酸与幽门反射有关。所谓幽门反射，简单地说，就是十二指肠内呈酸性时，幽门不开放，十二指肠内呈碱性或中性时，幽门部仍呈酸性，此时幽门开放，使胃中食物进入十二指肠，十二指肠内因胃内容物移入，呈酸性时，幽门关闭。

四、肠内的消化

食物进入小肠，开始小肠内的消化、吸收。肠内的消化比较复杂，除了肠壁肌肉运动如分节运动、摆动和蠕动等对食物进行机械性消化，并同时使食糜不断推向前进之外，还具有十分重要的化学性消化作用。

肠内的化学性消化作用主要是因为肠腺及与肠管紧密联系的胰腺和肝脏的存在而发生的。这些腺体分泌的消化液，使得经过胃内胃蛋白酶初步消化了的食糜得以进一步水解而成为可被吸收的小分子物质。

1．胰腺

胰脏是一个外分泌腺体，其分泌液称为胰液，沿导管（胰管）流入肠内。胰液是一种无色、无味、黏滞性小的碱性液体（pH 值 7.0～8.5），其无机成分主要有 $NaHCO_3$、Na^+、K^+、Ca^{2+}、Cl^-、Zn^{2+}、HPO_4^- 等；有机成分主要是酶原颗粒，如胰蛋白酶、胰凝乳蛋白酶、羧肽酶、胶原酶、胰脂酶、磷酸酶、胆甾醇酯酶、胆碱酯酶、糖酶、α-淀粉酶、β-D-葡糖苷酶、麦芽糖酶，β-D-半乳糖苷酶等。胰脏是鱼类消化酶分泌的主要场所。

2．肝脏

肝脏的形态因鱼类的种类不同而有一定的差异。如板鳃类鱼的肝脏是由左右两叶组成，两叶牢固地连在一起。板鳃类鱼肝脏的小叶边界不明显，中央没有静脉，肝细胞排列不规则，看不到胆毛细管，肝细胞内有脂肪滴和糖原。板鳃类鱼的肝脏重量占体重的比例较大，可达到体重的 32%，而硬骨鱼类最多占 10%。大部分的硬骨鱼类的肝脏是两叶形的，但也有单叶形肝脏的，如香鱼、鲐鱼、裸齿类鱼等，还有三叶形和多叶形肝脏的，如金枪鱼、东洋鲈、鳕鱼等的肝脏是三叶形，无刺鲳、脂眼鲱等鱼类的肝脏为多叶形。

肝脏本身功能很多，是动物代谢活动所不可缺少的组织器官，其主要功能有：①分泌胆汁，帮助消化；②还原被消化吸收的物质，合成糖原、脂肪、蛋白质，并储存之；③是进行中间代谢的场所，分解有毒物质；④可储存积累维生素；⑤在肝脏内可生成免疫物质等。

3．胆汁

胆汁是肝脏分泌的，经由肝管在胆囊中储存起来。它是一种成分复杂的液汁，主要成分有水分（约占胆汁的 90%）、无机盐类（如 Ca^{2+}、K^+、Na^+、Fe^{3+}、Mg^{2+}、SO_4^{2-}、Cl^-、HPO_4^{2-} 等）和有机物（卵磷脂、胆固醇、胆色素、胆酸盐）等。鱼类胆汁的 pH 值为 6～7。

胆汁的色彩是因为胆色素的存在，常因鱼类的种类、年龄、生理状态以及季节、饵料种类不同而呈现不同的颜色。

胆汁的主要功能有：①胆汁中的胆盐，可激活胰脂酶，加速脂肪的分解；②胆盐具有乳化脂肪的作用，减少脂肪的表面张力，使脂肪变成微滴，增加与脂酶的接触；③胆酸可以与脂肪酸结合，形成水溶性的复合物，促进脂肪酸的吸收；④胆酸可使蛋白朊、胨变性，使之沉淀，延长其在肠内的停留时间；⑤促进脂溶性维生素的吸收等。

4．肠液

肠液的一般性状尚不清楚，因其难以从胃液、胰液、胆汁的混合液中分离出来。据一些粗略的分析表明，肠液的大致成分是：水分、无机盐（NaCl、$NaHCO_3$）和有机物（肠激酶、麦芽糖酶、转化酶、乳糖酶、肠肽酶、淀粉酶、胰蛋白酶、氨基肽酶、氨酰基脯氨酸酶（二肽）、三肽酶、二肽酶、羧肽酶、蔗糖酶、磷酸酶、核苷酸酶、多核苷酸酶、卵磷脂酶）。

五、消化速度的影响因素

消化速度是指食物在消化道内通过的快慢或移动速度，也可以认为是食物在消化道内停留时间的长短。鱼类对饲料的消化速度受到许多因素的影响，不同的饲料在同一情况下，同一饲料在不同的情况下，鱼类的消化速度都有较大的差异。可能影响鱼类消化速度的因素主要有以下几个方面。

1. 鱼类的种类及其发育阶段

鱼类的种类不同，其食性不同，消化管的构造不同（如长度、盘曲形式等不同），其消化速度也不同。一般来说，肉食性鱼类的总消化时间较长，通常可达 24 h，如胡子鲶和鲑鳟鱼等；草食性鱼类的总消化时间较短，通常为 8 ～ 14 h，如草鱼和金枪鱼等；杂食性鱼类的总消化时间居中。其原因可能是：肉食性鱼类的食物中，营养价值较高，在胃内停留时间较长，虽然其肠道的长度比草食性鱼类的短，但从消化率的测定来看，肉食性鱼类对食物的总消化率为 70% ～ 90%；而草食性鱼类则较低，为 40% ～ 50%。草食性鱼类的食物中含纤维素较多，也使食物较快通过消化道。草食性鱼类多数是无胃鱼，或者胃的发达程度不如肉食性鱼类。

幼鱼对食物的消化时间往往比成鱼要短。因幼鱼的消化器官尚不成熟，如胃、肠盘曲度小，消化管内的褶瓣少，消化管壁的平滑肌运动能力弱，容积小，而幼鱼的代谢又比成鱼旺盛。另外，活动能力强的鱼比活动能力弱的鱼，其消化速度快。可能是因为活动能力强的鱼，一方面需要更多能量来加强其活动能力，另一方面加快对食物的消化，有助于减轻鱼体的部分重量，便于活动。

2. 饲料的种类和性质

同一种鱼类，对不同饵料的消化速度是不同的，如杜父鱼、鳕鱼消化鱼粉饲料需 5 ～ 6 d。饲料的均匀程度不同，消化速度也不同，一般均匀细腻的消化慢一些，粗糙不均的消化快而且不彻底。饲料中纤维素含量也会影响消化速度。据研究，饲料中含纤维素 5% ～ 10% 时，鱼对饲料的消化较充分，饲料中纤维素过少、过多都会使食物较快通过消化道。古川和小笠原（1952）报道，金鱼饲料中纤维素含量低于 10% 时对饲料消化速度没有太大的影响，但当饲料中纤维素在 10% 以上时，金鱼会出现死亡。

3. 水温

鱼类是变温动物，水域环境温度对其有较大的影响。随着水温的升高，消化速度加快，胃排空速度加快。因为水温升高，鱼类的活动加强，能量需要也增加；其次，水温升高时，酶的活性增加，对食物的消化加快。如金鱼在水温 15 ℃时，从摄食到最初排粪时间为 7 ～ 8 h，当水温为 25 ℃时，从摄食到最初排粪时间为 4 ～ 5 h。

4. 投喂方式与频率

鱼类的摄食具有节律性，在养殖生产上应予以注意。实验表明，反复多次投喂，会使鱼类消化道内含物反射性地急速移动，使鱼类对食物的消化不充分，而产生养分被排出体外的现象。石渡（1963，1969）指出，用鲹鱼肉喂鰤鱼，每天 1 ～ 2 次，其生长效果最好。原田（1966）认为，投饵次数越多，饲料的效率越低，且绝食至死亡率也高。但如果投饵次数过少，例如鲤科鱼类，又会使鱼类因饵料量少而得不到充足的养分，生长达不到最适程度。

另一方面，反复多次投喂，会使鱼类始终处于既摄食又消化的状态。不同水生动物摄食习性不同，消化能力有别，即使同种动物在不同生长阶段也有差异。因此，掌握摄食习性、最小消化时间，合理投饲，对充分利用饲料、提高养殖经济效益是有好处的。

六、吸收

鱼类对营养物质的吸收主要通过扩散、过滤、主动运输和胞饮作用四种方式进行。

1．蛋白质、氨基酸的吸收

蛋白质被蛋白质消化酶分解成为小分子的肽和氨基酸。鱼类吸收蛋白质的主要部位是小肠。小肠黏膜表面分布有许多绒毛，绒毛上的毛细血管既可吸收游离氨基酸，亦可吸收结构简单的肽（绒毛仅能吸收相对分子质量200左右的物质，超过1000即不能吸收）。小肠的不同部位对氨基酸的吸收程度不同，大量的氨基酸是在十二指肠被吸收的。随着食糜沿肠道向后移动，氨基酸的吸收程度不断降低。不同氨基酸的吸收速度不同，其顺序是：甘氨酸 > 丙氨酸 > 胱氨酸 > 谷氨酸 > 缬氨酸 > 蛋氨酸 > 亮氨酸 > 色氨酸 > 异亮氨酸。氨基与羧基相距越远，吸收速度越慢；H原子被OH基取代则吸收性减少；结构相似的各种*L*型氨基酸在吸收过程中存在相互竞争，呈现拮抗作用。此外，不同构型的同一种氨基酸的吸收速率亦不同，通常*L*型氨基酸的吸收速度较*D*型氨基酸快。例如，在大白鼠小肠中*L*型氨基酸的吸收速率比*D*型异构体快5倍之多。

鲤鱼摄食天然原料饲料后2 h，血清游离必需氨基酸达到高峰；草鱼摄食天然原料饲料和纯化饲料后3 h，血清游离必需氨基酸达到高峰，与高等水生动物基本一致。

2．脂肪的吸收

脂肪本身及其消化产物脂肪酸不溶于水，但可与胆盐结合成为水溶性微团（micelle）。吸收部位主要是肠管，吸收时此种微团又被破坏，胆盐被滞留在肠管中，游离脂肪酸与甘油则透过细胞膜而被吸收，并在黏膜上皮细胞内合成甘油三酯。

3．糖类的吸收

鱼类饲料中的糖类主要是淀粉，还有少量的双糖。糖类在肠腔由糖酶分解为单糖类（主要是葡萄糖，少量的半乳糖和果糖），这些单糖被肠上皮细胞采用扩散、主动选择性转运的方式吸收，经门静脉进入肝脏，而后合成糖原。由于糖类的化学结构和相对分子质量不同，鱼类对其的吸收性也有所不同。总体来说，单糖的吸收性较好，其次是双糖、多糖。但不同鱼类对糖类的利用是不同的。

4．无机盐和水分的吸收

鱼类生活在水中，对水分的吸收主要有两条途径：一条是通过体表或鳃等与生存环境在渗透压的调节下吸收或排出体内水分，维持体内的正常水分量；另一条则是通过消化道吸收水分。消化道内吸收水分的机制也是渗透压的调节。营养物质被吸收时，使消化道上皮细胞内的渗透压升高，从而促进水分的吸收。

无机盐主要在小肠内被吸收。无机盐的吸收比较复杂，主要取决于无机盐的存在形式，这一点在生产配合饲料时特别重要。一般来说，水溶性好的无机盐更容易被吸收，如钠、钾等；而水溶性很差的无机盐，往往很难被吸收，比如磷的吸收问题，磷酸二氢钙几乎是含磷的无机物中水溶性最好的，而磷酸钙和羟基磷灰石等水溶性极差，因此磷酸二氢钙最容易被鱼类吸收，在实际生产中，也以使用磷酸二氢钙效果最好。

第五章　配合饲料原料

第一节　饲料原料的概念和分类

一、饲料原料的概念

饲料原料是指在饲料加工中，以动物、植物、微生物或矿物质为来源的，能为动物提供营养，促进生长，保证健康，且不发生毒害作用的物质。

二、饲料原料的分类

世界各国的饲料分类尚未完全统一，国际上广泛采用和认可的是美国学者 Harris（1956）的饲料分类原则和编码体系，现发展为国际饲料分类法。20 世纪 80 年代，我国将国际饲料分类原则与我国传统分类体系相结合，提出了我国的饲料分类法和编码系统。

（一）国际饲料分类法

国际上根据饲料的营养特性，将饲料分为粗饲料、青绿饲料、青贮饲料、能量饲料、蛋白质饲料、矿物质饲料、维生素饲料、饲料添加剂八大类。

国际饲料编码（international feeds number，IFN）的模式为 0－00－000。首位数代表饲料归属的类别，后 5 位数则按饲料的重要属性给定编码。例如苜蓿干草的编码为 1－00－092，表示其属于粗饲料类，位于饲料标样总号数的第 92 号。又如玉米粒的编码为 4－02－879，表示其为能量饲料，位于饲料标样的 2879 号。

八大类饲料的编码形式及划分依据如下：

（1）粗饲料（forage roughage）　编码形式为 1－00－000，指饲料干物质中粗纤维含量≥18%，以风干物为饲喂形式的饲料，如农作物秸秆等。

（2）青绿饲料（pasture range plants and fed as green）　编码形式为 2－00－000，指天然水分含量在 60% 以上的新鲜饲草、饲用作物、瓜果类等。

（3）青贮饲料（silage）　编码形式为 3－00－000，指以新鲜的天然植物性饲料为原料，以青贮方式调制成的饲料，具有青绿多汁的特点，如玉米青贮。

（4）能量饲料（emergy feeds）　编码形式为 4－00－000，指饲料干物质中粗纤维含量 <18%，同时粗蛋白含量 <20% 的饲料，如谷实类等。

（5）蛋白质饲料（protein supplements）　编码形式为 5－00－000，指饲料干物质中粗纤维含量 <18%，同时粗蛋白含量≥20% 的饲料，如鱼粉等。

（6）矿物质饲料（minerals）　编码形式为 6－00－000，指可供饲用的天然矿物质、化工合成无机盐类和有机配位体与金属离子的螯合物。

（7）维生素饲料（Vitamins） 编码形式为 7－00－000，指由工业合成或提纯的单一或复合维生素，但不包括富含维生素的天然饲料。

（8）饲料添加剂（feeds additive） 编码形式为 8－00－000，指为保证或改善饲料品质，利于营养物质消化吸收，促进动物生长繁殖，保障动物健康而加入饲料中的少量或微量物质，但不包括合成氨基酸、矿物质和维生素等营养物质添加剂。

（二）中国饲料分类法

首先根据国际饲料分类原则将饲料分成 8 大类，然后结合我国传统分类习惯分为 17 亚类，两者结合，迄今可能出现的类别有 35 类，对每一类饲料冠以相应的中国饲料编码（Chinese feedsnumber，CFN），共 7 位数，模式为 0－00－0000，其首位数 1～8 分别对应国际饲料分类的 8 大类饲料，第 2、3 位数安排 01～17 的亚类饲料，第 4 至第 7 位数为饲料顺序号。

（1）青绿多汁类饲料 编码形式为 2－01－0000，指天然水分含量≥45% 的牧草、野菜和部分未完全成熟的谷物植株等。

（2）树叶类（leaves）饲料 有 2 种类型，一种编码形式为 2－02－0000，指采摘的树叶鲜喂，饲用时天然水分含量≥45%，属青绿饲料；一种编码形式为 1－02－0000，指采摘的树叶风干后饲喂，干物质中粗纤维含量≥18%，属粗饲料。

（3）青贮饲料 有 3 种类型，第一和第二种类型编码形式为 3－03－0000，一是由新鲜的植物性饲料制成的青贮饲料，含水量 65%～75%；一是低水分青贮饲料，亦称半干青贮饲料，由含水量 45%～55% 的半干青绿植物制成；第三种类型编码形式为 4－03－0000，是以新鲜玉米、麦类籽实为主要原料，不经干燥即贮于密闭的青贮设备内发酵，称为谷物湿贮，含水量在 28%～35%。

（4）块根（roots）、块茎（tubers）、瓜（gourd）果（fruits）类饲料 有 2 种类型，一种编码形式为 2－04－0000，指天然水分含量≥45% 的块根、块茎、瓜果鲜喂；一种编码形式为 4－04－0000，指这类饲料脱水后干喂，属能量饲料。

（5）干草类（hays）饲料 牧草的脱水或风干物，水分含量在 15% 以下。水分含量在 15%～25% 的干草压块亦属此类。有 3 种类型，一种编码形式为 1－05－0000，干物质中的粗纤维含量≥18%，属粗饲料；一种编码形式为 4－05－0000，干物质中粗纤维含量 <18%，同时粗蛋白含量 <20%，属能量饲料；一种编码形式为 5－05－0000，干物质中粗纤维含量 <18%，同时粗蛋白含量≥20%，属蛋白质饲料，如苜蓿干草粉。

（6）农副产品类（agricultural byproduct）饲料 有 3 种类型，一种编码形式为 1－06－0000，干物质中的粗纤维含量≥18%，属粗饲料，如秸、荚、壳等；一种编码形式为 4－06－0000，干物质中粗纤维含量 <18%，同时粗蛋白含量 <20%，属能量饲料（罕见）；一种编码形式为 5－06－0000，干物质中粗纤维含量 <18%，同时粗蛋白含量≥20%，属蛋白质饲料（罕见）。

（7）谷实类（cereals－grains）饲料 编码形式为 4－07－0000，干物质中粗纤维含量 <18%，同时粗蛋白含量 <20%，属能量饲料，如玉米、稻谷等。

（8）糠麸类（milling byproducts）饲料 有 2 种类型，一种编码形式为 4－08－

0000，干物质中粗纤维含量<18%，同时粗蛋白含量<20%的各种粮食碾米、制粉副产品，属能量饲料，如小麦麸、米糠等；一种编码形式为1－08－0000，指粮食加工后的低档副产品，干物质中的粗纤维含量≥18%，属粗饲料，如统糠等。

（9）豆类（beans）饲料　有2种类型，一种编码形式为5－09－0000，豆类籽实干物质中粗纤维含量<18%，同时粗蛋白含量≥20%，属蛋白质饲料，如大豆等；一种编码形式为4－09－0000，干物质中粗纤维含量<18%，同时粗蛋白含量<20%，属能量饲料，如江苏的爬豆。

（10）饼（cake）粕（meal）类饲料　有3种类型，一种编码形式为5－10－0000，干物质中粗纤维含量<18%，同时粗蛋白含量≥20%，属蛋白质饲料，大部分饼粕属此类；一种编码形式为1－10－0000，干物质中的粗纤维含量≥18%的饼粕类，即使其干物质中的粗蛋白含量≥20%，仍属于粗饲料类，如多壳的葵花籽饼；一种编码形式为4－10－0000，干物质中粗纤维含量<18%，同时粗蛋白含量<20%，属能量饲料，如米糠饼、玉米胚芽饼等。

（11）糟渣类饲料　有3种类型，一种编码形式为1－11－0000，干物质中的粗纤维含量≥18%，属粗饲料；一种编码形式为4－11－0000，干物质中粗纤维含量<18%，同时粗蛋白含量<20%，属能量饲料，如甜菜渣等；一种编码形式为5－11－0000，干物质中粗纤维含量<18%，同时粗蛋白含量≥20%，属蛋白质饲料，如啤酒糟等。

（12）草籽树实类（seed of grass and trees）饲料　有3种类型，一种编码形式为1－12－0000，干物质中的粗纤维含量≥18%，属粗饲料，如灰菜籽等；一种编码形式为4－12－0000，干物质中粗纤维含量<18%，同时粗蛋白含量<20%，属能量饲料，如干沙枣等；一种编码形式为5－12－0000，干物质中粗纤维含量<18%，同时粗蛋白含量≥20%，属蛋白质饲料，此类较罕见。

（13）动物性（feed of animal source）饲料　指来源于渔业、畜牧业的动物性产品及加工副产品，有3种类型，一种编码形式为5－13－0000，干物质中粗蛋白含量≥20%，属蛋白质饲料，如鱼粉等；一种编码形式为4－13－0000，干物质中粗蛋白含量<20%，粗灰分含量也较低的动物油脂，属能量饲料，如牛脂等；一种编码形式为6－13－0000，干物质中粗蛋白含量<20%，粗脂肪含量也较低，以补充钙磷为目的，属矿物质饲料，如骨粉等。

（14）矿物质饲料　指可供饲用的天然矿物质、化工合成无机盐类和有机配位体与金属离子的螯合物，编码形式为6－14－0000。来源于动物性饲料的矿物质如骨粉、贝壳粉等也属此类，编码形式为6－13－0000。

（15）维生素饲料　编码形式为7－15－0000，指由工业合成或提纯的单一或复合维生素，但不包括富含维生素的天然饲料。

（16）饲料添加剂　编码形式为8－16－0000，指为保证或改善饲料品质，利于营养物质消化吸收，促进动物生长繁殖，保障动物健康而加入饲料中的少量或微量物质。饲料中用于补充氨基酸为目的的工业合成赖氨酸、蛋氨酸等也归入此类，编码形式为5－16－0000。

（17）油脂类（oil，fat for feeds）饲料及其它　编码形式为4－17－0000，以补充能量为主要目的，属能量饲料。

第二节 蛋白质饲料

蛋白质饲料（protein feeds）是指干物质中粗纤维含量 <18%、粗蛋白含量≥20% 的饲料。海水鱼配合饲料可用的蛋白质饲料可分为动物性蛋白质饲料、植物性蛋白质饲料、单细胞蛋白质饲料和非蛋白氮饲料。

一、动物性蛋白质饲料

动物性蛋白质饲料类主要是指水产品、畜禽产品的加工副产品等。该类饲料的主要营养特点是：蛋白质含量高，氨基酸组成比较平衡，并含有促进动物生长的动物性蛋白因子（animal protein factor，APF）；钙、磷含量高；富含多种微量元素；维生素含量丰富（特别是维生素 B_2 和维生素 B_{12}）；不含粗纤维，可利用能量比较高；脂肪含量较高，易氧化酸败，不宜长时间贮藏。

（一）鱼粉

鱼粉是水产饲料的关键原料，对水产饲料的质量有着决定性的影响，也是构成水产饲料的主要原料。因此，鱼粉的原料学是水产饲料原料学的重点。

1. 概述

鱼粉是用一种或多种鱼类为原料，经去油、脱水、粉碎加工后的高蛋白质饲料。全世界的鱼粉生产国主要有秘鲁、智利、日本、丹麦、美国、俄罗斯、挪威等，其中以秘鲁与智利产量最高。中国鱼粉产量不高，主要生产地在山东省、浙江省，多为小规模生产，质量参差不齐，远不能满足我国饲料工业的需要，所以我国鱼粉主要靠进口，年进口量达百万吨以上。

2. 分类

鱼粉的分类方法较多，国际上尚未形成统一的分类方法。

（1）根据来源将鱼粉分为 2 种：一般将国内生产的鱼粉称国产鱼粉，进口的鱼粉统称进口鱼粉。

（2）根据鱼粉加工工艺的不同将鱼粉分为：脱脂鱼粉和全脂鱼粉。脱脂鱼粉和全脂鱼粉生产工艺的不同之处在于生产过程中压榨脱脂与否。脱脂鱼粉的蛋白质含量高、脂肪含量低，不仅营养价值高而且在贮存过程中不易发生脂肪氧化。

（3）根据原料鱼肌肉的颜色将鱼粉分为：白鱼粉和红鱼粉。鳕和鲽等冷水性鱼类的肌红蛋白含量较少，经加工成鱼粉后呈淡黄或灰白色，称白鱼粉。鲱、沙丁鱼、鳀等暖水性鱼类的肌红蛋白含量较高，经加工成鱼粉后呈淡褐色或红褐色，称红鱼粉。

（4）根据原料部位与组成把鱼粉分为 6 种，即全鱼粉（以全鱼为原料制得的鱼粉）、强化鱼粉（全鱼粉 + 鱼溶浆）、粗鱼粉（鱼粕，以鱼类加工残渣为原料）、调整鱼粉（全鱼粉 + 粗鱼粉）、混合鱼粉（调整鱼粉 + 肉骨粉或羽毛粉）、鱼精粉（鱼溶浆 + 吸附剂）。

（5）根据鱼粉加工厂的位置不同将鱼粉分为工船鱼粉和沿岸鱼粉。工船鱼粉是在远洋渔船上生产的鱼粉，原料鱼非常新鲜，鱼粉的质量一般比较好。沿岸鱼粉的加工厂设在陆地上，原料鱼的新鲜度往往不如工船鱼粉，鱼粉的质量较差。

（6）根据鱼粉生产的国别将鱼粉分为秘鲁鱼粉、智利鱼粉、国产鱼粉等。

3. 生产工艺

鱼粉加工工艺对鱼粉质量会产生较大影响。其关键环节是鱼汁的浓缩回收、干燥方式和抗氧化剂的添加方式。鱼汁浓缩回收影响鱼粉维生素、矿物质、短肽、核酸等物质的含量。干燥工艺对鱼粉的最终质量影响很大。一般采用以蒸汽间接加热进行干燥。这种干燥方式虽然速度较慢，但对鱼粉的质量影响较小。加入抗氧化剂的目的是防止鱼粉在加工和贮存过程中发生脂肪氧化。在加工过程中加入抗氧化剂是为了防止因高温而引起的脂肪氧化，然而加入的抗氧化剂到干燥完成时要么失效了，要么挥发了，因此贮存过程中还得再一次添加抗氧化剂，以利产品的保存。

目前国内外鱼粉的加工方法还根据鱼脂肪含量的多少进行加工，分为“高脂鱼”和“低脂鱼”两种加工工艺。

（1）高脂鱼的加工工艺　是对脂肪含量较高的鱼粉先进行脱脂然后再干燥制粉的加工过程。首先，用蒸煮或干热风加热的方法，使鱼体组织蛋白质发生热变性而凝固，促使体脂分离溶出。然后对固形物进行螺旋压榨法压榨，固体部分烘干制鱼粉，榨出的汁液经酸化、喷雾干燥或加热浓缩成鱼膏（fish soluble）。鱼膏还可以用鱼类内脏，经加酶水解、离心分离、去油，再将水解液浓缩制成；鱼膏可用淀粉或糠麸做为吸附剂再经干燥、粉碎后出售，称为鱼汁吸附饲料或混合鱼溶粉（compound fish saluble prowder）。

（2）低脂鱼的加工工艺　是对体脂肪含量较低的鱼及其它海产品的加工过程。根据原料的种类一般分为全鱼粉和杂鱼粉两类。全鱼粉是用脂肪含量少的鱼加工而成。杂鱼粉是将小杂鱼、虾、蟹以及鱼头、尾、鳍、内脏等直接干燥粉碎后的产品，又称鱼干粉。

4. 鱼粉的营养特性

鱼粉蛋白质含量高，一般脱脂全鱼粉的粗蛋白含量高达60%以上，氨基酸组成平衡，十种必需氨基酸含量均丰富。鱼粉中的脂肪酸以不饱和脂肪酸居多，特别是高度不饱和脂肪酸含量高，此类脂肪酸为许多鱼、虾类动物所必需。钙、磷含量高，比例适宜。微量元素中碘、硒含量高。富含维生素 B_{12}、脂溶性维生素 A、维生素 D、维生素 E 和未知生长因子。所以，鱼粉不仅是一种优质蛋白源，而且是一种不易被其它蛋白质饲料完全取代的动物性蛋白质饲料。但其营养成分因原料质量不同，变异较大。鱼浸膏中含水分约50%，粗蛋白30%，硫氨基酸、色氨酸等含量均低于鱼粉。优质鱼粉是水产饲料最为重要的蛋白质和高度不饱和脂肪酸的原料，鱼粉的基本成分和规格如表5－1所示。

5. 鱼粉的质量标准

（1）色泽与气味

不同种类的鱼粉色泽有差异，正常鲱鱼粉应呈淡黄或淡褐色；沙丁鱼粉应呈红褐色；鳕鱼等白体鱼粉应呈淡黄色或灰白色，均具鱼腥味。蒸煮不透、压榨不完全、含脂较高的鱼粉颜色都较深；进口鱼粉因在船舱中长时间运输，含磷量高，易引起自燃而焦化。褐色化和焦化的鱼粉为劣质鱼粉，不宜在水产饲料中使用。

优质鱼粉具有烘烤过的鱼香味，并稍带鱼油味，混入鱼溶浆者腥味较重，不可有酸败、氨臭等腐败味及过热而产生的焦味。高温潮湿、储存条件不良时鱼粉易发霉，从而失去正常风味。

（2）定量检测

鱼粉的水分含量一般应在10%左右，粗蛋白含量一般应在60%左右。正常鱼粉胃蛋白酶消化率应在88%以上，粗脂肪含量一般不应超过12%。一般进口鱼粉含盐2%左右，国产鱼粉含盐小于5%。还要镜检是否生虫，检测是否掺杂有血粉、羽毛粉、皮革粉、肉骨粉、三聚氰胺、聚缩尿等。

表5－1　鱼粉基本成分

项目	指标			
	特等品	一级品	二级品	三级品
粗蛋白/%	≥65	≥60	≥55	≥50
粗脂肪/%	≤11（红鱼粉）	≤12（红鱼粉）	≤13	≤14
	≤9（白鱼粉）	≤10（白鱼粉）		
水分/%	≤10	≤10	≤10	≤10
盐分（以NaCl计）/%	≤2	≤3	≤3	≤4
灰分/%	≤16（红鱼粉）	≤18（红鱼粉）	≤20	≤23
	≤18（白鱼粉）	≤20（白鱼粉）		
砂分/%	≤1.5	≤2	≤3	
赖氨酸/%	≥4.6（红鱼粉）	≥4.4（红鱼粉）	≥4.2	≥3.8
	≥3.6（白鱼粉）	≥3.4（白鱼粉）		
蛋氨酸/%	≥1.7（红鱼粉）	≥1.5（红鱼粉）	≥1.3	
	≥1.5（白鱼粉）	≥1.3（白鱼粉）		
胃蛋白酶消化率/%	≥90（红鱼粉）	≥88（红鱼粉）	≥85	
	≥88（白鱼粉）	≥86（白鱼粉）		
挥发性盐基氮（VBN）/$(mg \cdot g^{-1})$	≤1.1	≤1.3	≤1.5	
油脂酸价/$(mg\ KOH \cdot g^{-1})$	≤3	≤5	≤7	
尿素/%	≤0.3	≤0.7		
组胺/$(mg \cdot kg^{-1})$	≤300（红鱼粉）	≤500（红鱼粉）	≤1000（红鱼粉）	≤1500（红鱼粉）
	≤40（白鱼粉）	—	—	—
铬(以+6价铬计)/$(mg \cdot kg^{-1})$	≤8			

（二）虾粉、虾壳粉、蟹粉

虾粉、虾壳粉是指利用新鲜小虾或虾头、虾壳，经干燥、粉碎而成的一种色泽新鲜、无腐败异臭的粉末状产品。蟹粉是指用蟹壳、蟹内脏及部分蟹肉加工生产的一种产品。这类产品的营养价值随原料、加工方法及鲜度不同而有很大差异。一般含粗蛋白40%左右，其中含利用价值低的几丁质，另外含碳酸钙，可当钙源利用，还含大量不饱和脂肪酸、胆碱、磷脂、固醇和具着色效果的虾红素。可作为诱食剂和着色剂，但应注意其品质及新鲜度。

（三）鱿鱼内脏粉

鱿鱼内脏粉是鱿鱼或乌贼加工过程中产生的内脏、皮、足等不可食用的部分经酶解、蒸煮、脱脂、干燥等加工工艺生产而成的产品。该产品是水产动物的优良蛋白原料，粗蛋白含量为50%～70%，氨基酸组成良好，富含高度不饱和脂肪酸、胆固醇、维生素、矿物质等许多营养物质，以及对水产动物有强烈诱食作用的成分。纯天然的鱿鱼或乌贼内脏粉含有13～86 mg/kg的重金属镉，极容易导致饲料的镉超标（0.5 mg/kg），一定要给予足够的重视。部分鱿鱼内脏粉因加工过程未去除乌贼墨汁，其产品易引起嗅觉麻痹而造成鱼虾拒食。

（四）肉骨粉与肉粉

1. 概述

肉骨粉（meat and bone meal）是以动物屠宰后不宜食用的下脚料以及肉类罐头厂、肉品加工厂等的残余碎肉、内脏杂骨等为原料，经高温消毒、干燥粉碎制成的粉状饲料。由于原料的不同，成品可分为肉粉或肉骨粉。我国规定，产品中含骨量超过10%，则为肉骨粉。美国将含磷量在4.4%以下者称为肉粉，在4.4%以上者称为肉骨粉。

2. 加工工艺

肉骨粉和肉粉的加工方法主要有湿法生产、干法生产两种。

（1）湿法生产　是直接将蒸汽通入装有原料的加压蒸煮罐内，通过加热使油脂形成液状通过过滤与固体分离，再通过压榨法进一步分离出固体部分，经烘干、粉碎后即得成品。液体部分供提取油脂用。

（2）干法生产　是将原料初步捣碎，装入具有双层壁的蒸煮罐中，用蒸汽间接加热分离出油脂，然后将固体部分适当粉碎，用压榨法分离残留油脂，再将固体部分干燥后粉碎即得成品。

3. 肉骨粉的营养特性

因原料组成和肉、骨的比例不同，肉骨粉的质量差异较大，粗蛋白20%～50%，赖氨酸1%～3%，含硫氨基酸3%～6%，色氨酸低于0.5%，含量较低；粗灰分为26%～40%，钙7%～10%，磷3.8%～5.0%，是动物良好的钙磷供源；脂肪8%～18%；维生素B_{12}、烟酸、胆碱含量丰富，维生素A、维生素D含量较少。肉骨粉和肉粉是品质变异相当大的一类蛋白质原料，饲养效果一般不会比鱼粉好，同时，还应注意因在饲料中使用此类产品可能引起的食品安全问题。

4. 肉骨粉的饲料质量标准

美国官方饲料管理协会（AAFCO）规定：该类产品除了不可避免的微量夹杂物外，

不得混杂毛、角、蹄、皮、排泄物和胃内容物，也不得掺杂血粉；该类产品的胃蛋白酶不消化物应在14%以下。

（五）血粉

1. 概述

血粉（blood meal）是以畜、禽血液为原料，经脱水加工而成的粉状动物性蛋白质饲料。世界各国都很重视该资源的利用，国外已研发出一整套包括血液的采集、运输、分离、干燥等的科学加工工艺，以保证生产出的产品营养与卫生指标都达到标准。

2. 加工工艺

利用全血生产血粉的方法主要有喷雾干燥法、蒸煮法和晾晒法。

（1）喷雾干燥法　是比较先进的血粉加工方法。先将血液中的蛋白纤维成分除掉，再经高压泵将血浆喷入雾化室，雾化的微粒进入干燥塔上部，与热空气进行热交换后使之脱水干燥成粉，落至塔底排出。

（2）蒸煮法　向动物鲜血中加入0.5%～1.5%的生石灰，然后通入蒸汽，边加热边搅拌，结块后用压榨法脱水，使水分含量降到50%以下晒干或60 ℃热风烘干，粉碎。

（3）晾晒法　这一方法多用手工进行，或用循环热在盘上干燥，加热可消毒，但蛋白质消化率会降低。

3. 血粉的营养特性

畜禽血液干物质中粗蛋白含量一般在80%以上，赖氨酸居天然饲料之首，达6%～9%。色氨酸、亮氨酸、缬氨酸含量也高于其它动物性蛋白，但缺乏异亮氨酸、蛋氨酸。总的氨基酸组成非常不平衡。血粉不像其它动物性蛋白质饲料含有丰富的维生素B_{12}和核黄素，血粉中核黄素含量仅为1.5 mg/kg。矿物质方面，钙、磷含量很低，但含有多种微量元素，如铁、铜、锌等，含铁量是所有饲料中最高者。血粉吸湿性强，饲料厂处理不当容易造成结拱及堵塞问题，饲料中少量使用亦具黏着效果。

（六）水解羽毛粉

1. 概述

饲用羽毛粉（feather meal）是将家禽羽毛经过蒸煮、酶水解、粉碎或膨化成粉状的一种动物性蛋白质饲料。尽管羽毛的蛋白质含量很高，但大多为双硫键结合的角蛋白，其在水、稀酸及盐类溶液中均不溶解，因此必须采用适当的方法破坏双硫键，才能提高羽毛蛋白质的饲用价值。

2. 加工工艺

生产羽毛粉的方法主要有高压水解法、酶解法和膨化法。

（1）高压水解法　又称蒸煮法，是加工羽毛粉的常用方法。一般水解的条件控制在：温度115～200 ℃，压力207～690 kPa，时间0.5～1 h，能使羽毛的双硫键发生裂解。若在加工过程中若加入2% HCl可促使其分解加速，但水解后需将水解物用清水洗至中性。

（2）酶解法　是利用蛋白酶水解羽毛蛋白的一种方法。选用高活性的蛋白水解酶，在适宜的反应条件下，使角蛋白质裂解成易被动物消化吸收的短分子肽，然后脱水制粉。目前这种方法还没有广泛应用。

（3）膨化法　效果与蒸煮法近似。在温度 240～260 ℃，压力 1.0×10^3～1.5×10^3 kPa 下膨化。成品呈棒状，质地疏松、易碎，但氨基酸利用率没有明显提高。

3. 羽毛粉的营养特性

羽毛粉含粗蛋白 80% 以上，其氨基酸组成特点是：甘氨酸、丝氨酸含量很高，分别达到 6.3% 和 9.3%；异亮氨酸含量也很高，可达 5.3%，适于与异亮氨酸含量不足的原料（如血粉）配伍；胱氨酸含量高，是所有饲料中含量最高者，但赖氨酸、蛋氨酸和色氨酸的含量相对缺乏。羽毛粉中的维生素 B_{12} 含量较高，而其它维生素含量则很低。矿物质方面，含硫很高，可达 1.5%，是所有饲料中含硫最高者，但钙、磷含量较少，分别为 0.4% 和 0.7%。此外，羽毛粉还含有钾、氯及各种微量元素，含硒较高，约为 0.84 mg/kg，仅次于鱼粉和菜籽饼粕。

（七）蚕蛹

蚕蛹（silkworm chrysalis）是蚕丝工业副产物，分为桑蚕蛹和柞蚕蛹。由于鲜蚕蛹含脂高，不宜保存，一般多经压榨或浸提去油，再经干燥、粉碎制得饲用蚕蛹粉（粕）。蚕蛹粉粗脂肪含量高达 22% 以上，其脂肪酸组成中含亚油酸 36%～49%、亚麻酸 21%～35%；蚕蛹粕含粗脂肪一般为 10% 左右（溶剂脱油为 3% 左右）。蚕蛹粉和蚕蛹粕的粗蛋白含量比较高，分别为 54% 和 65% 左右，其中约 4% 为几丁质态氮粗蛋白。新鲜蚕蛹中富含核黄素，其含量是牛肝的 5 倍、卵黄的 20 倍。蚕蛹的钙磷比为 1:（4～5），可作为配合饲料中调整钙磷比的动物性磷源饲料。蚕蛹的主要缺点是具有异味，加工前用 1% 过氧化氢或 0.5% 的高锰酸钾在 55 ℃下浸泡 24 h 再烘干，可除去异味，但对各种养分破坏性很大，应慎用。

（八）其它动物性蛋白原料

目前国内饲料加工中运用的其它动物性蛋白原料还有皮革粉、脱脂奶粉、昆虫粉等。但这些动物性蛋白原料的运用都具有地区性，用量不大。

二、植物性蛋白质饲料

植物性蛋白质饲料主要包括各种油料籽实提取油脂后的饼粕以及某些谷实的加工副产品等。这类蛋白质饲料在海水鱼养殖中用量较少，具有以下共同特点：

（1）蛋白质含量高，且蛋白质质量较好　一般植物性蛋白质饲料粗蛋白含量在 20%～50% 之间，因种类不同差异较大。蛋白质氨基酸组成不平衡。同时，植物性蛋白质的消化率一般仅有 80% 左右，主要影响因素有三个：①大量蛋白质与细胞壁多糖结合，有明显抗蛋白酶水解的作用；②存在蛋白酶抑制剂，阻止蛋白酶消化蛋白质；③含胱氨酸丰富的清蛋白，可能产生一种核心残基，对抗蛋白酶的消化。

（2）粗脂肪含量变化大　油料籽实脂肪含量在 15%～30%，非油料籽实脂肪含量在 1% 左右，饼粕类脂肪含量在 1%～10% 之间。

（3）粗纤维含量一般不高，基本上与谷类籽实近似，饼粕类稍高些。

（4）矿物质中钙少磷多，且主要是植酸磷，对磷的消化率很低。

（5）维生素含量与谷实相似，B 族维生素较丰富，而维生素 A、维生素 D 较缺乏。

（6）大部分含有抗营养因子，影响饲喂价值。

（一）豆类籽实

豆类籽实包括大豆、豌豆、蚕豆等。

1. 大豆

（1）概述

大豆为双子叶植物纲豆科大豆属一年生草本植物，原产中国东北。全世界大豆总产量中，美国产量最高，占全世界总产量的一半以上。中国总产量约占全世界总产量的1/10，居第2位。将大豆按种皮颜色分为黄色大豆、黑色大豆、青色大豆、其它大豆和饲用豆（秣食豆）5类，其中黄豆最多，其次为黑豆。

（2）营养特性

大豆蛋白质含量和脂肪含量都比较高，蛋白质含量为32%～40%，脂肪含量为17%～20%。蛋白质品质较好，氨基酸组成良好，植物蛋白中普遍缺乏的赖氨酸，大豆中含量较高，如黄豆和黑豆分别为2.30%和2.18%，但硫氨酸含量不足。脂肪中不饱和脂肪酸较多，亚油酸和亚麻酸可占55%，油脂中存在磷脂质，占1.8%～3.2%。糖类含量不高，无氮浸出物仅26%左右，其中蔗糖占无氮浸出物总量的27%，纤维素占18%。矿物质中钾、磷、钠较多，但60%磷为不能利用的植酸磷。铁含量较高。维生素与谷实类相似，含量略高于谷实类。维生素B族多而维生素A、维生素D少。

大豆含有多种抗营养因子，主要有胰蛋白酶抑制因子、血细胞凝集素、大豆抗原蛋白、皂苷、植酸等。加热可破坏大部分抗营养因子，但大豆抗原蛋白、皂苷等无法被破坏，故海水鱼饲料大豆的用量不宜太高。

（3）加工

大豆含有众多的抗营养因子，直接饲喂价值较低，因此，生产中一般不直接使用生大豆。大豆加工的最常用办法为加热，生大豆经加热处理后的产品称为全脂大豆。大豆的加工方法主要有：①焙炒；②干式挤压法；③湿式挤压法；④其它方法，如爆裂法、微波处理等方法。

（4）饲用价值

全脂大豆无论从化学组成上还是从养分的利用效率上，都是饲用价值较高的水产动物饲料原料，在鱼饲料中应用可以部分代替鱼粉，达到比豆粕更高的营养价值。全脂大豆中的高油脂含量减少了鱼类自身能量的分解，这对冷水鱼很有意义。全脂大豆中含有的亚油酸和亚麻酸，为鱼类如鲑鱼、鲤鱼、罗非鱼等提供了所必需的多量不饱和脂肪酸。海水鱼使用大豆还有一种重要的方式——大豆浓缩蛋白，即以大豆蛋白粉为原料，采用淋洗法去除低聚糖，进一步纯化蛋白质而制得。大豆浓缩蛋白的蛋白质含量达65%以上，抗营养因子相对较少，蛋白质消化吸收率较高，适合在海水鱼中使用。

2. 豌豆与蚕豆

豌豆和蚕豆的粗蛋白含量较低，在22%～25%之间，两者的粗脂肪含量也低，仅1.5%左右；淀粉含量高，无氮浸出物可达50%以上。淡水鱼中使用发芽蚕豆饲喂草鱼可改善其肉质，产成品叫脆肉鲩，但是在海水鱼中的应用很少。

（二）饼粕类饲料

富含脂肪的豆类籽实和油料籽实提取油脂后的副产品统称为饼粕类饲料，主要包括大豆饼粕、棉籽（仁）饼粕、菜籽饼粕、花生（仁）饼粕、芝麻饼粕、向日葵（仁）饼粕等。

1. 大豆饼粕

（1）概述

大豆饼粕是以大豆为原料提取油脂后的副产物。由于制油工艺不同，通常将压榨法取油后的产品称为大豆饼，而将浸出法取油后的产品称为大豆粕。国内使用的大豆粕大多为从美国、巴西等国进口的大豆在国内加工的产品，有时也直接进口豆粕，大多数为美国产豆粕。

（2）营养特性

大豆饼粕粗蛋白含量高，一般在40%～50%之间，必需氨基酸含量高，组成合理。赖氨酸含量2.4%～2.8%，赖氨酸与精氨酸比约为100∶130，比例较为恰当。异亮氨基酸含量约2.39%，色氨酸、苏氨酸含量也很高，蛋氨酸含量不足。大豆饼粕中胡萝卜素、核黄素和硫胺素含量少，烟酸和泛酸含量较多，胆碱含量丰富，维生素E在脂肪残量高和储存不久的饼粕中含量较高。矿物质中钙少磷多，磷多为植酸磷（约61%），硒含量低。与其它饼粕类相比，大豆饼粕具有色泽佳、风味好、质量稳定的优点。

（3）饲用价值

去皮豆粕的粗纤维含量低，在3%以下，更适合在水产饲料中使用，草食鱼及杂食鱼对大豆粕中蛋白质利用率很好，可达90%左右，能够取代部分鱼粉作为蛋白质主要来源；肉食鱼对大豆粕利用率低，应尽量少用。研究表明，饲料中高剂量的豆粕会导致鱼体肠道损伤。

2. 棉籽（仁）饼粕

（1）概述

棉籽（仁）饼粕是棉籽经脱壳取油后的副产品，由于加工条件的不同，其成分与营养价值相差较大。棉籽经螺旋压榨法和预压浸提法，得到棉籽饼和棉籽粕。

（2）营养特性

棉籽饼粕粗蛋白含量较高，达34%以上；棉仁饼粕粗蛋白含量可达41%～44%。氨基酸中赖氨酸较低，为1.3%～1.6%，蛋氨酸亦低，约为0.4%，精氨酸含量较高，可达3.6%～3.8%，赖氨酸与精氨酸之比在1∶2.7以上。矿物质中钙少磷多，其中71%左右为植酸磷，含硒少，约为0.06 mg/kg。维生素中硫胺素和核黄素含量4.5～7.5 mg/kg、烟酸39 mg/kg、泛酸10 mg/kg、胆碱2700 mg/kg。粗纤维含量主要取决于制油过程中棉籽脱壳程度，脱壳较完全的棉仁饼粕粗纤维含量约12%，代谢能水平较高。棉籽饼粕中的抗营养因子主要为棉酚、环丙烯脂肪酸、单宁和植酸。高浓度的游离棉酚会抑制鱼类的生长，并会导致器官组织的损伤。我国农业行业标准（NY5072—2001）规定：温水杂食性鱼类、虾类配合饲料的游离棉酚含量≤300 mg/kg；冷水性鱼类、海水鱼类配合饲料的游离棉酚含量≤150 mg/kg。

（3）饲用价值

在水产动物中，虾蟹类和淡水鱼的棉籽（仁）粕使用量比较高，可达15%～30%；海水鱼对棉酚等抗营养因子耐受性较差，棉籽（仁）粕用量较低。此外，由于游离棉酚可使种用动物尤其是雄性动物生殖细胞发生障碍，因此种用雄性动物应禁止用棉籽（仁）粕，雌性种鱼也应尽量少用。

3. 菜籽饼粕

（1）概述

菜籽饼和菜籽粕是油菜籽榨油后的副产品。油菜品种可分为4大类：甘蓝型、白菜型、芥菜型和其它型。不同品种的油菜含油量和有毒物质含量不同，另外，制油工艺不同、加工过程中温度的不同，所得的菜籽饼粕的质量差异也很大。为解决菜籽的毒性问题，改善菜籽饼粕的饲用价值，植物育种学家一直致力于“双低”油菜品种的培育，现已选育出多个双低油菜品种并进行推广。

（2）营养特性

菜籽饼的粗蛋白含量为36%左右，菜籽粕为38%左右。蛋氨酸含量较高，为0.6%左右，赖氨酸的含量为1.3%～1.97%，精氨酸含量低，为1.8%左右。赖氨酸与精氨酸的比值约为1∶1。粗纤维含量较高，为12%～13%，有效能值较低。矿物质中钙、磷含量均高，但大部分为植酸磷（65%），富含铁、锰、锌、硒，尤其是硒含量高达0.9～1.0 mg/kg。维生素中硫胺素的含量较其它饼粕类低，为1.7～1.9 mg/kg，核黄素含量也偏低，为0.2～3.7 mg/kg，泛酸的含量也较低，为8～10 mg/kg，烟酸和胆碱的含量高，烟酸为160 mg/kg，胆碱可达6400～6700 mg/kg。菜籽饼粕含有硫葡萄糖苷、芥子碱、植酸、单宁等抗营养因子，影响其适口性。

（3）饲用价值

菜籽饼粕是水产饲料中主要的蛋白质原料之一，尤其是在淡水鱼类饲料中的使用量达到15%～30%，海水鱼也可以适当应用，尤其是草食性和杂食性鱼类。菜籽饼粕中的抗营养因子的副作用在水产动物养殖中不如陆生动物显著，也许是鱼类没有甲状腺的缘故。

4. 花生（仁）饼粕

（1）概述

花生（仁）饼粕是花生脱壳后，经机械压榨或溶剂浸提油后的副产品。花生脱壳取油的工艺可分浸提法、机械压榨法、预压浸提法和夯榨法。用机械压榨法和夯榨法榨油后的副产品为花生饼，用浸提法和预压浸提法榨油后的副产品为花生粕。

（2）营养特性

花生（仁）饼粗蛋白含量约44%，花生（仁）粕粗蛋白含量约47%，蛋白质含量高，但63%为不溶于水的蛋白球蛋白，可溶于水的白蛋白仅占7%。氨基酸组成不平衡，赖氨酸含量（1.35%）和蛋氨酸含量（0.39%）都很低，精氨酸含量特别高，可达5.2%，赖氨酸∶精氨酸在1∶3.8以上。花生（仁）饼粕的有效能值在饼粕类饲料中最高，约12.26 MJ/kg，无氮浸出物中大多为淀粉、糖分和戊聚糖。残余脂肪融点低，脂肪酸以油酸为主，不饱和脂肪酸占53%～78%。粗纤维水平较低，约5%。钙磷含量低，磷多为植酸磷，铁含量略高，其它矿物元素较少。胡萝卜素、维生素D、维生素C含量低，维生素B族较丰富，烟酸含量约174 mg/kg，泛酸含量约52 mg/kg，硫胺素约7.3 mg/kg。核黄素含量低，胆碱1500～2000 mg/kg。

花生（仁）饼粕中含有少量胰蛋白酶抑制因子。花生（仁）饼粕极易感染黄曲霉，产生黄曲霉毒素，引起动物黄曲霉毒素中毒。我国饲料卫生标准规定，饲料中黄曲霉素 B_1 含量不得大于 0.05 mg/kg。

5. 芝麻饼粕

芝麻饼粕是芝麻取油后的副产品。芝麻饼粕的粗蛋白含量较高，可达40%以上。其氨基酸组成的最大特点是色氨酸和蛋氨酸含量高，尤其是蛋氨酸，可达0.8%以上，赖氨酸缺乏，含量仅为0.93%。而精氨酸含量高达3.97%，赖氨酸与精氨酸比为1∶4.2。粗纤维含量低于7%，代谢能约为9.0 MJ/kg。矿物质中钙、磷含量均高，但由于植酸含量高达3.6%，钙、磷、锌等的吸收均受到严重抑制。维生素A、维生素D、维生素E含量低，核黄素、烟酸含量较高。芝麻饼粕中的抗营养因子主要为植酸和草酸。

6. 向日葵仁饼粕

向日葵仁饼粕是向日葵籽生产食用油后的副产品，可制成脱壳或不脱壳2种，是一种较好的蛋白质饲料。向日葵仁饼粕的粗蛋白含量可达到41%～46%，与大豆饼粕相当。氨基酸组成中，赖氨酸低，含硫氨基酸丰富。粗纤维含量较高，有效能值低，残留脂肪6%～7%，其中50%～75%为亚油酸。矿物质中钙、磷含量高，但以植酸磷为主，微量元素中锌、铁、铜含量丰富。维生素B族、尼克酸、泛酸含量均较高。向日葵仁饼粕中的难消化物质主要是绿原酸，含量0.7%～0.82%，绿原酸对胰蛋白酶、淀粉酶和脂肪酶有抑制作用，加蛋氨酸和氯化胆碱可抵消这种不利影响。

7. 其它植物性蛋白质

其它植物性蛋白质还有玉米蛋白粉、酒糟蛋白饲料、草粉及叶蛋白类饲料等。这些植物蛋白饲料在海水鱼的应用都很少。

第三节　能量饲料

以干物质计，粗蛋白含量低于20%，粗纤维含量低于18%，每千克干物质含有消化能10.46 kJ/kg以上的一类饲料即为能量饲料。这类饲料主要包括谷实类，糠麸类，脱水块根，块茎及其加工副产品，油脂等。能量饲料在动物饲料中所占比例最大，一般为50%～70%，对动物主要起着供能作用。在水产饲料中，鱼、虾对糖类的利用率较低，能量饲料用量比较少，但仍然是鱼、虾配方中用量仅次于蛋白质饲料的一类重要饲料原料，其含量占配方的10%～45%。肉食性鱼类和虾类用量较少，而草食性、杂食性鱼类用量较高。

一、谷实类

谷实类饲料是指禾本科作物的籽实，是能量饲料中能值较高的一类。谷实类饲料富含无氮浸出物，一般都在70%以上，主要为淀粉；粗纤维含量少，多在5%以内，仅带颖壳的大麦、燕麦、水稻和粟可达10%左右；粗蛋白含量在10%左右，主要为醇溶蛋白和谷蛋白，蛋白质的品质较差，赖氨酸、蛋氨酸、色氨酸等含量较少，其生物学价值只有50%～70%；脂肪平均含量为3.5%，主要是不饱和脂肪酸，其中亚油酸和亚麻酸含量较高；矿物质含量不平衡，钙少磷多，但磷多以植酸盐形式存在，利用率低；维生素E、维生素B_1较丰富，但维生素C、维生素D贫乏。常用作渔用饲料的种类有玉米、高粱、大麦、小麦、燕麦、荞麦、稻谷等。

（一）玉米

玉米又名玉蜀黍、苞谷、苞米等，为禾本科玉米属一年生草本植物。玉米的亩产量高，有效能量多，是最常用而且用量最大的一种能量饲料，故有“饲料之王”的美称。但因玉米蛋白质含量较低、氨基酸不平衡，一般在水产饲料中的使用比例不高。

玉米中糖类含量在70%以上，多存在于胚乳中，主要是淀粉；粗纤维含量较少，约为2%；粗蛋白含量一般为7%～9%，但品质较差，赖氨酸、蛋氨酸、色氨酸等必需氨基酸含量相对贫乏。粗脂肪含量为3%～4%，但高油玉米中粗脂肪含量可达8%以上。主要存在于胚芽中。其粗脂肪主要是甘油三脂，构成的脂肪酸主要为不饱和脂肪酸，如亚油酸占59%，油酸占27%，亚麻酸占0.8%，花生四烯酸占0.2%，硬脂酸占2%以上。钙少（0.02%）磷多（0.25%），但磷多以植酸盐（63%）形式存在。矿物元素尤其是微量元素很少；维生素含量较少，但维生素E含量较多，为20～30 mg/kg。黄玉米含有较多的色素，主要是胡萝卜素、叶黄素和玉米黄素等，可影响养殖动物体色。

用玉米作为鱼类等水生动物的饲料时，效果不佳。原因之一是鱼类对糖类物质消化吸收和利用能力均较低；其二是多数品种的玉米淀粉颗粒较硬，不易被鱼类消化。但是，黄玉米由于富含色素，对鱼体着色有一定的效果。

（二）小麦

小麦为禾本科小麦属一年生或越年生草本植物。我国小麦产量占粮食总产量的1/4，仅次于水稻而位居第二。

小麦的粗蛋白含量居谷实类之首位，为9%～13%，必需氨基酸尤其是赖氨酸和苏氨酸不足。小麦的粗纤维含量略高于玉米，约为3%，无氮浸出物多，占其干物质的65%～75%。粗脂肪含量低（约1.7%），这是小麦能值低于玉米的主要原因。矿物质含量一般都高于其它谷实，磷、钾等含量较多，但半数以上的磷为无效态的植酸磷。小麦含B族维生素和维生素E较多，但维生素A、维生素D、维生素C、维生素K含量较少。

小麦次粉是以小麦为原料磨制各种面粉后获得的副产品之一，比小麦麸营养价值高。由于加工工艺不同，制粉程度不同，出麸率不同，所以次粉成分差异很大。因此，用小麦次粉作饲料原料时，要对其成分与营养价值实测。

小麦所含淀粉较软，而且具黏性。小麦中的谷朊蛋白和淀粉是水产饲料良好的营养型黏合剂，故小麦及其次粉用作鱼类饲料的效果优于其它任何谷实。因此，小麦是鱼类能量饲料的首选饲料。

（三）大麦

大麦为禾本科大麦属一年生草本植物。大麦是酿制青稞酒和啤酒的重要原料，受酿酒业的影响，大麦用做饲料的数量很不稳定。

大麦的粗蛋白含量一般为11%～13%，平均为12%，蛋白质质量稍优于玉米，赖氨酸含量为0.43%，比玉米几乎高出一倍。裸大麦的粗纤维含量为2.0%，皮大麦的粗纤维含量为6.0%，无氮浸出物含量（67%～68%）低于玉米，其组成中主要是淀粉。脂质较少（2%左右），甘油三酯为其主要组分（73.3%～79.1%）。钙少（0.04%～0.09%）磷多（0.33%），但磷多以植酸盐（47%）形式存在，微量元素铁较高，含铜较低。大麦富含B族维生素，维生素A、维生素D、维生素K含量低。

用大麦作为鱼类饲料优于玉米，但逊于小麦。将经蒸汽处理的大麦粉加入饲料中，能增强其黏结性，有助于饲料成型。鱼类采食含大麦的饲料后，肉质有变硬趋势。

（四）稻谷

稻谷为禾本科稻属一年生草本植物。世界上稻谷有两个栽培种，即亚洲栽培稻和非洲栽培稻，前者被广泛栽种。我国水稻产区主要有湖南、四川、江苏、湖北、广西、安徽、浙江、广东等地区。占全世界总产量的1/3，居世界第一位，占国内粮食生产总量的50%左右。稻谷为带外壳的水稻种子，其中外壳占25%，脱去外壳即为糙米，约占75%，糙米加工过程中产生一部分破碎米粒称为碎米。

稻谷中粗蛋白含量为7%～8%，粗蛋白中必需氨基酸如赖氨酸（0.29%）、蛋氨酸（0.19%）、色氨酸（0.10%）等较少。稻谷因含稻壳，有效能值比玉米低得多。稻谷中所含无氮浸出物在60%以上，但粗纤维达8%以上，粗纤维主要集中于稻壳中，且半数以上为木质素等。糙米粗纤维约为2.7%，无氮浸出物多，主要是淀粉。糙米中蛋白质含量及其氨基酸组成与玉米相似。糙米中脂质含量约2%，其中不饱和脂肪酸比例较高。糙米中灰分含量较少（约1.3%），其中钙少（0.03%）磷多（0.36%），磷仍多以植酸磷形式存在。碎米中养分含量变异很大，如其中粗蛋白含量变动范围为5%～11%，无氮浸出物含量变动范围为61%～82%，而粗纤维含量最低仅0.2%，最高可达2.7%以上。因此，用碎米作饲料时，要对其养分实测。

（五）高粱

高粱为禾本科高粱属一年生草本植物，又称蜀黍、茭子，原产于热带，是世界四大粮食作物之一。在中国，高粱主要产于吉林、辽宁、黑龙江等省。

除壳高粱籽实的主要成分为淀粉，多达70%。蛋白质含量为8%～9%，但品质较差，原因是其中必需氨基酸赖氨酸、蛋氨酸等含量少。粗纤维含量为1.7%，脂肪含量稍低于玉米，为3.4%，脂肪中必需氨基酸低于玉米但饱和脂肪酸的比例高于玉米。钙少（0.13%）磷多（0.36%），所含磷70%为植酸磷。含有较多的烟酸，达48 mg/kg，但所含烟酸多为结合型，不易被动物利用。高粱中含有有毒物质单宁，影响其适口性和营养物质消化率。

二、糠麸类饲料

谷实经加工后形成的一些副产品，即为糠麸类，包括米糠、小麦麸、大麦麸、玉米糠、高粱糠、谷糠等。糠麸中粗蛋白为9.3%～15.7%，粗纤维为3.9%～9.1%，粗脂肪为3.4%～16.5%，主要为不饱和脂肪酸，B族维生素含量高。钙少（0.02%～0.30%）磷多（0.26%～1.69%），所含磷85%为植酸磷，无氮浸出物含量低，属于一类有效能较低的饲料。另外，糠麸结构疏松、体积大、容重小、吸水膨胀性强，其中多数对动物有一定的轻泻作用。

（一）小麦麸

小麦麸俗称麸皮，是以小麦籽实为原料加工面粉后的副产品。小麦麸的成分变异较大，主要受小麦品种、制粉工艺、面粉加工精度等因素影响。小麦麸是由小麦的种皮、糊粉层和少量的胚和胚乳组成，而次粉则由糊粉层、胚乳和少量细麸组成。小麦麸和次粉的区别主要在于无氮浸出物和纤维素含量的不同。小麦麸的粗纤维含量在8%～10%，无氮浸出物50%～55%。麸皮的蛋白质含量稍高于次粉，为13%～16%；粗灰分也高于次粉，约为6%。

小麦麸蛋白质含量一般为12%～17%，氨基酸组成较佳，但蛋氨酸含量少。灰分较多，所含灰分中钙少（0.1%～0.2%）磷多（0.9%～1.4%），Ca、P比例（约1∶8）极不平衡，但其中磷多为植酸磷（约75%）。另外，小麦麸中铁、锰、锌含量较多。由于麦粒中B族维生素多集中在糊粉层与胚中，故小麦麸中B族维生素含量很高，如含核黄素3.5 mg/kg，硫胺素8.9 mg/kg。

（二）米糠

水稻加工为大米的副产品称为稻糠。稻糠包括砻糠、米糠和统糠。砻糠是稻谷的外壳或其粉碎品。米糠是糙米制成精米时的种皮、胚芽和部分胚乳的混合物，统糠是砻糠和米糠不同比例的混合物，统糠营养价值视其中米糠含量不同而异，米糠所占比例越高，统糠的营养价值越高。

米糠的粗蛋白含量为10.5%～13.5%，比玉米高。氨基酸组成也比玉米好，赖氨酸含量高达0.75%。米糠的粗脂肪含量很高，可达15%，是同类饲料中最高者，因而能值也为糠麸类饲料之首。其脂肪酸的组成大多为不饱和脂肪酸，油酸和亚油酸占72%。B族维生素和维生素E丰富，如维生素B_1、维生素B_5、泛酸含量分别为19.6 mg/kg、303.0 mg/kg、25.8 mg/kg，缺乏维生素A、D、C。钙少（0.07%）磷多（1.43%），钙、磷比例（1∶20）极不平衡，但80%以上的磷为植酸磷。米糠中含有胰蛋白酶抑制因子，采食过多易造成蛋白质消化不良。此外，米糠中脂肪酶活性较高，长期储存易引起脂肪变质。

米糠中含胰蛋白酶抑制因子、生长抑制因子，但它们均不耐热，加热可破坏这些抗营养因子，故米糠宜熟喂或制成脱脂米糠后饲喂。全脂米糠是鱼类尤其是草食性鱼类饲料的重要原料，可提供鱼类所需的必需脂肪酸和维生素（米糠中肌醇丰富，肌醇是鱼类的重要维生素）等。米糠在鱼类饲料中用量一般控制在15%以下。

三、块根、块茎及其加工副产品

这类饲料干物质中主要是无氮浸出物，即淀粉，而蛋白质、脂肪、粗纤维、粗灰分等较少或贫乏。水产饲料中使用纯淀粉作为能量饲料的情况不多见，但生产粉状饲料时用得较多，主要是由于它同时具有良好的黏性。这类饲料主要包括薯类（甘薯、马铃薯、木薯）、甜菜渣等。

（一）甘薯

甘薯为旋花科甘薯属蔓生草本植物，又名番薯、山芋、红苕、地瓜等。甘薯原产于南美洲，在我国分布很广，南至海南岛，北及黑龙江。其中栽培面积和产量较多的省份主要有四川、山东、河南、安徽、江苏、广东等。新鲜甘薯中水分多，为75%左右，脱水甘薯块中主要是无氮浸出物，含量达75%以上，甘薯中粗蛋白含量低，以干物质计，也仅约4.5%，且蛋白质品质较差。红心甘薯中胡萝卜素和叶黄素含量丰富，在鱼饲料中主要作为生产黏结剂的原料。

（二）马铃薯

马铃薯为茄科多年生草本植物，又名土豆、洋山芋。马铃薯原产于南美洲的秘鲁、智利等国，我国主要在东北、内蒙古西北黄土高原栽培，其它地方如西南山地、华北平原与南方各地等也有植种。马铃薯块茎含干物质17%～26%，其中80%～85%为无氮浸出物，粗纤维含量少，粗蛋白约占干物质9%，主要是球蛋白，生物学价值高，含一定量的B族维生素和维生素C。马铃薯中含有龙葵素（又名龙葵精），是一种含氮的有毒物质，它是一种糖体，当含量达0.02%时，即可引起中毒。发芽的块茎龙葵素含量可达0.7%，随着贮存时间的延长，龙葵素含量亦渐增多。鱼饲料中主要作为生产黏结剂的原料。

（三）木薯

木薯为大戟科木薯属多年生植物，又名树薯、树番薯。木薯原产于巴西亚马孙河流域与墨西哥东南部低洼地区，我国广东、广西、福建、云南、海南、台湾等地种植木薯较多。木薯干（脱水木薯）中无氮浸出物含量高，可达80%。粗蛋白含量很低，以风干物质计，仅为2.5%。另外，木薯中矿物质贫乏，维生素含量几乎为零。木薯中含有木薯苷，在酶的作用下会产生氢氰酸，其含量随品种、气候、土壤、加工条件等不同而异。脱皮、加热、水煮、干燥可除去或减少木薯中氢氰酸。

（四）其它块根、块茎类饲料

其它块根、块茎类饲料主要有饲用甜菜、菊芋、胡萝卜等，在综合考虑地区原料差异、原料成本和鱼类营养需要的基础上，可以适量在鱼饲料中添加。

四、其它能量饲料

其它能量饲料主要包括油脂、糖蜜等，油脂在水产饲料中具有举足轻重的地位。

（一）油脂

油脂的能值高，其总能和有效能远比一般的能量饲料高。油脂是供给动物必需脂肪酸的基本原料。植物油、鱼油等富含动物所需的必需脂肪酸，它们常是动物必需脂肪酸的最好来源。水产饲料中添加油脂的主要目的是提供能量和必需脂肪酸。大多数水产动物特别是肉食性鱼类对淀粉等糖类的利用率低，但对油脂的利用率很高。因此，在水产饲料中添加油脂可以起到提高饲料中的能量和节约蛋白质的作用。养殖对象不同，添加油脂的品种也不同，淡水鱼饲料一般需要亚油酸和亚麻酸，可以由植物油、豆油和亚麻子油等提供，而海水鱼更多地需要多不饱和脂肪酸，必须通过鱼油来提供。油脂可作为动物消化道内的溶剂，可以促进脂溶性维生素的吸收，在血液中，有助于脂溶性维生素的运输。在鱼用饲料加工过程中，添加油脂，可以减少粉尘的产生，使得饲料养分损失少，降低加工机械磨损程度，延长机器寿命。

油脂种类按来源可将其分为动物油脂、植物油脂和粉末油脂3大类。海水鱼使用的油脂主要是动物油脂（鱼油为主）和粉末油脂。另外有些比较特殊的油脂，如乌贼油、大豆磷脂、菜油磷脂等，在海水鱼饲料中也可适当添加。

（二）糖蜜

糖蜜又称糖浆，是制糖过程中压榨出的汁液经加热、中和、沉淀、浓缩结晶等工序所得到的黏稠液。主要成分是糖类，粗蛋白含量在3%～6%之间，在鱼用饲料中用量不大，可作为黏结剂使用。

第四节　饲料中的抗营养因子和毒素

饲料中的抗营养因子是指饲料中所含的对营养素的消化、吸收、代谢发生不良影响的物质。毒素是对动物产生毒害作用，不利于其生长、发育和繁殖甚至导致死亡的物质。

一、饲料中固有的抗营养因子

（一）蛋白酶抑制因子

蛋白酶抑制因子能抑制胰蛋白酶、胃蛋白酶、糜蛋白酶的活性，它主要存在于豆类及其饼粕（可达6.3%）、某些谷物，以及块根、块茎中。其中最重要的是抗胰蛋白酶（胰蛋白酶抑制因子）。抗胰蛋白酶是一种结晶球蛋白，它可以和胰蛋白酶形成不可逆的复合物，降低了胰蛋白酶的活性，导致蛋白质的消化率和利用率降低。同时由于胰蛋白酶大量补偿性分泌，会造成体内含硫氨基酸的内源性消耗，使动物生长受阻。此外，也会引起胰腺的增生和肥大，导致消化吸收功能紊乱。该物质对水生动物的影响程度与饲料中的蛋白质含量有关。

（二）植物凝集素

植物凝集素主要存在于豆类籽实及其饼粕中，某些谷实类和块根、块茎类饲料中也有。植物血凝素是一种能凝集红细胞的植物蛋白质，能结合糖体形成糖蛋白，在动物体内能使各种动物红细胞与淋巴细胞凝集，亦可与小肠黏膜上皮的微绒毛表面各种糖蛋白结合，引起微绒毛的损失和发育异常，从而严重损失肠壁吸收养分的功能。海水鱼中，植物凝集素可以在胃内被胃蛋白酶破坏失活，一般不会产生严重危害。

（三）植酸与草酸

植酸与草酸主要存在于禾谷籽粒外层中，故在糠麸中最高，豆类、棉菜籽、芝麻、蓖麻及其饼粕中也含有植酸。植物性饲料中总磷的50%～70%以植酸形式存在，海水鱼消化道内缺乏植酸酶，对植物性饲料中磷的利用率极低。植酸是一种很强的金属螯合剂，在消化过程中，可以与多种金属离子如钙、铁、镁、钼、锌与铜等螯合成相应的不溶性复合物，从而降低矿物质的利用率。

草酸又名乙二酸，大部分植物均含有这种物质，以游离草酸或草酸盐的形式存在。草酸在动物消化道中能与二价、三价金属离子如钙、锌、镁、铜和铁等形成不溶性的草酸盐沉淀而随粪便排出，从而使这些矿物质元素的利用率降低，同时还对黏膜具有较强的刺激作用，如大量摄入草酸盐可刺激胃肠道黏膜，从而引起胃肠功能紊乱，甚至导致胃肠炎。

（四）棉酚

棉酚是棉花籽实中的一种黄色色素，可分为游离棉酚和结合棉酚两类。游离棉酚具有毒性，而结合棉酚（与蛋白质结合）在消化道中大部分不被吸收而排出体外，仅很少部分被分解为游离棉酚，故毒性很低。游离棉酚可以与赖氨酸发生反应生成结合棉酚而不被动物吸收，从而降低毒性，但是会影响蛋白质的生物价值，故海水鱼饲料中用棉籽饼代替豆饼或鱼粉时，应适当补充赖氨酸。鱼类饲料中游离棉酚含量达到一定水平时，可使鱼生长缓慢，内脏器官组织发生病理变化，也会导致癌症。我国饲料标准规定，海水鱼类饲料中游离棉酚含量不得超过 150 mg/kg。

（五）环丙烯脂肪酸

环丙烯脂肪酸又称环脂肪酸，是含有环丙烯类化合物的总称。这种特殊结构的脂肪酸也是饲料中的主要抗酶，主要存在于棉籽及其饼粕中。这种抗酶可改变动物肝脏中多种酶的活性，其中包括抑制脂肪酸去饱和酶的活性，影响体脂肪的组成。

（六）糖苷

糖苷又称硫苷，主要存在于油料作物如油菜、甘蓝、芜菁、芥菜和其它十字花科植物的种子及其饼粕中。它本身对动物无影响，但是在植物自身所含芥子酶或动物消化道微生物的芥子酶作用下，可水解为异硫氰酸盐酯、噁唑烷硫酮、硫氰酸酯，可抑制甲状腺摄碘能力，导致甲状腺肿大，损害肝脏并使机体生长缓慢。另外，皂角苷是豆科饲料中的一类糖苷，含量较低，可抑制消化酶和代谢酶，具有溶血作用。我国饲料标准规定，水生动物饲料中异硫氰酸酯和噁唑烷硫酮的含量均不得超过 500 mg/kg。

（七）多酚类化合物

多酚类化合物包括单宁和酚酸等，主要存在于谷实类籽粒、豆类籽粒、棉菜籽及其饼粕和某些块根、块茎类饲料中。单宁可与蛋白质、糖类和其它多聚体生成不溶性的复合物，也可与金属离子结合形成沉淀，从而阻碍营养物质的消化吸收。酚酸的酚基可以和蛋白质结合生成沉淀，也可和钙、铁、锌等离子形成不溶性化合物而降低矿物质利用率。酚酸中的芥子酸对动物有毒性，可引起脂肪代谢异常，并蓄积于心脏，使心肌受损，生长受阻。

（八）生物碱

生物碱种类繁多，如蓖麻碱、马钱子碱、秋水仙碱等，具有多种毒性，特别是具有显著的神经毒性和细胞毒性，在豆粕、菜粕、茶籽粕等粕类蛋白源中含有此毒素。生物碱在动物肝脏中经代谢生成有毒的吡咯，对鱼类产生毒性可引起肝脏受损，也可造成生长受阻，甚至导致死亡。

（九）生氰糖苷

生氰糖苷存在于高粱苗、玉米叶、番瓜藤中，进入水产动物消化道内经水解酶和盐酸的作用，能生成氢氰酸，该物质与细胞色素氧化酶中的 +3 价铁结合，抑制其活性，阻断了氧化过程中的电子传递，使组织细胞不能利用氧，导致水产动物缺氧中毒或死亡。

（十）硫胺素酶

硫胺素酶存在于水生动物的鲜活组织中，该物质可以分解饲料中的硫胺素，从而使养殖动物容易产生硫胺素缺乏症，硫胺素只有和硫胺素酶结合一段时间后才可被分解破坏，因此将鲜鱼肉和含硫胺素的饲料分别投喂或短时间的混合，不会产生硫胺素缺乏症。

二、饲料的污染物质

（一）霉菌毒素

在适度条件下，真菌在饲料中大量繁殖会产生相应的毒素，可导致水生动物中毒，机体免疫能力下降，生长受阻，甚至死亡。这些毒素在饲料加工过程中不能被破坏，在贮存和选择饲料时应特别注意。目前在饲料中发现的霉菌毒素主要有：黄曲霉毒素、黄曲霉毒素 B_1、葡萄穗霉毒素、单端孢霉毒素等。其中最典型的是黄曲霉毒素，它主要由黄曲霉和寄生曲霉产生。最易被其污染的是花生、玉米、大豆、棉籽及其饼粕，几乎所有的谷物和油料籽实都可能被该毒素污染。鱼类对该毒素中毒的一般症状是生长缓慢、贫血、对外伤敏感、肝脏和其它器官受伤、免疫力下降、死亡率升高。我国饲料标准规定，水生动物饲料中黄曲霉毒素的含量不得超过 0.01 mg/kg。

（二）过氧化脂肪（酸败油脂）

不饱和脂肪酸自动氧化产生一些化学物质，如小分子的醛和酮及大量的过氧化物，使脂肪的适口性和营养价值下降，降低蛋白质消化率。另外，小分子的醛和酮对水生动物有直接的毒害作用，过氧化物能破坏某些维生素，如维生素 E，导致维生素缺乏症。研究表明，酸败油脂的毒性可以通过添加维生素 E 而得到改善，实际上，在饲料中添加合成的或天然的抗氧化剂都可以防止或降低过氧化脂肪的副作用。我国饲料标准要求，水生动物育苗饲料中酸败油脂的含量不超过 2 mg/kg，育成饲料不超过 6 mg/kg。

（三）有毒有害的金属元素

金属元素具有两面性：营养作用和毒害作用。金属元素的潜在毒性取决于饲料中的浓度、水产动物种类、水产动物生长水环境以及饲料和水中其它矿物元素的浓度。这主要是因为水生动物不仅可以从饲料中吸收金属离子，还可以从水中吸收，而且各矿物质之间存在着复杂的关系。重金属对动物机体的损害，一般是与蛋白质结合形成不溶性盐而使蛋白质变性。重金属对动物毒性的强弱，与重金属硫化物的溶解度有关，重金属硫化物的溶解性顺序为：汞 > 铜 > 铅 > 镉 > 钴 > 镍 > 锌 > 铁 > 锰 > 钙 > 镁，其中汞、镉是剧毒的。

1. 汞

汞不是水产动物必需的微量元素，汞对水生动物的寄生虫有极强的杀灭作用，但对水环境影响巨大，现已被禁用。汞对海水鱼有毒性作用且容易在鱼体肌肉组织中积累，我国饲料标准要求，海水鱼饲料中汞的含量不得超过 0.5 mg/kg。

2. 镉

镉不是水产动物必需的微量元素，水中的镉对多种鱼类有毒性，能抑制血红蛋白的合成，阻碍肠道中铁离子的吸收，导致缺铁性贫血，也可引起肝脏和肾的损伤，导致死亡。我国饲料标准要求，海水鱼饲料镉的含量不得超过 0.5 mg/kg。

3. 铜

铜是水产动物必需的微量元素之一，过量会导致生长不良、食欲下降、贫血、繁殖障碍等，水中以硫酸铜形式存在的铜的含量达到 0.8 ～ 1.0 mg/kg 时对多数鱼类就可产生毒性，鱼类对饲料中铜的耐受性比对水中铜高一些。

4. 其它重金属

鱼虾类需要的其它微量元素，如铁、锌、锰、钴、铬等，过量的情况下也会造成水生动物中毒，在水产动物饲料配制时也必须考虑。

（四）其它污染物

农药、石油化工产品、聚氯联苯等污染物，如果在饲料原料中存在，或是直接毒害水生生物，或是在海水鱼体内积累，造成中毒，甚至危害到人类安全。

三、抗营养因子的消除

饲料原料中抗营养因子的消除方法主要有三大类：物理处理法、化学处理法和生物处理法。目前较为常用的还是物理处理法，有时也多种处理方法结合使用，达到更佳的效果。无论何种抗营养因子的消除方法，使用的时候一定要考虑尽量不要破坏饲料原料中的其它营养成分。

（一）物理处理法

（1）浸泡法　利用某些抗营养因子溶于水的性质。可用于处理单宁、硫苷等抗营养因子。

（2）蒸汽法　利用温度破坏某些抗营养因子活性。可用于处理抗胰蛋白酶等抗营养因子。

（3）炒烤法　利用高温破坏某些抗营养因子活性。可用于处理植物凝集素、抗胰蛋白酶、单宁等抗营养因子。

（4）煮沸法　利用加热和水溶性消除某些抗营养因子。可用于处理抗胰蛋白酶等抗营养因子。

（5）微波处理法　通过微波辐射，使抗营养因子灭活。可用于处理抗胰蛋白酶等抗营养因子。

（6）膨化处理法　原理是原料受到的压力瞬间下降而使其膨化，导致抗营养因子灭活，膨化过程中膨化温度的升高也可消除抗营养因子。可用于处理植物凝集素、抗胰蛋白酶等抗营养因子。

（二）化学处理法

化学处理法即在饲料中加入化学物质，使其在一定条件下起化学反应，从而使抗营养因子失去活性或降低活性。

（1）尿素处理法　尿素中的 OH^- 和 NH_3 可使抗胰蛋白酶的双硫键断裂，生成的巯基与其它的基团重新结合失去活性而钝化，可以将大豆中的抗胰蛋白酶活性大大降低。

（2）有机溶剂处理法　利用某些抗营养因子或毒素溶于有机溶剂的特性进行处理的一种方法。如黄曲霉毒素，可用有机溶剂如氯仿、甲醇等进行提取。

（3）无机盐处理法　针对某些抗营养因子或毒素可以和无机盐结合的特性进行处理的一种方法。例如，硫葡萄糖苷的水解酶可用硫酸铜灭活；碳酸钠可以除去菜籽饼的毒性；铁盐（特别是硫酸亚铁）和游离棉酚结合，能有效地降低棉酚毒性；高锰酸钾去除黄曲霉毒素；等等。

（4）碱处理法　可用氢氧化钙去除菜籽饼的毒性和黄曲霉毒素。

（5）甲基供体处理法　在饲料中适量加入蛋氨酸或胆碱作为甲基供体，可促进单宁甲基化作用，使其代谢排出。

（6）酶制剂处理法　酶制剂如植酸酶等可以灭活和钝化饲料中的抗营养因子。植酸酶能水解植酸和植酸盐，使植酸的抗营养作用消失。

（三）生物处理法

（1）微生物发酵法　微生物发酵法不但能起到解毒作用，还可提高饲料蛋白质含量。其主要难点是选择好合适的菌种，控制好合适的发酵条件。目前，用于棉籽饼、菜籽饼发酵法去毒的菌株已有一些被筛选出来，应用效果很好。

（2）植物育种法　利用遗传学方法选育和推广低毒性农作物的方法。目前比较成功的是培养出低硫苷、低芥子酸的双低油菜品种。无腺体的棉花品种已开发出来，但目前尚没有形成大规模生产。

第六章　饲料添加剂

第一节　概述

饲料添加剂是为了提高饲料的利用率，保证或改善饲料品质，促进饲养动物生产，保障饲养动物健康而添加到饲料中的少量的营养性或非营养性物质。不同国家对于饲料添加剂的定义和分类有所不同，但是，添加剂的目的是一致的，即补充饲料营养组分不足，提高饲料原料的营养价值，改善饲料的适口性和动物对饲料的利用率，促进动物的生长。

饲料添加剂的选择首先必须满足以下条件：①长期使用或在使用期间对动物不会产生任何毒害作用和不良影响；②具有确实的作用，产生良好的经济效益和生产效果；③在饲料和动物体内具有较好的稳定性；④不影响鱼、虾对饲料的适口性和对饲料的消化吸收；⑤在动物体内的残留量不得超过规定标准，不得影响动物产品的质量和危害人体健康；⑥选用的化工原料，其中所含有毒金属的含量不得超过允许的安全限度；其它原料不得发霉变质，不得含有有毒有害物质；⑦维生素、酶、活菌制剂（微生态制剂）等生物活性物质不得失效，或超过有效期限；⑧用量少，效率高，使用方便。

饲料添加剂的分类方法有很多，目前比较认可的方法是根据添加的目的和作用机制，把饲料添加剂分为两大类：营养性添加剂和非营养性添加剂。营养性添加剂是对饲料主体成分的补充，保证动物生长所需的所有营养成分，以满足其生长的需要，如氨基酸、维生素、矿物质等。非营养性添加剂是在饲料主体物质之外，添加一些它没有的物质，从而可帮助动物消化吸收，促进生长发育，保持饲料质量，改善饲料结构等。饲料添加剂包括生长促进剂、促消化剂、益生菌制剂、中草药添加剂、诱食剂、黏合剂、抗氧化剂等。

第二节　营养性添加剂

一、氨基酸添加剂

氨基酸添加剂的作用主要是：改善饲料氨基酸平衡，促进动物生长，提高饲料利用率；节约蛋白资源；改善肉质，促进微量元素的吸收；减轻应激反应，提高抗病能力。

目前常用的方法是在饲料中添加某些限制性氨基酸，以平衡饲料中的必需氨基酸组成，满足养殖动物的营养需要。添加限制性氨基酸必须注意：① 要准确掌握配合饲料中各种饲料原料的必需氨基酸含量；②要严格控制添加量，任何氨基酸的过剩或不足，都会产生不利影响；③添加时，首先应满足第一限制性氨基酸的需要，其次再满足第二限制性氨基酸的需要，否则不会产生良好效果。

使用氨基酸添加剂时除了要考虑不同水产动物氨基酸需求量不同，还必须充分考虑氨基酸的构型和利用率、基础饲料中的有效含量、各种氨基酸之间的关系，从而确定添加数量。另外，电解质浓度及pH值对氨基酸的吸收有影响，饲料加工工艺和投喂方式的不同也会影响氨基酸的利用。常用的氨基酸添加剂包括赖氨酸、蛋氨酸及其类似物、色氨酸、苏氨酸等。

1. 赖氨酸

赖氨酸是动物需要量最高的必需氨基酸，饲料中添加赖氨酸，使氨基酸平衡后，可以减少粗蛋白用量的1～2个百分点。动物体只能利用*L*-赖氨酸，*D*-赖氨酸在动物体内不能被转化和利用。生产中常用的商品为98.5%的*L*-赖氨酸盐酸盐，为白色或线褐色，多为粉末或颗粒状，无味或微有特殊气味，易溶于水，难溶于乙醇、乙醚，其生物活性只有*L*-赖氨酸的78.8%。此外，还有一种赖氨酸添加剂——*L*-赖氨酸硫酸盐，为淡黄色或褐色，其生物活性约为*L*-赖氨酸的51%。

2. 蛋氨酸及其类似物

蛋氨酸具有旋光性。在动物的体内*L*型易被肠壁吸收。*D*型要经酶转化成*L*型后才能参与蛋白质的合成。由于*D*型可以在动物体内转化成*L*型，故饲料中常使用*D*型和*L*型混合的化合物。*DL*-蛋氨酸即*L*型和*D*型等量的外消旋化合物，是目前国内使用较广泛的饲料添加剂，多为白色、淡黄色结晶或结晶粉末，有特殊气味，流动性好，微溶于水，可溶于稀盐酸，无旋光性，含量一般为99%。另外商用的蛋氨酸添加剂还有蛋氨酸羟基类似物，含水量约12%，是呈深褐色、有硫化物特殊气味的黏性液体，主要是因羟基和羧基的酯化作用聚合而成，虽然不含氨基，但可在动物体内转化为蛋氨酸。蛋氨酸羟基类似物钙盐和N-羟甲基蛋氨酸钙是蛋氨酸的另外两种添加剂存在形式。

3. 色氨酸

色氨酸参与动物体内蛋白质的更新，并可促进核黄素发挥作用，还有助于烟酸与血红蛋白的合成。色氨酸有*L*-色氨酸、*D*-色氨酸和*DL*-色氨酸3种异构体，天然存在的只有*L*-色氨酸，可供使用的形式有*L*-色氨酸和*DL*-色氨酸两种，*DL*-色氨酸的效价大致为*L*-色氨酸的60%～80%。

4. 苏氨酸

苏氨酸通常是第三、第四限制性氨基酸，饲料缺乏苏氨酸时，动物会停止生长，引起贫血、脂肪肝等。目前使用的苏氨酸添加剂产品形式是*L*-苏氨酸，为白色或黄色结晶，易溶于水，不溶于无水乙醇、乙醚和三氯甲烷，活性成分不低于98%。

5. 其它氨基酸添加剂

目前使用的其它氨基酸添加剂有甘氨酸、谷氨酸、精氨酸、谷氨酰胺、*L*-酪氨酸、复合氨基酸、小肽添加剂等。

二、维生素添加剂

维生素是水产动物正常代谢和生理机能所必需的一大类低分子有机化合物。维生素以辅酶和催化剂的形式广泛参与体内代谢的各种反应，从而保证机体组织器官的细胞结构和功能正常，维持动物健康和各种生产活动。在饲料中添加维生素的目的是强化营养，增强动物的抗病和抗应激能力，促进动物生长，提高动物产品的产量和质量。由于许多维生素的不稳定性，在生产维生素添加剂时，要进行酯化、包被等预处理以提高维生素的稳定性，提高鱼类对维生素的吸收利用率。维生素添加剂分为脂溶性维生素添加剂和水溶性维生素添加剂。脂溶性维生素及其添加剂用国际单位计量，水溶性的维生素及其添加剂则用重量计量，所以在使用脂溶性维生素添加剂时，要进行国际单位与重量之间的换算。计算维生素添加剂用量时，除考虑水生动物对维生素的需求量和基础饲料原有含量等因素外，还要考虑到加工对维生素的破坏作用，一般需超量10%左右。

1. 维生素A

维生素A又名视黄醇，纯维生素A为淡黄色晶体，不稳定，易氧化。维生素A容易受许多因素的影响而失活，所以商品形式为维生素A醋酸酯或其它酸酯，或采用微型胶囊技术处理增加其稳定性。维生素A添加剂有维生素A醇（含维生素A 850 IU/g和维生素D 65 IU/g）、维生素A醋酸酯（产品规格有30 IU/g、40 IU/g、50 IU/g）和维生素A棕榈酸酯三种形式，常见的是维生素A醋酸酯和维生素A棕榈酸酯。另外β胡萝卜素可以转化成维生素A，1 mg β胡萝卜素结晶相当于1667 IU的维生素A的生物活性，冷水鱼不能将β胡萝卜素转化成维生素A。

2. 维生素D

维生素D又名抗佝偻病维生素，属于固醇类衍生物，为无色晶体。维生素D的两种形式是维生素D_2（麦角固醇）和维生素D_3（胆钙化醇）。维生素D产品有维生素D_2和维生素D_3干燥粉剂（产品规格20 IU/g、50 IU/g）、维生素D_3微粒（产品规格30 IU/g、40 IU/g、50 IU/g）、维生素A/D微粒（维生素A醋酸酯与维生素D_3之比为5∶1）。

3. 维生素E

维生素E又名生育酚、抗不育维生素。在自然界中具有维生素E活性的化合物有多种，其中以α生育酚活性为最强。维生素E的商品形式主要是*DL*-α-生育酚的乙酸酯，饲用维生素E多为加入吸附剂的*DL*-α-生育酚乙酸酯，经包被、微粒化形成的50%浓度的粉状产品。维生素E对pH值敏感，中性条件下稳定。维生素E在饲料加工及贮藏过程中活性会有相当部分损失掉，应当在饲料中添加抗氧化剂。

4. 维生素K

维生素K又称凝血维生素，是动物体内形成凝血酶原所必需的一种维生素。商品用维生素K是维生素K_3。维生素K_3添加剂的活性成分为甲萘醌，商品用维生素K有三种剂型：亚硫酸氢钠甲萘醌、亚硫酸氢钠甲萘醌复合物和亚硫酸嘧啶甲萘醌。海水鱼消化道内微生物都可合成维生素K_3，但并不能完全满足海水鱼的需要，另外，添加抗生素或使用磺胺类药物后，会影响肠道微生物合成维生素K_3，应添加维生素K_3作为补充。

5. 维生素B_1

维生素B_1又名硫胺素或抗神经炎素。硫胺素添加剂有盐酸硫胺素盐和硝酸硫胺素。两者均为白色粉末，易溶于水。硝酸硫胺素更稳定，纯品的盐酸硫胺素或硝酸硫胺素含量为98%。机体内组织中不能存留大量的硫胺素，饲料中必须持续地供应硫胺素才能满足机体的代谢需求。饲料中的糖类含量较高或是环境存在应激的情况下，应超常量添加硫胺素。维生素 B_1 对热、氧、水分、还原剂比较敏感，但光照稳定，pH 值为 3.5 时生物学效价最高。

6．维生素 B_2

维生素 B_2 又名核黄素，为黄色至橙黄色的结晶状粉。其商品形式为核黄素及其衍生物核黄素-5-磷酸钠。常用维生素 B_2 添加剂含核黄素 96%、55% 和 50% 等几种。维生素 B_2 耐热，在酸性和中性溶液中稳定，但易被碱破坏，对光线敏感，易吸潮，应避免接触还原剂如维生素 C 等。维生素 B_2 具有静电性，生产预混料时应先与静电性低的载体或稀释剂混合。

7．维生素 B_3

维生素 B_3 又称泛酸，所以商品的维生素 B_3 添加剂称为泛酸钙，具有不稳定的黏性油质，*D*-泛酸钙的活性为 100%，*DL*-泛酸钙活性为 50%。*D*-泛酸钙的纯度一般为 98%，外观为白色粉末，吸水性强，易失氨而失去活性。其商品形式主要是 *D*-泛酸钙（右旋泛酸钙），与烟酸具有一定的拮抗作用。

8．胆碱

胆碱是磷脂和乙酰胆碱等物质的组成成分，主要参与卵磷脂和神经磷脂的形成。饲料中常用氯化胆碱（含胆碱 86.8%），有水剂和粉剂两种。水剂氯化胆碱添加剂有效成分为 70%，粉剂氯化胆碱的有效成分为 50% 或 60%。吸湿性强，耐热性好，对其它维生素（维生素 A、维生素 D_3、维生素 K_3 等）有破坏作用，可以直接加入到浓缩料或配合饲料中。

9．尼克酸（维生素 B_5）

尼克酸又名维生素 PP、抗癞皮病维生素。产品有烟酸和烟酰胺两种，因为烟酸被动物吸收形式为烟酰胺，故二者活性相同。烟酸为白色至微黄色结晶性粉末，微溶于水，稳定性好。尼克酸对皮肤有刺激作用，吸湿性强，易与维生素 C 形成黄色复合物，导致两者皆失去活性。

10．维生素 B_6

维生素 B_6 是吡哆醇、吡哆醛、吡哆胺三种吡哆衍生物的总称。它们具有相同的生物作用，其活性形式是磷酸吡哆醛。常用作添加剂的产品为盐酸吡哆醇，白色结晶，其活性成分为 82.3%。维生素 B_6 对热和氧稳定，但在碱性、酸性和中性溶液中遇光分解，应该避光保存。

11．生物素

生物素是一种含硫元素的环状化合物，有 8 种主体异构体，但只有 *D*-生物素存在于自然界中，并有生物活性，所以其主要的商品形式也是 *D*-生物素。饲料添加剂所用剂型常为用淀粉、脱脂米糠等稀释的粉末状产品，含生物素一般为 1% 或 2%。生物素对氧、热相对稳定，容易被紫外线、强酸、强碱、氧化剂和甲醛破坏。

12．叶酸

叶酸是维生素中已知生物学活性最多的一种，以四氢叶酸的形式在动物体内参与机体代谢。商品制剂主要有两种剂型。应用较多的是药用级叶酸，其含量以干物质计算不少于96%，为黄色或橙黄色结晶性粉末，另一类是加有一定载体或包被材料的稀释产品。叶酸具有黏性，饲料中常用经稀释并去除黏性的产品，对空气、热均稳定，容易被光、酸、碱、氧化剂与还原剂破坏。

13. 维生素 B_{12}

维生素 B_{12} 又称作氰钴胺素或钴胺素，在动物体内作为辅酶发挥生化作用。主要商品形式有氰钴胺、羟基钴胺、硝钴胺等。维生素 B_{12} 纯品为红色至棕色细粉，水溶性好，具有吸湿性。作为饲料添加剂有1%、2%和0.1%等剂型，0.1%含量的剂型最为常用。维生素 B_{12} 对还原剂敏感，受光照射时易分解，所以应避光保存。在复合维生素中，维生素 B_{12} 要加以特殊保护。

14. 维生素C

维生素C又名抗坏血酸，自然界中具有生物活性的是*L*-抗坏血酸。维生素C的商品形式为*L*-抗坏血酸、*L*-抗坏血酸钠、*L*-抗坏血酸钙、包被*L*-抗坏血酸以及抗坏血酸酯。维生素C极易被氧化，微量金属（Cu^{2+}、Fe^{2+}）能使维生素C氧化失效，它具有酸性和强还原性，遇空气、热、光、碱性物质可加快其氧化，制作预混料时要尽量避免与其它维生素直接接触。在实际生产中维生素C可作为抗氧化剂，保护其它营养成分；另外，维生素C对动物具有抗应激作用，饲料中添加量可超出需要量1倍以上。对于不同的水生动物，应选择不同形式的维生素添加剂，如普通鱼类的硬颗粒饲料可以用包被*L*-抗坏血酸，而膨化饲料则使用抗坏血酸酯更佳。

三、微量元素添加剂

微量元素添加剂主要包括无机微量元素添加剂和有机微量元素添加剂，无机微量元素添加剂多为高纯度化工合成产品，有机微量元素添加剂则为有机酸盐或氨基酸盐。微量元素在动物体内具有广泛的生物学功能，参与多种生化代谢过程，发挥着重要的作用。饲料中经常添加的微量元素添加剂有铁、铜、锰、锌、钴、碘、硒、铬等。对于水生动物，选择微量元素添加剂也要选择那些水溶性大的，水生动物对其吸收利用率会比较高。国内外近年来对微量元素的有机化合物螯合盐类的研究较多，该类物质除了补充微量元素，还可以强化营养，具有更高的生物学效价。

（一）铁源饲料添加剂

饲用铁的添加剂来源有无机铁和有机铁。

1. 无机铁

无机铁主要有硫酸亚铁，包括无水硫酸亚铁（含铁36.8%）、一水硫酸亚铁（含铁32.9%）和七水硫酸亚铁（含铁20.1%）。无水硫酸亚铁为灰白色粉末，易溶于水，不溶于乙醇，吸湿性强；一水硫酸亚铁为淡灰色粉末，微酸性，可溶于水，具有吸湿性；七水硫酸亚铁为淡绿色至黄色粉末，微酸性，易溶于水，有腐蚀性。其它无机铁添加剂还有氯化亚铁、碳酸亚铁等。

2. 有机铁

有机铁使用比较多的是富马酸亚铁、柠檬酸铁络合物、乳酸亚铁、氨基酸螯合铁等。富马酸亚铁为红褐色粉末，难溶于水，几乎不溶于乙醇；柠檬酸铁络合物为红褐色粉末，易溶于热水，不溶于乙醇，饲料添加剂多为六水柠檬酸铁络合物，为白色粉末；乳酸亚铁为淡绿色或微黄色粉末，可溶于水，几乎不溶于乙醇；氨基酸螯合铁有赖氨酸亚铁、甘氨酸亚铁、蛋氨酸亚铁等，此类物质生物活性高，吸收及代谢利用性好，但成本比较高。

（二）铜源饲料添加剂

饲用铜的添加剂来源有无机铜和有机铜。

1. 无机铜

饲料无机铜常用的是硫酸铜，包括无水硫酸铜（含铜 39.8%）、一水硫酸铜（含铜 35.8%）和五水硫酸铜（含铜 25.5%）。硫酸铜均溶于水，微溶于乙醇。无水硫酸铜为白色结晶粉末；含水硫酸铜结晶为浅蓝色，呈块状或粉末状。硫酸铜吸湿性强，应注意密闭保存，饲料中常用五水硫酸铜。其它无机铜添加剂还有氯化铜、碳酸铜、氧化铜等，除硫酸铜外，近年来应用较多的是氯化铜。

2. 有机铜

有机铜使用比较多的是氨基酸铜，如蛋氨酸铜、赖氨酸铜、甘氨酸铜等，是氨基酸与铜离子之间形成的螯合物。

（三）锰源饲料添加剂

饲用锰的添加剂来源有无机锰和有机锰。

1. 无机锰

饲料无机锰常用的是硫酸锰，包括一水硫酸锰（含锰 32.5%）和五水硫酸锰（含锰 22.8%）。硫酸锰为白色或淡红色粉末，易溶于水和甘油，几乎不溶于乙醇，中等吸湿性，高温高湿条件下容易结块。目前国内饲料常用的是一水硫酸锰。其它无机锰添加剂还有氧化锰、碳酸锰、氯化锰等。

2. 有机锰

有机锰主要是氨基酸锰、醋酸锰、柠檬酸锰、葡萄糖酸锰等。氨基酸锰生物效价比较高，包括蛋氨酸锰、赖氨酸锰、甘氨酸锰等。

（四）锌源饲料添加剂

饲用锌的添加剂来源有无机锌和有机锌。

1. 无机锌

饲料无机锌常用的是硫酸锌和氧化锌。硫酸锌包括一水硫酸锌（含锌 36.5%）和七水硫酸锌（含锌 22.8%）；两种硫酸锌均为白色粉末，溶于水，不溶于乙醇，具有吸湿性，饲料常用的是一水硫酸锌。氧化锌为白色粉末，有恶臭味，不溶于水，溶于酸，含锌 75% 以上。其它无机锌添加剂还有碳酸锌、氯化锌等。

2. 有机锌

有机锌主要有葡萄糖锌和氨基酸锌。常用的氨基酸锌是蛋氨酸锌，生物效价高，还可以增强机体免疫力和抗应激能力。

（五）碘源饲料添加剂

饲用碘的添加剂主要是无机碘。有机碘如乙二胺双氢碘化物、二碘水杨酸、碘山俞酸钙等，因与无机碘比较生物学效价方面的优势不明显，故使用率不高。

饲料无机碘常用的有碘化钾和碘酸钙。碘化钾为白色粉末，含碘76.4%，易溶于水和甘油，较易溶于乙醇，在潮湿空气中少量潮解。碘酸钙包括无水碘酸钙（含碘65.1%）、一水碘酸钙（含碘62.2%）和六水碘酸钙（含碘25.2%），碘酸钙为白色至乳黄色的粉末，在水中的溶解性较低，稳定性高。其它无机碘添加剂还有碘酸钾、碘化钠、碘化亚铜等。

（六）钴源饲料添加剂

饲用钴的添加剂主要是无机钴。

饲料无机钴常用的是硫酸钴和氯化钴。硫酸钴包括无水硫酸钴（含钴35%）、一水硫酸钴（含钴33%）和七水硫酸钴（含钴21%）。硫酸钴为淡红色粉末，随含水量的增加颜色逐渐加深，可缓慢溶于水，较难溶于乙醇，饲料常用一水硫酸钴。氯化钴有无水化合物、一水化合物和六水化合物三种，淡蓝色，随含水量的增加颜色逐渐变成红紫色，均溶于水和乙醇，饲料常用六水氯化钴。其它无机钴添加剂还有碳酸钴、乙酸钴、硝酸钴等。钴在饲料中的添加量很少，添加时可用稀释剂按一定比例先扩散再添加。

（七）硒源饲料添加剂

饲用硒的添加剂来源有无机硒和有机硒。

1. 无机硒

饲料无机硒常用亚硒酸钠和硒酸钠。亚硒酸钠有剧毒，为白色至粉红色粉末，含硒45.7%，易溶于水，不溶于乙醇。硒酸钠有剧毒，白色结晶，含硒21.4%，易溶于水。其它无机硒添加剂还有亚硒酸钙等。由于亚硒酸钠和硒酸钠的毒性问题，为安全考虑，使用时必须先制成1%的预混料。

2. 有机硒

因为无机硒的毒性问题，近年来有机硒的研究和应用越来越广泛。有机硒的生化代谢途径和无机硒有很大的差异，且没有无机硒的毒性。

第三节　非营养性添加剂

非营养性添加剂是指在饲料的主体物质成分之外，添加到饲料中的促进生长发育、改善饲料结构、保持饲料质量、帮助消化吸收、防治鱼类疾病的添加剂。包括生长促进剂、免疫增强剂、着色剂、诱食剂、黏合剂、抗氧化剂等。非营养性代谢调节物的合理使用，会改善机体的代谢，提高养分的利用效率，增加鱼类养殖的经济效益。

非营养性添加剂根据使用的目的和作用主要包括以下几类：

（1）促进摄食、消化吸收的添加剂，如诱食剂、酶制剂等。

（2）提高机体免疫力、增强抗病力、促进动物生长的添加剂，如微生态制剂、中草药添加剂等。

（3）提高饲料耐水性的添加剂，如黏合剂。

（4）保持饲料效价的添加剂，如抗氧化剂、防霉剂等。

（5）改善养殖产品品质的添加剂，如着色剂。

一、促进摄食、消化吸收的添加剂

1. 诱食剂

诱食剂又称引诱剂，它能利用鱼类高度灵敏的嗅觉和味觉，通过改善饲料适口性来提高摄食量及饲料利用率，并可减轻水体污染，降低鱼类发病率、死亡率，增加经济效益。诱食剂的主要功能是：①诱食作用，通过气味使水产动物产生食欲，提高采食量；②掩盖饲料中的不良气味，改善饲料适口性；③提高动物在应激状态下的采食量；④避免动物日粮配方变化影响采食量；⑤增强饲料产品的市场竞争力。

目前水产动物诱食剂主要有氨基酸、鱿鱼内脏膏、甜菜碱、脂肪酸、核苷酸、含硫有机物等。对鱼、虾摄食的促进，鱿鱼内脏膏、甜菜碱等可以单独添加，其它诱食剂多是两种以上协同产生作用，效果更佳，比如：两种以上的氨基酸，氨基酸和核苷酸，氨基酸和三甲胺内酯，氨基酸和色素或萤光物质。

2. 酶制剂

酶是一种天然的生物催化剂，可加快化学反应速度，可通过生化反应促进蛋白质、脂肪、淀粉和纤维素的分解，消除饲料中抗营养因子，增强鱼体对饲料的转化率，促进鱼体生长。酶制剂是将一种或多种利用生物技术生产的酶与载体、稀释剂采用一定的生产工艺制成的一种饲料添加剂。目前，蛋白酶、淀粉酶、糖化酶、纤维素酶、植酸酶以及复合酶制剂已被应用到水产养殖生产当中。酶制剂具有四大功能：①补充内源酶的不足，激活内源酶的分泌；②破碎植物细胞壁，提高养分消化率；③消除抗营养因子；④降低消化道食糜黏度。复合酶制剂的使用效果要好于单一酶制剂。在水产饲料中添加酶制剂可有效地减轻水质污染，降低动物排泄物中氮、磷的浓度，改善养殖环境。酶制剂对幼龄动物的应用效果要好于成年动物，同一种酶制剂作用于不同的动物，产生的效果往往不同。另外，在饲料加工过程中，过高的温度可能破坏其中添加酶的活性。目前酶制剂在水产饲料的使用还不是很广泛，主要是几个方面的问题需要进一步研究解决，例如筛选抗高温的酶种、制粒前添加还是制粒后添加、怎样才能避免酶的活性损失等等。

二、提高机体免疫力、增强抗病力、促进动物生长的添加剂

1. 微生态制剂

微生态制剂又称益生素、微生物添加剂，是一类根据微生态学原理，为调整微生态失调、保持微生态平衡、提高宿主健康水平和生长速度，经过筛选而培养的活菌群及其代谢产物。其生物学功能主要包括：①提供营养素；②提高生长率和饲料利用率；③提高机体免疫力；④补充有益菌群，保持或恢复消化道菌群平衡；⑤改善水产品的质量和应激能力；⑥提高水生动物的成活率；⑦防止有害物质的产生。

微生态制剂根据制剂的用途及作用机制可分为微生物生长促进剂和微生态治疗剂；依活菌剂的组成分为单一制剂和复合制剂；依据微生物的菌种类型分为无孢子杆菌制剂、芽孢杆菌制剂和酵母菌及霉菌类、光合细菌，这是目前较多使用的分类方法。

微生物饲料添加剂在水产方面的应用主要在饵料与水体净化两个方面。常用的微生

态制剂主要包括乳酸菌、酵母、芽孢杆菌、光合细菌等。微生态制剂是活菌制剂，在使用时要考虑如何保证活菌的数量和活力，避免高温、光照及其它影响因素对微生态制剂的效果的影响。可采用微胶囊技术对活菌体进行包被，同时将添加微生态制剂的饲料保存于阴凉、通风干燥处；保存时间不宜太长。

2. 中草药添加剂

中草药作为饲料添加剂，由于其具有毒副作用小，几乎无残留或残留量低，不易产生耐药性，有非特异性抗菌作用等特点，近年来受到国内外饲料行业生产者和研究者的广泛重视。研究表明，中草药含有多种免疫活性物质，具有多重功能，包括：抗菌、抗病毒作用；免疫增强作用，可提高成活率；抗应激作用，提高缺氧耐受力；促进水产动物采食，增加采食量；降低饵料系数，提高增重率，等等。中草药添加剂的种类可分为五类：①增食促生长剂，主要作用是改善饲料适口性，提高采食量，促进消化液分泌；②增产剂，可促进乳腺发育、催肥以及增强繁殖能力等；③免疫增强剂，可抗菌、抗病毒，增强免疫力；④抗寄生虫剂，具有增强机体抗寄生虫侵害能力和驱除体内寄生虫的作用；⑤抗应激剂，可缓解、防治应激引起的应激综合征。

三、提高饲料耐水性的添加剂

提高饲料耐水性的添加剂主要是指黏合剂，黏合剂是渔用颗粒饲料中特有的起黏合成型作用的添加剂，其作用是将各种成分黏合在一起，防止饲料营养成分在水中溶解和溃散，便于鱼类摄食，提高饲料效率，防止水质恶化。鱼用饲料黏合剂大致可分为天然物质和化学合成物质两大类。天然物质为鱼浆、α-淀粉等。化学合成物质有羧甲基纤维素、聚丙烯酸钠等。黏合剂的黏着强度除与其本身的性质有关外，还与饲料种类、饲料细度、加工条件、加工温度等有关。

理想的黏合剂应具备如下特点：对饲料中各种组分有理想的黏合度，保证营养全价，防止散失污染；容易制取，不妨碍营养成分吸收；具有较高的化学稳定性和热稳定性，不与饲料中成分发生不利的化学反应；成本低，用量少，来源广，易混合，无毒性，无不良异味，适口性好，水稳定性强等。

四、保持饲料效价的添加剂

1. 抗氧化剂

抗氧化剂是指添加于饲料中能够阻止或延迟饲料中某些营养物质的氧化，提高饲料稳定性和延长饲料贮存期的微量物质。饲料中所含的油脂及维生素很容易氧化分解，造成营养缺乏并产生毒物，因此需添加抗氧化剂。

抗氧化剂作用的原理是抗氧化剂本身容易氧化，和易氧化物质的活性自由基结合生成无活性的抗氧化剂游离基，将氧化反应中断，从而使氧化过程停止或减缓，抗氧化剂自身则因丧失了不稳定氢而不再具有抗氧化性质。目前普遍使用的抗氧化剂有乙氧基喹啉、丁基羟基甲氧苯和二丁基羟基甲苯，五倍子酸酯、生育酚及抗坏血酸等也可以作为抗氧化剂。

2. 防霉剂

饲料发霉会消耗饲料中的营养物质，降低饲料适口性，甚至会产生毒素致使水产动物中毒，饲料中添加防霉剂的目的是抑制霉菌的生长，延长饲料的保藏期。其作用机制是，破坏霉菌的细胞壁，使细胞内的酶蛋白变性失活，不能参与催化作用，从而抑制霉菌的代谢活动。饲料中常用的防霉剂主要包括丙酸、丙酸钠、丙酸钙、山梨酸、山梨酸钠、苯甲酸钠等。

五、改善养殖产品品质的添加剂

目前应用得比较多的是着色剂，着色剂是增加水产养殖动物产品色泽的添加剂。人工养殖的海水鱼体色往往不如天然海水鱼鲜艳，同时，也反映这些海水鱼可能处于亚健康状态，显著影响其商品价值。海水鱼的体色主要是由类胡萝卜素在体内积累的多少所决定，一般来说，海水鱼自身不能合成类胡萝卜素，只能从食物中获得，在饲料中补充合适的类胡萝卜素可以改善养殖鱼的健康和体色。水产饲料用着色剂主要是指类胡萝卜素一类化合物，包括胡萝卜素、叶黄素、玉米黄素和虾青素等。

六、其它添加剂

相关研究表明，抗生素、激素、喹乙醇等添加剂具有促进水产动物生长的作用，但是由于副作用过大，这一类添加剂在水产饲料中大部分已被禁用。

第四节　添加剂预混料

添加剂预混料是由一种或多种微量成分组成的、加有载体与稀释剂的均匀混合物，是生产全价配合饲料的第一道工序，是实现添加剂功效的前提。由于添加剂种类繁多、需要量极微、发挥作用的条件也各不相同，非专业人员和生产厂家不具有相应的能力和设施，不合理使用必然导致使用效果不佳甚至中毒或营养缺乏症。添加剂预混料是以多种活性成分为原料的混合物分为两种。一种是由同类添加剂配制而成的匀质混合物，简称“预混剂”，如由多种维生素配制而成的“多维”“复合维生素”等可称为维生素预混剂；由多种微量元素化合物配制而成的“微量元素预混剂”。第二种是由不同种类添加剂按配方制作的匀质混合物，简称“预混料”，它具备了动物要求的几乎所有活性成分，具有综合的添加效果。

一、载体和稀释剂

载体指能承载微量活性成分，改善其分散性，并有良好的化学稳定性和吸附性的可饲物质。载体本身是一种非活性物质，但能吸附活性成分，使活性成分的颗粒加大，微量成分被载体承载后，其本身的若干物理特性发生改变或不再表现出来，不仅稀释了微量成分，起到稀释剂的作用，还可提高添加剂的流散性，使添加剂更容易均匀分布到饲料中。吸附剂是具有吸收水油等液体性能的物质，其作用是使液体添加剂成为固体，易于运输和使用。吸附剂也是一种载体。

稀释剂指掺入到一种或多种微量添加剂中起稀释作用的物质，它可以稀释活性成分的浓度，但微量组分的物理特性不会发生明显的变化。稀释剂不起承载添加剂的作用，从粒度上讲，它比载体更细、颗粒表面更光滑、流散性更好。

在我国，石粉、沸石粉、贝壳粉、细玉米粉、玉米蛋白粉等常用作稀释剂，而脱脂米糠粉、麸皮（粗麸、细麸）、次粉、DDG等均可用作载体。实验表明，载体含水量对其稳定性的影响很大，含水量7%者稳定性好，10%者稍差，13%者损失很大，在不同种类的比较中，以脱脂米糠稳定性为好，麸皮次之，玉米粉较差，水分较高时载体之间的差别较为显著。

二、预混料原料选择

预混料添加剂种类繁多，选择添加剂原料应首先考虑这几个方面：①良好的（生物学）效价；②自身的稳定性，不仅要有稳定的化学特性，而且应尽量保有稳定的物理特性，使其有利于预混料的加工；③对预混料中其它成分的拮抗作用应尽量小，特别是对维生素的破坏作用要小；④粒度要满足要求。

针对不同添加剂原料，添加时要充分考虑其特性进行选择。比如：①维生素容易受到氧化作用与光化作用的破坏，在温度高、水分大、光照强的条件下损失更大，在所有的维生素中又以脂溶性的维生素A、维生素D与水溶性维生素C最易损失，作为饲料添加剂时，维生素A除必需合成维生素A醋酸酯或棕榈酸酯外，还须进行微囊化处理，维生素C要选择稳定性较好的抗坏血酸的磷酸酯或硫酸酯；②微量元素，可选择氧化锌、脱水硫酸亚铁、包被硫酸亚铁、络合亚铁、碘酸钙、脱水硫酸铜等稳定性较好的剂型；③氯化胆碱，选择干燥的50%吸附型，最好直接加于配合饲料中；④酶制剂，选择耐热性好的，最好后添加。

三、添加剂预混料的加工要求

添加剂预混料的品质除了受配方技术的影响之外，生产加工技术的影响也很大。就加工而言，影响预混料质量的因素大体有以下几个方面。

1．配料的准确性

科学的配方要靠精确的计量配料来实现。要保证严格按配方要求准确配料，就要有先进的计量设备及合理的工艺。预混料生产对各类计量配料设备的准确与稳定性均有很高的要求，因此，对有关设备要加强监督，定期校准，对操作必须严格管理。对于添加量小又会影响安全的药物，如硒、铜等添加物，在计量与稀释上要特别小心。对于粒度极细比重又轻的维生素等组分，则要防止吸风与静电吸附、残留等造成的损失从而影响产品的含量。

2．混合的均匀性

选择好适当的混合机，要有保证均匀混合并防止分级的工艺，尽量减少因下落、振动、提升、风运等带来的影响。在管理方面，要正确地确定混合时间；选择合适的载体与稀释剂；严格控制添加物的细度；规定加料顺序；添加油脂；等等。所有这些，均有助于均匀混合并防止出机后的分级。

3．质量的稳定性

按配方所添加的各种组分在预混料中常因氧化吸湿返潮、相互作用等而部分损失，其损失的程度和预混料组成、配伍、储藏条件及储藏期有关。一般地说，在微量元素中以碘的氧化、升华及铁的氧化较为严重；在维生素中，以脂溶性维生素特别是维生素 A 及维生素 C 的损失严重，含有结晶水的硫酸亚铁、硫酸锌、碘化钾及氯化胆碱等对维生素的影响最大。预混厂必须严格选择稳定的原料或进行必要的预处理，注意并防止组分间的配伍禁忌；选择适当的载体与稀释剂；添加抗氧化剂；采用适当的包装，等等。一方面采用上述措施尽量保持其质量的稳定性；另一方面还要尽量改善储藏条件，降低成品的温度，减少储存与周转的时间（一般不要超过一个月，最长不超过三个月）以减少损失。最后，维生素 A、维生素 C 等还必须适当超量添加（高于保证值），以补偿保质期内可能发生的效价降低的问题。

4．使用的方便性

为了方便使用并充分发挥预混料的功能，首先要尽量地使品种多样化、系列化以适应不同用户与水平的要求，加强与基础饲料的配套性。既要保证配合饲料的质量，又要方便使用，减少使用中的麻烦。

第七章　饲料配方的设计与加工

配合饲料是根据动物的营养需要，按照饲料配方，将多种原料按一定比例均匀混合，经适当加工而成的具有一定形状的饲料。不同的养殖对象或同一养殖对象的不同发育阶段及不同的养殖方式，配合饲料的配方、营养成分、加工成的物理形状和规格都可能不同。

配合饲料在水产养殖业的发展中起着重要作用。在养殖成本中，配合饲料的费用应控制在总成本的60%～70%或更低。要获得优质的水产品和良好的养殖效益，除控制水环境、选择优良养殖品种、实行科学饲养管理外，应用优质配合饲料是一个重要因素。营养与饲料学在现代动物生产中的科技贡献率仅次于遗传育种，居第二位。可以说，没有现代的饲料工业，就不会有现代化的水产养殖业。

第一节　配合饲料的分类

根据不同的标准，商品形式的渔用配合饲料可以分成不同类型。

一、根据饲料形状划分

1．粉状饲料

粉状饲料是将各种原料粉碎到一定细度，按配方比例充分混合后的产品。粉状饲料可直接使用，也可加适量的水及油脂充分搅拌，捏合成具有黏弹性的团块后使用。

2．颗粒饲料

依加工方法和成品的物理性状，颗粒饲料通常可分为三种类型：

（1）硬颗粒饲料　是粉状饲料经蒸汽高温调质并经制粒机制粒成形，再经冷却烘干而制成的具有一定硬度的圆柱状饲料，属沉性颗粒饲料。

（2）软颗粒饲料　采用螺杆式软颗制粒机生产含水量25%～30%、直径不同、质地柔软的软颗粒。软颗粒饲料在常温下成型，营养成分虽无破坏，但不耐贮存，常在使用前临时加工。由于黏合剂的使用与否及黏合剂的种类差异，由粉状饲料加工的团块或软颗粒饲料在水中的稳定性有很大的差异。

（3）膨化饲料　是将粉状饲料送入挤压机内，经过混合、调质、升温、增压、挤出模孔、骤然降压以及切成粒段、干燥等过程所制得的一种蓬松多孔的颗粒饲料。膨化饲料分浮性和沉性：含水率6%左右，颗粒密度低于1 g/cm^3，通常属于浮性饲料。目前市场上的膨化饲料通常指浮性膨化饲料。

3．微粒饲料

微粒饲料（microparticulated diet），也称微型饲料，是20世纪80年代中期以来开发的一种用于替代浮游生物，供甲壳类幼体、贝类幼体和鱼类仔稚鱼食用的新型配合饲料。

微粒饲料按制备方法和性状的不同可分为三种类型：

（1）微胶囊饲料（micro - encapsulated diet，MED）　是一种由液体，胶状、糊状或固体状超微粉碎原料（不含黏合剂）用被膜包裹而成的饲料。所用的被膜种类不同，所得的颗粒性状也不同。这种饲料在水中的稳定性主要靠被膜来维持。

（2）微黏饲料（micro - bound diet，MBD）　是一种用黏合剂将超微粉碎原料黏合而成的饲料。这种饲料在水中的稳定性主要靠黏合剂来维持。

（3）微膜饲料（micro - coated diet，MCD）　是一种用被膜将微黏饲料包裹起来的饲料，可提高饲料在水中的稳定性。

4. 其它形状饲料

（1）破碎料　先将饲料原料制成大颗粒，然后破碎到一定粒度，经过筛分形成的一系列不同规格的饲料，一般供鱼苗和幼鱼食用。

（2）冻胶饲料　将鲜湿的饲料冰冻成块状，饲喂时冰冻的饲料团块漂浮于水面、由外向内溶化，是一种便于幼鱼采食的软性饲料。

（3）香肠饲料　将饲料装入肠衣，使其便于贮藏和运输，通常具有良好的适口性，饲喂时成段地投入水中，作为大型海水鱼的配合饲料。

（4）薄片饲料　主要用于观赏鱼。

（5）片状颗粒饲料　主要用于成鲍养殖。

二、根据营养成分划分

1. 添加剂预混合饲料

添加剂预混合饲料简称预混料，是由一种或多种饲料添加剂与载体或稀释剂按一定比例配制的均匀混合物。按照活性成分的种类又可分为单项性预混料、维生素预混料、矿物质预混料和复合预混料。单项性预混料由一种活性成分按一定比例与载体或稀释剂混合而成，如2%生物素预混剂。维生素预混料由各种维生素配制而成。微量元素矿物质预混料由各种微量元素矿物盐配制而成。复合预混料是指两类或两类以上的微量元素、维生素、氨基酸或非营养性添加剂等微量成分加载体或稀释剂的均匀混合物，是饲料生产中广泛使用的一种复合原料。

2. 浓缩饲料

浓缩饲料为添加剂预混合饲料与部分蛋白质饲料按照一定比例配制而成的均匀混合物，有时还包含油脂或其它饲料原料。在饲料中的添加量为10%左右，一般附有推荐配方，如用多少浓缩饲料与多少其它饲料源配合，供用户使用时参考。

3. 全价配合饲料

全价配合饲料是由蛋白饲料、能量饲料与添加剂预混合饲料按照一定比例配制而成的均匀混合物。配方科学合理，营养全面，理论上除水分以外，能全部满足动物的生长发育需要。本书所指的饲料通常指全价配合饲料。

第二节　配合饲料配方设计

配合饲料中各种原料的相对比例或绝对含量称为饲料配方。饲料配方设计是配合饲料生产的核心技术之一。饲料配方设计根据养殖对象的营养需要和饲料原料的营养成分，应用一定的计算方法，将各原料按一定比例配合，制定出能够满足养殖动物营养需要的饲料配方（原料组合）的一种运算过程。设计饲料配方的过程，实际上就是针对各种原料在配合饲料中的用量或比例进行决策的过程。设计饲料配方是生产配合饲料的第一步，要求设计者不仅具有丰富的理论知识，而且还要具有丰富的经验。

一、饲料配方的设计步骤

好的饲料配方首先应满足动物的营养需要，同时还要尽可能地降低饲料成本，并且便于加工。因此，设计饲料配方时，需要掌握养殖动物的营养需要、原料的成分和特性，以便处理好各种营养素之间的互补和拮抗关系，最大限度地发挥营养效果，同时考虑饲料加工流程和工艺等方面因素，如原料的混合难易程度、制粒的难易程度等。

设计全价配合饲料配方时大体分为以下几个步骤：

（1）根据养殖对象的种类、规格、生活环境、饲养目的等条件确定营养标准。

（2）根据原料的营养成分、资源、特性及价格等，选择合适的原料。

（3）规定原料用量的上、下限，以及配合饲料中成分含量的范围（＞、＝、＜）。

（4）明确需要达到的生产经营目标（成本最低、效益最大等）。

（5）选择科学的计算方法。

（6）确定配合饲料中各原料的用量，并对配方结果进行必要的分析，以检验配方在生产实践中的有效性。

二、饲料配方设计的原则

配合饲料的种类较多，形式较多，设计方法也较多，但无论哪种饲料、哪种形式或哪种设计方法，饲料配方设计的原则是一样的，即要掌握“四性”，科学性、经济性、实用性和卫生安全性。

1．科学性

饲料配方设计首先要考虑的是养殖对象的营养需要，按其不同种类、不同发育阶段、不同的饲养目的、在不同的养殖条件下的营养要求拟定出营养标准。再根据饲料原料营养成分、营养价值，将多种饲料原料进行科学配比，充分发挥各营养素的效能，从而提高各营养素的利用率。

配合饲料的科学性不仅表现为满足养殖动物的营养需要，而且还表现为充分利用各种原料的各自优势，优势互补，达到平衡。各种基础原料的化学组成很复杂，一种原料的这种营养素含量高，那种营养素含量低，而另一种原料的这种营养素含量低，那种营养素含量高，将这两种原料按一定的比例配合起来，则可使混合料的营养素含量相互弥补，使营养素含量趋于平衡。每种原料含有多种营养素，并且同一营养素之间也存在差别，所以相混合的原料越多，互补性也就越强，各种营养素的含量也就越趋向于平衡。

2. 经济性

饲料生产企业在配制饲料时，不仅要考虑自身的经济效益，而且还要考虑饲料使用者（养殖生产者）的经济效益和社会效益。高质量的饲料成本往往较高，这就会给养殖生产者带来经济负担，甚至影响饲料的销售。因此，在设计配方时，组成配方的原料一定要根据国情和地理位置，要因地制宜，就地取材，尽量选用营养丰富、价格低廉的原料来配置。这样可减少运输、贮藏环节，节省人力、物力，降低成本，为饲料的销售广开门路。

这里的经济性是建立在科学性的基础之上的。也就是说，是在保证饲料科学性的前提之下的经济性，撇开科学性的经济性是毫无意义的。

3. 实用性

设计的饲料配方要有实用性，不能脱离生产实践。按配方生产的配合饲料，必须保证用户“三用得”标准（用得好、用得上、用得起）；必须是养殖对象适口、喜食的饲料，并在水中稳定性能好，吃后生长快，饲料效率高，产投比高，利润率高；原料的数量能够满足饲料的生产，不至于停工停产；饲料的价格不至于太高，养殖生产者承担得起。因此，必须先对饲料资源（包括品种、数量、营养价值、供应季节、饲用价值）和市场情况（包括饲养对象的种类和规格、生产水平、饲养方式、环境条件、特殊需要等）进行调查。根据养殖生产要求和饲料生产企业的自身情况，进行系列配方设计，生产出质优价廉的各种配合饲料，并做好售后服务和信息反馈，随时进行修正，解决实际生产中的问题。只有这样，才能有广阔的销售市场，才能体现出配方设计的实用性价值。

4. 卫生安全性

在设计饲料配方时，必须考虑饲料的卫生安全问题。这里的卫生安全性不仅考虑饲料对养殖动物的安全性，而且还包括养成的水产品对人身的安全性。在考虑饲料营养成分含量的同时，必须注意饲料其它质量问题。发霉、酸败、污染、泥沙、有毒有害成分等的含量不得超过国家规定的范围，对于添加剂的使用必须遵守停药期的规定和禁止使用的法令。所配制的最终饲料产品，其卫生指标必须符合有关卫生安全法的规定。

三、配合饲料设计的基本原理

将多种原料合理搭配，使它们之间相互弥补、取长补短，以保证各种营养成分的大体平衡，基本满足水产动物的生理需要。这就是配合饲料设计的基本原理。

目前，生产的配合饲料大都是由 5 种以上的原料组成，有时多达十几种。基本配合方式是：动物性原料与植物性原料相配合，高蛋白原料与低蛋白原料相配合，蛋白质饲料与能量饲料相结合，精饲料与粗饲料相配合，基础饲料与预混料相结合。实践证明，多种原料制成的配合饲料所含营养素能基本上满足水产动物生长、发育的需要，对提高产量有显著作用。

四、配合饲料配方设计的依据

1．养殖对象的营养标准

全价配合饲料各种营养素的含量符合养殖对象的营养标准是设计全价配合饲料最基本的要求。若全价配合饲料中营养素含量过多，会造成饲料浪费，导致饲料成本上升；若营养素过少，会影响养殖动物的健康和生产。因此，必须根据养殖对象的营养标准选择和搭配多种饲料原料，贯彻营养平衡的原则，设计合理配方。

2．原料的营养素含量

进行饲料配方设计，必须掌握所用原料的营养素含量。我国已建成较为完善的饲料数据库，常用饲料原料的营养素含量均可从中获得。但是要注意的是，饲料成分表上某种原料的营养素含量是一平均值。由于实际条件的千差万别，即便同一种原料，因品质、产地、收获时间、加工方式、贮存时间与条件等的不同，其营养素含量也会有较大差异。因此，有条件的厂家，最好能自行测定每批原料的主要营养成分。

在获取营养素含量的数据时，首先关心的应是蛋白质含量。饲料蛋白质含量直接影响着动物的生长和发育。在掌握蛋白质含量的同时还要掌握粗纤维含量，因为粗纤维不仅很难被水产动物消化，而且还影响饲料的消化率和其它营养素的含量。因此在选择原料时，应尽量选择蛋白质含量高、粗纤维含量少的原料。另外，饲料的脂肪和无氮浸出物的含量也要掌握，因为二者可以为动物提供能量，并且脂肪含量还会影响到饲料的制粒效果。

随着计算机技术在饲料配方中的应用，其它营养素的含量也考虑在内，这样不仅使营养素的含量更平衡，而且使饲料的成本更低。但是，利用计算机设计配方时还要掌握各种必须氨基酸和各种必需脂肪酸的含量，有时还要考虑矿物质和维生素的含量。

五、设计配合饲料应注意的问题

设计一个全价配合饲料配方，首先要使其各种营养素的含量满足养殖动物的需要。除此之外，还要考虑到饲料的成本、原料对加工的影响等多个方面，否则就不是一个好配方。

1．尽量选用当地原料

原料选择的原则是因地制宜，就地取材，开展综合利用。要充分利用当地来源广、数量大或通过加工处理能提高其营养价值的各种农副产品和天然饲料。

当地原料往往比较新鲜，供应上有保证，易于运输，价格便宜。合理选用当地原料可降低饲料成本，使饲料产品具有较强的竞争力。如当地盛产蚕蛹，就可以多用蚕蛹少用甚至不用鱼粉，因为质量好的蚕蛹粉其营养价值可与鱼粉相当。多种饼粕类原料之间具有较高的可替代性，玉米、小麦、大麦等谷实类在一定范围内也有可替代性。

2．原料的价格评定

原料的种类很多，价格也各不相同，通过原料的价格评定来选择原料是获取低成本原料的重要途径。评定原料价格的方法很多，其中最简单、最常用的方法是根据单位重量营养素的价格进行衡量。单位重量营养素价格低的原料，经济性好，反之则差。单位重量蛋白质的价格衡量方法是每吨饲料的价格与每吨饲料的蛋白质重量之比。

这种价格评定，适合于蛋白质质量相近的原料，而对于蛋白质质量相差较大的原料则意义不大，因为这种价格评定仅仅是对粗蛋白，而没有考虑到氨基酸的组成。

3. 控制所选原料的种类数

可以用作配合饲料的原料很多。一般来说，使用的原料种数越多，饲料之间的互补性越强，价格上的应变能力也越强。但使用原料的种类太多，给加工过程带来很多麻烦，加工成本上升。因此，在生产上，应适当控制原料的种类数，特别是对于先粉碎后混合加工的生产工艺，由于配料仓数量的限制，原料的种类数更应控制。目前在生产上，原料的种类数大多控制在5～7种。

4. 提高饲料消化率

饲料的消化率无论在何种情况下都是必须要考虑的，但是在不同的情况下重视程度不同。

水产动物幼体阶段，体质弱、消化系统发育不完善，消化能力差，而对饲料中蛋白质、维生素等营养素含量的要求又较高，在生长发育过程中，营养需要一旦得不到满足就很容易导致死亡。因此，在配制这些动物的饲料时，应尽可能采用优质、高消化率、高利用率的原料，以确保幼体的健康和成活率。在这个阶段，首要任务是满足动物的营养需要，饲料成本并不是要考虑的主要内容。随着个体的增长，消化功能和体质都逐渐增强，营养需要也发生了变化，成本因素在配方中的重要性随之增加，此时可以选择一般性的原料。

5. 注意动、植物蛋白质比

动物性饲料在配合饲料中的作用不可忽视，这是因为动物性饲料中各种必需氨基酸含量较植物性饲料丰富，并且其比例与养殖动物的需要更为接近。特别是饲养小规格及肉食性水产动物时，动物性饲料显得更为重要。但是，从经济学角度考虑，动物性饲料的比例又不能太高。

即使同一种水产动物，饲料中动、植物蛋白比随动物的规格、动植物蛋白的种类等因素而变化，设计饲料配方时应注意这些影响因素。

6. 能量饲料的选择

饲料中应保持合适的能量蛋白比，既供给动物适量的蛋白质，同时又减少蛋白质作为能量而消耗，以降低饲料成本。在非蛋白能量物质的选择上，对于不同的水产动物，应选择不同的非蛋白能量物质。草食性和杂食性水产动物能够较好地利用无氮浸出物，也能忍受较多的粗纤维，因此，在这两类水产动物饲料中可以适当加大一般的能量饲料的比例。而对于肉食性水产动物，因其对无氮浸出物的利用率较低，对粗纤维的忍受力也较低，所以应主要以脂肪为其提供能量。

7. 控制抗营养因子含量及卫生质量

原料的规格、等级，除国家规定的标准之外，不少饲料生产单位还有自己的规定标准。在各种指标中，除营养成分含量外，还有抗营养因子、水分、尘土、沙石、金属等异物的含量，以及霉变、氧化等变质程度等方面的规定。在设计时，应该考虑这些因素，进料时必须进行现场检验，严格把住质量关。

8．注意原料的特性

原料的特性在很大程度上影响着加工，例如粉碎的难易程度、混合的难易程度、对颗粒成形的影响等。密度相差太大的原料混合困难，粗纤维含量高的原料粉碎困难。粗纤维含量高的原料如果配比过高，结构疏松，不利于制粒，为提高制粒效果，应适量增加淀粉质原料的含量或另外添加黏合剂。

饲料的适口性是必须考虑的。对于能够促进摄食的原料，可以适当增加用量；对于有异味的原料，应少用或不用。

饲料对动物体质量有着重要的影响，因此，要注意把握原料对动物的适用性及用量范围。

六、配合饲料配方设计的方法

全价配合饲料配方的设计方法大致分为手工设计法和电脑设计法两类。

手工设计法的特点是手工计算量大，并且设计出的配方也不能保证成本最低。随着时代的发展，对饲料质量的要求越来越高，要求饲料满足的指标越来越多，手工设计法工作量加大。

电脑设计法是利用现代化的计算工具设计，需要相应的设备和配方软件，能够满足多项指标，并且对电脑而言计算量也少，方便快捷，节省时间，设计出的配方还能满足成本最低。因此该方法是配方设计的发展趋势。

无论哪种设计方法，在设计之前都应首先掌握必要的资料：一是饲养对象的营养指标；二是基础原料的营养素含量；三是预混料在全价配合饲料中的比例。同时还要考虑到原料的理化特性、资源及市场价格等。下面就电脑设计法做一介绍：

现在有许多配方软件出售，购买现成的软件，按照上面的提示即可操作，简单易学，操作方便。在软件中，养殖对象的营养标准、饲料原料的各种营养素，以及有关养殖对象的一般饲料配方都有贮存。操作时可以从中调取，也可以根据情况进行修改，以满足配方的需要。

根据电脑中的提示，输入掌握的有关资料，经过电脑的操作即可得到饲料的优化配方。配方出来之后，要对计算结果进行检查，看是否达到了设计者的目的。

得到满意的求解以后，或者对配方结果进行必要的分析后，根据实际生产需要将计算结果作适当的修改，即得到一个完整的饲料配方。

尽管该结果是电脑设计出来的，但是它的依据仅仅是原料的营养素含量和原料价格。尽管在这两方面实现了最优化配方，但从饲养效果和其它效益方面综合起来看，并不一定实现了最优化。因为衡量一个配方的好坏最终要以养殖结果来评价，而增产效果的高低、总效益的大小受多种因素的影响，如饲料的适口性、饲料的消化率、饲料原料之间和各种营养素之间的相互影响、各种原料在不同配合比例时的效果等，这些因素是很难用简单的数学公式来表达的。所以，用电脑设计出的最低成本配方并不一定就是最佳饲料配方，还要根据经验进行调整计算。

第三节　配合饲料的加工工艺

配合饲料质量的高低，除与配方设计、原料的选用有关外，还与所采用的加工工艺和设备有关。鱼类因生活环境、生活习性及生理机能等方面的特点，对配合饲料的加工要求比畜、禽饲料高，主要表现在：

（1）对饲料原料的粉碎粒度要求比较高　鱼类消化道较短、直径小，只有易于消化的食物，才有较高的利用率。原料粉碎的粒度直接影响其消化利用率，所以原料粉碎的粒度要细，以利于消化吸收。

（2）饲料的耐水性要好　鱼类生活在水中，饲料必须具有良好的耐水性，否则会很快溃散，造成营养成分溶失。饲料的耐水性与原料种类有关，也与原料的粉碎细度、调质技术等有关。

（3）饲料形态应多样　这是因为不同生活习性的鱼类或同一种类鱼的不同发育阶段需要不同的饲料形状、规格。

因此，从事鱼类配合饲料的研究和生产，必须充分考虑上述特点，合理地选择加工设备和工艺，设计并生产出合乎要求的饲料。鱼类配合饲料的加工一般要经过原料的接收和清理、粉碎、配料、混合、调质、制粒、后熟化、后喷涂、冷却、筛分、包装等加工工序。

一、配合饲料主要加工工序

1. 原料接收和清理

原料的接收是饲料生产的第一道工序。原料入库前要对原料来源、产地、数量、等级等进行列表登记，进行感官或显微初检，并取样进行营养成分、可消化性和有毒有害成分检验。原料在储运过程中往往会混入铁钉、麻绳、麻袋片、石块、木块等杂质，这些杂物在加工过程中会损坏机器、造成生产事故，并可能会危害动物健康、降低产品质量，因此必须在使用前进行清理。

原料的接收设备，根据原料的包装形式不同而异。散装原料一般先经汽车地中衡或道轨衡称重，然后经卸料坑、水平输送机、斗式提升机送入料仓，也可采用气力输送接收至料仓。散装原料的接收易实现机械化。袋装原料先要人力卸料，再通过输送机械送至料仓。料仓按形状可分为圆形和矩形两类，按用途分为储仓和车间功能仓。储仓又有筒仓和房仓。机械化程度较高的大中型饲料厂，原料多，常用筒仓贮存；中、小型饲料厂多用房仓。液态原料（如糖蜜和油脂）可采用车运、人搬、机械（泵）送入储存罐，储存罐内配有加热装置，使用时先加热，降低黏度，增加流动性，由泵输送到车间添加。原料的清理包括筛选和磁选。目前常用圆筒初清筛来清理与原料大小有差异的非磁性杂物，用永磁筒来清除磁性杂质。

2. 原料粉碎

原料粉碎是饲料加工中最重要的工序之一。这道工序使团块或粒状饲料原料的体积变小，粉碎成符合鱼类饲料标准要求粒度的粉状料。它关系到配合饲料的质量、产量、电耗和加工成本。一般养成用的渔用饲料的原料应全部通过 40 目筛，60 目筛上物不大于 20%，对虾、鳗鲡、鳖等特种水产饲料的原料应全部通过 80 目筛，甚至 100 目筛。对于微颗粒饲料要求对原料进行超微粉碎，原料粉碎后应全部通过 200 目或 300 目筛。

3. 配料

配料是按照配方的要求，采用特定的配料设备，对各种不同品种的饲料原料进行计量的过程。配料是饲料生产过程中的一个关键环节，配料的准确性和精确性直接影响着产品的质量。

4. 混合

混合是将配料后的各种物料组分搅拌混合使之互相掺和、均匀分布的一道工序。经过混合，理论上应使得整体中的每一小部分、制粒后的每一粒饲料，其成分比例都和配方要求一致。饲料充分混合，对保证配合饲料的质量起重要作用。要做到均匀混合，微量养分如维生素、矿物质等应经过预混合，制成预混料。在预混时应先添加量大的成分，然后再添加量小的成分，混合时间长短应通过实验确定。

5. 调质

调质是对饲料进行湿热处理，使淀粉糊化、蛋白质变性、物料软化以便于制粒机提高制粒的质量和效率，并改善饲料的适口性、稳定性，提高饲料的消化吸收率。同时，也可以杀灭大多数病原生物。

6. 硬颗粒制粒

从粉状饲料制成颗粒饲料要通过机械作用压密、黏合并挤压出模孔才能完成。水分在挤压时起到润滑作用。饲料从环模出料口挤出时，粒料间的摩擦进一步使饲料颗粒的表面温度提高。

7. 膨化制粒

含有一定量淀粉（10%～20%）的粉状原料由螺旋供料器均匀地送进调质室，在调质室加蒸汽或水，经搅拌、捏合后，粉料水分升高到 18%～27%，温度升高到 70～100 ℃。调质好的物料进入螺杆和机筒组成的制粒腔内，由于挤压腔空间逐渐变小，物料受到的挤压作用逐渐加大，在一定压缩比螺旋的强烈挤压下，物料与机筒壁、螺杆以及物料与物料之间的摩擦和剪切作用，使腔内物料温度进一步升高（有的还要利用蒸汽或电加热），在高温（温度可达 120～180 ℃）、高压（压力可达 300～1750 N/cm^2）下，物料中的淀粉发生糊化，即 α 化。当物料被很高的压力挤出模孔时，由于突然离开机体进入大气，温度和压力骤降，在温差压差的作用下，饲料体积迅速膨胀，再由切料刀切成短料，成为浮性或沉性颗粒膨化饲料。刚挤压出来的饲料含水量一般为 18%～24%。

8. 后熟化

一般在制粒工序后，应用后熟化装置强化饲料的熟化程度，提高饲料的消化利用率，提高饲料的耐水性，从而提高产品的质量。

9. 烘干

为了将刚刚制出的饲料颗粒中过多的水分去除，目前普遍采用连续输送式烘干机来干燥物料。

10. 后喷涂

采用后喷涂技术，可对热敏性物质（如维生素、酶制剂等）、油脂、液态氨基酸以及一些诱食剂进行喷涂，减少饲料在微粉碎、制粒和挤压膨化等加工工序中造成的营养成分的劣变与损失。

11. 冷却

刚从制粒机、后熟化、干燥装置或其它设备出来的饲料颗粒，温度和水分的含量仍然较高，容易变形和破碎，需冷却处理。饲料进入冷却器后，在机内停留一段时间，同时由风机抽风，使风穿过料层进行热交换，带走颗粒散发出来的热量和水分，使颗粒料得以冷却，达到降温和降湿的目的。

12. 破碎

由于将加工后的成品破碎成小颗粒比直接挤压加工小颗粒饲料容易，为了满足饲养不同规格稚、幼鱼及其它小型动物的需要，通常将冷却后的大颗粒饲料经破碎、筛分成大小不等的碎粒或粗屑，即破碎料。破碎料呈多面体，反射光线的能力较强，有利于靠视力寻找食物的鱼类觅食，可提高饲料效率。

13. 过筛称量和包装

经过冷却等加工工序后的颗粒饲料经筛分除去碎渣和粉末后，进行称量和包装。称量包装是饲料厂工艺流程中的最后一道工序。

二、配合饲料工艺流程

1. 粉状饲料

粉状饲料的工艺流程：原料接收和清理→部分原料粗粉碎→次配料→次混合→微粉碎→（添加预混料）二次混合→包装。

粉状饲料在使用时，可补充添加物后搅拌捏合成团或制成软颗粒饲料后饲喂，其流程为：粉状饲料 + 绞成糜状的小鱼虾 + 水或油脂→混合→搅拌捏合或软颗粒机制粒。

2. 硬颗粒饲料

目前我国鱼类硬颗粒配合饲料的加工主要采用两种加工工艺，即先粉碎后配合和先配合后粉碎的加工工艺。

（1）先粉碎后配合加工工艺　基本流程为：原料接收和清理→原料粉碎→配料→混合→调质→颗粒机制粒→（后熟化）→（虾料通常需要烘干）→冷却→过筛包装或破碎后过筛包装。这种配合饲料加工工艺的特点是，单一品种饲料源进行粉碎时粉碎机可按照饲料源的物理特性充分发挥其粉碎效应，降低电耗，提高产量，降低生产成本。粉碎机的筛孔大小或风量还可根据不同的粒度要求进行调换或选择，这样可使粉状配合饲料的粒度质量达到最好。缺点是需要较多的配料仓和破拱振动等装置；当需要粉碎的饲料源超过三种以上时，还必须采用多台粉碎机，否则将造成粉碎机经常调换品种，操作频繁，负载变化大，生产效率低，电耗也大。目前这种工艺已采用电脑控制生产，配料与混合工序和预混合工序均按配方和生产程序进行。

（2）先配合后粉碎加工工艺　基本流程为：原料接收和清理→配料→混合→原料粉碎→二次混合→调质→颗粒机制粒→（后熟化）→（虾料通常需要烘干）→冷却→过筛包装或破碎后过筛包装。

它的主要优点是：难粉碎的单一原料经配料混合后易粉碎；原料仓同时是配料仓，

从而省去中间配料仓和中间控制设备。其缺点是：自动化程度要求高；部分粉状饲料源要经粉碎，造成粒度过细，影响粉碎机产量，浪费电能。

3. 膨化饲料

膨化饲料的加工工艺：原料接收和清理→原料粗粉碎→配料→（微粉碎）→混合→调质→挤压膨化→烘干→过筛→后喷涂→冷却→包装。

4. 微粒饲料

总的说来，微粒饲料的加工工艺比较复杂，加工条件要求高，但微黏合饲料的加工方法和设备较为简单，投资也少，主要利用黏合剂的黏结作用保持饲料的形状和在水中的稳定性。基本工艺流程为：原料接收和清理→原料粗粉碎→配料→微粉碎→加入黏合剂后搅拌混合→固化干燥→微粉化→过筛包装。

三、制粒对饲料养分的影响

1. 热敏性抗营养因子失活

制粒工艺由于应用了强烈的水热处理和机械力的综合作用，可以有效破坏热敏性及水溶性抗营养因子的活性。如破坏豆粕等饲料中的胰蛋白酶和胰凝乳蛋白酶抑制因子以及植物凝血素的活性。

2. 有利于灭菌

制粒温度通常为 70 ～ 75 ℃，最近几年呈现出提高制粒温度（一般规定在 85 ℃以上）的趋势，以利于更有效地灭菌。这样可以生产出高卫生指标、无病原菌尤其是无沙门氏菌的饲料产品。

3. 对维生素稳定性不利

大多数维生素都具有不饱和碳原子、双键、羟基或其它对化学反应很敏感的化学结构，所以，在高温、热压的制粒条件下，各种维生素的稳定性有不同程度的减少。在通常条件下（制粒温度 77 ～ 88 ℃，调质时间 1 ～ 2 min），维生素的损失以维生素 C 最多，达 30%～45%。因此，制粒时应加大维生素的用量。

4. 破坏酶制剂稳定性

一般来说，酶很容易受热而被破坏。而采用稳定化处理的酶制剂，其活性受热损失要小得多。

5. 对氨基酸消化率的影响

制粒工艺的处理过程会由于美拉德反应或氧化作用造成必需氨基酸损失而降低蛋白质营养效价，尤其是胱氨酸、赖氨酸、苏氨酸和丝氨酸等热敏性氨基酸。但总体来说，这种不利影响并不严重。

第四节　水产膨化饲料生产技术

目前，海水养殖的主要品种有海鲈、黄鳍鲷、石斑鱼、大黄鱼、鲳鱼、军曹鱼、美国红鱼等，大部分都使用膨化饲料投喂。海水鱼类膨化饲料的市场应用效果得到普遍的认可，使得水产膨化饲料的生产销售量得到快速增长。作为冰鲜鱼的替代品，使用膨化饲料养殖的海水鱼最终将全部替代冰鲜鱼。海水鱼膨化饲料是海水养殖实现渔业现代化的一个重要环节，在某种程度上决定了海水养殖产业的发展。本节重点介绍水产膨化饲料的生产原理与特点、挤压膨化技术和挤压膨化对营养成分的影响。

一、膨化饲料生产原理与特点

1. 原理

水产膨化饲料的生产通过挤压膨化机得以完成。膨化是将物料加湿、加压、加温调质处理，并挤出模孔或突然喷出压力容器时骤然降压而实现体积膨大的工艺操作。按工作原理的不同，膨化分为挤压膨化和气体热压膨化。

挤压膨化是对物料进行调质、连续增压挤出、骤然降压，使体积膨大的工艺操作。气体热压膨化是将物料置于压力容器中加湿、加温、加压处理，然后突然喷出，使其骤然降压而体积膨大的工艺操作。挤压膨化是靠螺旋套杆推动，曲折地向前挤压，在推动力和摩擦力的作用下物料被加压，使被挤压物料形成剪切混合、压缩并获得和积累能量而达到高温高压的糊化物。此时所有的成分均积累了大量的能量，水分呈过热状态；当骤然释至常压时，这两种高能状态体系即朝向混乱度增大（即熵值增大）的方向进行而发生膨化。膨化使过热状态的水分瞬间汽化而发生强烈爆炸，水分子约膨胀2000倍；物料组织受到强大的爆破伸张作用而形成无数细致多孔的海绵状体，体积增大几倍到十几倍，组织结构和理化性质也发生了变化。膨化过程中的高温高压和高旋转作用对物料形成分子水平的剪切，使蛋白质变性降解，长链淀粉被剪切成短链淀粉、糊精和糖类，因此膨化后的饲料处于易被酶水解的状态，从而提高了饲料的消化率。干法膨化是对物料进行加温、加压处理，但不加蒸汽和水的膨化操作，完全依靠机械摩擦。而湿法膨化是对物料进行加温、加压并加水或蒸汽处理的膨化操作。

2. 特点

（1）对饲料进行加温，可有效地灭菌，除去某些有害微生物。

（2）膨化可使淀粉颗粒膨胀，结构发生变化，从而形成一种胶态的凝胶体，即糊化。淀粉糊化度可达90%，糊化后可以大量吸水膨胀，增加淀粉酶与消化酶接触机会，大大提高淀粉消化率，增加了饲料适口性。

（3）蛋白质在高温、高压和内剪切力作用下变形，提高了消化率，从而提高了其利用率。

（4）通过更换不同形状、不同型号的模孔，可以制造出各种水产动物所需的制品形状。

（5）改变某些饲料组分的分子结构，使其由非营养因子或抗营养因子变为营养因子。

（6）膨化可在一定程度上改变粗纤维的物理结构，转变成可膳食纤维，具有保健、提高机体免疫力的功能。

膨化也有其缺点：一是对维生素C和氨基酸等有一定的破坏作用，故一般在膨化后再添加维生素和氨基酸；二是膨化的电耗大、产量低。

二、挤压膨化技术

膨化颗粒饲料加工工艺大体上都要经过物料粉碎、筛分、配料、混合、调质、挤压膨化、切段、干燥、冷却、微量元素喷涂、油脂喷涂和成品分装等阶段。

各物料经配合后混合，即可送入调质器内进行调质处理。调质可以使物料增湿和加温，使物料软化，有良好的挤压膨化加工性能，提高膨化机的产量。通常可以将饱和蒸汽直接注入调质器中进行增湿和加温，有时也可以分别注入水和蒸汽来增湿加温。调质好的物料适宜含水量为25%～30%，温度宜在65～100 ℃之间。根据不同配方以及生产性质不同，湿基含水量不同。一般浮水料湿基大于22%，沉料含水量小于22%。调质后物料被送入螺杆挤压腔，物料在螺杆的机械推动和高温（120～200 ℃）、高压（3～10 MPa）的混合作用下，使淀粉糊化，体积膨大，同时完成杀菌以及脱除一些存在于原料中的抗营养因子和毒素。在这一过程中，为避免物料中一些热能性营养成分遭到破坏，物料在挤压腔的停留时间不宜过长，一般以10～40 s为宜。

物料经过膨化机挤压成型后，形成湿软的颗粒（水分25%～30%），必须进入干燥机进行干燥，使物料的水分降至13%左右。物料经过烘干后，进入外喷涂系统，对颗粒进行外喷涂，主要是为了满足鱼类对能量的需求以及弥补在加工过程中热敏性物质的损失。对在前道工序中不宜添加的营养物质可以以外喷涂的方式加以补充，同时还可以提高饲料的适口性，降低含粉率。物料经过外喷涂系统后，即可进入逆流式冷却器进行冷却。

三、挤压膨化对营养成分的影响

1．挤压膨化对淀粉的影响

饲料中的淀粉主要是直链淀粉，由淀粉粒子组成。颗粒状团块的结构紧密，吸水性差。淀粉从调质器进入膨化机，在高温高压的密闭环境中时，大分子的聚合物处于熔化状态，局部分子链被强大的压力和剪切力切断，导致支链淀粉降解。挤压膨化处理能促使淀粉分子内1,4－糖苷键断裂而生成葡萄糖、麦芽糖、麦芽三糖及麦芽糊精等低分子量产物，挤压对淀粉的主要作用是促使其分子间氢键断裂而糊化。淀粉的有效糊化，不仅使饲料营养价值得到改善，而且有利于提高饲料在水中的稳定性，避免营养物质流失。植物饲料含有的淀粉，需熟化后才能被鱼类更好地消化吸收，原因在于糊化后的淀粉可以大量吸水膨胀，增加淀粉与淀粉酶接触的机会，从而加速淀粉的消化吸收。挤压膨化后的淀粉不仅有糊化作用，还有糖化作用，使淀粉的水溶性成分增加几倍至几十倍，为酶的作用提供了有利条件，提高了淀粉在水产饲料中的利用率。

2．挤压膨化对蛋白质和氨基酸的影响

一般温和的挤压膨化条件可以增进植物蛋白的消化率。因为蛋白质有限度的变性，增加了对酶的敏感性，同时挤压过程中产生的高温还可以使抗胰蛋白酶因子、尿酶等钝化，从而提高了蛋白质的利用率。但在激烈的挤压膨化条件下，蛋白质和氨基酸的消化率可能下降，因为赖氨酸可与饲料中的一些还原糖或其它羰基化合物发生美拉德反应，造成赖氨酸的损失，赖氨酸损失越大，蛋白质的生物学效价就越低。经挤压加工的大麦、玉米面筋粉和小麦中的粗蛋白表观消化率都降低了。但挤压处理对豆粕的表观消化率影响不大，这可能是谷物原料在高温挤压过程中更容易产生还原糖的缘故。适当改变挤压工艺条件，如降低饲料中葡萄糖、乳糖等还原糖含量，提高原料水分含量，可有效减少美拉德反应，从而提高蛋白质消化率。

3．挤压膨化对脂肪的影响

膨化能钝化脂肪中原有的脂肪氧化酶、脂肪水解酶等的活性，从而使富含脂肪的膨化饲料的存放期延长。膨化处理的另一个好处是使饲料的结构疏松，有利于油脂后喷涂，包容更多的脂肪，特别适用于水产养殖，这是硬颗粒饲料不可比拟的。另外，挤压过程的高温高压将降低油脂的稳定性，使之产生部分水解、氧化或聚合，尤其是对于富含高度不饱和脂肪酸（HUFA）的鱼油，在饲料中的金属离子催化作用下发生聚合反应。聚合作用可以发生在一个甘油酯的分子内，也可以发生在几个分子之间，其结果使油脂中的不饱和键断裂，油脂的黏度增高、碘值减小、营养作用降低。

挤压过程中，脂类含量通常下降，这是因为粗脂肪可以在挤压系统中通过蒸汽挥发掉，而且脂肪及其产物在挤压过程中能同糊化的淀粉形成络合物，使脂肪较难被溶剂萃取，从而降低了脂肪的测定值。但这种络合物在酸性的消化道中能解离，因此不影响脂肪的消化率。事实上，挤压处理可以增加鱼类对粗脂肪、干物质和总能的表观消化率，从而增加了消化能。粗脂肪消化率和消化能的增加可以提高鱼的饲料转化率。

4. 挤压膨化对纤维的影响

挤压膨化可以改变日粮粗纤维的含量和结构。挤压可以增加日粮中可溶性纤维含量，这可能是挤压过程中的高温、高压、高剪切作用促使纤维分子间价键断裂、分子裂解及分子极性变化所致。小麦粉在挤压过程中其总纤维含量不发生变化，但可溶性纤维含量相对增加。

5. 挤压膨化对矿物质的影响

挤压膨化对矿物质的生物利用率的影响颇受关注。一般植物性饲料中矿物质的生物利用率受植酸酶含量影响，挤压膨化会降低植物饲料中植酸酶含量，但同时也可破坏植酸盐的化学键，促使植酸盐分解。挤压膨化使一种麦麸增补制品的植酸酶含量减少约20%，虹鳟对挤压豆粕、大麦、玉米面筋粉和小麦粉中矿物质的利用率都因挤压加工而略有下降。

6. 挤压膨化对维生素的影响

维生素在挤压膨化加工过程中能否保留下来，很大程度上取决于加工条件。挤压过程中，热敏性维生素如维生素 B 族、叶酸、维生素 C、维生素 A 等是最容易受到破坏的，其它维生素如烟酸、生物素、维生素 B_{12} 相对比较稳定。动物营养学家建议，挤压加工的动物饲料，其维生素添加量应比动物需要量多一些，或使用如稳定化维生素 C 之类的耐高温维生素品种。

7. 挤压膨化对其它成分的影响

挤压加工还能破坏饲料中的抗营养因子，诸如生大豆中的抗胰蛋白酶和脲酶、棉籽中的棉酚、菜籽中的芥子苷等。单螺杆挤压机可破坏全脂大豆中 55% 以上的抗胰蛋白酶。用双螺杆挤压机处理全脂大豆后，可以使抗胰蛋白酶活性完全丧失。抗胰蛋白酶是抑制动物消化系统中蛋白酶的物质之一，它可以抑制蛋白质分解，减少氨基酸生成，并且抑制代谢能释放和脂肪代谢，从而降低蛋白质消化率。因此，挤压膨化可使大豆及其它豆类产品中养分消化率提高。挤压加工还能将饲料原料（尤其是动物性原料）中常含有的绝大多数有害微生物杀灭。这不仅有助于改善鱼体质，更能消除饲料中微生物分泌的脂肪酶对饲料的氧化酸败作用，提高饲料的储存稳定性。

第八章　配合饲料的质量管理与安全控制

水产配合饲料的质量和安全性直接关系到养殖生产的效果，也是饲料企业各项工作的综合反映，更关系到人类的食品安全。优质配合饲料的生产，不但要好原料、好设备，还必须有完善的品质管理。配合饲料的检验是饲料工业生产中的重要环节，是保证配合饲料质量的重要手段。配合饲料检验的主要任务是检验饲料的物质组成及含量，即采用物理或化学等方法，对饲料原料及成品的物理特性、各种营养成分、抗营养成分、有毒有害物质、添加剂等进行定性或定量测定，从而做出正确的、全面的质量评定。因此，饲料企业必须十分重视饲料质量，加强饲料质量管理。这必须贯穿于从原料采购至产品销售及投喂前的贮存等整个过程，包括原料采购、原料检验、原料进库、配方设计、生产过程、产品包装、贮藏保管等各个环节。

第一节　配合饲料的质量管理

一、饲料检验的主要内容

饲料成分可以分为常量成分、微量成分，也可分为主要营养成分、添加剂、污染引入的有毒有害物质、有意无意引入饲料中的杂质等。一般饲料分析检验的内容可分为以下几个部分：

（1）常规成分分析　主要包括水分、干物质、粗蛋白、粗脂肪、粗灰分、粗纤维和无氮浸出物的分析。

（2）纯养分分析　主要包括氨基酸、真蛋白、维生素、矿物元素、还原糖等的分析。

（3）有毒有害物质的分析　主要包括游离棉酚、硫葡萄糖苷、噁唑烷硫酮、亚硝酸盐、氰化物、单宁、蛋白酶抑制剂、黄曲霉毒素、铅、砷、铬、镉等的分析。

（4）非营养性添加剂分析　主要包括保健增长剂、诱食剂、抗氧化剂、色素等的分析。

（5）微生物分析　主要包括饲料中有毒有害的细菌、霉菌等的分析。

（6）杂质和掺假物质分析　主要包括鱼粉和豆粕等掺假物质的分析。

（7）饲料加工质量的检测　主要包括颜色、尺寸、容重、粉碎粒度、粉化率、硬度、含水量、混合均匀度等的检测。

二、饲料检验的基本方法

饲料检验从检验手段上可分为感官检验法、物理检验法、化学分析法、仪器分析法、微生物分析法和动物实验法等，其中化学分析法是应用最为普遍的分析方法。

（一）感官检验法

此法对样品不加任何处理，直接通过人的感觉器官，对饲料的形态、颜色、气味、质地等是否正常作出判断，对饲料是否霉变、虫害、酸败等作出直观判断，并对饲料的水分含量作出初步判断和对饲料中的异物作出估计，是最普通、简单易行的检验方法，具有简单、灵敏、快速、不需要特殊器材等优点。有经验的检验人员用此法测出的检验结果的准确性也很高。感官检验主要从以下几方面进行：

（1）视觉　观察饲料的外观、形状、色泽、颗粒大小、均匀性、有无霉变，是否有虫子、硬块、异物等。

（2）味觉　通过舌舔和牙咬来检查饲料的味道、硬度、口感、干燥程度和有无异味等。

（3）嗅觉　通过嗅觉来鉴别饲料的气味是否正常，检查饲料有无霉臭、腐臭、氨臭和焦臭等异味。

（4）触觉　将手插入饲料中或取样品于手上，用指头捻，通过触感来判断其粒度的大小、硬度、黏稠性、有无夹杂物和水分含量等。

（二）显微镜检查

显微镜的检查简称镜检，通常用来观察饲料或原料的外观形状、颜色、颗粒大小、软硬、构造等。亦可通过高倍显微镜观察细胞组织结构来鉴别饲料，主要目的是检查饲料是否掺假、污染，加工处理是否合适等。但这要求检查人员对正常的饲料或原料的特征有明确的了解和丰富的经验。

（三）粒状饲料外形性质检查

由于水产动物种类不同，食性、大小不同，对饲料的形状等要求也不尽相同，因此颗粒饲料的外形性质通常包括直径比、密度、含粉率、细度等。

（1）直径比　即圆柱形饲料的长度与直径之比，直径是由鱼类的口吞食适宜度来确定的，长度是由鱼类摄食方式和进食时间来决定的，这一指标必须依赖严格的科学研究或现场观察来确定。

（2）密度　即单位体积颗粒饲料的质量，这与颗粒饲料的原料、配方、加工工艺、膨化程度等密切相关。密度的大小影响到饲料的沉浮能力，通常就是通过调节饲料的密度来调节饲料的沉降速度。

（3）含粉率和细度　含粉率亦称粉化率，是造粒过程中不符合粒状要求的粉状量占饲料总量的百分比，通常在运输和搬动过程中也会因碰撞等产生。这些粉状物在投喂过程中大多不能被鱼类摄食，不但造成饲料浪费，还会污染水体。粉化率可通过过筛法测定。

（四）颗粒饲料物理性质检查

颗粒饲料的物理性质包括硬度、耐磨度、耐水性及漂浮性等。饲料的硬度大小不同有时会影响鱼类的摄食。硬度的测定通常使用弹簧硬度计。耐磨度是指颗粒饲料耐受各种操作、移动、搬运等过程而不破碎的能力，可用旋罐法或吹磨法测定。耐水性是水产颗粒饲料中最重要的品质之一，不同鱼类对饲料耐水性要求的差异较大。对于摄食速度快的鱼类，饲料的耐水性要求较低。

（五）营养学指标

饲料的营养学指标主要包括各种营养素的含量和比例，如能量、粗蛋白、必需氨基酸、粗脂肪、必需脂肪酸、粗纤维、无机盐和维生素等。针对各种营养物质的含量，对于一个饲料企业，所有产品必须有产品的企业标准，通常企业标准应高于或相当于国家（或行业）或国际标准。

（六）卫生学指标

饲料的卫生指标应该遵循《GB 13078 饲料卫生标准》。主要限制饲料中对动物和人类健康有影响的有毒有害物质，如有害微生物、有害重金属、有害的药物、其它有机物或农药残留物等。

目前影响饲料安全的主要因素包括：

（1）饲料自身的有毒有害物质，如棉粕中的棉酚、菜粕中的硫葡萄糖苷降解产物、蓖麻粕中的蓖麻毒素和蓖麻碱、生豆粕中的抗胰蛋白酶、血细胞凝集素等。

（2）微生物的污染，如各种霉菌和腐败菌的毒素。

（3）化学性污染，如无机金属污染，包括铅、汞、砷、镉等；工业有机化合物污染，如二噁英。

（4）饲料配合过程中带来的有毒有害物质，如违禁激素和药物、超量抗生素、超量的微量金属元素。

（5）转基因饲料的安全。如我国目前使用的美国玉米、大豆等均是转基因产品，其对生态安全的影响还不确定。

三、影响配合饲料质量的因素

配合饲料的质量主要从产品的适用性、安全性和经济性三方面进行判断。适应性是指产品适合适用的性能，是根据产品使用的对象提出的要求。安全性是指产品无毒、卫生，有效期内安全可靠，是产品在使用过程中逐步表现出来的各方面满足营养需要和安全程度。经济性是指饲料报酬，用以衡量产品的经济效果。影响配合饲料质量的因素很多，主要包括以下几个方面。

（一）饲料原料

饲料原料是保证饲料质量的重要环节，劣质的饲料原料不可能加工出优质的配合饲料。单纯为了降低饲料价格而采购廉价质次的饲料原料是不可取的。同一种饲料原料由于来源、生产环境、收获方式、加工方法和贮藏条件不同，其营养成分差别很大。在采购饲料原料时，最好对该原料有较详细的了解，包括其来源和产地、生产日期、主要组成成分和主要营养成分、是否含有有毒有害物质或抗营养因子的含量多少、是否受到污染等。最好有长期固定的采购来源，这样可以保证产品的一致性。另外，对每一批原料，在进行配方前，都应该进行相关的感官和化学检测。

（二）饲料配方

科学的饲料配方是保证饲料质量的关键，不合理的配方不仅提高饲料和养殖成本，还会造成较多的饲料浪费，影响水质和产品品质。因此，饲料企业必须有长期的饲料配方设计基础，并及时汲取新的科研成果，通过严格的生产实验后才能投入生产。饲料配方的设计应该以追求最低的生产成本为目的。

饲料成本应该以生产单位水产品所消耗饲料的费用来计算。还可以包括与该饲料相关的运输、投喂等费用，有时还应该考虑环境成本（对环境的影响），不仅仅是生产饲料的成本。设计饲料配方时，还应该考虑饲料对水产品品质的影响。另外根据不同养殖进程配合养殖产品的不同季节，需要调制不同的配方。

（三）加工工艺

饲料的加工工艺自然会影响饲料的质量，如粉碎粒度是否合适，称量是否准确，混合是否均匀，除杂是否完全，蒸汽调质的温度、压力是否合适，颗粒大小是否合适，熟化时间和温度是否合适，造粒是否致密等。如在挤压机中，维生素受到的摩擦比在制粒碾磨机中小，而在挤压饲料过程中，维生素受加工温度的影响要比饲料制粒过程中大。这是因为不同加工工艺对饲料产品中的维生素具有不同的化学反应。当维生素以晶体形式存在时，压力对其仅有较小的影响，如部分B族维生素。可压力会严重破坏脂溶性维生素A的明胶淀粉包衣。对这些高温高压敏感的维生素一般采用加抗氧化剂的方法进行保护。因此，为了保证维生素的活性在一定水平，在饲料加工和贮藏过程中，必须考虑维生素的稳定性。

配合饲料的加工质量与工艺流程、设备质量、安装质量、操作技术等均有密切的关系。饲料企业要选择合理的工艺流程、配备先进的加工设备，精心安装、严格操作，避免不同批次间的交叉污染，这样才能生产出优质的饲料。企业必须建立一整套严格的操作规范。

（四）贮藏条件

饲料原料和产品在运输和贮藏过程中如果管理不善，易导致受潮、霉变、生虫、腐败变质、油脂氧化、营养物质变性或失活等，均会影响饲料的质量。因此，贮藏过程必须制定严格的操作规程，必要时还要采取应急措施，以保证饲料质量不受或少受影响。

四、配合饲料的贮藏与保管

饲料从生产到投喂，可能历经几天到数月，无论是饲料生产厂家还是养殖场，以及运输和销售过程，饲料的贮藏和保管都十分重要。如果这些过程疏忽大意，就会使饲料品质下降、霉烂生虫，造成直接或间接的经济损失，进而影响企业的声誉。因此，为了保证饲料质量，提高饲料企业和养殖业的经济效益，对配合饲料的贮藏管理必须予以重视。

（一）在贮藏中影响饲料质量的主要因素

1. 饲料本身的变化

饲料本身的营养成分会随着贮藏时间的变化而变化。刚生产出的颗粒饲料表面光滑，具有光泽。随着贮藏时间的延长，其颜色会逐渐变暗，光泽消失，鱼腥气味也逐渐淡薄，商品感官质量下降。饲料贮藏过程中粗蛋白含量变化不大，但饲料中非必需氨基酸和必需氨基酸总量与贮藏期呈负相关。

配合饲料在贮藏过程中如果保管不善，通风不好，饲料自身会发热，在温度升高的条件下，易发生褐变反应，主要在糖类的羟基和蛋白质的赖氨酸侧链的 ε－氨基之间产生，造成蛋白质营养价值降低，参与反应的赖氨酸等不能被消化酶分解而损失。

亚油酸、亚麻酸、二十碳五烯酸和二十二碳六烯酸是水产动物所必需的不饱和脂肪酸。这些脂肪酸在贮藏过程中很容易被氧化，脂肪酸链上的双键位置由氧取代，生成氢过氧化物，进而进一步分解为醛、酸、酮等低分子化合物。这些低分子化合物有些对水产动物有害，同时也降低了脂肪的营养价值。

维生素是生物活性物质，对环境的理化因子十分敏感。饲料加工和贮藏过程中的温度、压力、摩擦、湿度、调节时间、光照等均能影响其活性。维生素在贮藏过程中，效价会逐渐下降。贮藏湿度、高不饱和脂肪酸的氧化、过氧化及微量元素均会影响维生素的稳定性。如维生素 B_1 贮藏三个月损失达 80%～90%，叶酸贮藏三个月损失约 43%，颗粒饲料中维生素 A 在低温和高温贮藏三个月后残留量分别为 65% 和 20%。

2. 气象因素

气象因素主要为温度和湿度。温度对贮存饲料的影响较大，如饲料中的维生素 A，在密闭容器中贮存在 5 ℃ 阴暗条件时，两年后其效价仍然保持在 80%～90%。如果贮藏温度为 20 ℃，其效价降为 75% 左右；35 ℃贮藏时，则效价仅剩 25%。在合适的湿度下，如果温度低于 10 ℃，霉菌生长缓慢；高于 30 ℃，霉菌生长迅速。

湿度的含义通常包括饲料中的水分和空气中的相对湿度。谷物饲料在贮藏期间，由于呼吸作用，不断地和周围环境交换气体。如果空气中湿度大，水分就要渗入饲料中，使其含水量增高；如经通风或干燥处理，可以使水分转移出来，降低其水分含量。各种害虫活动的最适含水量为 13.5% 以上，并随着水分含量的增加而加速繁殖。在常温下，饲料含水量大于 15% 时最易长霉菌。维生素在贮藏期间的损失，与水分含量有关。如维生素 B_1、C 和 K_3 在含水分为 13% 时，经过四个月的贮藏，60% 的效价被破坏。如果选用含水量为 5% 的干燥乳糖作为载体，经过 4～6 个月的贮藏，维生素效价仍可保持在 85%～90%。

在有氧条件下，维生素 E 在贮藏 190 天后，流失 62%～67%。维生素 A 和 D 也会因氧化而降低效价。饲料中脂溶性物质如色素等会因温度、光照、湿度、霉变等影响而发生变化。

脂质水解酸败随着温度和水分含量的升高而极显著增强。水分含量在 16% 以下时，随着水分含量的降低和温度的升高，脂质氧化酸败迅速增强，且 12% 的水分组脂质的氧化酸败极显著高于 16% 水分组。

3. 霉变

霉菌在适宜的温度、湿度、氧气等条件下，能利用饲料中的营养物质进行繁殖。霉菌中有亮白曲霉、黄曲霉、青霉、赭曲霉等，其中以黄曲霉菌产生的黄曲霉素对饲养动物危害最大，不但影响生长，而且有致癌作用。霉菌还能分泌脂解霉，水解脂肪，使脂肪酸价升高。霉菌的生长繁殖依赖于适宜的饲料水分和温度。饲料水分在 11.8%（水分活度 0.7）时，大多数霉菌都不能生长，只有耐干燥霉菌可以生存。而水分含量在 10.4%（水分活度 0.6）以下时，任何微生物都不能生长。

4．虫害、鼠害

仓库害虫对饲料贮藏的危害较大，不仅大量消耗饲料，而且释放热量，提高饲料温度。其代谢产生的水分由温度较高处转移至较低的饲料表面时，水气凝集可造成饲料结块。水分和温度的升高又可以为霉菌的生存造就适宜环境。害虫的尸体、粪便等会污染饲料，使饲料的营养价值和感官指标均受到影响。鼠类是饲料仓库中较大的动物，会消耗饲料、传播疾病、污染饲料等。仓库害虫最适的生长温度为 28 ～ 38 ℃，低于 17 ℃时，其繁殖即受到影响。最适温度范围因仓库昆虫种类不同而异，如米象为 29 ～ 32 ℃；谷蛾为 32 ～ 35 ℃。空气湿度对仓虫活动亦有影响，一般认为，食物含水量在 13% 以上，空气湿度在 70% 以上为仓虫适宜的活动范围。

（二）贮藏和保管方法

饲料的贮藏和保管，是生产、销售到投喂之间的重要环节，根本目的就是在饲料投喂之前要保持饲料固有的质量。为了保证饲料的质量，贮藏过程必须有良好的设施和严格的管理规范。

1．良好的仓库设施

水产饲料的蛋白、脂肪含量较高，贮藏时间过长易造成饲料变质。水产饲料的生产高峰期多是高湿、高温的季节，因此，对仓库的设计、建造标准要求较高。贮藏饲料的仓库应该具备不漏雨、不潮湿、门窗齐全、防晒、防热、防太阳辐射、通风良好等条件。必要时可以密闭后，使用化学熏蒸剂灭虫、鼠等有害生物。仓库四周阴沟要通畅，仓库内壁墙脚要有沥青层以防潮、防渗漏。仓顶要有隔热层，墙壁最好粉成白色以减少吸热，仓库周围可以种植树木，减少阳光直射。为了降低疾病传播的风险，饲料贮藏地点尽量与养殖地点分开。

2．合理的贮藏方法

饲料包装材料应该采用复合袋，即外袋为牛皮纸或塑料袋，内袋为塑料薄膜袋。复合袋具有气密性好，能防潮、防虫、避免营养成分变质或损失。饲料包装前应该充分干燥、冷却，要掌握好饲料的湿度，以免封包后返潮。袋装饲料可以码垛堆放，袋口一律向内，以防沾染虫杂、吸湿或散口倒塌。仓内堆放要铺垫防潮。堆放不要紧靠墙壁，应留有一人行道。堆放可采用“工”字形或“井”字形，袋包间要有空隙，便于通风、散热和散湿。散装饲料可以采用围包散装或小囤打围法。如饲料量少可直接堆放在地上，量多时，应适当安放通风桩，以防止发热自燃。

3．适当的存放时间

仓库贮藏必须明确了解不同饲料的生产日期，可以按日期堆放在不同地点，记录好品种、规格、数量及生产日期等。按先进先出的原则，合理安排进出仓库的时间，缩短饲料在仓库的贮藏时间，并及时将库存情况与生产部门沟通，以调整生产量。一般认为，不管在热带还是温带，仓库的贮藏均应控制不超过 3 个月。贮藏的时间与饲料的种类、饲料中脂肪的质量以及贮藏条件有关。

4．良好的卫生状况

仓库内的饲料应该堆放整齐，仓库必须打扫干净，定期消毒、灭鼠灭虫。如发现过期的或霉变的饲料，应立即采取措施处理。

5. 加强日常管理

饲料从进库就要进行严格的检查，不合格或有霉变、生虫等饲料，应杜绝入库，避免污染其它饲料。要经常保持库内通风，注意库内湿度和温度以及墙脚是否有孔洞等。库内温度应该在 15 ℃以下，湿度在 70% 以下。加强仓库通风是经济有效的贮藏方法。

第二节　配合饲料质量控制

配合饲料的质量优劣会影响饲料产品的利用率、营养价值、养殖环境和使用性能，也直接关系养殖者和生产企业的利益，质量管理应该贯穿原料进厂生产到产品销售的整个过程。配合饲料的质量应从以下几个方面加以控制。

一、配方控制

饲料配方是选购原料和加工产品的依据，是配合饲料的技术核心，没有科学的配方就不可能生产出质量好的配合饲料。科学的饲料配方应该符合动物营养指标、卫生指标、工业要求，并使饲料价格合理。

二、原料控制

原料质量是产品质量的基础，保证接收原料质量是各加工工序质量管理的关键，原料接收前必须进行严格的检测，不合格的原料一律拒绝接收。

三、生产过程控制

饲料的生产过程中质量控制要坚持以防为主，防检结合。生产操作人员应具有一定的文化程度和良好的专业技能。应全面了解生产工艺的组织情况、工作程序，操作设备的结构形式、工艺性能，产品的营养特性、加工特性。要定期检查设备，根据各设备的特点进行必要的保养和维护，保证设备的正常运转和良好的生产性能。要严格按规定上料、查仓、配料和投料，加强规范化管理，确保每道工序的质量。

（1）清理除杂　要随时注意消除饲料原料中的金属杂质和其它杂质，使有机杂质不得超过 0.2 g/kg，直径不大于 10 mm；磁性杂质不得超过 50 mg/kg，直径不大于 2 mm。原料清理，每周至少检查一次，要确保设备按照规定进行工作。

（2）粉碎　粉碎工序主要控制粉碎粒度和均匀度，要随时检查，以保证产品质量。要控制粉碎粒度，第一，要选用合适的粉碎设备，对锤片粉碎机，每天要进行检查，停机时检查筛选板及筛孔破坏情况，运转时检查出粒度是否合格，如不合格应及时更换；第二，免粉碎原料要正确选择，何种原料可作为免粉碎原料，首先要看其在粉碎过程中的破坏程度，再看其粒度；第三，不同生产批次之间要做严格的清理，防止不同粒度产品混杂。

（3）配料　要控制配料的准确性，尤其是微量成分，要严格按照配方生产，并制定批量配料，不准随意变更原料品种及配比数量。预混合饲料在更换品种时，要科学安排换批顺序，注意做好必要的清理工作，防止生产过程中交叉污染。生产饲料的原料，要有接收、配料、盘存的原始记录，严防差错。药物添加剂及其它有毒的添加剂更应小心谨慎，应建立每天每班清查交接制度。饲料进搅拌机之前，应检查配方及批量配料表，以防止配料中的错误。

（4）混合　混合工序要保证饲料产品混合得均匀，防止混杂与污染，混合均匀度的变异系数粉料不大于10%，预混料不大于5%。第一，要选择性能良好的混合机；第二，确定适当的装满系数，混合机的装满系数一般控制在0.6～0.8为宜；第三，确定正确的投料程序，投料顺序应由大宗原料投起，而后按配比用量由大到小进行添加，最小量物料添加量应不小于1%，否则需预混到1%后才能加入；第四，确定混合机适宜的转速和混合时间，必须按照时间进行混合，不得随意缩短或延长，定期进行均匀混合度的测定，以便及时调整混合时间。

（5）制粒　按不同饲料原料的成型性能和配合饲料的产品质量要求进行调质与制粒，控制好蒸汽流量、压力、温度、水分、调质和冷却时间等，以保证颗粒成型率和颗粒产品的品质、外观、颗粒、气味、硬度等达到设计的质量要求。

（6）膨化　主要控制好物料的含水量、粒度以及压力、温度、挤压和熟化时间。

（7）冷却　要确保颗粒的冷却时间，一般来说，直径2.5 mm的饲料冷却时间为5～6 min，直径4.5 mm的冷却时间为6～8 min。

（8）分级　根据生产饲料的不同，选择配备不同的分级筛网，若出现分级筛网堵塞或成品料中粉率过高，均属分级筛网选择配备不当，应及时调整，确保分级效果。

（9）计量、打包　成品质量（40 kg，20 kg，5 kg，1 kg）的计量绝对误差应分别控制在±0.15 kg，±0.1 kg，±0.05 kg，±0.01 kg之内。批量不允许有负误差，随机样的相对偏差应控制在±0.5%之内，小包装的聚乙烯袋包装热合时袋内空气要尽量排尽，热合要严密。

（10）检验　应选择科学的检验方法，根据科学的合理的质量标准进行检验，坚持在生产过程中以群众自检为主，半成品、成品以专职检验为主，不合格产品不出厂的原则。

第三节　饲料安全及控制

饲料的安全性是指饲料在转化为动物产品的过程中，对动物健康和生态环境的可持续发展及人类正常生活不产生负面影响的特性，是一个全球性的问题。目前，影响饲料安全的主要因素包括：

（1）饲料自身的有毒有害物质，如棉粕中的棉酚、菜粕中的硫葡萄糖苷降解产物、蓖麻粕中的蓖麻毒素和蓖麻碱、生豆粕中的抗胰蛋白酶、血细胞凝集素等。

（2）微生物的污染，如各种霉菌和腐败菌的毒素。

（3）化学性污染，如无机金属污染，包括铅、汞、砷、镉等；工业有机化合物污染，如二噁英。

（4）饲料配合过程中带来的有毒有害物质，如违禁激素和药物、超量抗生素、超量的微量金属元素。

(5) 转基因饲料的安全。如我国目前使用的美国玉米、大豆等均是转基因产品，其对生态安全的影响还不确定。

饲料卫生安全主要阐述饲料中可能存在的有害因素的种类、来源、数量和污染饲料的程度，对动物机体健康和正常生理的影响与机理，以及这些影响的发生、发展和控制规律，为防止饲料受到有害因素污染的预防措施提供依据。

一、饲料安全问题产生的原因

（一）饲料原料和药物添加剂的毒性作用

一些饲料原料中含有一种或多种有毒有害的物质，如某些植物性饲料中的生物碱、皂甙、面酚、蛋白酶抑制因子及有毒硝基化合物等，某些动物性饲料中的组胺、抗硫胺素及抗生素等。

青霉素钾、头孢菌素类等大量使用会诱发体内产生β-内酰胺酶，使青霉素内酰胺结构破坏而失去活性，导致青霉素、头孢霉素耐药性增高。氯霉素损伤肝脏和造血系统，导致再生障碍性贫血和血小板减少。青霉素、链霉素易产生过敏反应和变态反应，金霉素有致过敏作用。痢特灵、卡那霉素等药物对动物机体 B 淋巴细胞的增殖有抑制作用，能影响疫苗的免疫效果。痢特灵（呋喃唑酮）有致癌倾向，使用时间长会抑制动物生长。磺胺类药也损害肾功能和造血系统。

（二）饲料添加剂尤其是药物添加剂的不合理使用

添加剂的不合理使用，不但没有充分发挥其最大的积极作用，反而产生毒副作用。如不按规定的停药期停药；随意加大药物用量；长期低水平用药；任意搞复方制剂，甚至大量使用人药；使用违禁和淘汰的药物。典型的例子是高铜、高锌和有机砷的大量使用，过磷酸钙或磷酸氢钙中的氟超标。

（三）使用违禁药物

违禁药物包括影响生殖的雌激素、具有激素样作用的物质、催眠镇静剂及肾上腺激动剂等。科学研究已证实，人类常见的癌症、胎儿畸形、青少年早熟、男人女性化、中老年人心血管疾病等问题及某些食物中毒均与动物性食品中的激素及其它合成药物的滥用及残留有关。

（四）饲料及其原料在贮存、加工和运输过程中可能造成的生物性污染

饲料生物性污染是指由微生物，包括细菌（致病菌和相对致病菌）及霉菌与霉菌毒素等引起的污染。致病菌可直接进入消化道，引起消化道感染而发生感染型中毒性疾病，如沙门氏菌中毒等；相对致病菌是某些细菌在饲料中繁殖并产生细菌毒素，通过相应的发病机制等引起的细菌毒素型饲料中毒，如由肉毒梭菌毒素等引起的细菌外毒素中毒。动物性饲料原料如肉粉、骨粉、肉骨粉和鱼粉中的常见污染有沙门氏菌污染。

霉菌和霉菌毒素对饲料的污染在我国饲料生物性污染中占据十分显著的位置。饲料霉变造成的危害极大，可引起中毒、诱发癌症及降低饲料的营养价值。

（五）饲料非生物污染

饲料非生物污染主要包括重金属、农药残留、多氯联苯及某些有机化合物和无机化合物污染物等，这些污染物一般是通过环境污染和生物富集作用等途径进入饲料中。

（六）饲料中的化学反应产物

饲料在运输、加工、贮存过程中，因温度、水分、微生物及酶类的一系列作用而产生的一类产物，或饲料中本身存在的某些成分，这类产物影响动物对营养物质的利用，例如过氧化脂肪，即脂肪酸败。在微生物或植物细胞内的脂肪酶作用下，脂肪被水解为甘油和脂肪酸，脂肪酸被进一步氧化生成具有不良气味的小分子的醛或酮和大量的过氧化物，使脂肪的适口性和营养价值下降，蛋白质的消化率显著下降，过氧化物破坏某些维生素，小分子的醛或酮对鱼、虾有直接的毒害作用。

二、饲料中有毒有害物质及其控制

（一）饲料中有害生物

（1）细菌和细菌毒素　细菌是自然界数量最多的生物，自然会对饲料有所侵蚀。但由于细菌生长所需的环境水分含量一般在15%以上，而饲料尤其是配合饲料中水分一般在13%以下，因此饲料中细菌的污染就不如霉菌那样严重。

（2）霉菌和霉菌毒素　霉菌和霉菌毒素是对饲料危害最大的生物性污染物，海产养殖中因发霉的饲料而引起中毒的现象屡见不鲜。

（3）饲料虫害　饲料虫害普遍发生，包括植株虫害、谷物虫害、螨类、鸟类以及鼠类等，其中尤以螨类最为严重。而寄生虫和虫卵主要是通过畜禽的粪便，通过污染水体或土壤间接污染饲料或直接污染饲料。

（4）藻类毒素及其它海生毒素　许多海洋、港湾及淡水中的有毒藻类大量繁殖能引起养殖鱼类的大量死亡，对淡水藻而言有毒藻类有微囊藻、三毛金藻、嗜酸性卵甲藻等。一些有毒藻类被软体动物食用后会在体内积累毒素，特别是赤潮发生期和发生地的软体动物，不能进入饲料中。

（二）生物污染的控制方法

饲料中有害生物的存在，会使饲料腐败变质，对动物的健康产生直接危害。为防止饲料中细菌和霉菌感染，应采取综合的措施：严格检测饲料原料，禁止使用被污染的原料；原料和成品应分开放置，控制与防止交叉污染；制定灭鼠措施，隔离鸟类和昆虫以防其接触原料；控制饲料的含水量不超过13%；及时清理各种废料，减少粉尘，避免细菌和霉菌扩散；饲料中添加抗菌药物；添加有机酸，消灭和抑制饲料中细菌和霉菌的生长与繁殖；改善贮藏条件，对鲜活饵料，必须进行投喂前的消毒处理。

三、饲料中有毒有害元素及其控制

1．铅

植物中的铅主要来源于土壤和工业的污染，工业污染是造成植物饲料含铅量上升的重要原因。某些矿物饲料中的石粉、磷酸盐和鱼粉、骨粉、肉骨粉中往往含有较高的铅。

为了预防铅污染，应减少工业生产中和汽车废气中铅的排放，在铅污染的土壤中可使用石灰、磷肥等改良剂，降低土壤中铅的活性，减少作物对铅的吸收。

2. 汞

普通土壤中植物一般不富集汞，但如用含汞废水灌溉农田或作物施用含汞农药，可使作物含汞量增高，尤其是用含汞农药作种子消毒或作物生长期杀菌时，粮食中汞的污染可达相当严重程度。水体的汞含量一般很低，但通过水生生物的富集作用和食物链，可在鱼、虾、贝的体内蓄积。

为了控制汞污染，工业上应防止汞的挥发和流失，禁止使用含汞农药、含汞消毒剂或含汞药物，对含汞的废水、废气、废渣应加强管理和控制。

3. 砷

植物饲料中含砷量在通常情况下很低，但当植物生长时使用了含砷农药或受工业污染后，这些饲料中砷的危害就显得严重了。海洋植物含砷量很高，特别是海洋生物中的贝类对砷具有很大的浓集能力。高砷地区产的矿物类饲料或添加剂，是配合饲料中砷的重要来源。

动物消化道中吸收的主要是五价的砷，饲料中添加还原性维生素 C，可促使五价砷还原为低价砷，减少其吸收率。在饲料中添加适量的可吸收硫化物是缓和砷中毒的一种办法。增加半胱氨基酸的含量也可以与三价砷结合成络合类的砷。在砷含量过高的饲料中添加适当的硒、锌、碘有利于促进砷危害的缓解。

4. 硒

植物体内都含有硒，配合饲料中硒的含量主要受植物饲料原料硒水平的影响，低硒带产饲料原料致使配合饲料缺硒，高硒带产饲料原料致使配合饲料硒含量过高。由于我国绝大多数地区都属于贫硒或缺硒地区，因此，配合饲料中添加含硒物质已成为饲料配方的常规考虑，但有时使用不当或滥用硒添加剂也会造成硒中毒。

5. 镉

植物性饲料原料中镉的含量都很低，但随土壤 pH 值降低，有些植物如苋菜、芜菁、菠菜等对镉有选择性吸收和蓄积能力，水中的生物如鱼类、藻类、贝类对镉的富集力较强。

6. 铬

植物性饲料原料中铬的含量都很低，动物性原料中由于动物组织对铬有富集作用，其铬含量相对较高。未脱铬的皮革粉中含有很高的铬。

配合饲料中减少铬含量的措施就是控制饲料原料中的铬含量。由于铬与锌、钒有较强的拮抗作用，因此，在高铬饲料中相应提高锌、钒的含量可有效地缓解高铬对动物的危害。

7. 氟

植物性饲料原料通常所含氟都比较低，而在工业污染区生产的植物性饲料原料，含氟量就有明显上升。大多数磷酸石含较高水平的氟，工业废水污染严重的水域所生产的鱼粉中含氟量也较高。

在使用高含氟量的饲料如磷酸盐、骨粉时，要根据其含氟量，限制其在饲料中的比例。当饲料中含氟量较高时，应保证摄入充足的钙和磷，因为钙和磷能促进氟最大限度地在骨中贮藏。

四、饲料添加剂残留及其控制

（一）造成添加剂残留的主要原因

（1）不正确使用药物。如用药的剂量、途径、部位和靶动物不符合标签说明，以致剂量过大、时间过长、用药方式和途径不当，靶动物不对或标签外用药（即药物用于未经批准使用的动物，或将未经批准的兽药或人药用于食品动物）。

（2）不遵守休药期。如动物在休药期结束前捕捞上市，用药不征求专业人员意见，不及时做用药记录，对用药不做必要的监督和控制。

（3）标示不当。药品标签上的指示用法不当或不注明休药期。

（4）疏忽大意或无意残留。如饲料粉碎或混合设备受到药物污染，将盛过药物的容器用于贮藏饲料，加药饲料的加工或运送出现错误，仓库发错或饲养员用错药物，输送饲料的机械或车辆，有药物交叉污染等。饲料生产不遵守操作规程，如生产加药饲料后机器设备没有经过彻底冲洗就用于生产非加药饲料，加药饲料未混匀。

（5）饲养管理不当。如饲养员缺乏残留和休药期知识，随意改变饲养规程，重复使用污染药物的废水、废弃物和动物内脏。

（6）动物废弃物的再利用也是造成残留的一个因素。动物的排泄物及其它废弃物中含有抗生素、磺胺药、有机砷、重金属、抗球虫药、微量元素、农药、激素和霉菌毒素等。废弃物的来源不同，上述物质的类型和含量也不同，停药期过短就有残留问题。

（二）添加剂残留的危害

长期低剂量添加投喂抗生素，不仅可造成病原微生物的耐药性，影响治疗效果，而且药物残留可引起过敏，甚至癌症和畸胎等严重后果。青霉素、四环素等残留有时使人过敏或发生变态反应；二甲硝咪唑、洛硝哒唑、甲硝唑等可诱导基因突变和致癌；氯丙嗪有致突变性，β-内酰类抗生素如邻氯青霉素、头孢菌等在肉类中的低浓度残留，可引起人类的免疫性疾病；性激素在动物性食品中残留可致妇女内分泌紊乱，并引发隔代癌症。凡此种种，动物用药可能危害人类健康的问题已引起人们的高度警惕。

（三）添加剂残留防范措施

饲料中尽量少用或不用抗生素等药物，不得已用药时要科学用药，选择适宜的剂量，严格遵守休药期制度。

五、饲料安全问题造成的危害

（一）直接危害人类健康

（1）有害物质的残留和富集　药物添加剂随饲料进入动物消化道后，短时间内进入动物血液循环，最终大多数的药物添加剂经肾脏过滤随尿液排出体外，极少量没有排出的药物添加剂就残留在动物体内。大多数的药物添加剂都有残留，只是残留量大小不同而已。药物添加剂等有害物质在动物产品中的残留和富集，对人体的生理机能造成破坏，包括致残、致敏、致畸、致癌和遗传上的致突变等恶果已屡见不鲜。

（2）细菌的交替感染　当体内复杂的细菌接触到特定的抗生素作用之后，敏感性高的菌种就开始减少或被消灭，能够耐受药剂抗菌作用的菌种或从其它处引入进来的敏感性迟钝的菌种就残留下来，使得具有选择性作用的抗生素及其它化学药物失去效果。

（3）细菌的耐药性　不合理用药会使病原微生物对化学药物发生钝化乃至出现耐药性。

（4）生态学的危害　有人从使用金霉素做饲料添加剂的农场饲养员体内分离出凝固醇阳性的鼻链球菌，并测试其对 8 种抗生素的敏感性，结果发现其中已有 19.10% 的菌株耐受金霉素，而从对照人群中，则没有分离到耐金霉素的菌株。

（二）造成环境污染

一些性质比较稳定的药物添加剂和高铜、高锌、有机砷等饲料添加剂的大量使用，使其通过粪便排出体外，造成土壤、水环境的污染，给环境带来了严重危害。另外，消化吸收率低的饲料中有 70% 以上的氮和磷随粪尿排放到水体中，也会对水环境造成污染。

第九章　海水鱼类投喂策略

投喂策略在海水鱼类养殖过程中发挥着重要作用。采用科学的投喂策略，可以保证养殖鱼类正常生长，降低生产成本，提高经济效益。投喂不当不仅浪费饲料，而且污染水质，导致菌、藻大量繁殖，最终危及鱼类的正常生长。因此，投喂策略对海水鱼类养殖业的可持续发展具有重要的经济意义和环保意义。本章综述了海水鱼类投喂策略的研究方法及其对鱼类生长、饲料转化等因素的影响，旨在为提高养殖效益、减少环境污染和建立合理的投喂策略提供参考。

第一节　投喂策略概况

利用配合饲料进行高投入高产出的鱼类精养，是目前海水鱼类养殖生产上普遍采用的一种养殖模式。在这种养殖方式中，饲料成本可占到养殖成本的60%以上。饲料作为氮磷污染物的主要来源，其使用也成为决定系统环境影响的主要因素。饲料的质量和数量决定了其在养殖动物体内的代谢。投喂过量不但影响鱼类正常生长和成活，而且会导致饲料利用率降低，影响养殖效益。此外，残留的饲料还会造成海水污染，这通常被称为“养殖系统自污染”。由于水生动物与水体关系的特殊性，系统水质的恶化会对鱼类生长及健康产生严重影响。同时，海水养殖废水的排放也会加重对近海环境的污染。流水养殖中有85%的磷、52%～95%的氮是以残饵、鱼类排泄物（粪便、呼吸作用）等形式输入到环境中。

投喂策略是由投喂率、投喂频率、投喂时间和投喂方式等环节相互关联组成的有机整体，是现代水产养殖产业的核心技术之一，以获得最优生长速率、最小饲料浪费和最低水质污染为目标。目前，我国海水鱼类养殖生产中饲料的投喂策略基本上都是水产养殖户根据多年的经验得到的，即所谓的“四看”（看季节、看天气、看水色、看水生动物的摄食情况）和“五定”（定位、定质、定量、定时、定人）的原则，而没有考虑到鱼体大小、摄食节律、环境因素和饲料特性等因素。因此，应该认识到仅仅依靠多年的养殖经验来确定投喂量和投喂频率是远远不够的。投喂策略是鱼类集约化人工养殖过程中重要的一环。过度投喂不仅造成饲料和人力成本的浪费，而且会造成养殖水域的污染，破坏了鱼类的生存环境，不利于养殖业的可持续发展；投喂不足也会导致鱼类生长受阻，抗病免疫力下降。两者均影响了养殖户的经济效益。因此，确立合理的投喂策略对鱼类摄食和生长有着重要的意义，也有利于水产养殖业的持续和健康发展。

投喂策略应建立在对鱼类活动规律特别是摄食规律深切了解和研究的基础上。投喂量受鱼胃内空隙、食欲、饲料溶失等因素影响，投喂频率以鱼类摄食活动规律为依据，投喂时间与鱼类摄食高峰相对应。总之，鱼类摄食行为特征是研究和建立投喂策略的科学基础。

第二节　摄食水平

摄食水平是影响鱼类生长的主要因子之一。研究摄食水平与生长的关系有重要的生物学意义。随着精养渔业的发展以及人们对环境保护意识的增强，摄食水平研究的重要性越来越突出。如今的摄食水平研究已经深入到鱼类能量学、生理学、生态学、行为学等领域。

摄食有关的几个概念：（1）鱼类维持摄食率，是维持鱼体体重不变的摄食水平；（2）鱼类最佳摄食率，是当生长与摄食之比为最大时，即饲料系数最低时的摄食水平；（3）鱼类最大摄食率，是能够摄入的最大食物量，即食物不受限制时的摄食水平。

一、摄食水平与生长

鱼类摄食主要有两种模型：一类是经典的减速增长曲线关系；另一类则是简单的直线模型。鱼类摄食—生长关系：①若摄食—生长效率关系为钟形曲线，其生长—摄食关系为曲线关系；②若生长效率随摄食水平的增长而增加时，其生长—摄食关系为直线关系。

对于某一鱼类，确定其生长—摄食关系是直线还是曲线模型是很重要的。减速增长模型鱼类的最佳投喂水平应在接近最大摄食率的摄食水平，最大摄食率时饲料转化效率会随摄食水平增加而下降。直线模型鱼类的最大摄食率就是其最佳投喂水平。

二、摄食水平与能量收支

摄食水平、体重、水温是影响能量收支的主要环境因子。研究摄食水平对能量收支的影响，探讨能量的分配模式，了解鱼类的能量利用对策对鱼类育种、水产养殖、渔业管理、学科发展都有重要的意义。在不同的摄食水平下的能量分配模式的差别较大，Brett 等（1979）提出了平均能量收支模型：

$$\text{肉食性鱼类：}100C=27(F+U)+44R+29G$$

$$\text{植食性鱼类：}100C=42(F+U)+37R+20G$$

式中，C 为摄入的食物能；F 为排粪能；U 为排泄能；R 为代谢能；G 为生长能。但是，能量收支受多种环境因子的影响，这只能评价相同条件下的鱼类。Cui 等（1988）提出了在最大摄食水平下，能量收支不受温度影响的假说，后得到验证。这可作为不同鱼类能量收支比较的标准。

三、影响鱼类摄食和生长的因子

鱼类的摄食和生长受到诸多内源和外源因子的影响，主要有：①鱼类的自身因素，包括鱼类食性的不同、胃及消化道的容积、鱼群密度、鱼类的生理状况、发育阶段和营养史、摄食的时空变化、鱼类的适应能力、鱼类的群体效应；②环境因素，包括水温、光照、溶氧、盐度、pH 值、氨氮、透明度、季节变化、潮汐规律；③食物因素，包括食物类型（颗粒、形状、颜色、水中稳定性、硬度）和食物组成；④管理因素，包括投喂水平、投喂时间、投喂频率；⑤激素因素，包括生长激素、甲状腺素、胰岛素等。

第三节　投喂率

一、投喂率

投喂率是指投入水体中的饲料重占鱼体重的百分比，投喂率是影响鱼体生长最重要的因素。采用适当的投喂率对于鱼的成功养殖非常重要，理想的投喂率既能使生长率最大化，也可以使个体生长差异和饲料浪费最小化。鱼类的摄食率与种类、大小、食欲和水质等环境因子以及饲料质量都有着密切的关系，一般而言，投喂率随着鱼体重的增加、水温的降低和饲料蛋白的升高而降低。通过从生理、生化、营养代谢和生态学角度，研究不同投喂率对鱼类生长和体成分的影响，是确定适宜投喂率的理论基础。

（一）最适投喂率

研究投喂率的主要目标是确定一个最优的投喂率，从大多数文献来看，最优投喂率是依据养殖对象生长率较高同时饲料效率较低的标准综合考虑予以评定的，有些是确定数值，有些则是一个范围。不同鱼类的最优投喂率差别较大。体重 0. 50 g 的印度鲮在水温 26. 0 ℃时，最优投喂率为 5%～5. 5%；体重 3 g 的海鲈，在水温 22. 6 ℃时，最优投喂率为 3. 3%～3. 5%；体重 26. 85 g 的日本黄姑鱼在水温 26 ℃时，最优投喂率为 3. 0%。

同一种鱼类不同生长阶段的投喂率也不相同，特别是生长早期阶段变化更加明显。在最适温度下，体重为 0. 22 g 的海鲈最优投喂率为 7. 4%；体重为 0. 73 g 的最优投喂率为 5. 1%；体重为 1. 56 g 的最优投喂率为 4. 5%；体重为 18. 9 g 的最优投喂率为 2. 2%。投喂率随体重增加呈递减趋势。

（二）投喂率的研究方法

近年来，随着投喂率研究内容的日趋丰富和研究领域的日渐拓宽，投喂率的研究方法也逐渐多元化。由于部分鱼类的仔鱼和幼鱼只能摄食天然饵料，所以本书依据摄食对象的不同把这些方法分为：摄食饲料类和摄食天然活饵料类。

1. 摄食饲料类

（1）体重标定法。很多学者采用这种方法，在预期生长的基础上，以鱼体初始体重来确定摄食水平，即每条鱼每天摄食鱼体体重的百分率的饲料，经过一段时间称重来矫正摄食水平。此方法操作简单且确定的摄食水平比较精准，但是必须定期称重，对鱼生长影响较大，而且称重的时间间隔也会影响摄食水平的精确性。

（2）饱食确定法。这种方法是选取生长性征相近的一组鱼作为参照体，其余的实验组按照参照鱼的饱食水平为基准来调节摄食水平，并定期校正参照鱼的饱食水平。这种方法不用称重，对鱼体生长无影响。但是，参照鱼的生长肯定会有偏差，导致摄食水平的不准确，鱼体摄食的饱食量的变化也很大。

（3）参照确定法。该方法以可预见的达到最大生长率的实验组摄食水平为标准水平

1.00，其余实验组参照标准水平设定，这种方法不称重不测鱼体的饱食量，很大程度上减少了操作误差。但是每种鱼的最大生长率一般都不同，摄食水平设定的基准不一样，相关资料的可比性较低。

（4）模糊标定法。这种方法只适用于特定条件下，不需要得到准确的投喂率，只要在不同食物丰度下鱼体生长存在差异，就可模糊确定投喂率。

2. 摄食天然活饵料类

（1）仔鱼摄食水平的确定。有些鱼类的仔鱼在刚出生不久，由内源性营养转到外源性营养时，只能开口摄食一些幼小的动物如水蚯蚓、卤虫。因此，不能用摄食饲料的方法来设定其摄食水平。Gunther 等（1992）用无节幼体饲喂马拉丽体鱼（*Cichlasomo managuense*）时，以每条鱼每天摄食多少无节幼体来衡量摄食水平。这种方法虽然解决了仔鱼摄食水平的标定问题，但在不同鱼类中相互比较结果的意义不大，因为对于不同的鱼类，摄食的活体动物本身差异较大。

（2）幼鱼摄食水平的确定。这种方法依据鱼体生长率来调节摄食水平，原理是：幼鱼期鱼体特定生长率增长幅度会持续下降，所以不适合以鱼体体重来设定其摄食水平。由此 Verrcth 提出基于急剧变化的干物质水平的确定方法：

$$R_t = Y_t \times FCR \times N_t \times D_{mf}/D_{ma}$$

式中，R_t 表示每个实验缸的食物需求量；Y_t 代表平均每天鱼体个体的增长；FCR 表示饲料系数；N_t 代表在第 t 天各鱼缸的鱼体个数；D_{mf}表示幼鱼的干物质水平；D_{ma}表示天然活物的干物质水平。这种方法较好地解决了在生长率不断变化情况下的摄食水平的标定，但也要求隔一段时间称重一次以确定个体的增长。

总之，这些投喂率的确定方法都有特定条件，如体重标定法是在鱼体的特定生长率变化不大的前提下，因为如果生长率变化过大，意味着体重变化会很大，摄食水平的波动也会很大，这样投喂率的设定就没有多大的意义。在实际操作中，要根据各种鱼不同的生长特性选择不同的方法，尽量减少误差，使结果更精确。

二、投喂率对鱼类生长的影响

投喂率显著影响鱼类生长。在最大摄食量和维持摄食量之间的摄食量，从理论上都能促进鱼类生长。当施加不同投饲水平，鱼类表现两种不同生长现象。

一种是鱼类的特定生长率（SGR）随投喂率增加出现先增加后降低的趋势。SGR 和投喂率之间呈抛物线型的回归关系，这种投喂率—特定生长率关系称为曲线型生长。Eroldogan 等（2004）研究发现，体重 2.6 ±0.3 g 的舌齿鲈，投喂率在 2% 到饱食投喂率（大于 6%）之间时，SGR 和投喂率间回归关系：$Y = -0.1534X^2 + 1.5981X - 0.9373$（$R^2 = 0.9763$）。同属曲线型生长的不同鱼类增重率随投喂率的变化有所不同。2.6 g 左右的舌齿鲈，投喂率在 2% 到饱食投喂率之间变化，增重率随投喂率的增加出现先增加后降低。4.5 g 的日本黄姑鱼的相对增重率随着投喂率的增加呈先上升后平稳的趋势。

另一种是鱼类 SGR 随着投喂率增加不断增加，在饱食投喂时达到最大。Cho 等（2006）研究发现，体重 17 g 的牙鲆，投喂率在 70% 饱食投喂和饱食投喂之间变化时，SGR 和投喂率呈直线回归关系，方程为 Y（SGR）$= 0.0247X + 1.9831$（$R^2 = 0.8747$）。

Ham 等（2003）研究发现，体重（69.0±16.5）g 的大菱鲆，投饲量在 35% 饱食投喂到饱食投喂之间变化时，特定生长率随投饲量增加而增加。从实验数据来看，SGR 和投饲量呈线性回归关系，下文称为直线型生长。

这两种生长现象特点明显、各不相同，但鱼类是否只存在这两种投喂率—特定生长率关系，这种关系是否由鱼类日常活动量不同造成的，还有待研究。

三、投喂率对饲料转化率的影响

目前，关于投喂率对饲料转化率的影响的研究结果并不一致，大多数研究结果表明饲料转化率在中间投喂率时有最大值。普遍的观点认为，投喂率不足使得鱼类将摄入的饲料更多是用于维持机体基本的生理功能，而用于生长的部分较低，从而导致饲料转化率偏低；随着投喂率的增加，当鱼类摄入足够的饲料时，用于生长部分的能量会增加，此时饲料转化率会升高。然而，当过度投喂时，由于鱼类摄食活动的增强，引起鱼体对饲料消化吸收能力的降低，导致饲料转化率降低。

曲线型生长的鱼类随着投喂率的增加，饲料转化率呈现先升高后降低的趋势。军曹鱼幼鱼投喂率从 3% 到 9% 变化时，饲料转化率不断升高，而从 9% 到饱食投喂变化时，饲料转化率呈现下降的趋势。黄姑鱼随着投喂率从 1% 增加至 5%，黄姑鱼饲料转化率呈现先升高后平稳再下降的趋势。在舌齿鲈和印度鲮等鱼类上也发现类似的结果。

在直线型生长的鱼类中，不同鱼类的饲料转化率受到投喂率的影响而不同，5.77 g 左右的卵形鲳鲹幼鱼，随着投喂率从 1% 到饱食投喂的增加，其饲料转化率不断增加，在饱食投喂时达到最大值。

综上所述，曲线型生长鱼类的最大 SGR 摄食量低于最大摄食量，而直线型生长鱼类的最大 SGR 摄食量等于最大摄食量。曲线型生长鱼类应在最高饲料转化率和最大 SGR 投喂量之间以获得最优投喂率，而直线型生长鱼类的投喂量应保持饱食投喂最优。由此可见，确定最优投喂策略时应该首先确定鱼类的摄食—生长类型。

四、投喂率对鱼体成分的影响

鱼体生长意味着发生很多变化，包括体长、体重、全身器官或其它组织，也涉及蛋白质、脂质等营养成分。鱼类的营养成分分析是评价鱼类生长和生理状态的指标，测量的主要成分有蛋白质、脂肪、灰分和水分。国内外关于投喂率对鱼类营养成分的影响已经有了大量研究。

不同投喂率对大菱鲆全鱼蛋白质含量有显著差异，牙鲆的蛋白质含量显著受投喂率的影响，80% 饱食投喂显著高于 100% 饱食和 75%、70% 饱食投喂，但同时 80% 组和 85%、90%、95% 组蛋白含量没有显著差异，后三个组又和 100% 组没有显著差异。日本鲈鱼和舌齿鲈体蛋白含量不受投喂率的影响。印度鲮脂肪含量在投喂率低于 6% 时呈线性增加，高于 6% 后，各组没有显著差异。日本黄姑鱼 1.0% 投喂率组的鱼体脂肪含量显著低于 2.0%～4.0% 投饲率组，但与 5.0% 投喂率组无显著性差异。由此可见，鱼体脂肪含量和摄入饲料多少有关，高投喂率和低投喂率都引起低脂肪含量。

第四节　投喂频率

一、投喂频率

投喂频率就是指每天投喂饵料的次数，最适投喂频率的确立对水产养殖行业有着十分重要的意义。最适的投喂频率可以提高鱼类的生长速度和存活率，提高饲料转化率，从而提高了养殖产量，增加了经济效益。饲料的最适投喂频率受到鱼种、饲料组成、生长阶段和养殖环境等诸多因素的影响。表 9－1 列出了几种常见海水鱼类最适合投喂频率。

表 9－1　几种常见海水鱼类的最适投喂频率

种类	拉丁名	初始体重/g	投喂频率/(次/d)
许氏平鲉	*Sebastes schlegelii*	25	0.5
真鲷	*pagrosomus major*	5.1	2
虹鳟	*Oncorhynchus mykiss*	8	2
虹鳟	*Oncorhynchus mykiss*	16	2
许氏平鲉	*Sebastes schlegelii*	5.7	1
牙鲆	*Paralichthys olivaceus*	1.6	3
黑鲷	*Sparus macrocephlus*	24.5～33.7	2
遮目鱼	*Chanos chanos*	0.6	8

（一）投喂频率的研究方法

投喂频率就是每天投饲的次数。研究方法相对简单，只需设计的系列投喂频率包括最佳投喂频率在内即可。确定投饲次数是健康高效养殖要解决的重点之一。鱼种类、生长阶段和饵料组成等因素往往导致不同的最适投喂频率。

（二）胃排空率

胃排空率是指摄食后食物从胃中排出的速率，有的用胃排空时间来表示。它除了受鱼体自身生理状况和实验方法的影响外，还受鱼的种类、鱼体重、温度、食物颗粒大小、食物性质、摄食频率以及饥饿时间等的影响，其中温度、食物和鱼体重最受关注。

鱼类的摄食时间间隔或摄食频率受到胃排空速率的影响，摄食量受胃饱和度影响，食欲的恢复也与其密切相关。有些鱼类要等到胃几乎排空才重新开始摄食，大多数鱼类在胃排空之前便开始摄食了，摄食量相当于当时胃排空间隙。因此鱼类胃排空率不仅是鱼类生态学及能量学的重要且必须的参数，在水产养殖上也有应用价值，是制定最佳投喂频率的重要依据。余方平等（2007）用连续取样检测胃容物减少的方法测量了美国红鱼（520 g）的胃排空率表明，摄食 28 h 后接近排空，实验还得出在该条件下美国红鱼的胃排空率为每小时排出摄入食物量的 3%～4%。马彩华等（2003）通过观测粪便排出对大菱鲆（420 ± 65 g）胃排空率的研究发现，在摄食 6 h 后排粪，20 h 排空。很多研究表明多次摄食可以提高胃排空率，但也有不同的观点，Riche 等（2004）研究表明一天投喂3次和5次对罗非鱼的胃排空率没有显著影响。

二、投喂频率对鱼类生长的影响

在固定日投喂率前提下，增加投喂频率可以促进鱼类生长。Bradley等（2006）研究表明随着投喂频率的增加，澳大利亚金赤鲷稚鱼（*Pagrus major*）的增重率和能量转化率不断增加。塔巴基鱼（*Colossoma macropomum*）生长实验中，投喂率10%的组中饲料分3次投喂比2次有更高特定生长率、体长和体重的增长率。但是在饲料投喂量没能满足鱼类生长的营养和能量需求时，投饲频率的增加反而会抑制生长。养殖动物的摄食活动会消耗能量，过多投喂次数反而降低生长速度。塔巴基鱼在投饲率为5%时，生长受限，分三次投喂反而不如投喂两次的生长效果好。

当饱食投喂时，增加投喂频率对养殖动物的生长也有促进作用。在适宜的投喂频率内，鮸状黄姑鱼（*Nibea miichthioides*），黄尾黄盖鲽（*Limanda ferruginea*），牙鲆（*Paralichthys olivaceus*），庸鲽（*Hippoglossus hippoglossus*）随着投喂频率的增加，增重率不断上升。投喂次数过多时，增重率不再增加。鮸状黄姑鱼投喂频率由1次/天增到2次/天，增重无显著差异。瓦氏黄颡鱼幼鱼投喂频率0.5～3次/天组生长率随投喂频率增加而升高；但当投喂频率由3次/天增加到4次/天时，生长率未继续升高。

三、投喂频率对鱼类摄食的影响

国内外学者针对投喂频率对鱼类摄食影响开展了大量研究工作，投喂频率增加，鱼类的摄食率显著升高。牙鲆随着投喂频率的增加，投喂食物总量增加，平均每次投喂时食物的消耗量有所减少，但每天摄入的食物总量增加。随着投喂频率的增加，鲑鱼（*Oncorhynchus keta*）的胃容量减小从而使得每次摄入的食物量减少。鱼类在更高的投喂频率下养殖时消耗更多的食物量，但是每次的摄食量会变小，即鱼类每天摄食次数减少会导致每次摄食量更多，鱼类通过扩大胃容量和增加食欲来适应这一改变。

养殖生产中，过量投喂会导致食物浪费，而食物不足会导致鱼类生长缓慢。所以，当鱼类在一个确定的投喂频率下进行养殖时，有必要研究鱼类的日摄食模式以确定最适投喂频率下每次投喂时的食物量，每次投喂定量的食物，既可以节省时间和劳动力，也可以提高生产率、减少食物浪费并且减少水质污染。鱼类的日摄食模式随着投喂频率的改变而改变。

四、投喂频率对鱼类营养成分的影响

投喂频率对鱼体的营养成分有影响。投喂频率显著影响鳙幼鱼营养成分，其全鱼蛋白质含量随投喂频率的增加呈先升高后下降的趋势，脂肪含量逐渐上升，而水分和灰分含量逐渐下降。日本黄菇鱼（*Nibea japonica*）的研究发现，蛋白质和水分含量随饲喂频率的升高呈先升高后降低的趋势，而脂肪含量显著升高。发现不同投喂频率对鲱海鲷（*Pagellus erythrins*）的脂肪含量有显著影响，其中投喂1次/天的鱼体脂肪含量最低，水分含量最高，整体营养状况显著低于投喂频率较高的实验组。真鲷（*Pagrus major*）鱼体脂肪含量有类似的变化规律。但鲈鱼（*Lateolabrax japonicus*）随着投喂频率的增加，脂肪含量呈明显减少趋势，水分和蛋白质含量保持不变，灰分含量呈明显增加趋势。然而，在其它研究中，也有不受影响的报道。星斑川鲽幼鱼（*Platichthys stellatm*）的水分和粗蛋白含量不受投喂频率的影响，大西洋鲑（*Salmo salar*）的粗脂肪、粗蛋白、灰分和水分均不受投喂频率的影响。

第五节 投喂时间

对于鱼类摄食节律行为的研究是建立科学投喂策略的生物学基础，根据摄食节律制定适宜投喂时间可直接应用于渔业生产。近些年来，对于鱼类各种生理节律行为已有了大量报道。鱼类摄食节律的研究方法主要有三种。①日摄食率法：计算鱼类每天不同时段的日摄食率来确定周期性摄食规律模式，分为直接测定摄食率法和饲料颗粒间接估算法。②肠道充塞度法：以鱼体肠道内的食物充塞度为参数来衡量周期性摄食规律模式，在野外研究中常用。③活动监测法：通过自动监测装置来自动记录鱼类的摄食活动，确定昼夜摄食节律，包括咬食触动监测法和自动投饵监测法。

摄食节律是鱼类在长期演化过程中对光照、温度、饵料等周期性变动的环境条件主动适应的结果。按照鱼类的自然摄食节律来确定投喂时间，可以减少饲料浪费，提高饲料效率。适宜的投喂时间应选择在鱼类摄食的峰值段，而避开摄食低谷期；如果投饵时间与养殖对象的索食活动周期相一致，可以提高饲料效率。

鱼类摄食节律分为昼夜摄食节律、潮汐摄食节律以及年摄食节律。多数鱼虾的摄食活动有明显的日周期变化规律。鱼类的日摄食活动归纳为白天摄食、晚上摄食、晨昏摄食和无明显节律 4 种类型。

（1）白天摄食型。国内摄食节律的研究主要集中在鱼种或仔稚鱼范围，其中牙鲆、石斑鱼、大口胭脂鱼鱼种都属白天摄食型。实验时主要观察肠胃饱满度，采用解剖后，生物饵料计数的方法。在仔鱼阶段，鱼类已经形成明显的摄食节律，牙鲆仔、稚、幼鱼具有明显的摄食节律，呈现白天摄食为主，清晨和黄昏双高峰的特点，都在 16:00 左右出现摄食高峰，但幼鱼在夜间的摄食活动也很活跃。

（2）晚上摄食型。鱼类的摄食节律主要受内因控制，在生长发育不同阶段会有相应的变化，同时也受到外部环境的影响，光照周期、温度等对其有加强作用。云斑尖塘鳢仔鱼晚间摄食发生率显著高于白天，其摄食主要集中在每天 16:00 ～ 00:00；随着进一步的生长发育，仔鱼更喜欢在弱光或近乎黑暗的光照条件下觅食，这一特点趋近于其成鱼夜间摄食习性。

（3）晨昏摄食。例如真鲷（*Pagrosomus inajor*）仔、稚鱼阶段生活于水体上层，摄食具有明显的昼夜节律性，以 06:00 ～ 10:00 和 14:00 ～ 18:00 摄食活动最为活跃，表现出晨昏摄食的特点。

（4）无明显节律。异育银鲫 20.5g 组摄食高峰期都发生在白天，但随体重增加后，76.3g 组异育银鲫夜晚摄食活动增加，仅在凌晨 2:00 ～ 6:00 停止摄食，属于无明显节律。

第六节 投喂方式

目前，水产养殖中投喂方法可分为以下三种：人工投喂、定时定量自动化投喂和自需式自动化投喂。不同投喂方式各有其特点，适应不同的养殖环境和条件。

人工投喂的优点是可以随时观察养殖鱼的摄食状况，根据鱼类摄食活跃程度，饲料剩余多寡，以及天气、水温等情况及时调整投饲量，保证鱼类采食充分平均。缺点是费时费力，投饵散布不均，饲料浪费严重，污染水质。

自动化投喂具有省时省力，抛撒均匀，减少饲料浪费，增产增效的特点。在同等饲养条件下，使用自动投饵机比人工投饵的产量要高出 11%，收入也高出近 20%，增产效果十分明显。除节省饲料、增产增效外，投饵机的使用可减轻工人的劳动强度，调整工人配置，提高效率 4 倍以上。虞为等（2016）发明了一种可调的深水网箱定时定量自动投料机，如图 9－1 所示，投料机包括浮台、储料仓、螺旋送料杆、直流电机、出料口、太阳能发电板、蓄电池以及控制面板，其结构特点是在浮台上设有储料仓，储料仓中设有螺旋送料杆，螺旋送料杆的顶部设有出料口。浮台上设有太阳能发电板、蓄电池和控制装置，控制装置、螺旋送料器均与蓄电池连接。通过太阳能电池供电，这样十分节能环保，而且不需要定期更换电池，减少了劳动量，并且能保持整个系统长久运行。控制面板包括电源开关和定时器，投饵机每秒钟投料0.65 kg，可通过定时器设置投料时间点和投料时间长短，通过设置投料时间长短控制投料量。储料仓可储存饲料 0.5 t，浮台和储料仓为 304 不锈钢材质，表面涂防腐漆。喂料时，启动电源开关，螺旋送料杆由直流电动机驱动，即可将储料仓内的饲料输送到出料口上均匀投入到网箱内，或启用定时器，定时定量投喂。

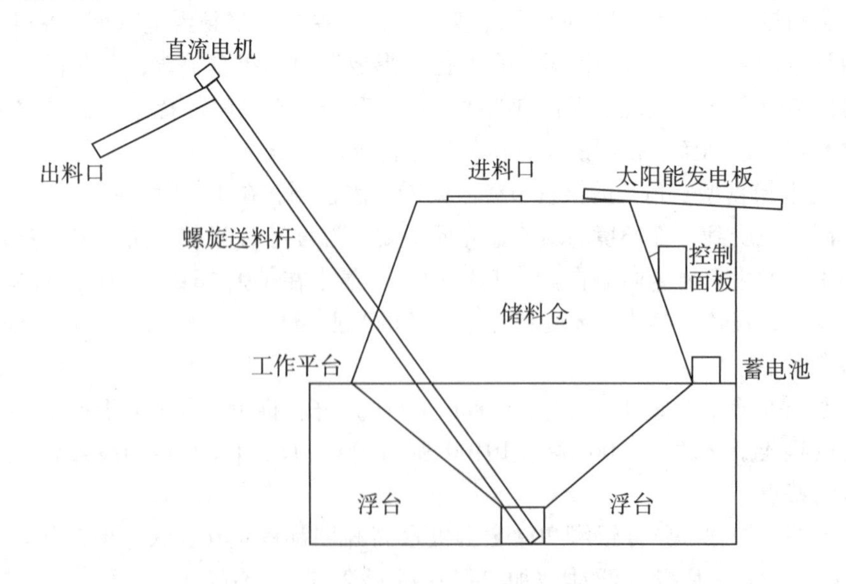

图 9－1 一种可调的深水网箱定时定量自动投料机

自需式投喂中，鱼类根据自身需求和摄食习性通过触击投喂机自由获得饲料，饲料效率高，鱼类生长快。和自动投饵机相比，使用自需式投饵机的鱼类不但有相同生长速度，而且体重变异性较低，因自残引起的死亡率也较低。如何使投喂机满足不同水产养殖动物的特殊采食习性和采食解剖特点，是自需式投饲机的研制难点和能否应用的关键所在。

在目前养殖实践的投喂策略上，更多的是借助养殖者的经验，由于缺乏科学的理论指导，因而经常出现投喂不当的现象，严重影响了养殖效益。因此，合理的投喂策略的确立对鱼类摄食和生长有着重要的意义，也有利于水产养殖业的持续和健康发展。有关投喂策略的研究主要集中在鱼类营养学及鱼类能量学，为建立科学的投喂策略体系，今后还需从以下几个方面开展工作：①积极开展投喂策略对鱼体内分泌调节机制为主的内在调控机制的研究。②继续探索补偿生长的机制，综合考虑饥饿或营养不足对鱼体内在代谢机制以及抗病免疫力的影响。③深入研究长期人工驯化对鱼类摄食节律改变的机制。④运用生物能量学模型建立可供不同养殖鱼类和养殖条件使用的科学而准确的投喂策略数据库。

第十章　卵形鲳鲹营养需求与饲料研究

卵形鲳鲹（*Trachinoms ovatus*）隶属于鲈形目（Perciformes）鲹科（Carangidae）鲳鲹属（*Trachinoms*），俗称金鲳、卵鲳、黄腊鲳等，属广盐暖水中上层洄游性鱼类。春夏季聚群由深水处游向近岸浅水处索饵和产卵，适宜生长水温22～33 ℃，最适为26～28 ℃；适宜生长盐度2‰～33‰；适宜pH值7.6～9.6；生活的最低临界溶氧量为2.5 mg/L。广泛分布于印度洋、太平洋和大西洋的温带、热带海域，自然水域中卵形鲳鲹喜集群觅食洄游，争抢食物凶猛，主要摄食浮游动物和小型的甲壳类、贝类、鱼类等。

卵形鲳鲹野生个体7～8月龄达性成熟、养殖个体5月龄性腺已经成熟，初次性成熟个体体重3～4 kg，属离岸大洋性产卵鱼类且为一次性产卵鱼类。在我国，卵形鲳鲹成熟季节根据地理位置不同而有明显的差别，一般春季海南三亚海区水温高，成熟早，产卵期为3～4月，广东大亚湾海区为5月，而福建沿海要到5月中旬、6月初才能催产，而在台湾，人工繁殖于每年4～5月开始，一直持续到8～9月。受精卵浮性，单油球，天然海区孵化后的仔稚鱼1.2～2 cm开始游向近岸，长至13～15 cm的幼鱼又游向离岸海区，产卵期在3～9月，以4～6月为盛期。适宜繁殖水温20～30 ℃，最适为25～29 ℃；适宜繁殖盐度24‰～35‰，最适为28‰～33‰。

卵形鲳鲹食性简单、生长快、抗病力强，肉细嫩，味鲜美，且可全程使用人工配合饲料，经济效益显著，深受广大消费者欢迎。有池塘、海上鱼排和网箱等多种养殖方式，随着人工繁育技术的突破和养殖技术的发展，在我国海南、广西、广东和福建等华南沿海地区得以广泛养殖。卵形鲳鲹运动量大、水质要求相对较高，适合高密度网箱养殖，尤其是深海抗风浪网箱养殖，从种苗开始养殖4～6个月可达400～600 g，当年可上市销售。2014年我国卵形鲳鲹的养殖产量超过10万吨，是我国海水养殖鱼类中推广非常成功的一个品种。

目前，卵形鲳鲹的养成主要集中在华南沿海地区，养殖模式主要有网箱养殖、池塘养殖。网箱养殖卵形鲳鲹应该选择在有一定挡风屏障或风浪相对较小，水流畅通、水体交换充分、不受内港淡水和污染源的影响，水质清爽，水质环境相对稳定的海区。水深一般要求在10～15 m（指落潮后），如果为深水网箱，可以设置在水深20 m以上的海区，一般要保证在最低潮时，网箱底到海底的距离至少应在2 m以上。

池塘养殖可选择面积2～10亩（1333～6667 m^2），开阔向阳，池深1.5～2.5 m，沙质泥底，水质清新无污染，pH值为7.0～8.2，盐度范围在5‰～25‰之间，氨氮含量低于0.5 mg/L，亚硝酸盐含量低于0.1 mg/L，卵形鲳鲹运动量大，耗氧多，平时应注意池塘增氧。近年来，在陆源污染和养殖自身污染日益严重的情况下，浅湾传统网箱养殖环境日益恶化，病害频发，而深水网箱由于水交换活跃，养殖水质良好且稳定，病害少，养殖经济效益显著，具有广阔的发展前景。

卵形鲳鲹养殖全程使用配合饲料，已完成了卵形鲳鲹蛋白质、脂肪及部分氨基酸、脂肪酸、糖类及维生素等营养物质需求的研究，卵形鲳鲹各个生长发育阶段的人工配合饲料的应用极大地促进了卵形鲳鲹规模化和集约化健康养殖发展。本章主要介绍笔者最近的研究成果。

第一节　氨基酸需求研究

一、卵形鲳鲹幼鱼的赖氨酸需求

赖氨酸是鱼类的必需氨基酸，需从食物中直接摄入。同时赖氨酸也是大部分饲料蛋白源中最主要的限制性氨基酸之一。饲料中合理的氨基酸组成和含量对于卵形鲳鲹生长、发育和繁殖极为重要，满足其对必需氨基酸的需求意义重大。如今，由于鱼粉的价格高以及环境压力，饲料中越来越多地采用植物性蛋白替代鱼粉。赖氨酸作为鱼类主要限制性氨基酸，其合理供给有助于提高饲料中植物性蛋白质源的利用率，因此赖氨酸的需求量研究显得尤为重要。

实验饲料配方和饲料氨基酸组成分别见表10－1和表10－2。

表10－1　实验饲料配方及饲料营养水平（%）

原料	晶体赖氨酸含量					
	0	0.30	0.60	0.90	1.20	1.50
鱼粉	10.00	10.00	10.00	10.00	10.00	10.00
玉米蛋白粉	20.00	20.00	20.00	20.00	20.00	20.00
豆粕	11.00	11.00	11.00	11.00	11.00	11.00
花生粕	12.00	12.00	12.00	12.00	12.00	12.00
面粉	21.00	21.00	21.00	21.00	21.00	21.00
鱿鱼内脏粉	3.00	3.00	3.00	3.00	3.00	3.00
氨基酸混合物	6.89	6.89	6.89	6.89	6.89	6.89
鱼油	7.11	7.11	7.11	7.11	7.11	7.11
卵磷脂	1.00	1.00	1.00	1.00	1.00	1.00
维生素预混料	2.00	2.00	2.00	2.00	2.00	2.00
矿物质预混料	4.00	4.00	4.00	4.00	4.00	4.00
氯化胆碱（50%）	0.50	0.50	0.50	0.50	0.50	0.50
晶体谷氨酸钠	1.50	1.50	1.50	1.50	1.50	1.50
合计	100.00	100.00	100.00	100.00	100.00	100.00
营养水平						
水分	7.15	7.25	8.40	8.66	8.69	8.10
粗蛋白	43.90	43.82	43.82	43.81	44.04	43.77
粗脂肪	10.87	11.08	10.79	10.88	11.12	10.98
粗灰分	8.33	8.20	8.21	8.33	8.20	8.21

表 10－2 实验饲料氨基酸组成（%）

项目	饲料中赖氨酸含量					
	2.28	2.46	2.63	2.73	2.95	3.28
苏氨酸 Thr	1.24	1.24	1.22	1.23	1.24	1.24
缬氨酸 Val	2.42	2.43	2.41	2.42	2.41	2.44
蛋氨酸 Met	0.91	0.92	0.92	0.91	0.91	0.93
异亮氨酸 Ile	1.98	1.97	1.95	1.97	1.99	1.97
亮氨酸 Leu	4.06	4.10	4.08	4.12	4.06	4.11
苯丙氨酸 Phe	1.75	1.79	1.77	1.81	1.81	1.81
精氨酸 Arg	2.56	2.58	2.60	2.59	2.58	2.60
组氨酸 His	0.70	0.71	0.71	0.72	0.71	0.71
赖氨酸 Lys	2.28	2.46	2.63	2.73	2.95	3.28
必需氨基酸总量	17.90	18.20	18.29	18.51	18.67	19.09
天冬氨酸 Asp	3.69	3.70	3.68	3.70	3.69	3.75
丝氨酸 Ser	1.25	1.25	1.25	1.24	1.19	1.20
谷氨酸 Glu	8.14	8.18	8.13	8.04	8.04	8.02
脯氨酸 Pro	2.45	2.50	2.54	2.42	2.45	2.47
甘氨酸 Gly	1.28	1.27	1.26	1.28	1.29	1.30
丙氨酸 Ala	3.47	3.56	3.57	3.42	3.44	3.46
胱氨酸 Cys	0.25	0.25	0.25	0.25	0.25	0.26
酪氨酸 Tyr	0.98	1.01	1.03	1.06	1.08	1.08
非必需氨基酸总量	21.51	21.72	21.71	21.41	21.43	21.54
氨基酸总量	39.41	39.92	40.00	39.92	40.10	40.63

（一）结果

1. 赖氨酸对卵形鲳鲹生长性能的影响

饲喂不同赖氨酸含量饲料后卵形鲳鲹幼鱼的各项生长指标见表 10－3。增重率和特定生长率均随着饲料赖氨酸含量的增加而增加，在饲料赖氨酸含量为 2.95% 时达到最高，2.95% 和 3.28% 组显著高于 2.28%、2.46% 和 2.63% 组（$P<0.05$）。饲料系数随着饲料赖氨酸含量的增加而降低，饲料赖氨酸含量为 2.46%、2.73%、2.95% 和 3.28% 的组显著小于赖氨酸含量为 2.28% 的组（$P<0.05$）。肝体比只有 2.73% 组显著高于 2.46% 组（$P<0.05$）。各组的成活率均较高（≥95%），成活率和脏体比组间未出现显著性差异（$P>0.05$）。增重率与饲料中赖氨酸含量的折线模型见图 10－1，折线模型（broken-linemodel）中两线相交处赖氨酸含量为饲料干重的 94%，占饲料蛋白质的 6.70%。

表 10－3　各组卵形鲳鲹的生长性能指标

项目	饲料中赖氨酸含量/%					
	2.28	2.46	2.63	2.73	2.95	3.28
初始体重 IW/g	14.68 ±0.54	15.07 ±0.37	15.13 ±0.37	15.24 ±0.43	14.73 ±0.39	15.04 ±0.38
终末体重 FW/g	69.98 ±2.55[a]	81.32 ±3.37[b]	83.46 ±4.55[b]	88.14 ±6.26[bc]	91.76 ±3.48[c]	92.90 ±2.60[c]
增重率 WGR/%	376.91 ±5.18[a]	439.76 ±14.94[b]	451.59 ±22.40[b]	478.37 ±38.34[bc]	523.32 ±29.71[d]	517.60 ±13.78[cd]
特定生长率 SGR/(% · d^{-1})	2.79 ±0.17[a]	3.01 ±0.05[b]	3.04 ±0.76[b]	3.13 ±0.12[bc]	3.26 ±0.09[c]	3.25 ±0.04[c]
饲料系数 FCR	1.71 ±0.35[c]	1.51 ±0.55[ab]	1.59 ±0.16[bc]	1.47 ±0.12[ab]	1.37 ±0.07[a]	1.41 ±0.03[a]
成活率 SR/%	100.00 ±0.00	100.00 ±0.00	95.00 ±5.00	100.00 ±0.00	100.00 ±0.00	98.33 ±2.89
脏体比 VSI/%	7.42 ±0.23	7.00 ±0.43	7.24 ±0.39	7.36 ±0.56	6.84 ±0.25	6.87 ±0.12
肝体比 HSI/%	1.92 ±0.24[ab]	1.67 ±0.12[a]	1.93 ±0.10[ab]	2.07 ±0.24[b]	1.97 ±0.08[ab]	1.84 ±0.08[ab]

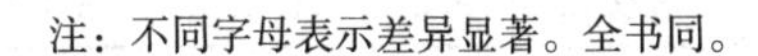

注：不同字母表示差异显著。全书同。

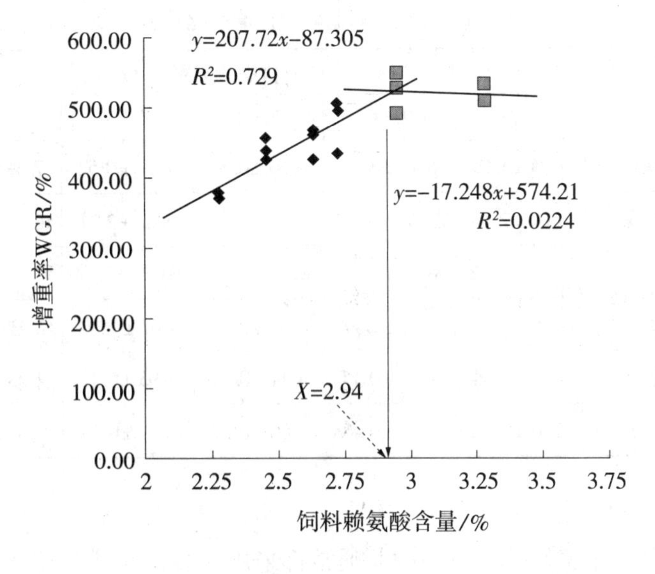

图 10－1　饲料赖氨酸含量对卵形鲳鲹增重率的影响

2. 赖氨酸对卵形鲳鲹鱼体营养成分组成的影响

卵形鲳鲹全鱼和肌肉的营养成分组成见表10-4。各组全鱼的水分、粗蛋白、粗脂肪和灰分含量不存在显著差异（$P>0.05$）。饲料中赖氨酸含量没有显著影响肌肉的粗蛋白、粗脂肪和灰分含量（$P>0.05$），仅2.28%组肌肉水分含量显著高于2.73%和2.95%组（$P<0.05$）。

3. 赖氨酸对卵形鲳鲹血清生化指标的影响

各组卵形鲳鲹血清生化指标见表10-5。饲料中赖氨酸含量显著影响血清谷丙转氨酶活性和总蛋白含量（$P<0.05$），2.46%组血清谷丙转氨酶活性显著高于其它各组（$P<0.05$），2.63%组血清总蛋白含量显著高于2.28%组（$P<0.05$）。饲料中赖氨酸含量对血清谷草转氨酶活性以及葡萄糖、总胆固醇和甘油三酯含量无显著影响（$P>0.05$）。

表10-4 各组卵形鲳鲹全鱼和肌肉营养成分组成（%）

项目		饲料中赖氨酸含量					
		2.28	2.46	2.63	2.73	2.95	3.28
全鱼	水分	67.94±2.31	64.06±6.49	74.50±8.15	73.03±7.90	74.15±6.72	75.33±8.46
	粗蛋白	59.41±1.22	61.90±1.37	60.50±0.87	60.89±1.77	61.84±1.36	61.86±2.80
	粗脂肪	25.14±2.67	25.91±1.58	26.85±2.89	26.99±2.01	29.00±2.14	24.97±3.37
	灰分	13.22±0.73	13.50±0.49	12.65±0.56	12.70±0.26	12.97±0.97	13.01±0.62
肌肉	水分	77.61±1.44[b]	76.58±0.59[ab]	76.18±0.61[ab]	75.96±0.51[a]	75.54±0.53[a]	76.45±0.66[ab]
	粗蛋白	75.30±2.82	75.68±2.62	77.83±0.19	75.84±2.26	77.15±0.38	77.40±3.46
	粗脂肪	17.38±0.85	19.90±1.30	19.18±2.49	19.37±0.92	19.82±1.53	18.53±3.79
	灰分	5.39±0.31	5.10±0.10	5.38±0.12	5.16±0.23	5.22±0.11	5.16±0.17

表10-5 各组卵形鲳鲹的血清生化指标/%

指标	饲料中赖氨酸含量/%					
	2.28	2.46	2.63	2.73	2.95	3.28
葡萄糖 GLU/(mmol·L^{-1})	4.74±1.09	6.13±3.03	6.53±0.82	7.11±0.52	7.49±1.12	6.32±2.37
谷丙转氨酶 ALT/(U·L^{-1})	16.00±2.00[a]	23.67±6.66[b]	16.00±3.46[a]	15.67±2.31[a]	16.33±2.52[a]	15.67±3.06[a]
谷草转氨酶 AST/(U·L^{-1})	85.67±2.08	98.67±11.72	89.33±16.04	96.00±7.54	97.33±18.17	82.00±9.53
总蛋白 TP/(g·L^{-1})	42.20±1.64[a]	44.23±1.99[ab]	45.23±2.27[b]	44.67±1.46[ab]	42.93±2.28[ab]	40.00±1.55[ab]
总胆固醇 CHO/(mmol·L^{-1})	4.31±0.44	4.23±0.17	4.14±0.44	3.95±0.12	4.38±0.91	3.78±0.42
甘油三酯 TG/(mmol·L^{-1})	2.20±0.22	2.18±0.43	2.06±0.37	2.41±0.18	1.84±0.33	2.29±0.36

（二）讨论

对水产动物氨基酸需求量的分析模型通常都采用折线模型或二项式曲线模型。根据本实验结果，卵形鲳鲹的增重率随着赖氨酸含量的增加而增加，然而其在饲料赖氨酸含量为2.95%和3.28%的两组中没有显著性差异，故采用折线模型确定卵形鲳鲹的最适饲料赖氨酸含量为饲料干重的2.94%，占饲料蛋白质的6.70%。

因赖氨酸是鱼类主要的限制性氨基酸，饲料中合理的赖氨酸水平对于鱼类来说是很关键的因素，特别是对以植物蛋白质为主要蛋白质源的饲料显得尤为重要。在一定范围内，鱼类随着饲料中赖氨酸含量的增加，生长加快、饲料系数下降，再增加赖氨酸含量时，鱼类的生长相对稳定。本实验所得结果与该规律是一致的。卵形鲳鲹的增重率和特定生长率均随着饲料中赖氨酸的增加而增加，在赖氨酸含量达到2.73%后变化趋于平稳。由折线模型表明，卵形鲳鲹对赖氨酸的最适需求量为饲料干重的2.94%，这与斜带石斑鱼（2.83%）和许氏平鲉（2.99%）等海水养殖鱼类相近。

饲料中必需氨基酸的添加量对鱼体的营养成分组成影响结果报道不一。饲料中赖氨酸含量不会影响大菱鲆的全鱼蛋白质含量，却会提高黑鲷和银鲈的全鱼蛋白质含量。本实验中，各组卵形鲳鲹全鱼的水分、粗蛋白、粗脂肪和灰分含量不存在显著性差异，除饲料赖氨酸含量为2.28%的组的肌肉水分含量显著高于其它组外，肌肉粗蛋白、粗脂肪和灰分含量也未出现显著性差异。

饲料赖氨酸含量对鱼体和肌肉营养成分组成的影响还不是非常确切。血清中葡萄糖充足时，胰岛素通过影响细胞膜的载体来促进细胞对葡萄糖和氨基酸的摄取，使糖原和总蛋白含量增加。卵形鲳鲹血清中葡萄糖含量没有随着饲料中赖氨酸含量改变出现显著变化，总蛋白含量出现先升后降的变化。该结果与细鳞鲳和银鲈所得结果相似，但军曹鱼血清中葡萄糖含量随赖氨酸含量增加而上升，总蛋白含量没有出现大的波动。谷丙转氨酶和谷草转氨酶是动物线粒体中重要的转氨酶，其活性变化与氨基酸代谢有关。鱼体血清中谷草转氨酶活性大小被认为是指示肝脏是否损伤的指标。本实验中，只有2.46%组的谷丙转氨酶活性显著高于其它组，而谷草转氨酶活性无显著变化，说明了本实验范围内的赖氨酸含量基本不影响血清谷丙转氨酶和谷草转氨酶活性。血清甘油三酯及胆固醇的含量均不受饲料中赖氨酸含量的影响，这与黑鲷和许氏平鲉对赖氨酸需求量的研究中所得结果相似。此外，鱼类血清生化指标受到品系、生长阶段、养殖环境、投喂方式和测定方法等多种因素的影响，测定值常有较大差异，这给实验结果的评价带来不确定性。

二、卵形鲳鲹幼鱼的蛋氨酸需求

蛋氨酸是唯一含有硫键的必需氨基酸，在动物体内的新陈代谢中有重要的生理功能：①参与合成蛋白质，并且是真核生物蛋白质合成过程中与mRNA结合的第一个氨基酸；②为甲基化反应提供甲基，在三磷酸腺苷转移酶的作用下生成性质活泼的腺苷蛋氨酸，除此之外它也为肾上腺素、肌酸和胆碱等营养素的合成提供甲基；③参加体内代谢时产生大量的中间产物胱氨酸，对鱼类有保肝解毒的作用。

饲料中蛋氨酸不足会导致鱼类死亡率升高，增重率降低以及饲料系数上升。可能是由于缺乏蛋氨酸而导致鱼体组织中的抗坏血酸过度消耗而储备减少，从而引起上述症状。过量的蛋氨酸也会导致大黄鱼和麦瑞加拉鲮增长率降低，生长变缓慢。过量的蛋氨酸会在鱼体氧化成酮类或其它有毒物质导致鱼类的生长变慢。饲料中适量的蛋氨酸不仅能提高养殖鱼类成活率，促进鱼类的生长，而且还能防止脂肪肝、花肝以及白内障等疾病的产生。因为对氨基酸需求量的测定产生影响的因素有很多，包括鱼的规格和年龄、蛋白源（蛋白质和脂肪含量）、适口性、饲养方式和环境因子等。同种鱼也会因为初始体重、增重率和评价标准的不同，得出各种鱼类对营养需求量的结果有差异。实验饲料配方和饲料氨基酸组成分别见表 10－6 和表 10－7。

表 10－6　实验饲料组成及营养水平（%）

原料	晶体蛋氨酸添加水平					
	0.00	0.25	0.50	0.75	1.00	1.25
鱼粉	23.00	23.00	23.00	23.00	23.00	23.00
豌豆蛋白粉	5.00	5.00	5.00	5.00	5.00	5.00
豆粕粉	12.00	12.00	12.00	12.00	12.00	12.00
花生麸	11.00	11.00	11.00	11.00	11.00	11.00
面粉	20.00	20.00	20.00	20.00	20.00	20.00
大豆浓缩蛋白	5.00	5.00	5.00	5.00	5.00	5.00
鱿鱼内脏粉	3.00	3.00	3.00	3.00	3.00	3.00
混合氨基酸	5.89	5.89	5.89	5.89	5.89	5.89
鱼油	7.26	7.26	7.26	7.26	7.26	7.26
卵磷脂	2.00	2.00	2.00	2.00	2.00	2.00
多维	2.00	2.00	2.00	2.00	2.00	2.00
多矿	2.00	2.00	2.00	2.00	2.00	2.00
氯化胆碱（50%）	0.50	0.50	0.50	0.50	0.50	0.50
维生素 C	0.10	0.10	0.10	0.10	0.10	0.10
晶体蛋氨酸	0.00	0.25	0.50	0.75	1.00	1.25
晶体谷氨酸	1.25	1.00	0.75	0.50	0.25	0.00
合计	100	100	100	100	100	100
营养水平						
水分	7.57	7.91	7.52	7.96	8.29	7.69
粗蛋白	42.91	42.94	42.99	42.92	43.01	42.97
粗脂肪	12.91	12.82	12.90	13.06	12.57	12.60
灰分	9.48	9.25	9.48	9.41	9.43	9.48
胱氨酸	0.20	0.20	0.20	0.20	0.20	0.20
蛋氨酸	0.86	0.92	1.04	1.15	1.32	1.45

表 10－7　实验饲料的氨基酸组成（%）

项目	饲料中蛋氨酸含量						初始全鱼氨基酸含量
	0.86	0.92	1.04	1.15	1.32	1.45	
苏氨酸 Thr	1.18	1.19	1.20	1.20	1.20	1.17	1.17
缬氨酸 Val	2.08	2.06	2.07	2.07	2.06	2.03	2.03
异亮氨酸 Ile	1.94	1.93	1.93	1.96	1.95	1.98	1.94
亮氨酸 Leu	2.78	2.79	2.79	2.79	2.79	2.81	2.80
苯丙氨酸 Phe	1.60	1.61	1.60	1.61	1.59	1.61	1.61
精氨酸 Arg	2.64	2.67	2.69	2.66	2.66	2.68	2.65
组氨酸 His	0.60	0.61	0.60	0.63	0.61	0.60	0.58
赖氨酸 Lys	2.55	2.59	2.59	2.54	2.59	2.58	2.53
蛋氨酸 Met	0.86	0.92	1.04	1.15	1.32	1.45	1.13
必需氨基酸总量	16.23	16.37	16.51	16.61	16.77	16.91	16.44
天冬氨酸 Asp	3.81	3.80	3.80	3.82	3.83	3.81	3.80
丝氨酸 Ser	1.02	1.03	1.01	1.03	1.03	1.01	0.80
谷氨酸 Glu	8.01	7.85	7.68	7.50	7.34	7.16	5.57
脯氨酸 Pro	1.85	1.85	1.84	1.85	1.86	1.85	1.35
甘氨酸 Gly	2.48	2.49	2.48	2.48	2.50	2.51	2.48
丙氨酸 Ala	3.31	3.30	3.30	3.32	3.30	3.31	2.02
胱氨酸 Cys	0.20	0.20	0.20	0.20	0.20	0.20	0.18
酪氨酸 Tyr	0.87	0.90	0.93	0.87	0.86	0.87	0.66
非必需氨基酸总量	21.55	21.42	21.24	21.07	20.92	20.72	16.86
氨基酸总量	37.78	37.79	37.75	37.68	37.69	37.63	33.3

（一）结果

1. 蛋氨酸对卵形鲳鲹生长性能的影响

饲喂不同蛋氨酸含量饲料后卵形鲳鲹幼鱼的各项生长性能指标见表 10－8。各组的成活率均较高（>93%），增重率和特定生长率均随着饲料中蛋氨酸含量而变化，在饲料中蛋氨酸含量为 1.32% 时达到最高，并且 1.45% 和 1.32% 组显著高于 0.86% 和 0.92% 组（$P<0.05$）。饲料系数随着饲料中蛋氨酸含量增加而降低，且在蛋氨酸含量为 0.86% 饲料组的饲料系数显著大于其它各组（$P<0.05$）。肝体比和脏体比随着饲料中蛋氨酸水平上升而增大，其中 0.86%、0.92%、1.04% 组肝体比显著低于后面三组，脏体比只显著低于 1.45% 组（$P<0.05$）。增重率和特定生长率与饲料中蛋氨酸含量的二项式模型见图 10－2 和图 10－3，图中抛物线顶点处蛋氨酸含量为 1.28%，占饲料中蛋白质的 2.98%。

2. 蛋氨酸对卵形鲳鲹鱼体营养成分组成的影响

卵形鲳鲹全鱼和肌肉的营养成分组成见表 10－9。1.15%、1.32% 和 1.45% 组全鱼的粗蛋白含量显著高于 0.86%、0.92% 和 1.04% 组（$P<0.05$），1.04%、1.15%、

1.32%和1.45%组全鱼的粗脂肪含量显著高于0.86%和0.92%组（$P<0.05$），全鱼中的水分和粗灰分没有出现显著变化（$P>0.05$）。饲料中蛋氨酸含量对肌肉的常规营养成分未产生显著影响（$P>0.05$）。

表10-8　各组卵形鲳鲹的生长性能指标

项目	饲料中蛋氨酸含量/%					
	0.86	0.92	1.04	1.15	1.32	1.45
初始体重/g	12.40 ± 0.04	12.39 ± 0.15	12.42 ± 0.18	12.59 ± 0.78	12.54 ± 0.78	12.45 ± 0.18
终末体重/g	51.81 ± 1.47^{a}	70.86 ± 1.05^{b}	75.48 ± 0.87^{c}	79.07 ± 1.74^{cd}	81.58 ± 0.83^{d}	79.98 ± 0.79^{d}
增重率/%	317.85 ± 13.34^{a}	471.86 ± 9.69^{b}	507.96 ± 10.73^{c}	527.95 ± 10.35^{cd}	550.57 ± 5.03^{d}	542.99 ± 15.34^{cd}
特定生长率/(%·d^{-1})	2.55 ± 0.55^{a}	3.11 ± 0.51^{b}	3.22 ± 0.53^{bc}	3.28 ± 0.56^{cd}	3.34 ± 0.23^{cd}	3.32 ± 0.76^{d}
饲料系数	2.07 ± 0.10^{a}	1.40 ± 0.01^{b}	1.36 ± 0.03^{b}	1.28 ± 0.04^{b}	1.28 ± 0.01^{b}	1.29 ± 0.01^{b}
成活率/%	93.33 ± 1.67^{a}	98.33 ± 1.67^{ab}	96.67 ± 3.33^{ab}	98.33 ± 1.67^{ab}	98.33 ± 1.67^{ab}	100.00 ± 0.00^{b}
肝体比/%	7.13 ± 0.08^{a}	7.34 ± 0.06^{a}	7.70 ± 0.08^{b}	8.14 ± 0.13^{c}	8.28 ± 0.07^{c}	8.31 ± 0.03^{c}
脏体比/%	1.25 ± 0.07^{a}	1.39 ± 0.12^{ab}	1.46 ± 0.05^{ab}	1.59 ± 0.13^{abc}	1.67 ± 0.14^{bc}	1.83 ± 0.09^{c}

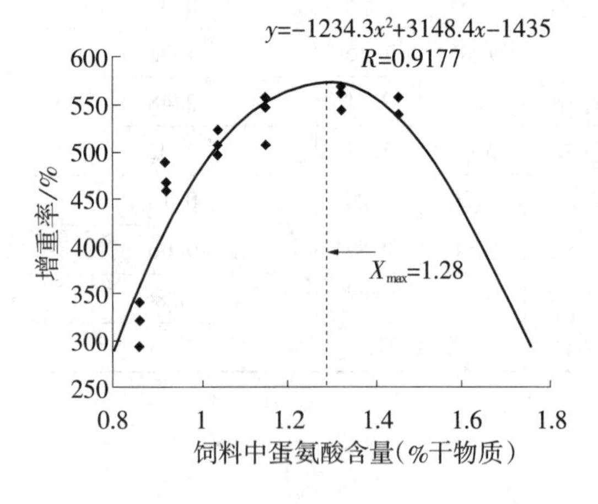

图10-2　饲料中蛋氨酸含量对卵形鲳鲹增重率的影响

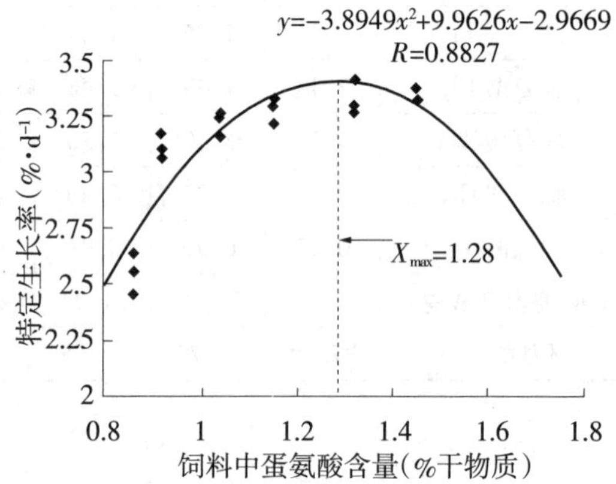

图10-3　饲料中蛋氨酸含量对卵形鲳鲹特定生长率的影响

表10-9　各组卵形鲳鲹全鱼和肌肉营养成分组成（%）

项目		饲料中蛋氨酸含量					
		0.86	0.92	1.04	1.15	1.32	1.45
全鱼	水分	68.83 ± 0.21	68.78 ± 1.71	68.06 ± 0.54	67.15 ± 0.20	66.80 ± 0.82	66.55 ± 0.19
	粗蛋白	18.83 ± 0.41^{a}	19.03 ± 0.07^{a}	19.74 ± 0.02^{ab}	20.98 ± 0.50^{bc}	20.91 ± 0.36^{bc}	21.67 ± 0.49^{c}
	粗脂肪	7.34 ± 0.26^{a}	7.78 ± 0.30^{a}	8.21 ± 0.43^{ab}	9.19 ± 0.33^{b}	9.31 ± 0.40^{b}	9.30 ± 0.31^{b}
	灰分	3.41 ± 0.13	3.44 ± 0.37	3.57 ± 0.11	3.68 ± 0.11	3.74 ± 0.09	3.88 ± 0.20

续表 10－9

项目		饲料中蛋氨酸含量					
		0.86	0.92	1.04	1.15	1.32	1.45
肌肉	水分	71.96±0.33	71.20±0.17	71.19±0.18	70.68±0.41	70.45±0.80	70.61±0.70
	粗蛋白	21.11±0.20	22.04±0.12	22.08±0.38	22.46±0.36	22.62±0.94	22.36±0.65
	粗脂肪	5.54±0.01	5.74±0.19	6.14±0.37	6.57±0.38	6.71±0.58	6.93±0.64
	灰分	1.29±0.05	1.35±0.02	1.41±0.05	1.40±0.03	1.44±0.02	1.41±0.03

3. 卵形鲳鲹肌肉氨基酸含量

各组卵形鲳鲹肌肉氨基酸含量（色氨酸除外）见表 10－10。各组间同种氨基酸受到饲料组的显著影响（$P<0.05$）。各氨基酸的变化趋势与增重率相似，出现先上升后下降的现象。1.15%、1.32%和1.45%组（组间无显著差异）必需氨基酸总量 TEAA 显著大于其它三组，饲料中蛋氨酸水平显著增加卵形鲳鲹肌肉必需氨基酸总量（$P<0.05$）。

表 10－10　各组卵形鲳鲹肌肉中必需氨基酸含量（%）

项目	饲料中蛋氨酸含量					
	0.86	0.92	1.04	1.15	1.32	1.45
苏氨酸 Thr	2.24 ± 0.02^{a}	2.30 ± 0.04^{ab}	2.28 ± 0.02^{ab}	2.36 ± 0.01^{bc}	2.43 ± 0.03^{c}	2.37 ± 0.04^{bc}
缬氨酸 Val	2.78 ± 0.01^{a}	2.89 ± 0.02^{b}	2.93 ± 0.02^{bc}	3.00 ± 0.03^{d}	2.96 ± 0.01^{cd}	3.02 ± 0.01^{d}
异亮氨酸 Ile	2.51 ± 0.02^{a}	2.56 ± 0.01^{b}	2.56 ± 0.01^{b}	2.72 ± 0.01^{c}	2.74 ± 0.02^{c}	2.69 ± 0.02^{c}
亮氨酸 Leu	3.83 ± 0.01^{a}	4.05 ± 0.01^{b}	4.15 ± 0.04^{c}	4.23 ± 0.02^{d}	4.22 ± 0.02^{d}	4.16 ± 0.02^{cd}
苯丙氨酸 Phe	2.19 ± 0.01^{a}	2.45 ± 0.02^{b}	2.53 ± 0.01^{c}	2.61 ± 0.01^{d}	2.57 ± 0.02^{d}	2.58 ± 0.01^{d}
精氨酸 Arg	3.94±0.01	3.91±0.01	3.93±0.01	3.91±0.01	3.91±0.01	3.92±0.01
组氨酸 His	1.00 ± 0.01^{a}	1.14 ± 0.01^{b}	1.22 ± 0.01^{c}	1.30 ± 0.02^{d}	1.27 ± 0.01^{d}	1.26 ± 0.01^{cd}
赖氨酸 Lys	4.37 ± 0.01^{a}	4.43 ± 0.02^{a}	4.59 ± 0.03^{b}	4.70 ± 0.01^{c}	4.64 ± 0.02^{bc}	4.70 ± 0.03^{c}
蛋氨酸 Met	1.54 ± 0.01^{a}	1.69 ± 0.01^{b}	1.83 ± 0.01^{c}	1.95 ± 0.01^{d}	1.93 ± 0.01^{d}	1.91 ± 0.02^{d}
必需氨基酸总量 TEAA	24.40 ± 0.02^{a}	25.41 ± 0.08^{b}	26.02 ± 0.09^{c}	26.79 ± 0.06^{d}	26.67 ± 0.12^{d}	26.61 ± 0.05^{d}

4. 蛋氨酸对卵形鲳鲹血清生化指标的影响

各组卵形鲳鲹血清生化指标见表 10－11。饲料中蛋氨酸含量显著影响总胆固醇 CHO、总蛋白 TP、甘油三酯 TG、葡萄糖 GLU 含量以及谷丙转氨酶 ALT 和谷草转氨酶 AST 的活性（$P<0.05$）。其中 0.86%组血清总胆固醇最低且显著低于 1.32%和 1.45%组（$P<0.05$），1.45%组的血清总蛋白最高且显著高于除 1.32%组的其它各组（$P<0.05$）。随着饲料中蛋氨酸水平上升，血清甘油三酯和葡萄糖含量出现增加，谷丙转氨酶活性逐渐降低。饲料蛋氨酸含量对血清谷草转氨酶活性无显著影响（$P>0.05$）。

表 10-11 各组卵形鲳鲹的血清生化指标

指标	饲料中蛋氨酸含量/%					
	0.86	0.92	1.04	1.15	1.32	1.45
总胆固醇 CHO/(mmol·L^{-1})	3.79±0.16[a]	3.94±0.10[ab]	3.94±0.18[ab]	4.31±0.20[ab]	4.35±0.17[b]	4.37±0.12[b]
总蛋白 TP/(g·L^{-1})	42.80±1.08[a]	42.77±0.49[a]	41.67±0.89[a]	42.67±1.73[a]	44.30±0.46[ab]	47.73±2.42[b]
甘油三酯 TG/(mmol·L^{-1})	1.32±0.06[a]	1.45±0.06[ab]	1.68± 0.14[abc]	1.78±0.14[bc]	1.92±0.17[c]	2.06±0.12[c]
葡萄糖 GLU/(mmol·L^{-1})	3.01±0.31[a]	3.17±0.20[ab]	3.61±0.49[abc]	4.79±0.36[bcd]	5.30±0.33[cd]	5.39±1.01[d]
谷丙转氨酶 ALT/(U·L^{-1})	74.00±7.37[c]	72.67±8.01[c]	40.33±2.91[b]	26.00±4.04[ab]	20.67±2.91[a]	16.00±0.58[a]
谷草转氨酶 AST/(U·L^{-1})	173.33±8.67	174.67±9.06	157.33±13.02	148.00±13.45	167.00±8.39	168.66±3.18

（二）讨论

从卵形鲳鲹的生长变化可确定蛋氨酸是其必需氨基酸，而且卵形鲳鲹能有效地利用晶体蛋氨酸。随着饲料中蛋氨酸水平的上升，卵形鲳鲹幼鱼 WGR 和 SGR 显著增加，当蛋氨酸含量超过 1.15% 后呈下降趋势。由于生长表现出曲线变化，所以用二项式模型来计算卵形鲳鲹幼鱼对蛋氨酸的最适需求量。由二项式模型分析得出卵形鲳鲹幼鱼对蛋氨酸的最适需求量是 1.28%（占饲料蛋白质含量的 2.98%）。

饲料中蛋氨酸水平显著影响卵形鲳鲹全鱼蛋白质和脂肪含量。随着饲料中蛋氨酸水平上升到最适需求时，全鱼蛋白质含量逐渐增长。当蛋氨酸超过需求量时，蛋白质含量未出现大的变化。这类似于鲕鱼、红点鲑和石斑鱼，不同于许氏平鲉的研究。全鱼脂肪含量变化趋势的表现与蛋白质相似，即在卵形鲳鲹对蛋氨酸需求满足后保持稳定。超过需求部分的蛋氨酸将不再被用于合成生长所需的蛋白质，而是通过脱氨基作用为脂肪合成提供碳架，这也可能是导致本实验中体脂肪和脏体比升高的原因，相似的报道出现在对鲶鱼和石斑鱼的研究中。

在本实验中发现随着蛋氨酸增加，血清中甘油三酯和全鱼脂肪含量都增加，这说明卵形鲳鲹因脂肪积累而导致生长缓慢。卵形鲳鲹肌肉必需氨基酸含量（精氨酸除外）随着饲料中蛋氨酸含量增加而逐渐增大，在 1.15% 组时表现出最大量。总的来说，饲喂高蛋氨酸饲料的卵形鲳鲹肌肉含有更多的必需氨基酸。

三、卵形鲳鲹幼鱼的精氨酸需求

精氨酸是含有六个碳原子的碱性氨基酸，分子式为 $C_6H_{14}N_4O_2$，相对分子质量为 174.2，熔点为 244 ℃，为白色斜方晶系晶体或白色结晶性粉末，化学名称为 *L*-2 氨基－5－胍基戊酸。精氨酸有两种同分异构体：*D*-精氨酸和 *L*-精氨酸，天然精氨酸为 *L* 型，大量存在于鱼精蛋白中。精氨酸是一种 α-氨基酸，为 20 种自然氨基酸之一，在哺乳动物的营养成分中，精氨酸被分类为半必需或条件性必需的氨基酸，而在鱼类，精氨酸为必需氨基酸，也是玉米粉、芝麻粉、玉米蛋白粉等植物性蛋白源的主要限制性氨基酸。

精氨酸的主要生理功能：①参与多种代谢反应，如参与蛋白质、尿素、肌酸的合成和谷氨酸、脯氨酸的代谢；②具有免疫调节的作用，可以促胸腺作用和促进 T 细胞增殖，还是一氧化氮等物质的合成前体，在体内通过诱导的一氧化氮合酶代谢产生 NO，NO 在体内具有杀死寄生虫、细菌、病毒、抑制癌细胞增殖和促进血管舒张等功能；③具有调节内分泌作用，可以刺激胰岛素和胰高血糖素的分泌，在动物体营养代谢与调控过程中发挥着重要作用；④具有促进鱼类生长的作用，饲料中缺乏精氨酸会阻碍鱼类生长，添加适量的精氨酸可以促进鱼类生长和提高蛋白质沉积率；⑤能够修复肠道黏膜损伤，有利于肠黏膜形态结构的恢复，以保证肠黏膜的完整性。实验饲料配方和饲料的氨基酸组成分别见表 10－12 和表 10－13。

表 10－12 实验饲料组成及营养水平（%）

原料	晶体精氨酸含量					
	0.00	0.30	0.60	0.90	1.20	1.50
鱼粉	15.00	15.00	15.00	15.00	15.00	15.00
玉米蛋白粉	25.00	25.00	25.00	25.00	25.00	25.00
菜籽粕	5.00	5.00	5.00	5.00	5.00	5.00
花生粕	9.00	9.00	9.00	9.00	9.00	9.00
玉米淀粉	19.00	19.00	19.00	19.00	19.00	19.00
啤酒酵母粉	2.00	2.00	2.00	2.00	2.00	2.00
氨基酸混合物	8.56	8.56	8.56	8.56	8.56	8.56
鱼油	3.72	3.85	3.85	3.85	3.85	3.85
豆油	3.72	3.84	3.84	3.84	3.84	3.84
卵磷脂	1.00	1.00	1.00	1.00	1.00	1.00
维生素预混料	2.00	2.00	2.00	2.00	2.00	2.00
矿物质预混料	4.00	4.00	4.00	4.00	4.00	4.00
氯化胆碱（50%）	0.50	0.50	0.50	0.50	0.50	0.50
晶体精氨酸	0.00	0.30	0.60	0.90	1.20	1.50
晶体甘氨酸	1.50	1.20	0.90	0.60	0.30	0.00
合计	100.00	100.00	100.00	100.00	100.00	100.00
营养水平						
水分	4.15	4.37	4.82	4.71	4.85	4.50
粗蛋白	42.74	43.26	42.89	42.61	43.72	43.82
粗脂肪	12.19	12.32	12.82	12.48	12.73	12.42
灰分	11.31	11.41	11.60	11.53	11.44	11.48

表 10-13 实验饲料的氨基酸组成（%）

项目	饲料中精氨酸含量					
	2.05	2.38	2.65	2.98	3.25	3.58
苏氨酸 Thr	1.14	1.13	1.13	1.14	1.12	1.12
缬氨酸 Val	1.94	1.91	1.94	1.97	1.95	1.92
蛋氨酸 Met	0.80	0.80	0.84	0.78	0.78	0.78
异亮氨酸 Ile	2.04	2.01	2.05	2.08	2.10	2.02
亮氨酸 Leu	2.98	2.90	2.95	2.91	2.95	2.93
苯丙氨酸 Phe	1.65	1.63	1.66	1.63	1.64	1.62
精氨酸 Arg	2.05	2.38	2.65	2.98	3.25	3.58
组氨酸 His	0.61	0.61	0.61	0.61	0.60	0.60
赖氨酸 Lys	1.62	1.58	1.61	1.60	1.60	1.57
必需氨基酸总量	14.83	14.95	15.44	15.70	15.99	16.14
天冬氨酸 Asp	3.09	3.07	3.10	3.11	3.04	3.02
丝氨酸 Ser	1.35	1.34	1.35	1.34	1.31	1.32
谷氨酸 Glu	6.27	6.24	6.31	6.29	6.19	6.13
脯氨酸 Pro	1.97	1.94	1.95	1.94	1.92	1.89
甘氨酸 Gly	3.28	2.96	2.66	2.38	2.06	1.76
丙氨酸 Ala	2.63	2.61	2.62	2.61	2.58	2.57
酪氨酸 Tyr	0.93	0.91	0.93	0.90	0.91	0.89
非必需氨基酸总量	19.52	19.07	18.92	18.57	18.01	17.58
总量	34.35	34.02	34.36	34.27	34.00	33.72

（一）结果

1. 精氨酸水平对卵形鲳鲹生长的影响

饲料中精氨酸水平对卵形鲳鲹的终末体重、增重率、特定生长率、饲料系数、蛋白质效率产生显著影响（$P<0.05$）（表 10-14）。但饲料中精氨酸水平对卵形鲳鲹的成活率、肝体比、脏体比和肥满度的影响差异不显著。增重率、特定生长率和蛋白质效率均随着饲料中精氨酸水平的上升而增加，且在饲料中精氨酸水平为 2.65% 时达到最大。饲料系数随着饲料中精氨酸水平的上升而降低，且在饲料中精氨酸水平为 2.65% 时达到最小。对 WGR、SGR 和 FCR 与饲料中的精氨酸水平进行回归分析如图 10-4、图 10-5、图 10-6 和图 10-7 所示。从回归方程求得：饲料中精氨酸水平为 2.73%（占饲料蛋白质的 6.32%）时，WGR 和 SGR 达到最大值，饲料精氨酸水平为 2.74%（占饲料蛋白质的 6.35%）时，PER 达到最大值，FCR 达到最小值。

表 10-14 饲料中精氨酸水平对卵形鲳鲹生长性能和饲料利用的影响

项目	饲料中精氨酸含量/%					
	2.05	2.38	2.65	2.98	3.25	3.58
初始体重/g	18.71 ±0.28	18.98 ±0.05	18.75 ±0.19	18.73 ±0.07	18.97 ±0.15	18.81 ±0.18
终末体重/g	67.0 ±1.06[ab]	75.74 ±2.24[c]	84.21 ±3.55[d]	77.78 ±1.80[c]	69.23 ±1.18[b]	63.14 ±2.59[a]
增重率 WGR/%	258.2 ±9.97[b]	299.12 ±10.79[c]	349.02 ±16.34[d]	315.0 ±10.16[c]	264.9 ±7.27[b]	237.0 ±13.35[a]
特定生长率 SGR/(%·d^{-1})	2.28 ±0.05[b]	2.47 ±0.05[c]	2.68 ±0.06[d]	2.54 ±0.04[c]	2.31 ±0.03[b]	2.17 ±0.07[a]
饲料系数 FCR	2.00 ±0.09[b]	1.63 ±0.17[a]	1.47 ±0.13[a]	1.55 ±0.21[a]	1.88 ±0.04[b]	2.13 ±0.15[b]
蛋白质效率 PER/%	1.64 ±0.07[ab]	1.91 ±0.19[bc]	2.06 ±0.18[c]	2.02 ±0.23[c]	1.67 ±0.05[ab]	1.53 ±0.08[a]
肥满度 CF/(g·cm^{-3})	3.41 ±0.15	3.37 ±0.19	3.45 ±0.16	3.41 ±0.22	3.60 ±0.35	3.52 ±0.28
脏体比 VSI/%	1.71 ±0.43	1.52 ±0.26	1.50 ±0.26	1.73 ±0.28	1.88 ±0.51	1.58 ±0.45
肝体比 HIS/%	6.72 ±0.60	6.74 ±0.81	6.78 ±0.41	6.78 ±0.41	6.97 ±0.68	6.2 ±0.62
成活率 SR/%	98.33 ±2.89	100.00 ±0.00	98.33 ±2.89	100.00 ±0.00	100.00 ±0.00	100.00 ±0.00

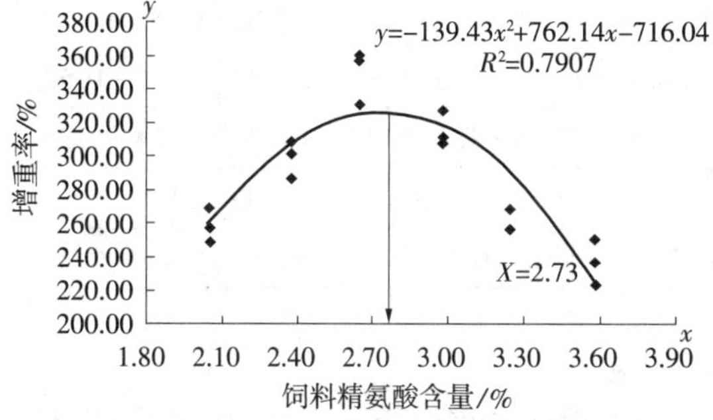

图 10-4 饲料精氨酸含量对卵形鲳鲹增重率的影响

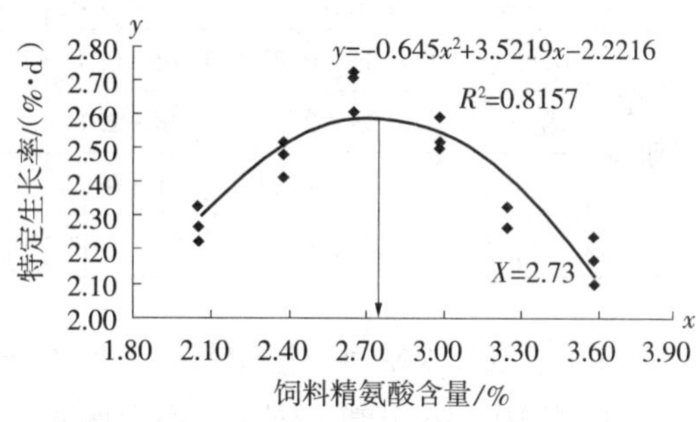

图 10-5 饲料精氨酸含量对卵形鲳鲹特定生长率的影响

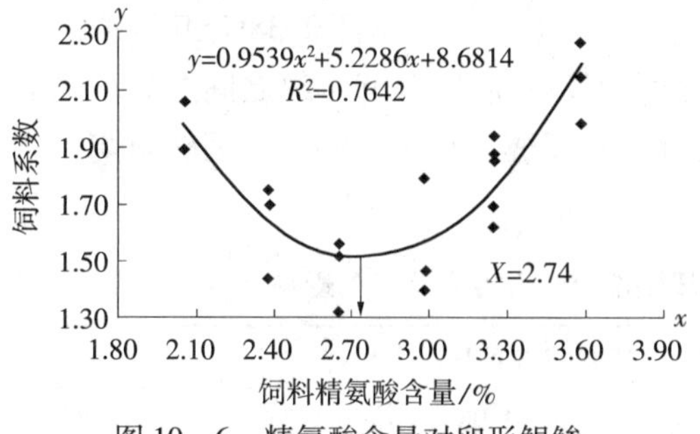

图 10-6 精氨酸含量对卵形鲳鲹饲料系数的影响

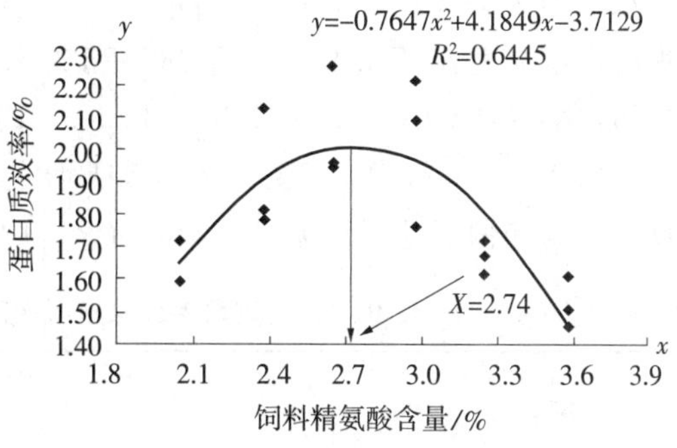

图 10-7 精氨酸含量对卵形鲳鲹蛋白质效率的影响

2. 精氨酸水平对卵形鲳鲹鱼体营养成分组成的影响

由表 10 - 15 可知，卵形鲳鲹全鱼的粗蛋白含量随着饲料中精氨酸水平的上升而增加，饲料中精氨酸水平为 2.65% 时卵形鲳鲹的粗蛋白含量达到最大；总的来说，高精氨酸水平组的卵形鲳鲹全鱼粗蛋白含量要高于低精氨酸水平组的卵形鲳鲹全鱼粗蛋白含量，但是各个组的卵形鲳鲹粗蛋白含量无显著差异（$P>0.05$）。饲料中精氨酸水平为 2.65% 组的卵形鲳鲹肌肉粗蛋白含量达到最大，随后随着饲料中精氨酸水平的上升出现下降的趋势，但是各个组的卵形鲳鲹肌肉粗蛋白含量无显著差异（$P>0.05$）；而卵形鲳鲹肌肉粗脂肪含量是在饲料中精氨酸水平为 2.65% 时出现最小，随后随着饲料中精氨酸水平上升而增加，但是各个组的卵形鲳鲹的粗脂肪含量无显著差异（$P>0.05$）。在本实验中，饲料精氨酸水平对卵形鲳鲹全鱼和肌肉的水分、粗蛋白、粗脂肪和灰分含量无显著影响（$P>0.05$）。

表 10 - 15 饲料中精氨酸水平对卵形鲳鲹全鱼和肌肉营养成分的影响

项目		饲料中精氨酸含量/%					
		2.05	2.38	2.65	2.98	3.25	3.58
全鱼	水分	65.48 ± 1.55	65.0 ± 1.90	65.8 ± 0.57	65.0 ± 0.72	64.6 ± 0.70	65.2 ± 0.94
	粗蛋白	48.00 ± 4.07	48.4 ± 2.55	52.1 ± 2.54	48.1 ± 1.41	50.04 ± 1.31	51.77 ± 1.84
	粗脂肪	39.01 ± 0.54	39.07 ± 0.93	38.66 ± 1.27	38.94 ± 0.93	39.58 ± 0.44	38.89 ± 1.12
	灰分	11.28 ± 1.12	11.11 ± 0.70	11.39 ± 0.67	10.94 ± 0.42	11.06 ± 0.32	11.52 ± 0.50
肌肉	水分	71.86 ± 0.27	71.74 ± 0.48	72.29 ± 0.77	72.02 ± 0.06	71.63 ± 0.33	72.19 ± 0.52
	粗蛋白	73.23 ± 2.08	72.03 ± 2.19	73.28 ± 1.84	72.54 ± 1.82	72.53 ± 1.36	71.64 ± 2.25
	粗脂肪	19.81 ± 1.04	20.31 ± 0.81	18.70 ± 1.37	19.59 ± 2.52	21.32 ± 1.09	20.5 ± 0.54
	灰分	6.22 ± 0.17	6.25 ± 0.07	6.14 ± 0.24	6.22 ± 0.18	6.14 ± 0.04	6.44 ± 0.28

3. 精氨酸水平对卵形鲳鲹血清生化指标的影响

由表 10 - 16 可知，饲料中精氨酸水平显著影响血清总蛋白含量（$P<0.05$）。卵形鲳鲹血清中总蛋白的含量先是随着饲料中精氨酸水平的上升而增加，并且在饲料中精氨酸水平为 2.98% 时达到最大，随后出现下降的趋势。2.65%、2.98% 和 3.25% 组血清总蛋白含量显著高于 2.05%、2.38% 和 3.58% 组（$P<0.05$），并且 2.38% 组显著高于 3.58% 组（$P<0.05$），但 2.05% 和 2.38% 组之间及 2.05% 和 3.58% 组之间差异不显著（$P>0.05$）。饲料中精氨酸含量对卵形鲳鲹血清总胆固醇、甘油三酯、谷丙转氨酶、谷草转氨酶和葡萄糖含量无显著影响（$P>0.05$）。

表 10 - 16 饲料中精氨酸水平对卵形鲳鲹的血清生化指标的影响

项目	饲料中精氨酸含量/%					
	2.05	2.38	2.65	2.98	3.25	3.58
总胆固醇 CHO/($mmol \cdot L^{-1}$)	3.73 ± 0.30	3.09 ± 0.52	3.93 ± 0.03	3.57 ± 0.80	3.81 ± 0.63	3.96 ± 0.66

续表 10－16

项目	饲料中精氨酸含量/%					
	2.05	2.38	2.65	2.98	3.25	3.58
甘油三酯 TG/(mmol·L^{-1})	0.83±0.09	0.84±0.12	1.10±0.39	1.13±0.38	0.94±0.21	1.06±0.29
谷丙转氨酶 ALT/(U·L^{-1})	5.00±1.00	5.00±1.00	5.33±1.53	5.67±1.53	5.00±2.00	6.33±1.53
谷草转氨酶 AST/(U·L^{-1})	33.67±4.04	37.67±0.58	31.67±4.16	35.33±1.53	34.00±4.00	36.33±3.79
葡萄糖 GLU/(m mol·L^{-1})	6.66±1.74	7.16±1.12	5.54±0.68	7.69±1.77	6.09±1.36	7.47±1.45
总蛋白 TP/(g·L^{-1})	21.20±2.69^{ab}	22.30±1.06^{b}	27.10±0.28^{c}	27.35±1.06^{c}	26.75±0.07^{c}	18.90±0.00^{a}

4. 精氨酸含量对卵形鲳鲹在哈维氏弧菌攻毒实验中死亡率的影响

由图 10－8 可知，饲料中精氨酸含量显著影响卵形鲳鲹在哈维氏弧菌攻毒实验中的死亡率（$P<0.05$）。随着饲料中精氨酸含量上升，卵形鲳鲹的死亡率出现下降的趋势，2.05%组的死亡率显著高于 2.65%、2.98%和 3.25%组（$P<0.05$），但 2.05%、2.38%和 3.58%组之间无显著差异，并且饲料中精氨酸含量为 2.65%时，卵形鲳鲹的死亡率最低；但饲料中精氨酸含量高于 2.65%时，卵形鲳鲹的死亡率会出现增大的趋势，3.58%组的卵形鲳鲹死亡率显著高于 2.98%和 3.25%组（$P<0.05$），但 2.98%和 3.25%组之间无显著差异（$P>0.05$）。

饲料中精氨酸含量显著影响卵形鲳鲹在哈维氏弧菌攻毒实验中的存活率（$P<0.05$）。随着饲料中精氨酸含量上升，卵形鲳鲹的存活率出现增大的趋势，2.05%组的存活率显著低于 2.65%、2.98%和 3.25%组（$P<0.05$），并且饲料中精氨酸含量为 2.65%时卵形鲳鲹的存活率最高。

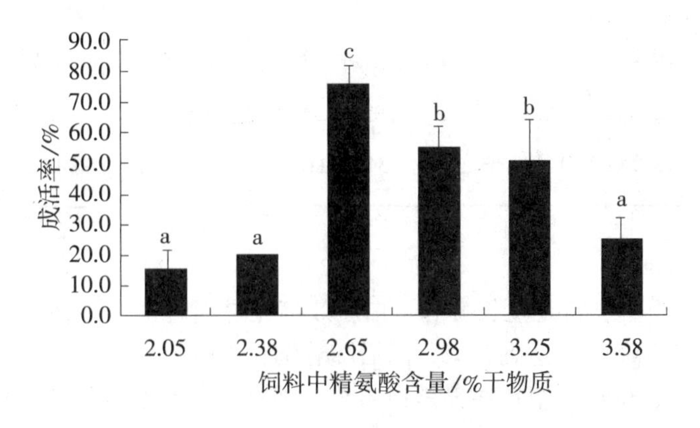

图 10－8　饲料中精氨酸含量对攻毒后卵形鲳鲹存活率的影响

5. 精氨酸含量对卵形鲳鲹血清和肝脏中酶活性的影响

由表10－17可知，饲料中精氨酸含量对血清和肝脏中总超氧化物歧化酶活性无显著影响（$P>0.05$）。饲料中精氨酸含量显著影响血清和肝脏总一氧化氮酶和溶菌酶（$P<0.05$）。血清总一氧化氮合酶活性随着饲料中精氨酸含量上升而上升，至3.25%组时达到最高，3.25%组显著高于2.05%、2.38%、2.65%、2.98%组（$P<0.05$），精氨酸含量高于3.25%时，血清总一氧化氮合酶活性出现下降，但3.58%和3.25%组差异不显著（$P>0.05$）；相反的，肝脏总一氧化氮合酶活性随着饲料中精氨酸含量上升而下降，2.38%和2.65%组显著低于其它组（$P<0.05$）。血清和肝脏溶菌酶都随着饲料中精氨酸含量上升而上升，2.05%和2.38%组的血清溶菌酶活性显著低于2.65%组的（$P<0.05$），但是与其它组的没有显著差异（$P>0.05$），而肝脏溶菌酶活性是2.05%和2.38%组的显著低于2.65%、2.98%和3.25%组（$P<0.05$）。

表10－17　饲料中精氨酸对卵形鲳鲹血清和肝脏中酶活性的影响

项目	饲料中精氨酸含量/%					
	2.05	2.38	2.65	2.98	3.25	3.58
血清						
总超氧化物歧化酶活性T－SOD/($U \cdot mL^{-1}$)	66.02±9.45	70.30±4.21	80.18±4.35	72.66±4.49	71.55±12.61	67.81±2.90
总一氧化氮合酶活性T－NOS/($U \cdot mL^{-1}$)	10.10±2.03^{a}	13.30±1.15^{ab}	12.40±2.40^{ab}	10.52±3.27^{ab}	17.83±2.53^{c}	16.77±2.52^{bc}
溶菌酶活性/($U \cdot mL^{-1}$)	91.10±0.61^{a}	91.69±0.39^{a}	98.62±3.19^{b}	96.50±5.30^{ab}	95.79±3.36^{ab}	96.72±2.68^{ab}
肝脏						
总超氧化物歧化酶活性T－SOD/($U \cdot mg^{-1}$蛋白质)	124.41±14.86	121.56±18.92	131.07±16.49	118.35±1.56	115.45±14.97	105.63±0.88
总一氧化氮合酶活性T－NOS/($U \cdot mg^{-1}$蛋白质)	10.17±1.82^{c}	4.37±0.33^{a}	4.51±0.80^{a}	6.70±0.57^{b}	8.29±1.37^{bc}	8.54±0.95^{bc}
溶菌酶活性/($U \cdot mg^{-1}$蛋白质)	28.02±0.71^{a}	30.63±2.21^{ab}	34.55±0.94^{cd}	37.72±2.06^{d}	36.17±1.61^{d}	31.90±2.30^{bc}

（二）讨论

卵形鲳鲹的增重率、特定生长率和蛋白质效率先是随着饲料中精氨酸含量的增加而增加，并且都是在2.65%组达到最大，随后随着饲料中精氨酸含量的增加而减少，并且2.65%组跟3.25%、3.58%组存在显著性差异。现有研究表明谷氨酸是精氨酸合成的前体物质，因此饲料中谷氨酸含量会影响鱼类精氨酸的需求量，用甘氨酸取代饲料中谷氨酸时斑点叉尾鮰的精氨酸需求量要增加33%。在本实验中，添加的是精氨酸和甘氨酸混合物而不是精氨酸和谷氨酸混合物，因此避免了添加谷氨酸所带来的潜在影响。在鱼类氨基酸需求量的实验中有两类常用的指标，一类是生长速率指标；另一类则是反映鱼体对饲料及其营养物质利用效率的指标。本实验采用增重率、特定生长率、饲料系数和蛋白质效率这四个指标来评定卵形鲳鲹精氨酸需求量，得出的结果很接近。

在本实验中，各个组的卵形鲳鲹的存活率没有显著差异，并且低精氨酸含量组的卵形鲳鲹并没有出现缺乏的病理状态，可能的原因是饲料中2.05%的精氨酸已经能基本满足卵形鲳鲹的需要了。高精氨酸含量的3.25%和3.58%组的卵形鲳鲹的增重率、特定生长和蛋白质效率显著低于2.65%组的而饲料系数显著大于2.65%组的。饲料中精氨酸过量导致卵形鲳鲹幼鱼的生长呈下降趋势。饲料中过量的精氨酸会引起必需氨基酸的比例失去平衡，因而影响了卵形鲳鲹对其它氨基酸的吸收利用，从而阻碍鱼类生长和降低饲料效率。过量的精氨酸可能与赖氨酸产生拮抗作用，因而影响赖氨酸的吸收利用。精氨酸与赖氨酸的拮抗作用在哺乳类动物中普遍存在，但是有关鱼类这方面的研究还没有定论。精氨酸-赖氨酸拮抗现象可能发生在消化、吸收水平，也可能是在吸收后的代谢水平。

不同精氨酸含量组卵形鲳鲹的肥满度、肝体比和脏体比没有显著差异，然而也有研究结果表明饲料中精氨酸含量会显著影响鱼类的肥满度和肝体比；不同的研究结果表明鱼类的肥满度、脏体比和肝体比不仅与饲料精氨酸含量有关，还跟实验鱼的种类、大小等相关。饲料中精氨酸含量对卵形鲳鲹全鱼和肌肉的水分、粗蛋白、粗脂肪和灰分没有显著影响。目前对于饲料中精氨酸含量是否会影响鱼体营养成分的改变还没有定论，各个研究结果也不一样。

饲料中精氨酸含量显著影响卵形鲳鲹血清总蛋白含量，但总胆固醇、甘油三酯、谷丙转氨酶、谷草转氨酶和葡萄糖含量无显著影响血清。饲料中过低或过高精氨酸含量都会引起卵形鲳鲹血清总蛋白含量的减少，这种变化趋势是与蛋白质效率的变化趋势相一致的。血清总蛋白含量升高有利于提高动物的代谢水平和免疫能力，促进蛋白质的合成和增加氮沉积。在本实验中，卵形鲳鲹血清总蛋白含量先是随着饲料中精氨酸含量的增加而增加，随后是随着饲料中精氨酸含量增加而降低。胆固醇在生物体内参与细胞膜、胆汁、维生素D和激素的合成，可在一定程度上反映体内脂肪代谢状况。鱼类与其它脊椎动物一样，能够自身合成胆固醇，血液中大部分胆固醇来自肝脏，其余来自消化道。罗智等（2005）认为如果肝细胞功能不正常，则血液中胆固醇浓度将会迅速升高。卵形鲳鲹血清胆固醇浓度并不受到饲料中精氨酸含量的影响。谷丙转氨酶和谷草转氨酶是氨基酸代谢中起重要作用的两种酶，是评定肝脏健康与否的重要指标。谷丙转氨酶和谷草转氨酶在健康动物的血清中含量很少，但是当动物肝脏受损而导致肝细胞破裂时，位于肝细胞中的谷丙转氨酶和谷草转氨酶就会释放到血液中去，因而引起血液中谷丙转氨酶和谷草转氨酶增高。饲料中精氨酸含量对卵形鲳鲹谷丙转氨酶和谷草转氨酶活性无显著影响。目前，有关精氨酸对鱼类血清生化指标的研究比较少，一些研究人员认为鱼类血清指标的变化可能更多的是因为应激等造成，而不是，或不仅仅是因为饲料中某种氨基酸的变化所引起。

生物体在正常新陈代谢的过程中会产生活性氧，大量活性氧积累会引发生物体氧化损伤，从而加速生物体衰老或导致疾病。超氧化物歧化酶（SOD）是生物体中有效清除活性氧的重要酶类之一，能够清除生物氧化过程中产生的超氧阴离子自由基，对生物体具有重要保护作用，是生物体抗氧化系统的重要防线。在本实验中，饲料中精氨酸含量对卵形鲳鲹血清和肝脏中总超氧化物歧化酶活性没有显著影响，这说明了饲料中精氨酸含量对卵形鲳鲹的抗氧化作用没有影响。

精氨酸是生物体内一氧化氮（NO）合成的前体，NO是一种近年来新发现的重要的免疫调节因子，对机体的免疫系统有着非常重要的调节作用。NO在体内可调节T淋巴细胞增殖以及抗体免疫应答反应，增强天然杀伤细胞的活性，参与巨噬细胞的凋亡反应。溶菌酶又称胞壁质酶，是一种有效的抗菌剂，能破坏细菌肽聚糖支架，在细菌内部渗透压的作用下引起细菌裂解。饲料中精氨酸含量显著影响卵形鲳鲹血清和肝脏溶菌酶活性，表明在饲料中添加适量的精氨酸可以提高鱼类的非特异免疫能力。饲料精氨酸含量显著影响卵形鲳鲹在哈维氏弧菌攻毒实验中的累积死亡率，饲料中精氨酸含量为2.65%组的卵形鲳鲹累积死亡率最低，而饲料中过低或过高的精氨酸含量都会显著增加卵形鲳鲹的累计死亡率。

四、卵形鲳鲹幼鱼的亮氨酸需求

亮氨酸（Leu）又称白氨酸，为白色结晶或结晶性粉末，无臭，味微苦，分子式为：$(CH_3)_2CHCH_2CH(NH_2)COOH$，相对分子质量为131.18，熔点为332 ℃，化学名称为α-氨基-γ-甲基戊酸。亮氨酸、异亮氨酸和缬氨酸被称为支链氨酸，是在α-碳上含有分支脂肪烃链的中性氨基酸，亮氨酸是生酮氨基酸。亮氨酸能促进胰岛素的分泌，具有降血糖的作用，也能抑制脂肪的合成，促进脂肪的分解和调节骨骼肌的蛋白质的合成。在饲料中添加适量的亮氨酸，可以促进摄食和提高饲料效率，进而提高鱼类的生长性能。因此在饲料中添加适量的亮氨酸能显著促进肠黏膜的发育，增强胃肠消化、吸收能力。实验饲料配方和饲料的氨基酸组成见表10-18和表10-19。

表10-18　实验饲料组成及营养水平（%）

原料	晶体亮氨酸添加水平					
	0.00	0.50	1.00	1.50	2.00	2.50
鱼粉	12.00	12.00	12.00	12.00	12.00	12.00
花生麸	16.00	16.00	16.00	16.00	16.00	16.00
大豆粕	6.00	6.00	6.00	6.00	6.00	6.00
面粉	26.00	26.00	26.00	26.00	26.00	26.00
啤酒酵母粉	3.00	3.00	3.00	3.00	3.00	3.00
氨基酸混合物	14.33	14.33	14.33	14.33	14.33	14.33
鱼油	8.50	8.50	8.50	8.50	8.50	8.50
卵磷脂	1.00	1.00	1.00	1.00	1.00	1.00
维生素预混料	1.00	1.00	1.00	1.00	1.00	1.00
矿物质预混料	1.00	1.00	1.00	1.00	1.00	1.00

续表 10－18

原料	晶体亮氨酸添加水平					
	0.00	0.50	1.00	1.50	2.00	2.50
氯化胆碱（50%）	0.50	0.50	0.50	0.50	0.50	0.50
甜菜	0.30	0.30	0.30	0.30	0.30	0.30
维生素 C	0.60	0.60	0.60	0.60	0.60	0.60
微晶纤维素	7.27	7.27	7.27	7.27	7.27	7.27
晶体亮氨酸	0.00	0.50	1.00	1.50	2.00	2.50
晶体谷氨酸	2.50	2.00	1.50	1.00	0.50	0.00
合计	100.00	100.00	100.00	100.00	100.00	100.00
营养水平						
水分	6.22	6.24	6.21	6.26	6.27	6.22
粗蛋白	40.79	41.20	40.84	41.28	41.23	41.11
粗脂肪	11.70	11.59	11.62	11.52	11.68	11.59
灰分	5.77	5.94	5.85	5.86	5.89	5.91

表 10－19　实验饲料的氨基酸组成（%）

项目	饲料中亮氨酸含量					
	1.62	2.09	2.60	3.07	3.59	4.10
苏氨酸 Thr	1.27	1.25	1.22	1.24	1.25	1.24
缬氨酸 Val	2.14	2.11	2.17	2.11	2.17	2.16
蛋氨酸 Met	1.14	1.13	1.17	1.15	1.18	1.16
异亮氨酸 Ile	2.04	2.01	2.00	2.06	2.09	2.09
亮氨酸 Leu	1.62	2.09	2.60	3.07	3.59	4.10
苯丙氨酸 Phe	1.65	1.63	1.66	1.63	1.64	1.62
精氨酸 Arg	2.91	2.92	2.90	2.98	2.94	2.95
组氨酸 His	0.65	0.61	0.65	0.63	0.64	0.62
赖氨酸 Lys	2.81	2.87	2.78	2.85	2.80	2.79
必需氨基酸总量 Total EAA	16.23	16.62	17.15	17.72	18.30	18.73
天冬氨酸 Asp	4.22	4.17	4.14	4.15	4.19	4.21
丝氨酸 Ser	1.10	1.01	1.08	1.07	1.08	1.07
谷氨酸 Glu	8.75	8.23	7.72	7.10	6.69	6.16
脯氨酸 Pro	1.32	1.29	1.29	1.31	1.33	1.31
甘氨酸 Gly	2.77	2.73	2.70	2.71	2.74	2.75
丙氨酸 Ala	2.29	2.25	2.23	2.25	2.27	2.27
酪氨酸 Tyr	0.69	0.68	0.64	0.61	0.62	0.65
非必需氨基酸总量 Total NEAA	21.14	20.36	19.80	19.20	18.92	18.42
氨基酸总量 Total	37.37	36.98	36.95	36.92	37.22	37.15

（一）结果

1. 亮氨酸含量对卵形鲳鲹生长的影响

实验结果显示，饲料中亮氨酸含量对卵形鲳鲹的终末体重、增重率、特定生长率、每条鱼总摄食量、蛋白质效率、蛋白质沉积率、脂肪沉积率、肥满度、相对肠长和成活率产生显著影响（$P<0.05$）（表10－20）。但饲料中精氨酸含量对卵形鲳鲹的饲料效率、肝体比和脏体比的影响差异不显著（$P>0.05$）。终末体重、增重率、特定生长率、每条鱼总摄食量和蛋白质效率均先随着饲料中亮氨酸含量的上升而增加，且在饲料中亮氨酸含量为3.07%时达到最大，随后再增加饲料中亮氨酸的含量，以上指标反而下降。蛋白质沉积率和脂肪沉积率均随着饲料中亮氨酸含量的上升而增大，且在饲料中精氨酸含量为2.57%时达到最大。饲料中亮氨酸含量显著影响卵形鲳鲹的肥满度（$P<0.05$），1.57%组的肥满度显著低于其它组的（$P<0.05$）。饲料中亮氨酸含量显著影响卵形鲳鲹的相对肠长（$P<0.05$），相对肠长随着饲料中亮氨酸含量的上升而呈现增大的趋势，当饲料中亮氨酸含量达到3.57%时，卵形鲳鲹的相对肠长达到最大，随后开始下降。3.57%组的卵形鲳鲹的成活率为95%，显著低于其它各组的（$P<0.05$），其它各组之间没有显著差异（$P>0.05$）。对WGR、SGR和PDR与饲料中的亮氨酸含量进行折线模型和一元二次回归分析（如图10－9、图10－10和图10－11）。从分析结果求得：饲料中亮氨酸含量分别为3.06%（占饲料蛋白质的7.46%）、3.05%（占饲料蛋白质的7.44%）和2.93%（占饲料蛋白质的7.15%）时，WGR、SGR和PDR分别达到最大值。

表10－20　饲料中亮氨酸含量对卵形鲳鲹生长性能和饲料利用的影响

项目	饲料中亮氨酸含量/%					
	1.62	2.09	2.60	3.07	3.59	4.10
初始体重/g	5.81±0.05	5.70±0.09	5.75±0.02	5.75±0.09	5.76±0.04	5.76±0.04
终末体重/g	28.74±2.07^{a}	30.80±4.43^{a}	33.99±3.92^{ab}	38.80±2.84^{b}	34.38±3.09^{ab}	34.92±5.49^{ab}
增重率WGR/%	394.6±32.21^{a}	439.46±68.60^{a}	491.26±65.80^{ab}	574.95±58.03^{b}	497.14±52.84^{ab}	502.29±95.90^{ab}
特定生长率SGR/(%·d^{-1})	2.85±0.11^{a}	3.00±0.22^{a}	3.17±0.20^{ab}	3.40±0.16^{b}	3.19±0.16^{ab}	3.19±0.28^{ab}
饲料效率FER	0.75±0.05	0.74±0.01	0.77±0.02	0.79±0.02	0.75±0.04	0.75±0.02
摄食量FI/g	38.32±4.66^{a}	41.40±6.03^{ab}	44.17±4.43^{ab}	48.94±3.54^{b}	45.90±2.35^{ab}	46.50±5.94^{ab}
蛋白质效率PER/%	1.52±0.04^{ab}	1.59±0.01^{b}	1.58±0.08^{b}	1.63±0.03^{b}	1.42±0.01^{a}	1.51±0.10^{ab}
蛋白质沉积率PDR/%	24.39±2.81^{a}	28.02±2.04^{a}	34.39±0.63^{b}	31.92±1.03^{b}	32.22±0.98^{b}	25.33±1.25^{a}
脂肪沉积率FDR/%	45.89±5.52^{a}	65.94±8.31^{bc}	80.92±0.49^{c}	68.71±7.43^{bc}	76.39±4.08^{c}	57.38±7.19^{ab}
肥满度CF/(g·cm^{-3})	3.7±0.28^{b}	3.26±0.07^{a}	3.41±0.16^{a}	3.43±0.07^{a}	3.49±0.19^{a}	3.40±0.15^{a}

续表 10－20

项目	饲料中亮氨酸含量/%					
	1.62	2.09	2.60	3.07	3.59	4.10
脏体比 VSI/%	5.83 ±0.45	5.66 ±0.57	6.29 ±0.28	5.86 ±0.27	6.01 ±0.40	5.87 ±0.32
肝体比 HIS/%	1.23 ±0.02	1.14 ±0.12	1.22 ±0.08	1.07 ±0.12	1.33 ±0.14	1.12 ±0.24
相对肠长 RGL/%	68.10 ±3.47[ab]	64.51 ±4.81[a]	66.73 ±2.83[ab]	69.65 ±1.09[ab]	71.94 ±1.93[b]	69.79 ±1.05[ab]
成活率 SR/%	100.00 ±0.00[b]	100.00 ±0.00[b]	100.00 ±0.00[b]	100.00 ±0.00[b]	95.00 ±5.00[a]	100.00 ±0.00[b]

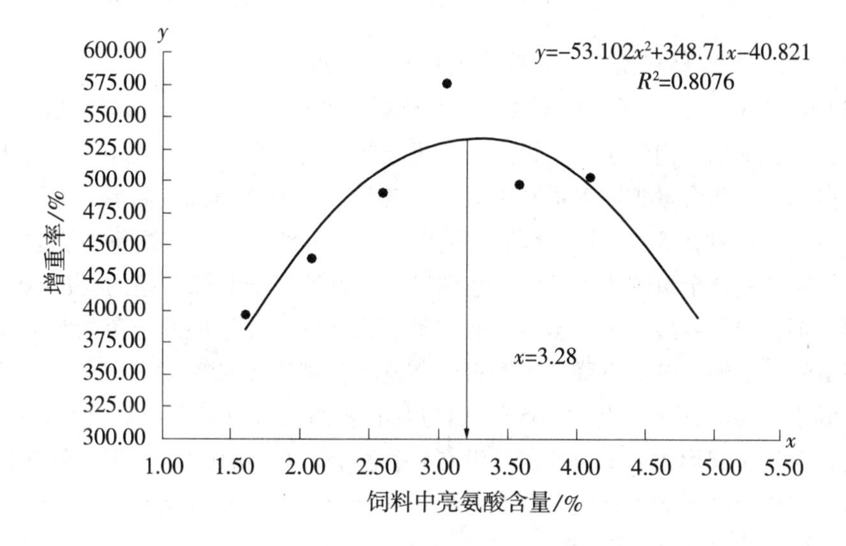

图 10－9　亮氨酸含量对卵形鲳鲹增重率的影响

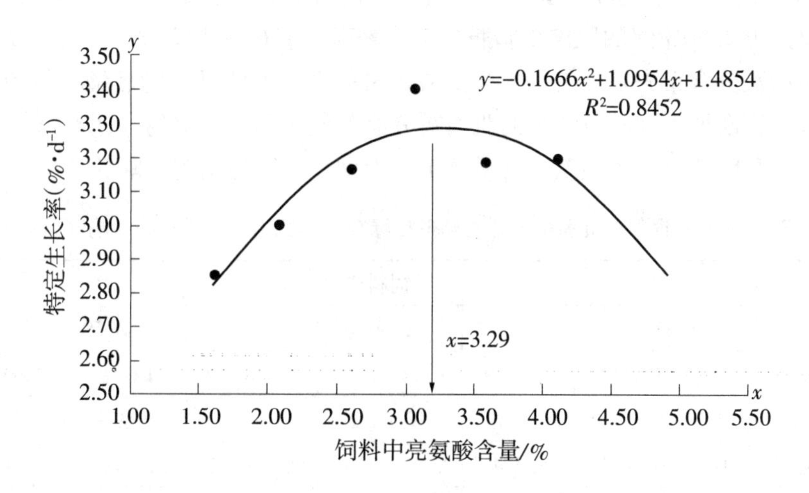

图 10－10　亮氨酸含量对卵形鲳鲹特定生长率的影响

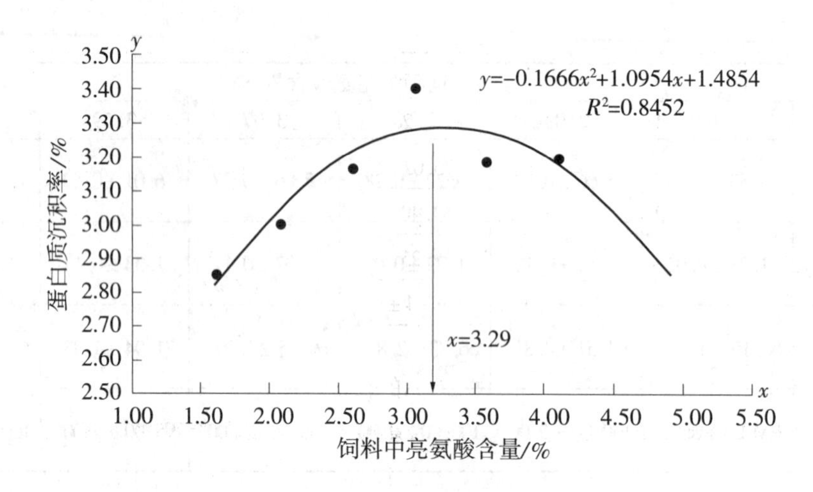

图 10－11　饲料中亮氨酸含量对卵形鲳鲹蛋白质沉积率的影响

2. 亮氨酸含量对卵形鲳鲹鱼体营养成分组成的影响

由表10－21可知，饲料中亮氨酸含量显著影响卵形鲳鲹全鱼的水分、粗蛋白和粗脂肪含量，也显著影响肌肉的水分、粗蛋白、粗脂肪和灰分含量（$P<0.05$）。卵形鲳鲹全鱼的粗蛋白和粗脂肪含量先随着饲料中亮氨酸含量的上升而增加，随后开始下降。当饲料中亮氨酸含量达到3.59%时，全鱼的粗蛋白含量达到最大。当饲料中亮氨酸含量为2.09%时，卵形鲳鲹全鱼的粗脂肪含量达到最大，显著高于1.62%组的（$P<0.05$），随后继续提高饲料中亮氨酸含量，全鱼脂肪含量反而下降。卵形鲳鲹全鱼的水分先是随着饲料中亮氨酸含量的上升而下降，当饲料中亮氨酸含量为2.60%时，全鱼的水分含量最低，显著低于1.62%组的（$P<0.05$），而与其它各组的没有显著差异（$P>0.05$）。饲料中亮氨酸含量对卵形鲳鲹全鱼的灰分没有显著影响（$P>0.05$）。卵形鲳鲹肌肉的粗蛋白先是随着饲料中亮氨酸含量的上升而增大，随后呈现下降的趋势，1.62%组的卵形鲳鲹肌肉粗蛋白含量显著低于2.60%和3.59%组的（$P<0.05$）。卵形鲳鲹肌肉粗脂肪的含量随着饲料中亮氨酸含量的上升而增大，并且在饲料中亮氨酸含量最高时达到最大，2.60%组及大于2.60%组的肌肉粗脂肪含量显著高于1.62%和2.09%组的（$P<0.05$）。卵形鲳鲹肌肉灰分含量先是随着饲料亮氨酸含量的上升而降低，随后增大饲料中亮氨酸含量肌肉灰分逐渐增大，3.07%组的肌肉灰分显著低于其它各组的（$P<0.05$）。卵形鲳鲹肌肉水分先是随着饲料中亮氨酸含量的上升而增加，随后出现下降的趋势。

表 10－21　饲料中亮氨酸含量对卵形鲳鲹全鱼和肌肉营养成分的影响（%）

项目		饲料中亮氨酸含量					
		1.62	2.09	2.60	3.07	3.59	4.10
全鱼	水分	74.19 ± 3.60^{b}	70.30 ± 2.10^{ab}	62.18 ± 1.89^{a}	67.64 ± 5.30^{a}	64.64 ± 2.41^{ab}	69.39 ± 5.91^{ab}
	粗蛋白	54.74 ± 0.30^{a}	55.94 ± 0.79^{ab}	54.90 ± 0.27^{ab}	56.40 ± 0.96^{bc}	57.89 ± 1.52^{c}	56.00 ± 0.86^{ab}
	粗脂肪	30.16 ± 0.41^{a}	33.39 ± 1.48^{b}	33.07 ± 0.68^{b}	32.15 ± 0.24^{ab}	31.60 ± 2.23^{ab}	31.47 ± 1.02^{ab}
	灰分	11.72 ± 0.30	11.42 ± 0.71	11.13 ± 0.15	11.16 ± 0.17	11.10 ± 0.97	11.44 ± 0.55

续表 10－21

项目		饲料中亮氨酸含量					
		1.62	2.09	2.60	3.07	3.59	4.10
肌肉	水分	74.60±0.29[ab]	75.44±0.17[b]	75.02±0.52[bc]	73.95±0.67[a]	74.63±0.25[ab]	74.91±0.26[bc]
	粗蛋白	79.05±0.70[a]	80.70±0.64[ab]	81.40±1.87[b]	80.00±1.18[ab]	81.60±1.37[b]	80.14±0.76[ab]
	粗脂肪	11.51±0.63[a]	11.65±1.07[a]	13.25±0.36[b]	13.29±0.16[b]	13.33±1.31[b]	13.72±0.85[b]
	灰分	6.68±0.02[d]	6.40±0.16[c]	6.04±0.03[b]	5.74±0.07[a]	5.91±0.08[b]	5.97±0.08[b]

3. 亮氨酸含量对卵形鲳鲹血清生化指标的影响

由表10－22可知，饲料亮氨酸含量显著影响卵形鲳鲹血清谷丙转氨酶、谷草转氨酶和碱性磷酸酶活性及总胆固醇、甘油三酯、葡萄糖、总蛋白和尿素含量（$P<0.05$）。1.62%组的血清中总胆固醇的含量显著高于其它组的（$P<0.05$），其它各组的没有显著差异（$P>0.05$）。2.09%组和1.62%组的血清中的甘油三酯显著高于2.60%和4.10%组的（$P<0.05$），血清中甘油三酯的含量随着饲料中亮氨酸含量升高而呈下降的趋势。血清中谷草转氨酶活性先是随着饲料中亮氨酸含量的升高而下降，在3.07%组时达到最低，并且3.07%组的谷草转氨酶活性显著低于1.62%、2.09%和2.60%组的（$P<0.05$）。随后继续增加饲料中亮氨酸含量，血清谷草转氨酶活性显著增加（$P<0.05$）；血清中谷丙转氨酶活性和葡萄糖含量也呈现与谷草转氨酶活性相似的变化趋势。1.62%组的血清总蛋白含量显著高于2.09%、3.07%和4.10%组的（$P<0.05$），但是与2.60%和3.59%组没有显著差异（$P>0.05$）。1.62%组的卵形鲳鲹血清碱性磷酸酶活性显著高于其它各组的（$P<0.05$），并且随着饲料中亮氨酸含量的上升而呈现先降后升的趋势。卵形鲳鲹血清中尿素含量随着饲料中亮氨酸含量的上升而增加，并且高亮氨酸含量组显著高于低亮氨酸含量组的（$P<0.05$）。

表10－22　饲料中亮氨酸含量对卵形鲳鲹血清生化指标的影响

项目	饲料中亮氨酸含量/%					
	1.62	2.09	2.60	3.07	3.59	4.10
总胆固醇 CHO/(mmol·L^{-1})	3.95±0.86[a]	2.19±0.64	2.70±0.99	2.46±0.52	2.56±0.10	2.34±0.45
甘油三酯 TG/(mmol·L^{-1})	1.12±0.17[bc]	1.39±0.44[c]	0.68±0.11[a]	0.81±0.17[ab]	0.99±0.06[bc]	0.70±0.13[a]
谷丙转氨酶 ALT/(U·L^{-1})	12.50±0.71[c]	6.33±0.42[a]	10.50±0.71[bc]	8.50±0.71[ab]	11.00±1.41[c]	16.00±1.41[d]
谷草转氨酶 AST/(U·L^{-1})	138.00±16.97[c]	124.00±7.07[c]	99.50±2.12[b]	75.00±5.66[a]	97.00±7.07[ab]	165.50±9.19[d]
葡萄糖 GLU/(mmol·L^{-1})	7.67±1.11[ab]	10.40±2.07[b]	3.79±0.60[a]	5.07±0.36[a]	15.51±0.87[c]	7.04±1.00[ab]

续表 10－22

项目	饲料中亮氨酸含量/%					
	1.62	2.09	2.60	3.07	3.59	4.10
总蛋白 TP/(g·L^{-1})	35.90±2.20^{b}	23.67±1.83^{a}	25.47±2.79^{ab}	24.83±3.97^{a}	25.47±1.59^{ab}	22.33±3.94^{a}
碱性磷酸酶 ALP/(U·L^{-1})	76.50±0.71^{d}	30.00±4.24^{a}	51.00±1.41^{c}	30.50±3.54^{a}	43.50±2.12^{b}	41.50±0.71^{b}
尿素 Urea/(mmol·L^{-1})	45.50±2.69^{a}	54.61±0.67^{b}	54.53±0.88^{b}	57.83±0.96^{b}	71.34±2.87^{c}	73.76±1.47^{c}

4. 饲料亮氨酸含量对卵形鲳鲹血液指标的影响

饲料中亮氨酸含量显著影响卵形鲳鲹血液中血红蛋白含量、红细胞比容、红细胞平均体积、平均血红蛋白含量和平均血红蛋白浓度（$P<0.05$），对白细胞和红细胞数量没有显著影响（$P>0.05$）（表 10－23）。血红蛋白含量先是随着饲料中亮氨酸含量的升高而呈增大的趋势，在 3.07% 组的血红蛋白含量达到最大，并且显著高于 1.62% 和 2.09% 组的（$P<0.05$）；随后血红蛋白含量随着亮氨酸含量的继续升高而显著下降（$P<0.05$）。红细胞比容先是随着饲料中亮氨酸含量的升高而降低，随后出现上升的趋势，最后又呈现下降的趋势。红细胞平均体积先是随着饲料中亮氨酸含量的升高而降低，随后出现上升的趋势，并且 3.07%、3.59% 和 4.10% 组的显著高于 2.09% 和 2.60% 组的（$P<0.05$）。平均血红蛋白含量先是随着饲料中亮氨酸含量升高而升高，而后出现下降的趋势，平均血红蛋白含量在 3.07% 组达到最大，并且 3.07% 组显著高于其它各组（$P<0.05$），其它各组之间差异不显著（$P>0.05$）。平均血红蛋白浓度先是随着饲料中亮氨酸含量的升高而升高，而后随着饲料中亮氨酸含量的升高而下降，并且 2.60% 组的平均血红蛋白浓度显著高于其它各组的（$P<0.05$），4.10% 组的显著低于其它各组的（$P<0.05$）。

表 10－23　饲料中亮氨酸含量对卵形鲳鲹血液指标的影响

项目	饲料中亮氨酸含量/%					
	1.62	2.09	2.60	3.07	3.59	4.10
白细胞数 WBC/(10^{9}·L^{-1})	231.70±17.72	225.64±10.76	221.92±9.07	240.15±39.97	201.94±18.06	230.82±12.65
红细胞数 RBC/(10^{12}·L^{-1})	1.83±0.06	1.57±0.14	1.90±0.06	1.54±0.48	1.86±0.19	1.74±0.01
血红蛋白 HGB/(g·L^{-1})	38.50±0.71^{c}	31.50±0.71^{a}	39.50±2.12^{cd}	41.50±0.7^{d}	45.00±1.41^{e}	35.00±0.00^{b}
红细胞比容 HCT/%	27.55±0.92^{ab}	21.35±1.06^{a}	23.85±0.92^{a}	26.95±5.87^{ab}	33.20±1.56^{b}	24.20±0.99^{a}

续表 10-23

项目	饲料中亮氨酸含量/%					
	1.62	2.09	2.60	3.07	3.59	4.10
红细胞平均体积 MCV/(fL)	151.60 ±1.14[bc]	143.90 ±13.15[ab]	135.20 ±4.95[a]	162.45 ±4.17[c]	161.15 ±0.21[c]	164.60 ±6.36[c]
平均血红蛋白含量 MCH/(pg)	21.10 ±0.28[a]	21.23 ±0.29[a]	20.97 ±0.51[a]	23.40 ±2.26[b]	21.33 ±0.93[a]	20.63 ±0.84[a]
平均血红蛋白浓度 MCHC/($g \cdot L^{-1}$)	139.50 ±2.12[c]	140.00 ±0.00[c]	153.50 ±2.12[d]	132.00 ±0.00[b]	135.50 ±2.12[b]	127.00 ±1.41[a]

（二）讨论

以增重率、特定生长率和蛋白质沉积率为评定指标，根据二次回归分析得出，卵形鲳鲹对饲料中亮氨酸的需求量分别为 3.28%、3.29% 和 2.93%，分别占饲料蛋白质的 8.00%、8.03% 和 7.15%。除了 3.59% 组的，其它各个组的卵形鲳鲹的存活率没有显著差异，并且各个组的卵形鲳鲹的成活率都在 95% 以上。低亮氨酸水平组的卵形鲳鲹虽没有明显出现缺乏的病理状态，但是 1.62% 组的卵形鲳鲹的肥满度显著大于其它各组的。低亮氨酸含量的 1.62% 和 2.09% 组的卵形鲳鲹的摄食量、增重率、特定生长、蛋白质沉积率和脂肪沉积率显著低于 3.07% 组的。饲料中亮氨酸缺乏或过量导致卵形鲳鲹幼鱼的生长呈下降趋势。支链氨基酸之间存在着拮抗作用的原因可能是由于它们之间结构的相似性，在肠道吸收转运时就可能因竞争转运体系而出现拮抗，进入细胞内代谢时，由于它们代谢前两步所需的酶相同，因而又存在着竞争。其次，亮氨酸是生酮氨基酸，过量的亮氨酸在代谢的过程中会产生大量的酮酸，而过量的酮酸对鱼类是有害的。过量的亮氨酸在代谢时会产生酮类及其它有害代谢物的积累，从而阻碍鱼类的生长。

卵形鲳鲹的摄食量随着饲料亮氨酸含量的升高呈现先升后降的趋势，并且是在饲料中亮氨酸含量为 3.07% 时达到最大值，而卵形鲳鲹的增重率和特定生长率也呈现这种趋势。饲料中亮氨酸含量的升高可以显著提高幼建鲤的摄食量。饲料中亮氨酸含量的增加可以显著提高虹鳟的摄食量。亮氨酸能提高鱼类的摄食量可能是因为亮氨酸能促进鱼类肠道黏膜的发育和提高鱼类消化酶活性。本实验研究发现低亮氨酸含量组卵形鲳鲹的相对肠长要低于高亮氨酸含量组的，饲料中亮氨酸含量为 2.09% 组的卵形鲳鲹相对肠长要显著低于 3.59% 组的。

饲料中亮氨酸含量显著影响卵形鲳鲹全鱼和肌肉的水分、粗蛋白、粗脂肪和肌肉灰分。卵形鲳鲹全鱼的粗蛋白和粗脂肪含量随着饲料中亮氨酸含量的上升而增加，随后开始下降；卵形鲳鲹全鱼的水分随着饲料中亮氨酸含量的上升而呈现先降后升的趋势。卵形鲳鲹肌肉的粗蛋白含量与全鱼粗蛋白含量呈现相似的趋势，而肌肉水分含量却呈现与全水分含量相反的趋势，肌肉的脂肪含量随着饲料亮氨酸含量的上升而增加。

饲料中亮氨酸含量显著影响卵形鲳鲹血清总蛋白、总胆固醇、甘油三酯、葡萄糖、尿素含量和谷丙转氨酶、谷草转氨酶、碱性磷酸酶活性。除了亮氨酸含量为 1.62% 组卵形鲳鲹的血清总蛋白含量显著高于其它组的外，其它各组之间没有显著差异，并且其它各组的卵形鲳鲹血清总蛋白含量随着饲料中亮氨酸含量的增加呈现先升后降的趋势。1.62%的卵形鲳鲹血清中总蛋白含量要显著高于其它组的，有可能是亮氨酸缺乏引起的。亮氨酸代谢终产物β-羟基-β-甲基戊烯二酰 CoA 是胆固醇合成的前体物，它转化为甲羟戊酸这一步是胆固醇合成的限速步骤。胆固醇在生物体内参与细胞膜、胆汁、维生素 D 和激素的合成，可在一定程度上反映体内脂肪代谢状况。鱼类与其它脊椎动物一样，能够自身合成胆固醇，血液中的大部分的胆固醇来自肝脏，其余来自消化道。饲料中亮氨酸含量为 1.62% 组的卵形鲳鲹的胆固醇含量显著高于其它各组的，并且其它各组之间没有显著差异。1.62% 组的卵形鲳鲹血清胆固醇偏高的原因可能是饲料中亮氨酸缺乏引起卵形鲳鲹的肝功能不正常而导致的。谷丙转氨酶和谷草转氨酶是氨基酸代谢中起重要作用的两种酶，是评定肝脏健康与否的重要指标。谷丙转氨酶和谷草转氨酶在健康动物的血清中含量很少，但是当动物肝脏受损而导致肝细胞破裂时，位于肝细胞中的谷丙转氨酶和谷草转氨酶就会释放到血液中去，因而引起血液中谷丙转氨酶和谷草转氨酶增高。饲料中亮氨酸含量对卵形鲳鲹谷丙转氨酶和谷草转氨酶活性产生显著影响，并且饲料中亮氨酸含量过低或过高都会引起血清谷丙转氨酶和谷草转氨酶活性的升高。因此饲料中亮氨酸含量过低或过高对卵形鲳鲹的肝脏功能都会产生有害的影响。

在鱼类必需氨基酸的研究中，血液指标是评估鱼类健康与否的一个重要工具。在本研究中，饲料中亮氨酸含量对卵形鲳鲹的白细胞和红细胞数量无显著影响，但对血红蛋白含量、红细胞比容、红细胞平均体积、平均血红蛋白含量和平均血红蛋白浓度产生显著影响。卵形鲳鲹血液中血红蛋白含量和红细胞压积随着饲料中亮氨酸含量的升高而呈现先升后降的趋势，并且都在饲料中亮氨酸含量为 3.59% 时达到最大值。印度囊鳃鲶的血红蛋白含量和红细胞比容也是随着饲料中亮氨酸含量的升高而呈现先升后降的趋势。饲料亮氨酸含量显著影响建鲤血液中红白细胞的数量，并且还能提高白细胞的吞噬率。饲料亮氨酸含量也能提高卵形鲳鲹红白细胞数量，但是各个组之间的差异并不显著。

五、卵形鲳鲹幼鱼的异亮氨酸需求量

异亮氨酸是卵形鲳生长所必需的三种支链氨基酸之一，参与机体内诸多代谢途径，影响机体的消化性能，促进蛋白质合成和动物生长，维持机体氮平衡；同时也是鱼体自我修复所必需的营养元素，对提高机体的免疫机能至关重要。由于鱼类在进化过程中已经丧失了合成某些特定氨基酸（如异亮氨酸）的能力，饲料中异亮氨酸含量不足会引起生化机能障碍，最终导致生长阻滞，严重时还会引起死亡。再者，无论是异亮氨酸缺乏还是过量都会因为蛋白质利用低下而导致饲料利用率低和氨氮过量排放，进而污染环境。实验饲料配方和饲料的氨基酸组成见表 10－24 和表 10－25。

表 10－24　实验饲料组成及营养水平（g/kg）

原料	异亮氨酸添加水平					
	12.9	15.1	17.5	19.5	21.8	24.3
鱼粉	150	150	150	150	150	150
豆粕	100	100	100	100	100	100

续表 10－24

原料	异亮氨酸添加水平					
	12.9	15.1	17.5	19.5	21.8	24.3
花生粕	150	150	150	150	150	150
面粉	226	226	226	226	226	226
大豆浓缩蛋白	100	100	100	100	100	100
啤酒酵母粉	30	30	30	30	30	30
氨基酸混合物	75.5	75.5	75.5	75.5	75.5	75.5
鱼油	80	80	80	80	80	80
大豆卵磷脂	20	20	20	20	20	20
维生素预混料	20	20	20	20	20	20
矿物质预混料	20	20	20	20	20	20
氯化胆碱（50%）	5	5	5	5	5	5
诱食剂	5	5	5	5	5	5
VC 磷脂	6	6	6	6	6	6
晶体异亮氨酸	0	2.5	5	7.5	10	12.5
晶体谷氨酸	12.5	10	7.5	5	2.5	0
营养成分分析						
粗蛋白	438.6	440.0	439.8	438.3	437.2	444.2
粗脂肪	112.8	113.8	113.0	113.1	113.8	114.0
灰分	91.6	90.9	90.9	90.3	91.3	90.3
异亮氨酸	12.9	15.1	17.5	19.5	21.8	24.3
异亮氨酸（干蛋白）	29.4	34.3	39.8	44.5	49.9	54.7

表 10－25　饲料中氨基酸组成（g/kg）

项目	饲料中异亮氨酸含量						430 g/kg 全鱼蛋白
	13.2	15.7	18.2	20.7	23.2	25.7	
必需氨基酸 EAA							
苏氨酸 Thr	11.9	11.9	11.9	11.7	11.7	11.8	11.7
缬氨酸 Val	19.3	19.4	19.8	19.5	19.7	19.6	20.3
蛋氨酸 Met	10.8	11.1	11.5	11.2	11.4	11.4	11.3
亮氨酸 Leu	25.0	25.1	25.3	25.1	25.2	25.7	28.0
苯丙氨酸 Phe	15.4	15.5	15.6	15.4	15.5	15.8	16.1
组氨酸 His	6.0	6.0	6.1	6.0	6.1	6.3	5.8
赖氨酸 Lys	20.5	20.7	20.0	20.0	19.4	20.2	25.3
精氨酸 Arg	25.4	25.6	25.3	25.1	25.1	25.8	26.5
异亮氨酸 Ile	12.9	15.1	17.5	19.5	21.8	24.3	19.4

续表 10-25

项目	饲料中异亮氨酸含量						430 g/kg 全鱼蛋白
	13.2	15.7	18.2	20.7	23.2	25.7	
非必需氨基酸							
天冬氨酸 Asp	46.7	46.8	47.3	46.5	46.2	47.2	38.0
丝氨酸 Ser	15.3	15.3	15.3	15.2	15.1	15.4	8.0
甘氨酸 Gly	25.9	25.9	25.5	25.5	25.1	26.0	24.8
丙氨酸 Ala	33.7	33.9	34.2	33.5	33.2	33.9	20.2
酪氨酸 Tyr	8.1	8.1	8.2	7.9	8.1	8.0	6.6
脯氨酸 Pro	18.0	18.1	18.0	18.0	17.8	18.1	13.5
谷氨酸 Glu	73.3	71.1	68.5	65.9	63.4	62.6	55.7

（一）结果

1. 异亮氨酸水平对卵形鲳鲹生长性能和形体指标的影响

饲料中异亮氨酸水平对卵形鲳鲹的生长、饲料利用和存活率的影响如图 10-12、图 10-13、图 10-14 和表 10-26 所示。终末均重和增重率随着饲料中异亮氨酸水平的升高而呈现先上升后下降的变化趋势，并在 18.2 g/kg 异亮氨酸组中达到最高值（$P<0.05$）。蛋白质效率、脏体比和肝体比的变化趋势与增重率基本一致；并且 18.2 g/kg 异亮氨酸组的蛋白质效率、脏体比和肝体比显著高于 12.9 g/kg、21.8 g/kg 和 24.3 g/kg 异亮氨酸组（$P<0.05$）。与之相反，饲料系数随着饲料饲料中异亮氨酸水平的上升而先下降后上升，最低值同样出现在 18.2 g/kg 异亮氨酸组（$P<0.05$）。23.2 g/kg 和 25.7 g/kg 异亮氨酸组实验鱼的存活率显著低于其它四组（$P<0.05$）。

表 10-26　饲料中异亮氨酸水平对卵形鲳鲹生长性能和形体指标的影响

项目	饲料中异亮氨酸含量/(g·kg^{-1})					
	13.2	15.7	18.2	20.7	23.2	25.7
成活率/%	93.33 ± 2.89^{c}	91.67 ± 2.89^{c}	91.67 ± 7.64^{c}	93.33 ± 7.64^{c}	80.00 ± 5.00^{b}	65.00 ± 8.66^{a}
终末体重 FBW/g	59.57 ± 1.07^{b}	61.26 ± 0.77^{bc}	64.85 ± 1.24^{d}	62.15 ± 0.65^{c}	52.82 ± 1.34^{a}	51.35 ± 1.32^{a}
增重率 WGR/%	837.10 ± 12.08^{b}	859.75 ± 9.30^{bc}	915.95 ± 21.76^{d}	879.19 ± 13.21^{c}	731.81 ± 18.77^{a}	709.06 ± 21.79^{a}
饲料系数 FCR	1.37 ± 0.05^{ab}	1.29 ± 0.04^{a}	1.25 ± 0.07^{a}	1.44 ± 0.07^{b}	1.47 ± 0.07^{b}	1.83 ± 0.13^{c}
蛋白质效率 PER	1.66 ± 0.05^{bc}	1.77 ± 0.05^{cd}	1.83 ± 0.11^{d}	1.59 ± 0.08^{b}	1.56 ± 0.08^{b}	1.24 ± 0.09^{a}
脏体比 VSI/%	5.53 ± 0.13^{b}	5.66 ± 0.07^{cd}	5.79 ± 0.12^{e}	5.74 ± 0.14^{de}	5.58 ± 0.08^{bc}	5.31 ± 0.09^{a}
肝体比 HSI/%	0.95 ± 0.08^{b}	1.00 ± 0.06^{bc}	1.04 ± 0.04^{c}	0.97 ± 0.09^{bc}	0.92 ± 0.08^{b}	0.73 ± 0.05^{a}

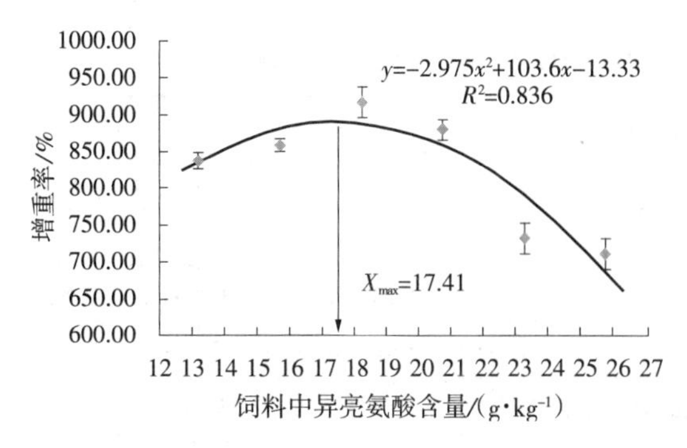

图 10－12　异亮氨酸含量对卵形鲳鲹增重率的影响

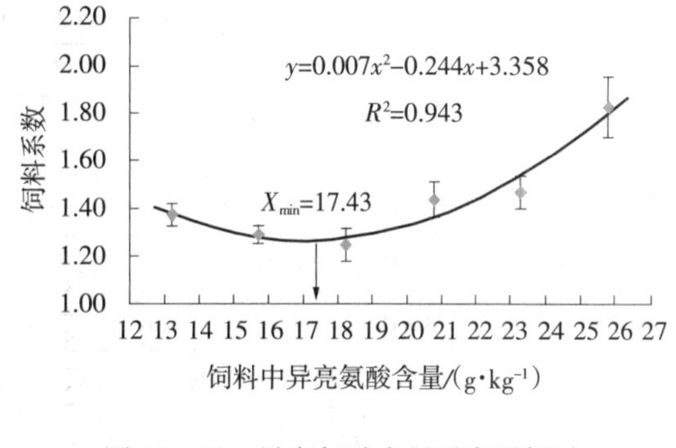

图 10－13　异亮氨酸含量对卵形鲳鲹饲料系数的影响

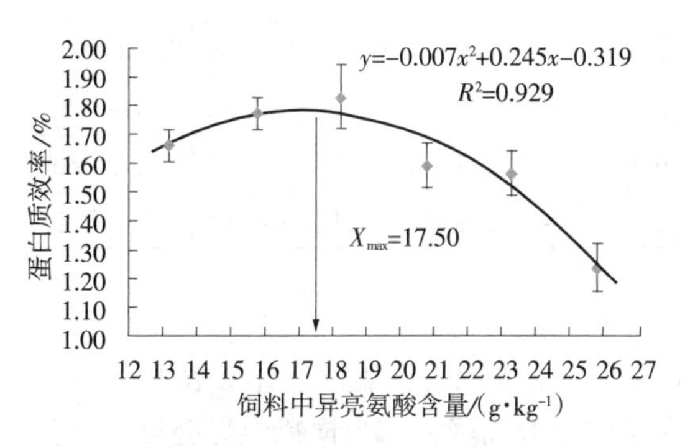

图 10－14　异亮氨酸含量对卵形鲳鲹蛋白质效率的影响

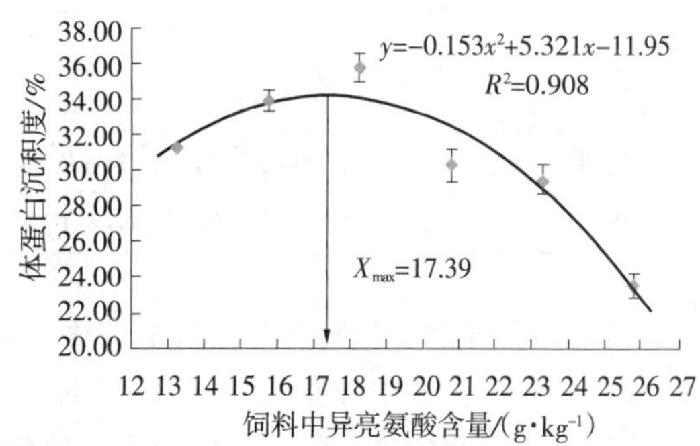

图 10－15　异亮氨酸含量对卵形鲳鲹体蛋白沉积的影响

2. 异亮氨酸含量对卵形鲳鲹体组成和肌肉组成的影响

由图 10－15 和表 10－27 可知，饲料中异亮氨酸含量会对卵形鲳鲹的体组成和肌肉组成产生显著的影响（$P<0.05$）。尽管各组间的全鱼粗蛋白含量没有显著性差异，但是肌肉的粗蛋白含量随着饲料中异亮氨酸含量的上升而先升高后降低；并且 12. 9 g/kg 和 24. 3 g/kg 异亮氨酸组的肌肉粗蛋白含量显著低于其它四组（$P<0.05$）。全鱼蛋白沉积率随着饲料中异亮氨酸含量的上升而升高，当饲料中异亮氨酸含量超过 18. 2 g/kg 时，全鱼蛋白沉积率显著降低（$P<0.05$）。全鱼粗脂肪含量随着饲料中异亮氨酸含量的升高而呈现先升高后降低的变化趋势，其中最高值出现在 15. 1 g/kg 异亮氨酸组（饲料中异亮氨酸含量为 15. 7 g/kg）（$P<0.05$）；并且 24. 3 g/kg 异亮氨酸组的肌肉粗蛋白含量显著低于其它五组（$P<0.05$）。肌肉粗灰分含量则以 13. 2 g/kg 异亮氨酸组最高，且显著高于 17. 5～24. 3 g/kg 异亮氨酸组（$P<0.05$）；而其它各组间均没有显著性差异（$P>0.05$）。各组间全鱼水分含量、全鱼粗灰分含量和肌肉水分含量没有显著性差异（$P>0.05$）。

表 10－27 异亮氨酸水平对卵形鲳鲹全鱼和肌肉营养成分的影响（%）

项目	饲料中异亮氨酸含量（g·kg^{-1}）						
	初始	13.2	15.7	18.2	20.7	23.2	25.7
全鱼							
水分	75.82±0.27	65.60±0.27	65.36±0.10	65.40±0.58	65.73±0.12	65.49±0.91	65.68±0.84
蛋白质	16.08±0.11	18.49±0.47	18.91±0.74	19.23±0.70	18.78±0.41	18.57±0.43	18.74±0.71
脂肪	3.18±0.10	12.82±0.03^{cd}	13.18±0.18^{e}	13.03±0.23^{de}	12.71±0.05^{c}	12.34±0.15^{b}	11.54±0.06^{a}
灰分	4.77±0.07	3.73±0.16	3.70±0.08	3.81±0.09	3.84±0.05	3.73±0.02	3.89±0.15
体蛋白沉积		31.19±0.15^{c}	33.92±0.60^{d}	35.76±0.79^{e}	30.29±0.85^{bc}	29.54±0.80^{b}	23.61±0.71^{a}
肌肉							
水分	—	72.37±0.25	71.76±0.67	72.54±0.67	72.02±0.19	71.69±0.70	72.08±0.24
蛋白质	—	19.78±0.18^{b}	20.37±0.13^{c}	20.74±0.26^{c}	20.31±0.29^{c}	20.41±0.32^{c}	19.30±0.23^{a}
脂肪	—	6.83±0.34^{b}	6.70±0.54^{b}	6.43±0.39^{b}	6.14±0.57^{b}	6.74±0.61^{b}	5.22±0.46^{a}
灰分	—	1.81±0.07^{b}	1.66±0.13^{ab}	1.51±0.06^{a}	1.53±0.12^{a}	1.57±0.09^{a}	1.56±0.13^{a}

3．异亮氨酸含量对卵形鲳鲹血清生化指标的影响

摄食不同饲料中异亮氨酸含量实验鱼的血清生化指标具有显著性差异（表 10－28）。血清谷草转氨酶的活性随着饲料中异亮氨酸含量的上升而降低，当饲料中异亮氨酸含量超过 18.2 g/kg 时，谷草转氨酶的活性显著升高（$P<0.05$）。19.5 g/kg 异亮氨酸组实验鱼血清碱性磷酸酶活性显著低于 15.1 g/kg、21.8 g/kg 和 24.3 g/kg 异亮氨酸组（$P<0.05$）。24.3 g/kg 异亮氨酸组实验鱼血糖含量、总蛋白含量和甘油三酯含量都显著低于其它各组（$P<0.05$）。与此同时，21.8 g/kg 异亮氨酸组实验鱼的血清总胆固醇含量在各实验组中为最低水平，但仅与 15.1 g/kg 异亮氨酸组具有显著性差异（$P<0.05$）。各实验组的血清谷丙转氨酶活性没有显著性差异（$P>0.05$）。

表 10－28 饲料中异亮氨酸含量对卵形鲳鲹血清生化指标的影响

项目	饲料中异亮氨酸含量/（g·kg^{-1}）					
	13.2	15.7	18.2	20.7	23.2	25.7
谷草转氨酶 AST/（U·L^{-1}）	67.33±3.06^{c}	70.33±6.11^{c}	40.33±1.53^{a}	47.67±2.52^{a}	56.00±6.56^{b}	72.33±5.13^{c}
谷丙转氨酶 ALT/（U·L^{-1}）	4.33±1.53	3.67±1.53	2.33±1.53	2.67±1.15	4.33±0.58	4.67±1.15
碱性磷酸酶 ALP/（U·L^{-1}）	57.00±6.00^{ab}	59.67±5.51^{b}	56.33±7.02^{ab}	48.00±7.00^{a}	62.33±2.52^{b}	61.67±3.79^{b}
总蛋白 TP/（g·L^{-1}）	34.33±1.43^{bc}	35.03±0.49^{c}	32.30±1.48^{b}	32.10±1.87^{b}	33.83±1.50^{bc}	24.20±0.17^{a}
葡萄糖 GLU/（mmol·L^{-1}）	14.43±1.02^{bc}	13.82±0.65^{b}	14.56±0.45^{c}	13.40±0.35^{b}	15.31±0.64^{c}	6.11±0.78^{a}

续表 10－28

项目	饲料中异亮氨酸含量/（g·kg⁻¹）					
	13.2	15.7	18.2	20.7	23.2	25.7
总胆固醇 CHO /(mmol·L⁻¹)	4.86±0.37[ab]	5.32±0.41[b]	4.86±0.50[ab]	4.65±0.36[ab]	4.54±0.23[a]	4.42±0.45[a]
甘油三酯 TG/(mmol·L⁻¹)	1.62±0.19[c]	1.47±0.20[bc]	1.47±0.13[bc]	1.33±0.06[bc]	1.22±0.15[b]	0.68±0.15[a]

以二次回归模型分析增重率、饲料系数、蛋白质效率和全鱼蛋白沉积率与饲料中异亮氨酸含量的关系，可以发现转折点分别出现在异亮氨酸含量为 17.41 g/kg、17.43 g/kg、17.50 g/kg 和 17.39 g/kg 的点上（图 10－12，图 10－13，图 10－14，图 10－15）。增重率（y_1）、饲料系数（y_2）、蛋白质效率（y_3）和全鱼蛋白沉积率（y_4）与饲料中异亮氨酸含量（x）相对应的方程如下：

$$y_1 = -2.975x^2 + 103.6x - 13.33 (P < 0.05, R^2 = 0.836)$$

$$y_2 = 0.007x^2 - 0.244x + 3.358 (P < 0.05, R^2 = 0.943)$$

$$y_3 = -0.007x^2 + 0.245x - 0.319 (P < 0.05, R^2 = 0.929)$$

$$y_4 = -0.153x^2 + 5.321x - 11.95 (P < 0.05, R^2 = 0.908)$$

结合上述方程可知，卵形鲳鲹的最适异亮氨酸需要量为 17.39～17.50 g/kg 饲料，即 40.44～40.70 g/kg 饲料蛋白。

（二）讨论

在饲料中使用晶体氨基酸不会对养殖鱼类的生长产生任何的负面影响，并且在不含有异亮氨酸的饲料中添加晶体异亮氨酸可以显著改善养殖动物的生长性能。通过以二次回归模型分析增重率、饲料系数、蛋白质效率和全鱼蛋白沉积率与饲料中异亮氨酸含量的关系，发现卵形鲳鲹的异亮氨酸需要量为 17.39～17.50 g/kg 饲料，即 40.44～40.70 g/kg 饲料蛋白。这个数值与遮目鱼、南亚野鲮和草鱼等鱼种的异亮氨酸需要量比较一致，这三种鱼的异亮氨酸需要量分别为 40.0 g/kg、38.0～39.8 g/kg 和 40.0～42.3 g/kg 饲料蛋白。但是，其它水产动物的异亮氨酸需要量则变化较大，从 22.0 g/kg 饲料蛋白到 32.0 g/kg 饲料蛋白不等。

异亮氨酸在鱼类体蛋白合成和快速生长的过程中都发挥着重要作用，主要用于组织的生长和修复、分解供能以及维持机体氮平衡。卵形鲳鲹的生长性能与饲料中异亮氨酸含量具有良好的剂量效应关系，饲料中异亮氨酸的不平衡会导致实验鱼的生长速率和饲料利用效率降低。想要获得最佳生长必须要保证限制性氨基酸不缺乏的同时不会摄入不必要的氮，分解和排泄多余的氨基酸是一个耗能的过程，因此鱼类摄食含有多余氮元素的饲料时会导致能量不能完全用于生长和营养素沉积，降低饲料利用率。卵形鲳鲹摄入过量异亮氨酸导致生长下降的可能原因是支链氨基酸之间的拮抗作用，因为这三种支链氨基酸在代谢过程中共享前两个步骤，会与代谢酶产生竞争结合的现象。饲料中不适宜的异亮氨酸含量也会影响亮氨酸和缬氨酸的利用，降低肌肉蛋白沉积率。

血清谷草转氨酶和碱性磷酸酶的活性随着饲料中异亮氨酸含量的上升而降低，当饲料中异亮氨酸含量超过 18.2 g/kg 时，谷草转氨酶和碱性磷酸酶的活性显著升高；该现象显示实验鱼的肝脏功能受到饲料中异亮氨酸含量变化的强烈影响，适宜的饲料中异亮氨酸含量有助于维持肝脏健康。谷草转氨酶和碱性磷酸酶活性的变化不仅与实验鱼的生长有关联，还与其存活率有直接联系。当饲料中异亮氨酸含量为 23.2 ～ 25.7 g/kg 时，可以观察到饲料中异亮氨酸过量导致的实验鱼死亡现象，但是该现象并未在印度鲮鱼和南亚野鲮的研究中发现。

卵形鲳鲹的部分体成分和肌肉成分随着饲料中异亮氨酸含量的升高而产生了较大改变，这种现象在对其它水生生物的研究中也有发现。体外实验研究证实异亮氨酸、亮氨酸和缬氨酸这三种支链氨基酸可以调节骨骼肌蛋白代谢，并且增加肌内脂肪的含量；但是产生这种蛋白合成促进效应的前提是必需氨基酸组成必须高度均衡。实验鱼肌肉蛋白沉积量随着饲料中异亮氨酸含量的上升而增加，在亮氨酸含量为 18.2 g/kg 时达到峰值，并在异亮氨酸含量达到 23.2 g/kg 时显著降低；而全鱼粗脂肪含量则随着饲料中异亮氨酸含量的上升而不断降低。饲料中异亮氨酸含量过量不仅不能有效促进蛋白质的合成，反而会危害正常的蛋白质代谢，并且会影响营养素在机体内的沉积。各实验组血清总蛋白含量的有序变化也从另一个侧面证实了这一可能，说明饲料中氨基酸的不平衡会改变蛋白质的代谢。当饲料中异亮氨酸含量过量时，蛋白质的合成量会降低而分解代谢量会升高，严重危害蛋白质沉积和生长性能。

第二节　脂肪酸需求量研究

一、卵形鲳鲹幼鱼的亚麻酸需求

亚麻酸（LNA）属于 n－3 系列的多烯脂肪酸，是淡水鱼类的必需脂肪酸，多种淡水鱼类对亚麻酸的最适需求量已经被确定。和淡水鱼类相比，海水鱼类对 n－3 系列必需脂肪酸的需求只能由二十碳五烯酸（EPA）和二十二碳六烯酸（DHA）来满足。因此，DHA 和 EPA 被认为是海水鱼类的必需脂肪酸。然而，一些洄游性鱼类，例如大西洋鲑可以将亚油酸（LA）和亚麻酸转化成相应的 C20 和 C22 的多不饱和脂肪酸，从而有效地利用亚油酸和亚麻酸。亚麻酸同样是洄游性鱼类尖吻鲈的必需脂肪酸，饲料中亚麻酸的含量影响了尖吻鲈的正常生长。实验饲料配方和饲料的脂肪酸组成见表 10－29 和表 10－30。

表 10－29　实验饲料配方和化学组成（%）

原料	饲料中亚麻酸含量					
	0.13	0.59	1.10	1.60	2.10	2.50
鱼粉	23	23	23	23	23	23
大豆浓缩蛋白	20	20	20	20	20	20
豆粕	14	14	14	14	14	14

续表 10－29

原料	饲料中亚麻酸含量					
	0.13	0.59	1.10	1.60	2.10	2.50
花生粕	11	11	11	11	11	11
啤酒酵母	3	3	3	3	3	3
面粉	16	16	16	16	16	16
鱼油	1.4	1.4	1.4	1.4	1.4	1.4
防腐剂	0.1	0.1	0.1	0.1	0.1	0.1
维生素	1	1	1	1	1	1
矿物质	1	1	1	1	1	1
氯化胆碱（50%）	0.5	0.5	0.5	0.5	0.5	0.5
猪油	9	7.9	6.8	5.7	4.6	3.5
亚麻籽油	0	1.1	2.2	3.3	4.4	5.5
营养成分分析						
干物质	92.02	92.14	92.29	92.14	92.29	92.43
粗蛋白	48.60	48.69	48.94	48.79	48.70	48.76
粗脂肪	12.54	12.56	12.63	12.64	12.61	12.61
灰分	9.60	9.76	9.73	9.77	9.82	9.72

表 10－30　实验饲料的脂肪酸组成（%）

脂肪酸	饲料中亚麻酸含量					
	0.13	0.59	1.10	1.60	2.10	2.50
C14：0	0.22	0.20	0.19	0.18	0.16	0.15
C15：0	0.01	0.01	0.01	0.01	0.01	0.01
C16：0	2.90	2.60	2.40	2.20	2.00	1.80
C16：1n－7	0.25	0.23	0.22	0.20	0.18	0.16
C17：0	0.04	0.04	0.40	0.03	0.03	0.30
C18：0	1.60	1.40	1.30	1.20	1.10	0.94
C18：1n－9	3.90	3.80	3.70	3.60	3.60	3.20
C18：2n－6	1.70	1.80	1.80	1.90	1.90	1.90
C18：3n－3	0.13	0.59	1.10	1.60	2.10	2.50
C20：0	0.02	0.04	0.04	0.04	0.04	0.40
C20：1n－9	0.10	0.09	0.09	0.08	0.08	0.07
C20：2n－7	0.07	0.07	0.07	0.06	0.06	0.05
C20：3n－6	0.01	0.01	0.01	0.01	0.01	0.01
C20：4n－6	0.04	0.03	0.03	0.03	0.03	0.03
C20：5n－3	0.11	0.11	0.11	0.11	0.11	0.11

续表 10－30

脂肪酸	饲料中亚麻酸含量					
	0.13	0.59	1.10	1.60	2.10	2.50
C22：6n－3	0.15	0.15	0.15	0.15	0.15	0.15
∑saturates	4.79	4.29	4.34	3.66	3.34	3.60
∑MUFA	4.25	4.12	4.01	3.88	3.86	3.43
∑PUFA	2.21	2.76	3.27	3.86	4.36	4.75
∑n－3	0.39	0.85	1.36	1.86	2.36	2.76
∑n－6	1.75	1.84	1.84	1.94	1.94	1.94
DHA/EPA	1.36	1.36	1.36	1.36	1.36	1.36
∑n－3/∑n－6	0.22	0.46	0.74	0.96	1.22	1.42

注：saturates 指饱和脂肪酸；MUFA 指单不饱和脂肪酸；PUFA 指多不饱和脂肪酸。

（一）结果

1. 亚麻酸对卵形鲳鲹幼鱼生长性能的影响

饲料中亚麻酸含量由 0.13% 增加至 2.50% 时，实验鱼的体增质量、特定生长率均呈现出显著的先升高后降低趋势，并且在 1.10% 组达到最大值（$P<0.05$）（表 10－31）。1.10% 组的实验鱼的体增质量和特定生长率显著高于 2.50% 组。2.50% 组的实验鱼的饲料系数显著高于其它实验组（$P<0.05$），其它各组间饲料系数无显著性差异（$P>0.05$）。饲喂含不同浓度亚麻酸的饲料并没有影响到实验鱼的摄食量（$P>0.05$）。随着饲料中亚麻酸含量的升高，实验鱼的脏体比显著地降低（$P<0.05$），0.13% 组显著高于其它实验组，而 0.59%、1.10%、1.60% 和 2.10% 组之间脏体比没有显著性差异（$P>0.05$）。饲料中亚麻酸含量对实验鱼肝体比和肥满度的影响呈现出相似的趋势，均随着饲料中亚麻酸含量升高显著地先增高后降低（$P<0.05$），并且均在 0.59% 组最高。随着饲料中亚麻酸含量的升高，实验鱼的腹脂率显著降低（$P<0.05$）。饲喂 1.10% 和 2.10% 水平饲料的实验鱼成活率显著高于其它组（$P<0.05$）。1.10% 组和 2.10% 组实验鱼的成活率显著高于 0.13% 组（$P<0.05$）。通过对卵形鲳鲹幼鱼特定生长率与饲料中亚麻酸含量进行二次回归分析（图 10－16），可得出卵形鲳鲹幼鱼对亚麻酸的最适需求量为饲料干质量的 1.04%。

表 10－31　饲料中亚麻酸含量对卵形鲳鲹幼鱼生长性能的影响

项目	饲料中亚麻酸含量/%					
	0.13	0.59	1.10	1.60	2.10	2.50
初始体重/g	10.41 ±0.21	10.34 ±0.09	10.4 ±0.1	10.34 ±0.12	10.35 ±0.08	10.42 ±0.05
终末体重/g	68.55 ±1.61[ab]	69.21 ±1.33[b]	71.91 ±1.84[b]	68.88 ±4.52[ab]	67.56 ±0.69[ab]	64.68 ±1.51[a]
摄食量/g	73.34 ±0.45	73.85 ±4.54	78.69 ±6.58	73.89 ±6.93	72.93 ±1.67	79.3 ±8.34
增重率/%	558.07 ±6.57[ab]	569.69 ±11.11[b]	591.55 ±24.19[b]	566.82 ±50.63[ab]	552.58 ±1.84[ab]	520.71 ±14.58[a]
特定生长率 SGR/%	3.37 ±0.02[ab]	3.4 ±0.03[b]	3.45 ±0.07[b]	3.39 ±0.14[b]	3.35 ±0.01[ab]	3.26 ±0.04[a]

续表 10－31

项目	饲料中亚麻酸含量/%					
	0.13	0.59	1.10	1.60	2.10	2.50
饲料系数 FCR	1.26 ±0.03[a]	1.26 ±0.07[a]	1.28 ±0.08[a]	1.26 ±0.09[a]	1.28 ±0.03[a]	1.47 ±0.18[b]
成活率/%	71.67 ±2.89[a]	81.67 ±2.89[ab]	85.00 ±5[b]	83.33 ±10.41[ab]	90.00 ±5[b]	80.00 ±8.67[ab]
脏体比 VSI/%	6.31 ±0.35[c]	5.95 ±0.34[b]	5.81 ±0.34[b]	5.67 ±0.48[b]	5.65 ±0.3[b]	5.24 ±0.36[a]
肝体比 HIS/%	0.82 ±0.1[ab]	0.84 ±0.09[b]	0.81 ±0.08[ab]	0.78 ±0.08[ab]	0.78 ±0.06[ab]	0.74 ±0.09[a]
腹脂/%	1.05 ±0.22[d]	0.99 ±0.18[cd]	0.85 ±0.15[bc]	0.74 ±0.19[ab]	0.74 ±0.07[ab]	0.67 ±0.16[a]
肥满度 CF	3.32 ±0.05[b]	3.35 ±0.09[b]	3.32 ±0.19[b]	3.2 ±0.15[a]	3.16 ±0.1[a]	3.17 ±0.06[a]

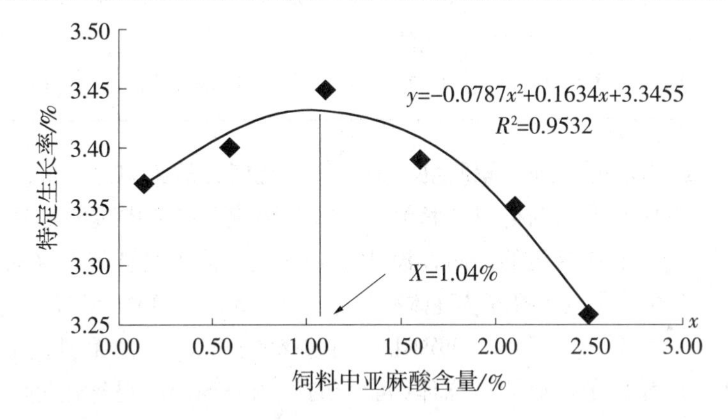

图 10－16　饲料中亚麻酸含量与卵形鲳鲹幼鱼特定生长率的关系

2. 饲料中亚麻酸含量对卵形鲳鲹幼鱼全鱼体组成的影响

由表 10－32 可知，饲料中不同含量的亚麻酸并未对卵形鲳鲹幼鱼全鱼的水分、粗蛋白和粗脂肪含量产生显著影响（$P>0.05$）。饲喂含不同含量亚麻酸的饲料，显著影响了实验鱼全鱼灰分含量（$P<0.05$），饲喂含 0.13%、1.10% 和 2.50% 亚麻酸饲料的实验组全鱼灰分含量显著高于 1.60% 组。

表 10－32　饲料中亚麻酸含量对卵形鲳鲹幼鱼全鱼体成分的影响（%）

项目	饲料中亚麻酸含量					
	0.13	0.59	1.10	1.60	2.10	2.50
水分	67.74 ±1.31	67.28 ±0.16	68.23 ±1.27	66.78 ±0.72	67.23 ±0.15	68.05 ±0.92
粗蛋白	57.05 ±0.33	56.1 ±0.79	57.93 ±1.07	57.03 ±2.09	57.84 ±2.79	56.32 ±0.58
粗脂肪	31.35 ±3.24	29.05 ±2.1	27.53 ±2.11	29.94 ±1.19	29.05 ±3.75	31.32 ±2.75
灰分	12.09 ±0.86[b]	11.89 ±0.1[ab]	12.01 ±0.24[b]	11.1 ±0.37[a]	11.83 ±0.46[ab]	12.44 ±0.45[b]

3. 饲料中亚麻酸含量对卵形鲳鲹幼鱼消化酶活性的影响

饲料中亚麻酸含量显著影响了卵形鲳鲹幼鱼胃蛋白酶和淀粉酶活性（$P<0.05$）（表10－33）。0.59%组实验鱼的胃蛋白酶活性显著高于0.13%和2.50%组（$P<0.05$），0.59%、1.10%、1.60%和2.10%组之间的胃蛋白酶活性无显著性差异（$P>0.05$）。饲喂含0.13%亚麻酸饲料的实验鱼淀粉酶活性最高，显著高于其它各组（$P<0.05$）。1.60%组卵形鲳鲹幼鱼淀粉酶活性显著高于0.59%、1.10%、2.10%和2.50%组（$P<0.05$）。0.59%、2.10%和2.50%组之间实验鱼的淀粉酶活性无显著性差异（$P>0.05$）。淀粉酶活性在1.10%组最低。

表10－33　饲料中亚麻酸含量对卵形鲳鲹幼鱼消化酶活性的影响

项目	饲料中亚麻酸含量/%					
	0.13	0.59	1.10	1.60	2.10	2.50
胃蛋白/(U/gprot)	12.35±0.42[a]	17.92±3.69[c]	16.62±0.69[bc]	14.84±1.91[abc]	15.34±1.15[abc]	13.19±1.93[ab]
淀粉酶/(U/gprot)	2.89±0.05[d]	1.69±0.31[b]	1.35±0.03[a]	2.35±0.05[c]	1.87±0.18[b]	1.84±0.13[b]

4. 饲料中亚麻酸含量对卵形鲳鲹幼鱼血清抗氧化能力的影响

由图10－17可以看出，饲料中亚麻酸含量显著影响了血清中过氧化氢酶活性（$P<0.05$）。随着饲料中亚麻酸含量的升高，血清过氧化氢酶活性呈现先升高后降低的趋势，1.10%组过氧化氢酶活性显著高于其它各组（$P<0.05$）。0.13%组过氧化氢酶活性最低，0.59%、1.60%、2.10%和2.50%组之间过氧化氢酶活性无显著性差异（$P>0.05$）。饲料中亚麻酸含量对血清总抗氧化能力的影响呈现出和过氧化氢酶相似的趋势，但未达到显著水平（$P>0.05$）。

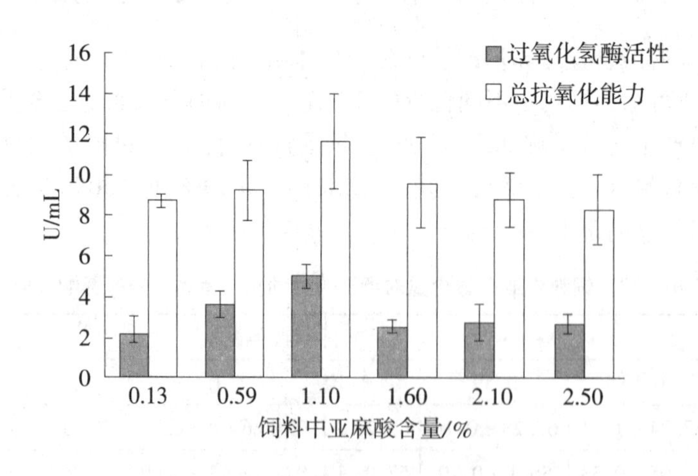

图10－17　饲料中亚麻酸含量对卵形鲳鲹幼鱼抗氧化能力的影响

（二）讨论

亚麻酸是淡水鱼类和一些洄游性鱼类的必需脂肪酸，饲料中缺乏或过量都会影响到鱼类的正常生长。本实验在饲料中适量地添加亚麻酸促进了卵形鲳鲹幼鱼的生长，亚麻酸不足或过量，显著降低了卵形鲳鲹幼鱼的增重率、特定生长率及饲料利用率。以特定生长率为评价指标，通过二次回归分析得出卵形鲳鲹幼鱼对亚麻酸最适的需求量为饲料干质量的 1.04%，和瓦氏黄颡鱼 1.0%～1.5%、大西洋鲑 1.3%、斑点叉尾鮰 1.0%～2.0% 的需求量相似，但高于尼罗罗非鱼对亚麻酸 0.45%～0.64% 的需求量和尖吻鲈对亚麻酸 0.3% 的需求量。这些差异可能是因为不同种类及大小的鱼对亚麻酸的需求量不同。鱼类对必需脂肪酸的需求量往往还和饲料中脂肪的含量有关。因此，这些研究结果的差异也可能是由于各个实验饲料中脂肪水平不同引起的。饲料中亚麻酸含量显著影响了卵形鲳鲹幼鱼的肝体比、脏体比及肥满度。卵形鲳鲹幼鱼的腹脂率随着饲料中亚麻酸含量的升高而显著降低，和尼罗罗非鱼相似。说明亚麻酸具有促进腹内脂肪代谢、降低腹脂的作用。对大西洋鲑的研究发现，饲料中 n－3 系列脂肪酸含量可以提高过氧化物酶增殖物激活受体（PPAR）β、脂酰辅酶 A 氧化酶（ACO）和肉毒碱棕榈酰转移酶（CPT）－Ⅱ基因的表达量，进而促进脂肪的分解代谢。n－3 系列的亚麻酸很可能也是通过促进脂肪分解代谢降低腹脂率的。

饲料中脂肪酸的种类会影响到鱼类的体组成。但亚麻酸含量并没有显著影响到卵形鲳鲹幼鱼全鱼的水分含量。这与尼罗罗非鱼上的研究的结论相似。亚麻酸含量没有显著影响卵形鲳鲹全鱼的脂肪和蛋白质含量。

动物有机体摄入的食物被运送到胃及肠道进行消化吸收，这些养分要有效地进行消化，很大程度上依靠于一些消化酶的消化分解。因此，鱼消化道内相关的消化酶活性在一定程度上可以作为鱼类对营养物质消化分解能力的指标。消化酶的活性除了和动物自身生理状态有关外，还与其食性及所采食的饲料成分相关。饲料中脂肪的含量显著地影响了欧洲狼鲈的脂肪酶活性。饲料中亚麻酸的含量也显著影响了团头鲂蛋白酶的活性。随着饲料中亚麻酸含量的升高，卵形鲳鲹幼鱼的胃蛋白酶活性先升高后降低。此外，饲料中亚麻酸含量也影响了肠道淀粉酶的活性，亚麻酸含量低，淀粉酶的活性反而最高，这很可能与鱼类的脂肪代谢及能量代谢相关，具体的结论还需要进一步探索研究。

动物机体细胞正常状态下处于氧化与抗氧化的平衡状态，当机体发生脂质的过氧化时，会造成细胞膜被破坏，从而影响到机体的生长发育和正常的生命活动。研究证明，不饱和脂肪酸可以增强机体的抗氧化能力，在饲料中添加亚麻籽油显著提高了吉富罗非鱼的过氧化氢酶和超氧化物歧化酶活性。饲料中适量的亚麻酸含量也显著提高了瓦氏黄颡鱼超氧化物歧化酶的活力。在抗氧化防御体系中，过氧化氢酶是机体重要的抗氧化酶之一，它可以清除超氧化物歧化酶歧化超氧阴离子自由基产生的过氧化氢，以起到保护生物有机体的作用。本实验中，饲料中亚麻酸的含量显著影响到卵形鲳鲹幼鱼血清过氧化氢酶的活性，随着饲料中亚麻酸含量的升高，过氧化氢酶的活性升高，但亚麻酸的水平过高，过氧化氢酶活性反而显著降低，这与罗非鱼上的研究报道相似。总抗氧化能力是生物有机体抗氧化能力的总和，随着亚麻油替代鱼油含量的提高，鲤鱼的总抗氧化能力显著降低。

二、卵形鲳鲹幼鱼的花生四烯酸需求量

花生四烯酸（ARA），系统名为全顺式－5，8，11，14－二十碳四烯酸，是 ω－6 系

列的一种人体重要的多不饱和脂肪酸，在维持机体细胞膜的结构与功能方面具有重要的作用。它不仅作为一种极为重要的结构脂类广泛存在于哺乳动物的组织（特别是神经组织）器官中，而且还是人体前列腺素合成的重要前体物质，具有广泛的生物活性和重要的营养作用，已经在保健食品、化妆品和医药等领域得到广泛应用。关于 ARA 对鱼类生理和生化功能的研究还很有限。其中的原因之一是因为早期人们认为鱼类对 ARA 的需求量很少，远低于 DHA 和 EPA，因此，ARA 常常被忽略，以致人们对 ARA 的研究还不够广泛和深入。最近的一些研究报道表明，ARA 对鱼类的生长、发育、繁殖、抗应激能力及免疫调控具有重要的作用。实验饲料配方和饲料的脂肪酸组成见表 10－34 和表 10－35。

表 10－34　实验饲料配方和化学组成（%）

原料	饲料中 ARA 含量					
	0.15	0.36	0.51	0.71	0.88	0.96
鱼粉	23	23	23	23	23	23
大豆浓缩蛋白	20	20	20	20	20	20
豆粕	14	14	14	14	14	14
花生粕	11	11	11	11	11	11
啤酒酵母	3	3	3	3	3	3
面粉	16	16	16	16	16	16
鱼油	1.4	1.4	1.4	1.4	1.4	1.4
防腐剂	0.1	0.1	0.1	0.1	0.1	0.1
维生素	1	1	1	1	1	1
矿物质	1	1	1	1	1	1
氯化胆碱（50%）	0.5	0.5	0.5	0.5	0.5	0.5
猪油	9	7.9	6.8	5.7	4.7	3.6
ARA oil	0	1.1	2.2	3.3	4.3	5.4
营养成分分析						
干物质	90.84	90.80	90.63	90.95	91.52	91.65
粗蛋白	49.20	49.11	49.08	49.10	49.19	48.68
粗脂肪	12.62	12.70	12.77	12.76	12.76	12.68
灰分	9.83	9.80	9.78	9.97	9.59	9.69

表 10－35　实验饲料的脂肪酸组成（%）

脂肪酸	饲料中 ARA 含量					
	0.15	0.36	0.51	0.71	0.88	0.96
C14：0	0.40	0.39	0.37	0.36	0.36	0.36
C15：0	0.05	0.05	0.05	0.05	0.05	0.05

续表 10 - 35

脂肪酸	饲料中 ARA 含量					
	0.15	0.36	0.51	0.71	0.88	0.96
C16：0	2.24	2.20	2.06	2.00	2.07	2.15
C16：1n-7	0.59	0.54	0.55	0.51	0.50	0.50
C17：0	0.09	0.06	0.07	0.08	0.09	0.08
C17：1	0.02	0.02	0.03	0.03	0.03	0.03
C18：0	1.23	1.19	1.13	1.06	1.10	1.08
C18：1n-9	3.36	3.32	3.01	2.87	2.89	2.77
C18：2n-6	1.78	1.80	1.72	1.68	1.66	1.78
C18：3n-3	0.03	0.04	0.05	0.06	0.05	0.12
C20：0	0.06	0.05	0.06	0.06	0.07	0.07
C20：1n-9	0.23	0.18	0.18	0.17	0.17	0.16
C20：2n-7	0.08	0.07	0.08	0.10	0.08	0.07
C20：3n-6	0.09	0.10	0.12	0.13	0.13	0.15
C20：4n-6	0.15	0.36	0.51	0.71	0.88	0.96
C20：5n-3	0.57	0.46	0.58	0.54	0.49	0.40
C22：0	0.04	0.05	0.06	0.07	0.07	0.07
C22：6n-3	0.62	0.50	0.57	0.55	0.53	0.59
∑saturates	4.11	4.00	3.81	3.67	3.80	3.85
∑MUFA1	4.20	4.06	3.77	3.58	3.59	3.46
∑PUFA2	3.33	3.33	3.63	3.78	3.82	4.06
∑n-3	1.22	1.00	1.19	1.15	1.07	1.10
∑n-6	2.02	2.26	2.35	2.52	2.67	2.88
DHA/EPA	1.07	1.09	0.99	1.01	1.09	1.48
∑n-3/∑n-6	0.60	0.44	0.51	0.46	0.40	0.38

（一）结果

1. 饲料中 ARA 含量对卵形鲳鲹幼鱼生长性能的影响

从表 10-36 可知，经过 8 周的养殖实验，饲料中 ARA 的含量显著影响了卵形鲳鲹幼鱼 WGR、SGR、PER、FCR 和 VSI。随着饲料中花生四烯酸含量从 0.15% 上升到 0.51%，卵形鲳鲹幼鱼的增重率显著上升（$P<0.05$），当饲料中 ARA 含量高于 0.51% 时，增重率又轻微地降低（$P>0.05$）。0.51% 实验组鱼的 WGR 显著高于 0.15% 组、0.36% 组（$P<0.05$），和 0.71% 组、0.88% 组、0.96% 组无显著性差异（$P>0.05$）。ARA 含量对卵形鲳鲹幼鱼 SGR 和 PER 影响的变化趋势和 WGR 的变化趋势相似。随着饲料中 ARA 含量的增加，饲料转化率和脏体比呈现出先降低后升高的趋势，分别在 0.51% 组和 0.71% 组达到最低值。饲料中 ARA 的含量并没有显著地影响到卵形鲳鲹幼鱼的采食量、肝体比、肥满度和成活率（$P>0.05$）。以 SGR 为标准，通过折线回归分析可得出卵形鲳鲹幼鱼对 ARA 的最适需求量为 0.53%（图 10－18）。

表 10－36 饲料中 ARA 含量对卵形鲳鲹幼鱼生长性能和成活率的影响（%）

	饲料中 ARA 含量						标准误差
	0.15	0.36	0.51	0.71	0.88	0.96	
初始体重 IW/g	15.22	15.17	15.20	15.24	15.20	15.17	0.01
终末体重 FW/g	61.68[a]	66.47[ab]	74.49[c]	72.99[bc]	70.48[bc]	70.45[bc]	1.26
增重率 WGR/%	305.13[a]	338.43[ab]	390.17[c]	378.79[bc]	363.77[bc]	364.23[bc]	8.25
特定生长率 SGR/（%·d^{-1}）	2.49[a]	2.64[ab]	2.84[c]	2.79[bc]	2.74[bc]	2.74[bc]	0.03
蛋白质效率 PER/%	1.58[a]	1.62[ab]	1.81[c]	1.77[bc]	1.76[bc]	1.66[abc]	0.03
摄食量 FI/g	68.24	73.85	76.79	76.00	73.26	77.79	1.31
饲料系数 FCR	1.47[c]	1.44[bc]	1.30[a]	1.32[a]	1.33[ab]	1.41[abc]	0.02
肝体比 HSI/%	0.83	0.82	0.73	0.68	0.69	0.69	0.03
脏体比 VSI/%	5.97[d]	5.59[bc]	5.31[ab]	5.15[a]	5.45[abc]	5.78[cd]	0.08
肥满度 CF/(g·cm^{-3})	3.06	3.16	3.21	3.13	3.17	3.07	0.02
成活率 SR/%	98.33	96.67	100.00	93.33	91.67	100.00	2.56

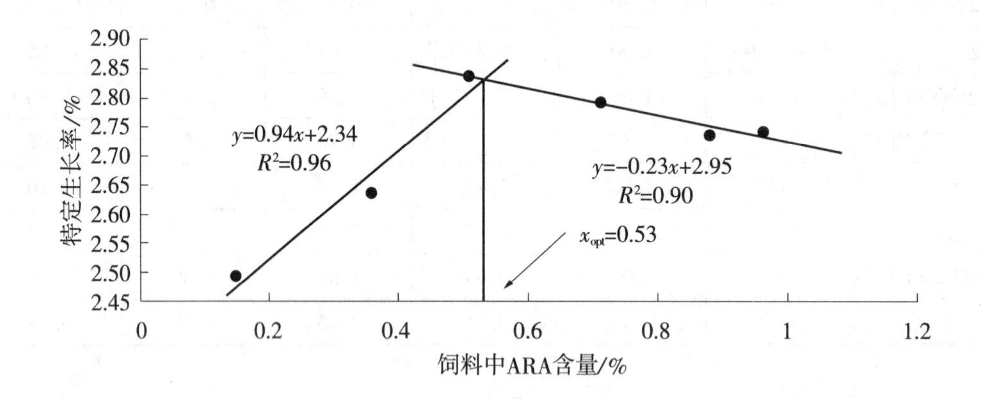

图 10－18 对卵形鲳鲹的特定生长率和饲料中 ARA 含量做折线回归分析

2. 饲料中 ARA 含量对卵形鲳鲹幼鱼体组成的影响

饲料中 ARA 含量对卵形鲳鲹幼鱼体组成影响的结果如表 10－37 所示。卵形鲳鲹幼鱼全鱼的水分含量不受饲料中 ARA 含量的影响（$P>0.05$）。随着饲料中 ARA 含量从 0.15% 升高到 0.96%，卵形鲳鲹幼鱼全鱼粗蛋白含量呈现出先降低后升高的趋势，并在 0.88% 组最小，0.88% 组显著低于 0.15% 组、0.36% 组（$P<0.05$），而和 0.51% 组、0.71% 组、0.96% 组无显著性差异（$P>0.05$）。0.15% 组的全鱼粗脂肪含量显著低于其它各组（$P<0.05$），其它各组间全鱼粗脂肪含量无显著性差异（$P<0.05$）。饲料中 ARA 含量显著影响了全鱼灰分含量，其中 0.15% 组灰分含量最高（$P<0.05$）。

表 10－37　饲料中 ARA 含量对卵形鲳鲹幼鱼体组成的影响（%）

项目	饲料中 ARA 含量						标准误差
	0.15	0.36	0.51	0.71	0.88	0.96	
水分	69.43	69.14	68.17	68.59	67.80	68.69	0.00
粗蛋白	60.64[c]	59.01[b]	58.26[ab]	58.24[ab]	56.79[a]	58.05[ab]	0.33
灰分	13.48[e]	12.38[c]	12.02[b]	12.68[d]	11.69[a]	12.27[c]	0.14
粗脂肪	23.08[a]	25.66[b]	26.70[b]	25.87[b]	27.27[c]	25.81[b]	0.44

3．饲料中 ARA 含量对卵形鲳鲹幼鱼消化酶活性的影响

在本实验中，饲料中 ARA 含量没有显著影响到卵形鲳鲹幼鱼胃蛋白酶的活性（$P>0.05$），但 ARA 的含量显著影响了肠道中脂肪酶的活性，0.51% 组和 0.96% 组的脂肪酶活性显著高于 0.15% 组和 0.36% 组（表 10－38）。

表 10－38　饲料中 ARA 的含量对卵形鲳鲹幼鱼消化酶活性的影响（%）

项目	饲料中 ARA 含量						标准误差
	0.15	0.36	0.51	0.71	0.88	0.96	
胃蛋白酶	13.02	14.10	13.57	14.37	14.99	13.46	0.28
脂肪酶	20.72[ab]	21.16[ab]	26.57[c]	25.88[bc]	20.29[a]	29.18[c]	1.00

4．饲料中 ARA 含量对卵形鲳鲹幼鱼肠道组织结构的影响

从图 10－19 可以看出，随着饲料中 ARA 含量从 0.15% 升高到 0.51%，肠道杯状细胞数量显著升高，各组间均达到了显著水平（$P<0.05$）。当饲料中 ARA 含量继续升高，杯状细胞数量又显著降低（$P<0.05$）。肠道中肠绒毛长度和杯状细胞数量呈相似的变化趋势，0.51% 组卵形鲳鲹幼鱼肠绒毛长度显著大于其它各实验组（$P<0.05$），而其它各组间无显著性差异（$P>0.05$）（图 10－20）。图 10－21 为饲喂不同 ARA 饲料的卵形鲳鲹幼鱼肠道组织切片图。

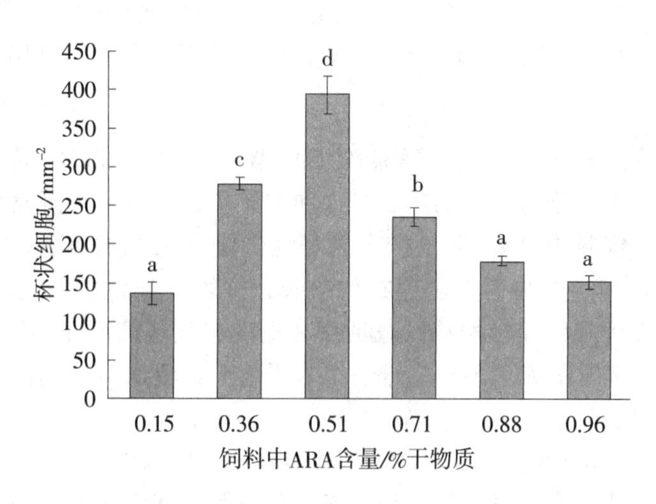

图 10－19　ARA 含量对卵形鲳鲹幼鱼肠道杯状细胞数量的影响

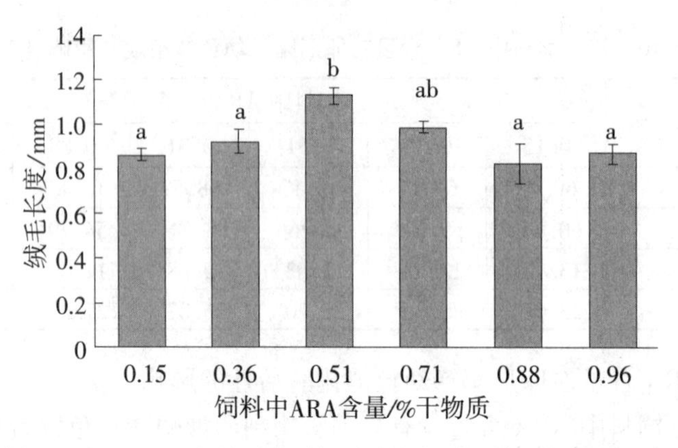

图 10－20　ARA 含量对卵形鲳鲹幼鱼肠道肠绒毛长度的影响

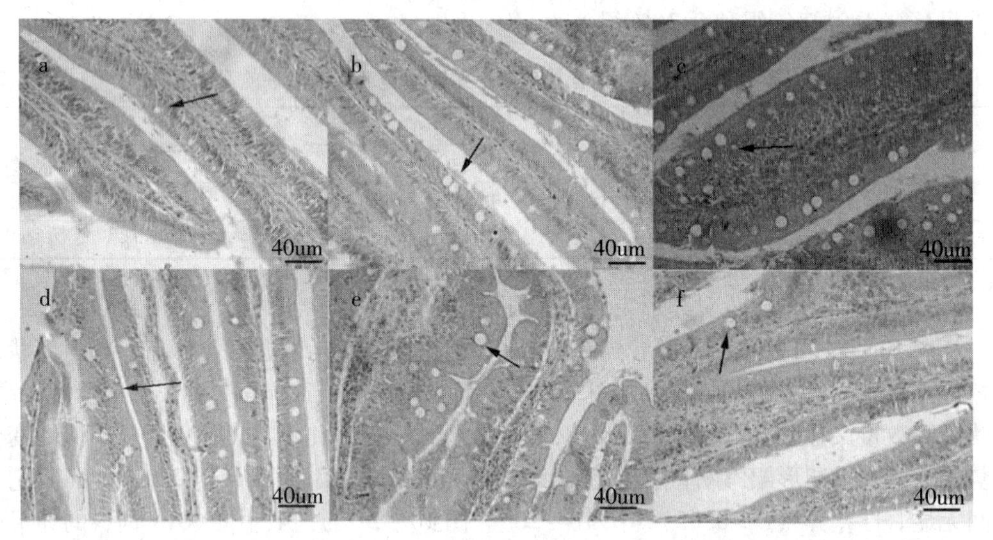

注：a，b，c，d，e 和 f 分别是饲喂了含 0.15%，0.36%，0.51%，0.71%，0.88% 和 0.96% ARA 饲料的卵形鲳鲹幼鱼中肠组织切片。箭头指向的是杯状细胞。用 HE 染色，20 倍显微镜下的观察图。

图 10－21　饲喂不同 ARA 含量饲料的卵形鲳鲹幼鱼肠道组织切片

（二）讨论

饲料中 ARA 含量显著影响了卵形鲳鲹幼鱼的 WG、SGR 和 PER，说明卵形鲳鲹幼鱼同样需要适量的 ARA 来维持正常的生长，这和在鲈鱼、鳗鱼中的研究相似。然而，也有一些研究表明，饲料中 ARA 含量没有显著地影响金头鲷的 WGR 和 SGR。当饲料中 ARA 的含量过高时，会显著抑制鱼类的生长，并影响到鱼类的成活率。饲料中过高的 ARA 并没有显著降低卵形鲳鲹的成活率，也没有显著抑制卵形鲳鲹幼鱼的生长。卵形鲳鲹最适 ARA 需求量为 0.51%。这一结果要高于鲈鱼 0.32% 的需求量，低于鳗鱼 0.69%～0.71% 的需求量。

ARA 含量显著影响了肠道脂肪酶的活性，但并没有影响到胃蛋白酶的活性。大多数关于 ARA 的研究多集中在其对幼鱼生长性能及鱼体脂肪酸组成的影响上，还没有关于 ARA 对鱼类消化酶活性影响的研究报道，因此，很难进行比较分析。ARA 可以影响到卵形鲳鲹幼鱼肠道脂肪酶的活性。肠绒毛是肠道重要的结构，肠绒毛长度被认为是动物对营养物质吸收能力的指标。随着饲料中 ARA 含量的升高，肠绒毛长度先增加后降低，这表明饲料中 ARA 不足或过量都会影响到卵形鲳鲹幼鱼肠道的组织结构，进而影响到肠道的功能。然而，到目前为止，还没有研究报道多不饱和脂肪酸能够影响鱼类的肠道组织结构。杯状细胞能够分泌黏蛋白覆盖在消化道肠上皮表面，以保护肠道免受伤害，维持肠道的稳态。随着 ARA 含量的升高，杯状细胞数量显著地先升高后降低。我们的实验首次报道了多不饱和脂肪酸能够影响到杯状细胞数量，但我们很难解释这种影响的机制，具体的机理还需要进一步的研究来确定。

三、卵形鲳鲹幼鱼的 DHA 需求量

二十二碳六烯酸（DHA），属于 ω－3 不饱和脂肪酸家族中的重要成员。DHA 是神经系统细胞生长及维持的一种主要成分，是大脑和视网膜的重要构成成分。

近几十年来，水产养殖业迅猛发展，对鱼油和鱼粉等饲料原料的需求量日益增多。然而，鱼油和鱼粉的产量有限，很难满足日益增长的需要。这一矛盾，在一定程度上制约着水产养殖业的可持续发展。因此，寻找鱼油、鱼粉的替代品成为水产动物营养饲料研究的热点之一。其中植物油产量大，价格低且稳定，用植物油部分或完全替代鱼油是一种较为理想的选择。但是，植物油中缺乏海水鱼所必需的长链高不饱和脂肪酸（DHA 和 EPA），大量的替代会造成海水鱼类必需脂肪酸缺乏，进而影响到鱼类的正常生长和发育。饲料配方的脂肪酸组成分别见表 10－39 和表 10－40。

表 10－39　实验饲料配方和化学组成（%）

原料	饲料中 DHA 含量					
	0.02	0.45	1.00	1.40	1.90	2.40
脱脂鱼粉	30.00	30.00	30.00	30.00	30.00	30.00
大豆浓缩蛋白	20.00	20.00	20.00	20.00	20.00	20.00
花生粕	18.00	18.00	18.00	18.00	18.00	18.00
面粉	18.00	18.00	18.00	18.00	18.00	18.00
DHA 油	0.00	0.70	1.50	2.20	2.90	3.60
棕榈油	5.80	5.10	4.30	3.60	2.90	2.20
ARA 油	2.20	2.20	2.20	2.20	2.20	2.20
啤酒酵母	3.00	3.00	3.00	3.00	3.00	3.00
维生素预混料	1.00	1.00	1.00	1.00	1.00	1.00
矿物质预混料	1.00	1.00	1.00	1.00	1.00	1.00
氯化胆碱	0.50	0.50	0.50	0.50	0.50	0.50
防腐剂	0.10	0.10	0.10	0.10	0.10	0.10
甜菜碱	0.40	0.40	0.40	0.40	0.40	0.40
营养成分分析						
干物质	91.19	91.12	91.40	91.35	91.30	91.29

续表 10－39

原料	饲料中 DHA 含量					
	0.02	0.45	1.00	1.40	1.90	2.40
粗蛋白	44.86	44.62	45.17	45.01	45.07	44.77
粗脂肪	10.32	10.62	10.70	10.50	10.47	10.45
灰分	15.34	15.44	15.38	15.40	15.36	15.31

表 10－40　实验饲料的脂肪酸组成（% 饲料干物质）

脂肪酸	饲料中 DHA 含量/%					
	0.02	0.45	1.00	1.40	1.90	2.40
C14：0	0.06	0.06	0.06	0.06	0.06	0.06
C16：0	2.50	2.20	1.80	1.50	1.10	0.70
C16：1n－7	0.03	0.05	0.05	0.07	0.08	0.09
C17：0	0.02	0.03	0.04	0.04	0.04	0.05
C18：0	0.49	0.46	0.42	0.39	0.34	0.30
C18：1n－9	2.40	2.10	1.80	0.97	1.10	0.78
C18：2n－6	0.93	0.87	0.80	0.74	0.65	0.57
C18：3n－3	0.02	0.02	0.02	0.02	0.02	0.02
C18：3n－6	0.05	0.05	0.06	0.06	0.06	0.06
C20：0	0.05	0.05	0.05	0.05	0.05	0.05
C20：1n－9	0.03	0.04	0.04	0.05	0.05	0.06
C20：2n－7	0.02	0.03	0.03	0.04	0.05	0.06
C20：3n－6	0.07	0.07	0.07	0.07	0.08	0.08
C20：4n－6	1.00	1.00	1.10	1.10	1.10	1.10
C20：5n－3	0.01	0.11	0.23	0.33	0.42	0.54
C22：0	0.07	0.07	0.07	0.07	0.07	0.07
C22：6n－3	0.02	0.45	1.00	1.40	1.90	2.40
C24：0	0.05	0.06	0.06	0.06	0.06	0.06
∑saturates	3.24	2.93	2.50	2.17	1.72	1.29
∑MUFA	2.46	2.19	1.89	1.09	1.23	0.93
∑PUFA	2.12	2.6	3.31	3.76	4.28	4.83
∑n－3	0.05	0.58	1.25	1.75	2.34	2.96
∑n－6	2.05	1.99	2.03	1.97	1.89	1.81
DHA/EPA	2.00	4.09	4.35	4.24	4.52	4.44
∑n－3/∑n－6	0.02	0.29	0.62	0.89	1.24	1.64

注：saturates 指饱和脂肪酸；MUFA 指单不饱和脂肪酸；PUFA 指多不饱和脂肪酸。

（一）结果

1. 饲料中 DHA 含量对卵形鲳鲹生长性能的影响

如表 10－41 所示，随着饲料中 DHA 含量的升高，卵形鲳鲹幼鱼的体增重率、特定生长率呈显著地先升高后降低趋势，且均在 0.45% DHA 组取得最大值，0.45% DHA 组和 1.00% DHA 组显著高于其它各组（$P<0.05$）。以 SGR 为标准，进行二次回归分析可得出卵形鲳鲹幼鱼对 DHA 的最适需求量为 0.85%（图 10－22）。饲料中 DHA 的含量显著影响了卵形鲳鲹幼鱼的摄食量，2.40% DHA 组的摄食量显著低于其它各组（$P<0.05$），0.02% DHA 组、0.45% DHA 组、1.00% DHA 组、1.40% DHA 组和 1.90% DHA 组之间的摄食量无显著性差异（$P>0.05$）。卵形鲳鲹幼鱼对饲料的利用率也受到饲料中 DHA 含量的显著影响，0.45% DHA 组和 1.00% DHA 组的 FCR 显著低于 2.40% DHA 组（$P<0.05$），0.02% DHA 组、0.45% DHA 组、1.00% DHA 组、1.40% DHA 组和 1.90% DHA 组的 FCR 无显著性差异（$P>0.05$），FCR 整体上呈现出一个先下降后升高的趋势。饲料中 DHA 的含量对卵形鲳鲹幼鱼的成活率无显著的影响（$P>0.05$）。

表 10－41　饲料中 DHA 水平对卵形鲳鲹幼鱼生长性能的影响

项目	饲料中 DHA 含量/%					
	0.02	0.45	1.00	1.40	1.90	2.40
初始体重 IW/g	8.35±0.06	8.29±0.04	8.30±0.06	8.31±0.06	8.29±0.05	8.34±0.02
终末体重 FW/g	24.21±3.17[b]	30.01±4.27[c]	29.79±0.54[c]	24.12±3.35[b]	24.38±0.69[b]	17.88±1.02[a]
增重率 WGR/%	189.59±36.78[b]	262.22±52.94[c]	258.85±4.91[c]	190.13±38.49[b]	193.99±7.29[b]	114.36±12.08[a]
特定生长率 SGR/（%·d^{-1}）	1.89±0.23[b]	2.29±0.26[c]	2.28±0.03[c]	1.89±0.23[b]	1.92±0.04[b]	1.36±0.10[a]
摄食量 FI/g	37.12±8.15[b]	44.40±7.66[b]	43.77±2.97[b]	36.99±7.79[b]	38.96±5.55[b]	25.11±1.09[a]
饲料系数 FCR	2.35±0.32[ab]	2.05±0.06[a]	2.04±0.11[a]	2.34±0.05[ab]	2.44±0.45[ab]	2.66±0.36[b]
成活率 SR/%	82.00±10.00	84.00±6.93	88.00±0.00	89.33±6.11	85.33±15.14	89.33±2.31

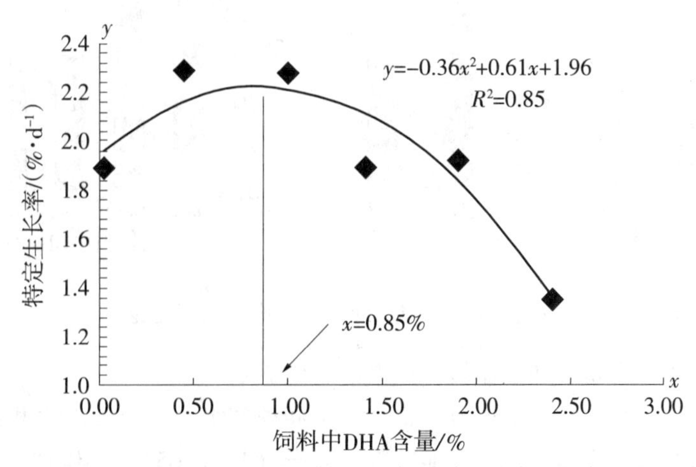

图 10－22　饲料中 DHA 含量与卵形鲳鲹幼鱼特定生长率的关系

2. 饲料中 DHA 含量对卵形鲳鲹体成分的影响

饲料中 DHA 的含量对卵形鲳鲹幼鱼全鱼水分含量无显著的影响（$P>0.05$）。全鱼粗蛋白的含量随着饲料中 DHA 含量的升高而升高，1.00% DHA 组和 2.40% DHA 组显著高于 0.02% DHA 组（$P<0.05$），0.02% DHA 组、0.45% DHA 组、1.40% DHA 组和 1.90% DHA 组之间无显著性差异（$P>0.05$）。随着饲料中 DHA 含量的升高，全鱼粗脂肪含量也呈现出先升高后降低的趋势，1.00% DHA 组的全鱼粗脂肪含量显著高于 0.02% DHA 组、1.40% DHA 组、1.90% DHA 组和 2.40% DHA 组（$P<0.05$），0.02% DHA 组、0.45% DHA 组和 1.40% DHA 组之间无显著性差异（$P>0.05$），2.40% DHA 组显著低于其它各组（$P<0.05$）。全鱼灰分含量的变化趋势和粗脂肪的变化趋势相反，0.45% DHA 组和 1.00% DHA 组显著低于 2.40% DHA 组（$P<0.05$）。

表 10-42 饲料中 DHA 水平对卵形鲳鲹幼鱼全鱼体成分的影响（%）

项目	饲料中 DHA 含量					
	0.02	0.45	1.00	1.40	1.90	2.40
水分	69.68 ±0.80	69.41 ±0.40	69.45 ±2.10	70.39 ±1.15	70.00 ±1.31	71.30 ±1.59
粗蛋白	56.70 ±1.04[a]	57.35 ±0.40[ab]	58.96 ±1.26[b]	58.10 ±1.04[ab]	58.58 ±1.25[ab]	59.51 ±1.39[b]
粗脂肪	27.18 ±0.46[bc]	28.60 ±0.63[cd]	30.57 ±2.08[d]	27.35 ±1.75[bc]	25.59 ±1.18[b]	20.49 ±1.00[a]
灰分	14.62 ±0.13[ab]	13.93 ±0.44[a]	13.51 ±1.16[a]	14.86 ±1.00[ab]	14.47 ±0.62[ab]	15.74 ±1.28[b]

3. 饲料中 DHA 含量对卵形鲳鲹肝脏抗氧化指标的影响

随着饲料中 DHA 含量的增加，肝脏中丙二醛的含量先降低后升高，0.45% DHA 组和 1.00% DHA 组显著低于其它组（$P<0.05$），1.90% DHA 组和 2.40% DHA 组显著高于其它组（$P<0.05$）。肝脏中 SOD 的含量与 MDA 的含量呈相反的变化趋势，0.45% DHA 组的含量最高，2.40% DHA 组的含量最低。1.90% DHA 组和 2.40% DHA 组显著低于 0.45% DHA 组（$P<0.05$）（图 10-23）。

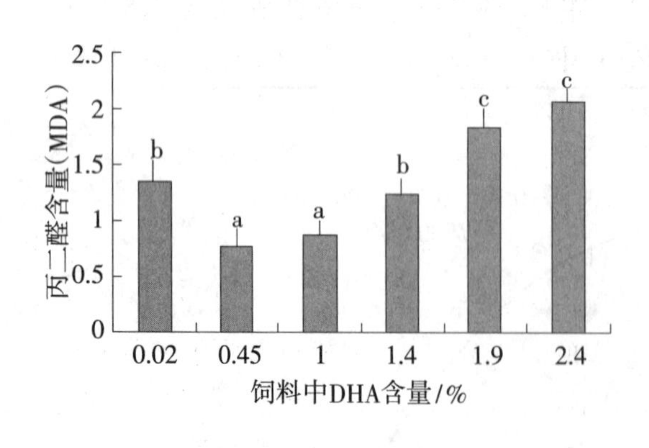

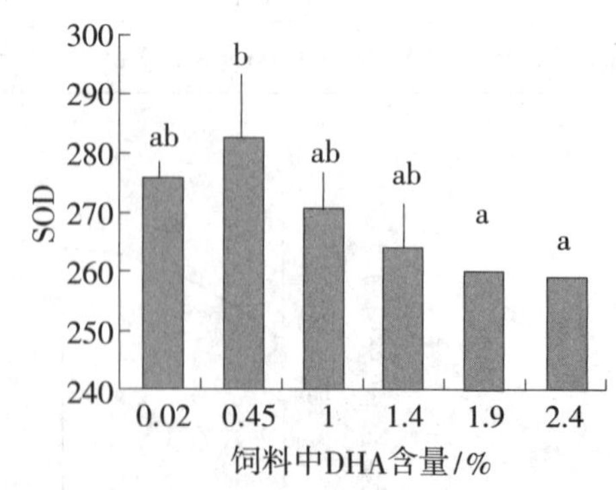

图 10-23 饲料中 DHA 含量对卵形鲳鲹幼鱼抗氧化能力的影响

4. 饲料中 DHA 含量对卵形鲳鲹抗应激能力的影响

养殖结束后，用相同浓度的氨氮胁迫各个不同处理组的实验鱼，结果表明，初始0 h 时各个组实验鱼血清的皮质醇含量无显著性的差异（$P>0.05$），均维持在一个相对较低的水平，随着胁迫时间的延长，各个实验组的皮质醇含量均呈现出升高趋势，当胁迫时间为24 h，0.02% DHA 组、1.40% DHA 组和1.90% DHA 组的皮质醇含量有下降的趋势，2.40% DHA 组血清皮质醇含量在48 h 的时候也开始下降，而0.45% DHA 组在整个过程中呈现长时间持续上升，到48 h 时显著高于其它各个实验组（图10－24）。

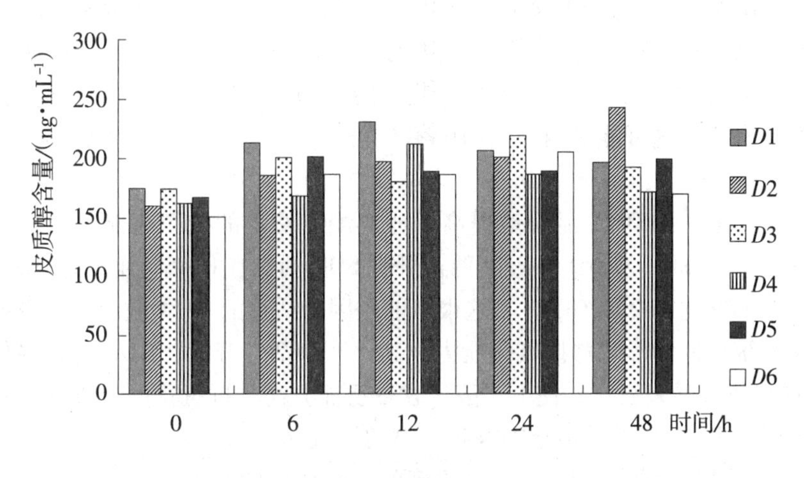

图10－24　氨氮胁迫对血清皮质醇含量的影响

（二）讨论

在研究必需脂肪酸需求量时，需要配制不含或尽量少含必需脂肪酸的基础饲料，然而这样配制的饲料往往诱食性和适口性不好，造成实验鱼增重率偏低。在本研究中，实验鱼的生长性能明显低于卵形鲳鲹幼鱼正常的生长潜能，这很可能是因为本实验配方中所用的蛋白质源为脱脂鱼粉（粗脂肪1.2%）和植物性蛋白质，适口性和营养价值较常规进口鱼粉差，影响了卵形鲳鲹正常的生长速度。

DHA 是鱼类最重要的多不饱和脂肪酸，是大多数海水肉食性鱼类的必需脂肪酸，当饲料中 DHA 缺乏或过量时，都会影响到鱼类正常的生长发育。饲料中 DHA 不足或过量显著降低了卵形鲳鲹幼鱼的体增重率和特定生长率，这一结果和在澳洲肺鱼上的研究相似。饲料中 DHA 含量显著地影响了卵形鲳鲹幼鱼的采食量，高含量的 DHA 显著降低了卵形鲳鲹的摄食量。然而，也有研究表明，饲料中 DHA 含量并不会影响到鱼类的摄食量。这种差异，很可能是实验所有油脂的种类不同造成的。也有可能是不同品种的鱼类对 DHA 油适口性的判断（感知）不同。饲料中添加0.10%～0.45%的 DHA 显著降低了卵形鲳鲹幼鱼的 FCR，说明适量的 DHA 可以促进卵形鲳鲹生长，提高其对饲料的利用率。在大黄鱼的研究中，饲料中 DHA 和 EPA 的含量对大黄鱼的成活率没有显著的影响。本研究也得出了相似的结果，DHA 含量对卵形鲳鲹幼鱼的成活率影响不大。本研究得出的卵形鲳鲹幼鱼对 DHA 最适的需求量为0.85%。这一结果高于欧洲鲈鱼幼鱼对 DHA 0.5%的需求量、大西洋鲑幼鱼对 DHA 0.5%的需求量，但低于尖吻鲈幼鱼对 DHA 1.9%的需求量。这些差异，很可能是因为鱼的种类和食性不同引起的。也有可能是因为饲料配方中添加的脂肪水平不同引起的，因为鱼类对饲料中必需脂肪酸的需求量还与饲料的脂质水平有关。

DHA含量也没有显著影响卵形鲳鲹幼鱼全鱼水分的含量，但随着DHA添加量升高，全鱼水分有升高的趋势。卵形鲳鲹幼鱼的全鱼蛋白质含量也受到了饲料中DHA含量的显著影响，随着饲料中DHA含量从0.02%上升到1.00%，全鱼粗蛋白含量呈上升趋势，1.00%组显著高于0.02%组，但是当DHA含量继续升高时，全鱼粗蛋白含量并没有再显著地升高。随着饲料中DHA含量的升高，全鱼脂肪含量先升高后降低，这很可能是因为饲料中过高的DHA加速了卵形鲳鲹脂肪的氧化分解，也有可能是加速了脂肪细胞的凋亡，具体的代谢机理需要进一步的研究确定。卵形鲳鲹全鱼灰分的含量和脂肪含量呈相反的变化趋势，这可能是因为脂肪中不含灰分，脂肪的百分比增加，使灰分的百分比减少的原因。

饲料中添加适量的DHA显著地提高了卵形鲳鲹幼鱼的抗氧化能力，肝脏中丙二醛的含量在0.45%组和1.00%组显著降低，肝脏SOD活性在0.45%组要显著高于DHA含量高的组（1.90%组和2.40%组）。这很可能是因为适量的DHA激活了卵形鲳鲹幼鱼体内的抗氧化系统，使卵形鲳鲹抗氧化能力升高，SOD活性升高，MDA含量降低，过高的DHA又造成机体容易被氧化，使丙二醛的含量反而升高，抗氧化能力降低。然而也有研究表明，饲料中DHA含量并不会影响到鱼类的抗氧化指标。

随着人工养殖环境越来越差，鱼类受到的各种环境应激也越来越严重，因此，如何提高鱼类对各种不利环境条件的应对能力成为鱼类营养与饲料研究的一个重要的方向。大量的研究表明，饲料中多不饱和脂肪酸可以提高鱼类的抗应激能力。DHA提高了牙鲆受高盐度应激（65‰）后的成活率，低ARA/EPA水平处理组能更好地提高塞内加尔鳎仔稚鱼的抗应激能力。饲料中适宜的DHA水平提高了卵形鲳鲹幼鱼长时间抗氨氮胁迫的能力。氨氮胁迫后测定血清皮质醇含量表明，不同DHA处理组皮质醇含量的变化趋势不尽相同，0.02%组的卵形鲳鲹幼鱼在0 h和12 h时皮质醇含量明显高于其它组，但随着胁迫时间的继续延长，皮质醇的含量开始迅速降低。而0.45%组的实验鱼虽然在0 h和12 h血清皮质醇含量低于0.02%组，但随着胁迫时间的延长一直在升高，说明饲料中添加适量的DHA对卵形鲳鲹幼鱼长时间抗氨氮胁迫有一定的作用。

第三节　其它研究

一、肌醇需求量

维生素对维持鱼类的正常生长、健康和繁殖具有重要的作用。只有少数鱼类可以自身合成或由消化道中的微生物产生维生素，绝大多数鱼类自身不能合成维生素，必须从饲料中获得，以维持其正常生理功能。目前，有关卵形鲳鲹维生素营养需求研究很少，仅见卵形鲳鲹幼鱼肌醇营养需求的报道。研究表明，每千克饲料中添加720 mg的肌醇能显著增强卵形鲳鲹幼鱼的消化吸收功能，提高幼鱼的增重率和特定生长率，促进幼鱼的生长；饲料中添加肌醇组的幼鱼血清中甘油三酯含量显著降低，但不影响血清中的总胆固醇和低密度脂蛋白胆固醇的含量。肌醇为饱和环状多元醇，是生物体内不可缺少的成分，在植物和动物体内广泛存在。肌醇对鱼类具有重要的作用，饲料中添加肌醇可提高饲料效率，加快鱼类的生长，促进肝脏和其它组织中脂肪的代谢，肌醇不足会引起缺乏症。实验饲料配方见表10－43。

表10－43　实验饲料配方（g/kg）

原料	饲料中肌醇添加量				
	0.0	0.1	0.2	0.4	0.8
鱼粉	360.0	360.0	360.0	360.0	360.0
豆粕	270.0	270.0	270.0	270.0	270.0
玉米	100.0	100.0	100.0	100.0	100.0
发酵豆粕	100.0	100.0	100.0	100.0	100.0
鱼油	70.0	70.0	70.0	70.0	70.0
维生素预混料（不添加肌醇）	1.0	1.0	1.0	1.0	1.0
矿物质	5.0	5.0	5.0	5.0	5.0
稳定维生素	0.5	0.5	0.5	0.5	0.5
氯化胆碱	0.5	0.5	0.5	0.5	0.5
淀粉	93.0	92.9	92.8	92.6	92.2
肌醇	0.0	0.1	0.2	0.4	0.8
营养成分					
水分	95.0	104.0	96.4	98.6	105.0
粗蛋白	429.0	417.0	423.0	427.0	406.0
粗脂肪	102.0	93.4	98.2	91.7	100.0
灰分	95.0	96.0	93.0	94.0	93.0
肌醇实测值	350.0	458.0	507.0	720.0	1050.0

（一）结果

1. 肌醇对卵形鲳鲹生长性能各项指标的影响

卵形鲳鲹饲料添加肌醇后生长性能各项指标见表10－44。肌醇含量为720 mg/kg的饲料组的增重率和特定生长率显著高于其它组（$P<0.05$），饲料转化率和肝体比高于其它组，但差异不显著（$P>0.05$），脏体比不受肌醇影响。458 mg/kg、507 mg/kg、720 mg/kg三个饲料组的成活率显著高于350 mg/kg和1050 mg/kg两个饲料组（$P<0.05$）。

表10－44　卵形鲳鲹生长性能的比较

项目	饲料中肌醇含量（mg/kg）				
	350	458	507	720	1050
初始体重/g	8.31±0.17	8.32±0.09	8.26±0.11	8.38±0.09	8.23±0.09
终末体重/g	29.83 ± 0.32^{a}	28.39 ± 0.57^{a}	28.70 ± 2.12^{a}	34.99 ± 1.35^{b}	28.40 ± 3.57^{a}
成活率/%	86.67 ± 6.11^{a}	96.00 ± 4.00^{b}	97.33 ± 4.62^{b}	96.00 ± 4.00^{b}	81.33 ± 2.31^{a}

续表 10－44

项目	饲料中肌醇含量（mg/kg）				
	350	458	507	720	1050
增重率/%	259.14 ± 5.26[ab]	239.23 ± 4.88[a]	262.00 ± 9.22[ab]	314.76 ± 16.00[c]	264.87 ± 18.88[b]
特定生长率/(%·d^{-1})	2.28 ± 0.03[a]	2.19 ± 0.03[a]	2.22 ± 0.14[a]	2.55 ± 0.07[b]	2.20 ± 0.22[a]
饲料转化率/%	0.66 ± 0.08[ab]	0.68 ± 0.04[ab]	0.70 ± 0.05[ab]	0.75 ± 0.01[b]	0.61 ± 0.04[a]
肝体比/%	1.67 ± 0.07[ab]	1.60 ± 0.10[ab]	1.55 ± 0.15[a]	1.84 ± 0.07[b]	1.65 ± 0.16[ab]
脏体比/%	7.93 ± 0.16	7.14 ± 0.87	7.71 ± 0.30	7.95 ± 0.15	7.74 ± 0.76

2．肌醇对卵形鲳鲹全鱼基本营养成分的影响

卵形鲳鲹全鱼的基本营养成分组成见表 10－45。507 mg/kg 饲料组全鱼的水分显著高于 720 mg/kg 饲料组以外的其它组（$P<0.05$），脂肪显著低于 720 mg/kg 饲料组以外的其它组（$P<0.05$），全鱼的粗蛋白含量在五个组之间没有显著差异（$P>0.05$）。

表 10－45　卵形鲳鲹全鱼的基本营养成分组成（%）

项目	饲料中肌醇含量（mg/kg）				
	350	458	507	720	1050
水分	68.31 ± 0.66[bc]	67.47 ± 0.68[ab]	69.75 ± 0.65[d]	69.08 ± 0.34[cd]	67.20 ± 0.26[a]
粗蛋白	17.43 ± 0.26	17.36 ± 0.25	17.08 ± 0.42	16.92 ± 0.10	17.21 ± 0.32
脂肪	10.25 ± 0.99[bc]	11.06 ± 0.50[c]	8.81 ± 0.65[a]	9.70 ± 0.57[ab]	11.15 ± 0.07[c]

3．肌醇对卵形鲳鲹生化指标的影响

卵形鲳鲹饲料添加肌醇后血液生化指标变化如表 10－46 所示，随着肌醇含量的增加，血糖含量先升高后下降，720 mg/kg 饲料组血糖含量最高，显著高于 350 mg/kg 饲料组（$P<0.05$）；添加肌醇能显著降低血液甘油三酯含量，但对血液总蛋白、尿素氮、总胆固醇和高密度脂蛋白胆固醇没有影响，507 mg/kg 饲料组的低密度脂蛋白但固醇显著低于 1050 mg/kg 饲料组以外的其它组（$P<0.05$）。

表 10－46　卵形鲳鲹生化指标的比较

项目	饲料中肌醇含量（mg/kg）				
	350	458	507	720	1050
血糖/(mmol·L^{-1})	6.04 ± 0.38[a]	6.88 ± 0.84[ab]	7.31 ± 0.58[bc]	8.29 ± 0.54[c]	7.12 ± 0.68[abc]
总蛋白/(g·L^{-1})	48.49 ± 1.78	47.45 ± 1.54	46.27 ± 3.76	47.53 ± 0.95	46.26 ± 2.28
尿素氮/(g·L^{-1})	2.53 ± 0.06	2.17 ± 0.29	2.57 ± 0.42	2.40 ± 0.00	2.73 ± 0.50
总胆固醇/(mmol·L^{-1})	4.81 ± 0.21	5.18 ± 0.12	4.85 ± 0.35	4.92 ± 0.34	4.78 ± 0.50
甘油三酯/(mmol·L^{-1})	1.89 ± 0.03[c]	1.52 ± 0.10[b]	1.51 ± 0.27[b]	1.06 ± 0.14[a]	1.28 ± 0.12[ab]
高密度脂蛋白胆固醇/(mmol·L^{-1})	2.80 ± 0.16	2.95 ± 0.20	2.99 ± 0.16	2.93 ± 0.17	3.01 ± 0.01
低密度脂蛋白胆固醇/(mmol·L^{-1})	1.53 ± 0.17[b]	1.52 ± 0.07[b]	1.20 ± 0.17[a]	1.57 ± 0.12[b]	1.37 ± 0.19[ab]

（二）讨论

饲料中的肌醇含量影响卵形鲳鲹的生长性能及血液指标。对照组肌醇实测值为 350 mg/kg，卵形鲳鲹并没有出现不正常的现象，这是由于饲料原料中鱼粉、玉米等含有肌醇，也说明此含量不出现缺乏症。肌醇含量为 720 mg/kg 的饲料组卵形鲳鲹的增重率和特定生长率显著高于其它组（$P<0.05$），生长达到最佳。鲤饲料肌醇最佳添加量为 518.0 mg/kg，罗非鱼饲料肌醇最佳添加量为 400 mg/kg，鲈饲料肌醇最佳添加量为 500 mg/kg。

大马哈鱼和尼罗罗非鱼的成活率不受饲料肌醇含量的影响，但是，有些鱼类在缺乏肌醇时会引起相关的缺乏症而致使成活率下降。本研究中，肌醇含量在 458～720 mg/kg 的范围内时卵形鲳鲹成活率在 95% 以上，在这个范围以外成活率有所下降，肌醇含量过高和过低都会导致卵形鲳鲹成活率降低。

饲料中肌醇含量不会影响大马哈鱼和草鱼全鱼的基本营养成分。鲤鱼的全鱼蛋白含量随着肌醇添加量的增加而升高，添加量为 384.2 mg/kg 时达到最高，脂肪含量在添加量为 838.8～990.3 mg/kg 时最高，不添加肌醇时脂肪含量最低。本研究中，卵形鲳鲹全鱼的蛋白含量不受饲料肌醇含量的影响，水分在肌醇的添加量 507 mg/kg 时含量最高，脂肪在肌醇的添加量 507 mg/kg 时含量最低。

投喂添加肌醇饲料的鲤鱼的肝体比比投喂不添加肌醇饲料的鲤鱼的肝体比高，这可能是由于肌醇可促进肝脏的发育。在本研究中，肌醇含量为 720 mg/kg 时导致卵形鲳鲹的肝体比最高，肌醇含量与肝体比没有明显的相关，脏体比不受饲料肌醇含量的影响。

饲料的营养水平会影响鱼类的血液指标，疾病会导致鱼类的血糖变化。一般认为，鱼类的血糖正常含量范围为 2.78～12.72 mmol/L，在此范围内血糖升高表示鱼体消化吸收作用加强。此研究中，饲料肌醇含量为 720 mg/kg 时血糖含量最高（8.29 ± 0.54），且生长最好，适量的肌醇加强了鱼类的新陈代谢；肌醇作为动物细胞内磷脂的构成成分，在脂肪代谢中能起到促进肝脏脂肪分解的重要作用，添加适量的肌醇使草鱼幼鱼血清中总胆固醇和低密度脂蛋白胆固醇水平显著增高。添加肌醇卵形鲳鲹血清中的总胆固醇没有明显的变化，低密度脂蛋白胆固醇的变化也没有明显的规律；适量的肌醇使卵形鲳鲹血清中甘油三酯水平显著降低。

二、糖类的需求

尽管已经知道鱼类的消化和代谢系统能够更好地适应利用蛋白质和脂肪来获得能量，而不是糖类，但是之前的研究表明，适宜的糖类含量可以促进营养物质的有效利用。不同物种利用糖类的能力是不同的，这反映了在胃肠道系统和相关器官的解剖学和功能性方面的差异。此外，糖类的利用取决于糖类的复杂性、处理技术以及在饲料中的添加水平。尽管糖类可提高鱼类的摄食性能，并且由于其比蛋白质和脂肪更容易获得、价格更便宜，因此可降低饲料的成本，但是，饲料中过量添加糖类可能会对鱼类的生长、营养物质吸收和生理功能有不利的影响。实验饲料配方见表 10－47。

表10－47　卵形鲳鲹基础饲料配方与营养水平（%）

原料成分	饲料中糖类含量					
	0	5.6	11.2	16.8	22.4	28.0
鱼粉	40.00	40.00	40.00	40.00	40.00	40.00
大豆浓缩蛋白	25.00	25.00	25.00	25.00	25.00	25.00
玉米淀粉	0.00	5.60	11.20	16.80	22.40	28.00
微晶纤维素	15.50	12.40	9.30	6.20	3.10	0.00
羧甲基纤维素	2.00	2.00	2.00	2.00	2.00	2.00
鱼油	13.50	11.00	8.50	6.00	3.50	1.00
磷酸二氢钙	1.00	1.00	1.00	1.00	1.00	1.00
维生素预混料	1.00	1.00	1.00	1.00	1.00	1.00
矿物质预混料	1.00	1.00	1.00	1.00	1.00	1.00
氯化胆碱	0.50	0.50	0.50	0.50	0.50	0.50
卵磷脂	0.50	0.50	0.50	0.50	0.50	0.50
营养水平						
干物质	92.29	92.32	92.35	92.38	92.41	92.44
粗蛋白	43.00	43.02	43.03	43.05	43.07	43.08
粗脂肪	16.77	14.33	11.89	9.45	7.01	4.57
粗灰分	8.75	8.77	8.79	8.81	8.83	8.85
糖类	0.25	5.75	11.25	16.76	22.26	27.77
总能/($MJ \cdot kg^{-1}$)	16.84	16.82	16.80	16.79	16.77	16.75

（一）结果

1. 饲料中不同水平糖类对卵形鲳鲹幼鱼生长和饲料利用的影响

由表10－48可知，饲料中不同水平糖类对卵形鲳鲹幼鱼的生长性能、饲料利用、生物形态学参数的影响。经过8周生长实验，所有组实验鱼的成活率均>89%，且组间没有显著性差异（$P>0.05$）。饲料中糖类含量对卵形鲳鲹的增重率和特定生长率造成显著影响，且增重率和特定生长率在16.8%糖类组（CHO组）达到最大值（$P<0.05$）。增重率和特定生长率随糖类含量的升高（0～16.8%）而增加；但是在糖类含量为16.8%～28%时，增重率和特定生长率则显著下降（$P<0.05$）。由图10－25可知，卵形鲳鲹特定生长率和饲料中糖类含量之间的二次曲线方程为：

$$y = -0.0017x^2 + 0.041x + 2.4763 \quad (R^2 = 0.9221)$$

因此，可以得出卵形鲳鲹幼鱼饲料中最适糖类含量为12.1%。

表 10－48　饲料中不同糖类含量对卵形鲳鲹生长性能和饲料利用的影响

	饲料中糖类含量/%					
	0	5.6	11.2	16.8	22.4	28.0
成活率/%	89.0±3.1[a]	91.7±4.4[a]	98.3±1.7[a]	95.0±2.9[a]	96.7±2.4[a]	91.7±4.3[a]
初均重/g	9.26±0.10	9.34±0.13	9.21±0.06	9.21±0.03	9.27±0.10	9.16±0.06
末均重/g	37.95±3.05[ab]	40.24±1.10[ab]	41.81±2.35[ab]	43.69±3.09[a]	38.77±2.30[ab]	33.94±3.39[b]
增重率/%	310.52±28.15[bc]	330.78±8.46[ab]	354.69±14.80[ab]	374.42±20.54[a]	318.08±10.49[bc]	269.99±6.12[c]
特定生长率 SGR/(%·d^{-1})	2.51±0.08[ab]	2.61±0.04[a]	2.70±0.11[a]	2.77±0.12[a]	2.55±0.06[ab]	2.32±0.08[b]
饲料系数 FCR	2.10±0.07[ab]	2.06±0.05[ab]	1.90±0.10[b]	1.84±0.07[b]	1.98±0.16[ab]	2.26±0.09[a]
摄食率/(g/fish)	59.18±2.58[ab]	62.51±1.16[a]	62.03±1.01[a]	63.61±2.21[a]	60.50±2.04[ab]	54.56±3.30[b]
蛋白质效率 PER/%	1.09±0.03[b]	1.19±0.06[ab]	1.21±0.06[ab]	1.29±0.04[a]	1.12±0.07[ab]	1.06±0.03[b]
肝体比 HSI/%	1.19±0.08[b]	1.20±0.08[b]	1.18±0.03[b]	1.38±0.02[ab]	1.46±0.10[a]	1.27±0.07[ab]
脏体比 VSI/%	5.15±0.08[b]	5.78±0.30[a]	5.61±0.03[ab]	6.06±0.03[a]	5.75±0.17[a]	5.56±0.17[ab]
肥满度 CF/(g·cm^{-3})	3.08±0.07[a]	3.30±0.03[a]	3.14±0.03[a]	3.28±0.04[a]	3.31±0.13[a]	3.01±0.15[a]

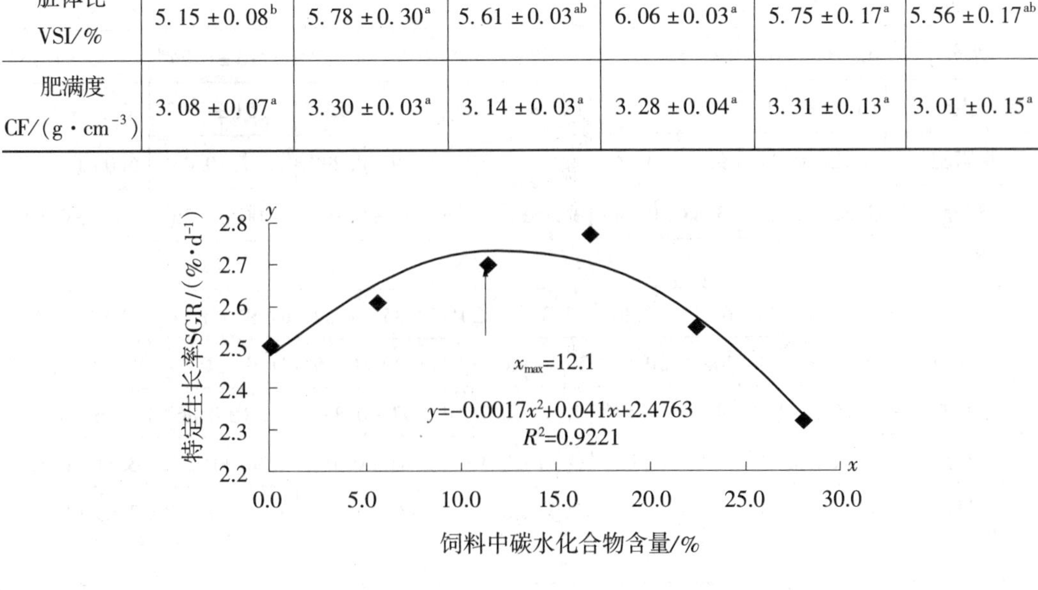

图 10－25　饲料中糖类含量对卵形鲳鲹特定生长率（增重率）的回归分析

11.2%和16.8% CHO组卵形鲳鲹的饵料系数显著低于28% CHO组（$P<0.05$），但是与其它各组之间饵料系数没有显著性差异（$P>0.05$）。投喂高糖类水平饲料组（28% CHO）卵形鲳鲹的摄食量显著低于5.6%、11.2%和16.8% CHO组（$P<0.05$），但是与0%和22.4% CHO组没有显著性差异（$P>0.05$）。卵形鲳鲹的蛋白质效率随饲料中糖类水平的升高（0%～16.8%），显著增加（$P<0.05$）；但是随着糖类水平的进一步升高（22.4%～28%），则显著降低（$P<0.05$）。22.4% CHO组的肝体比显著高于0% CHO、5.6% CHO和11.2% CHO组（$P<0.05$），但是与其它各组之间没有显著性差异（$P>0.05$）。投喂最低糖类水平饲料组的脏体比显著低于5.6% CHO组、16.8% CHO组和22.4% CHO组（$P<0.05$）。各组之间卵形鲳鲹的肥满度没有显著性差异（$P>0.05$）。

2. 饲料中不同糖类含量对卵形鲳鲹幼鱼体营养成分的影响

由表10-49可知，各组之间的全鱼粗蛋白含量没有显著性差异（$P>0.05$）。但是，全鱼粗脂肪含量随饲料中糖类含量的升高而显著降低（$P<0.05$）。除0% CHO外，其它各组全鱼水分含量随饲料中糖类含量的升高而显著增加（$P<0.05$），但是，卵形鲳鲹全鱼灰分含量却呈相反的趋势。各组之间的胴体水分和灰分都没有显著性差异（$P<0.05$）。胴体粗蛋白含量在0% CHO组达到最小值。0% CHO组胴体粗蛋白含量显著低于16.8% CHO组和22.4% CHO组（$P<0.05$），但是与其它各组之间差异不显著（$P>0.05$）。胴体粗脂肪含量随饲料中糖类含量的升高而显著降低（$P<0.05$），但是卵形鲳鲹肌糖原含量却呈相反的趋势。0% CHO组卵形鲳鲹的肝糖原含量显著低于16.8% CHO、22.4% CHO和28% CHO组（$P<0.05$）。

表10-49　饲料中不同糖类含量对卵形鲳鲹全鱼、胴体和肝脏营养成分的影响

	饲料中糖类含量/%					
	0	5.6	11.2	16.8	22.4	28.0
全鱼						
水分	70.78 ± 0.69^{ab}	68.95 ± 3.72^{b}	68.59 ± 0.79^{b}	70.58 ± 0.42^{ab}	73.10 ± 0.74^{ab}	75.53 ± 1.73^{a}
粗蛋白	16.69 ± 0.28^{a}	18.21 ± 1.78^{a}	18.98 ± 1.28^{a}	17.86 ± 0.33^{a}	17.51 ± 0.43^{a}	16.69 ± 0.77^{a}
粗脂肪	9.12 ± 0.58^{a}	9.25 ± 0.74^{a}	9.93 ± 0.59^{a}	8.19 ± 0.29^{ab}	6.77 ± 0.43^{b}	5.00 ± 0.47^{c}
灰分	3.29 ± 0.13^{ab}	3.88 ± 0.24^{a}	3.20 ± 0.25^{ab}	3.31 ± 0.19^{ab}	3.00 ± 0.26^{b}	3.12 ± 0.19^{b}
胴体						
水分	69.03 ± 2.11^{a}	67.79 ± 2.91^{a}	67.39 ± 2.30^{a}	70.85 ± 1.52^{a}	67.94 ± 1.26^{a}	70.82 ± 3.12^{a}
粗蛋白	19.39 ± 0.81^{b}	20.86 ± 0.59^{ab}	20.39 ± 0.26^{ab}	21.20 ± 0.75^{a}	21.94 ± 0.12^{a}	20.84 ± 0.20^{ab}
粗脂肪	7.95 ± 1.16^{ab}	8.50 ± 0.53^{a}	8.89 ± 0.76^{a}	6.07 ± 0.28^{bc}	5.58 ± 0.86^{bc}	4.76 ± 0.56^{c}
灰分	2.92 ± 0.43^{a}	2.93 ± 0.03^{a}	3.01 ± 0.19^{a}	2.81 ± 0.16^{a}	2.96 ± 0.28^{a}	3.11 ± 0.32^{a}
肌糖原	2.40 ± 0.20^{b}	2.37 ± 0.25^{b}	2.53 ± 0.28^{b}	3.00 ± 0.44^{ab}	3.01 ± 0.50^{ab}	3.69 ± 0.20^{a}
肝脏						
肝糖原	15.73 ± 1.56^{b}	21.00 ± 3.06^{ab}	21.66 ± 2.89^{ab}	28.68 ± 2.49^{a}	26.06 ± 1.19^{a}	24.98 ± 2.17^{a}

3. 饲料中不同糖类含量对卵形鲳鲹幼鱼血液生化指标的影响

由表 10－50 可知，饲料中不同糖类含量显著影响了血清葡萄糖、总胆固醇和甘油三酯的含量（$P<0.05$）。0.0% CHO 组卵形鲳鲹血糖水平显著低于 11.2% CHO 组、16.8%、22.4% 和 28% CHO 组（$P<0.05$），但是与 5.6% CHO 组差异不显著（$P>0.05$）。0.0% CHO 组和 5.6% CHO 组的血清总胆固醇显著低于其它各组（$P<0.05$）。与之相同，0.0% 和 5.6% CHO 组的血清甘油三酯分别显著低于其它各组（$P<0.05$）。

表 10－50　饲料中不同糖类含量对卵形鲳鲹血液生化指标的影响

	饲料中糖类含量/%					
	0.0	5.6	11.2	16.8	22.4	28.0
葡萄糖/(mmol·L^{-1})	3.29 ± 0.31^{c}	4.67 ± 0.33^{bc}	5.38 ± 0.50^{ab}	5.46 ± 0.47^{ab}	5.98 ± 0.54^{ab}	6.29 ± 0.51^{a}
胆固醇/(mmol·L^{-1})	4.8 ± 0.47^{a}	4.36 ± 0.36^{a}	2.89 ± 0.28^{b}	2.34 ± 0.21^{b}	2.30 ± 0.24^{b}	2.31 ± 0.14^{b}
甘油三酯/(mmol·L^{-1})	7.55 ± 0.52^{a}	5.32 ± 0.45^{b}	4.06 ± 0.47^{c}	3.08 ± 0.26^{cd}	2.35 ± 0.27^{d}	2.44 ± 0.22^{d}

4. 饲料中不同糖类含量对卵形鲳鲹幼鱼肠道消化酶和刷状缘酶的影响

由表 10－51 可知，各组之间的肠道蛋白酶活性没有显著性差异（$P>0.05$）。肠道淀粉酶活性随饲料中糖类含量的升高而增加，与之相反，脂肪酶活性却显著降低（$P<0.05$）。卵形鲳鲹肠道 AKP 活性随饲料中糖类含量（0.0%～11.2%）的升高显著增加（$P<0.05$），但是 16.8%、22.4% 和 28% CHO 组之间没有显著性差异（$P>0.05$）。28% CHO 组卵形鲳鲹肠道 Na^{+}，K^{+}－ATPase 活性显著低于 5.6%、11.2%、16.8%、22.4% 和 28% CHO 组（$P<0.05$），但是与 0.0% CHO 组没有显著性差异（$P>0.05$）。

表 10－51　饲料中不同糖类含量对卵形鲳鲹肠道酶活性的影响

	饲料中糖类含量/%					
	0.0	5.6	11.2	16.8	22.4	28.0
消化酶						
蛋白酶/(U·mg^{-1})	175.37 ± 12.7^{a}	166.63 ± 9.68^{a}	196.31 ± 15.48^{a}	180.81 ± 11.51^{a}	178.36 ± 4.97^{a}	171.67 ± 7.02^{a}
淀粉酶/(U·mg^{-1})	10.43 ± 0.51^{b}	12.65 ± 0.96^{ab}	14.43 ± 0.96^{a}	13.99 ± 1.04^{a}	13.45 ± 0.62^{a}	12.80 ± 1.03^{ab}
脂肪酶/(U·g^{-1})	55.15 ± 5.37^{a}	40.67 ± 3.43^{b}	35.45 ± 2.05^{bc}	34.83 ± 4.06^{bc}	27.24 ± 2.09^{cd}	20.20 ± 2.29^{d}
刷状缘酶						
碱性磷酸酶/(U·g^{-1})	5.78 ± 0.53^{c}	7.5 ± 0.58^{b}	9.49 ± 0.46^{a}	6.55 ± 0.35^{bc}	6.55 ± 0.59^{bc}	5.24 ± 0.35^{c}
钠钾 ATP 酶/U·mg^{-1}	5.75 ± 0.25^{bc}	7.30 ± 0.38^{a}	7.53 ± 0.62^{a}	7.61 ± 0.35^{a}	6.29 ± 0.53^{ab}	4.81 ± 0.30^{c}

5. 饲料中不同糖类含量对卵形鲳鲹幼鱼糖代谢相关酶活性的影响

由表 10－52 可知，各组卵形鲳鲹肝脏中 PEPCK、PK 和 MDH 活性之间没有显著性差异（$P>0.05$），但是 HK 和 G6Pase 显著受到饲料中糖类含量的影响（$P<0.05$）。16.8% CHO 组 HK 活性达到最大值。HK 活性随饲料中糖类含量（0.0%～16.8%）的升高而显著增加（$P<0.05$），但是却随着饲料中糖类含量的进一步（16.8%～28%）的升高而降低（$P>0.05$）。28% CHO 组的 G6Pase 活性显著低于其它各组（$P<0.05$），但是其它各组之间差异不显著（$P>0.05$）。

表 10－52　饲料中不同糖类含量对卵形鲳鲹糖代谢酶的影响

	饲料中糖类含量/%					
	0.0	5.6	11.2	16.8	22.4	28.0
己糖激酶 HK/(U/gprot)	41.16±3.38[d]	57.48±6.00[cd]	62.87±4.05[bc]	81.55±6.56[a]	78.80±4.62[ab]	67.92±6.63[abc]
磷酸烯醇式丙酮酸激酶 PEPCK/($IU \cdot L^{-1}$)	18.92±1.96[a]	18.00±0.99[a]	16.27±1.58[a]	14.58±1.25[a]	15.50±1.35[a]	14.21±1.10[a]
葡萄糖－6－磷酸酶 G6Pase/($U \cdot L^{-1}$)	132.15±6.50[a]	116.15±12.13[ab]	120.48±11.73[ab]	108.67±9.25[ab]	107.00±9.41[ab]	99.58±6.40[b]
丙酮酸激酶 PK/(U/gprot)	31.6±2.71[a]	33.04±2.69[a]	36.32±3.24[a]	40.59±1.83[a]	41.97±4.04[a]	40.79±3.73[a]
苹果酸脱氢酶 MDH/(U/mgprot)	2.37±0.18[a]	2.50±0.23[a]	2.61±0.19[a]	2.76±0.17[a]	2.75±0.12[a]	3.00±0.30[a]

6. 饲料中不同糖类含量对卵形鲳鲹幼鱼肝脏生长激素 mRNA 表达的影响

由图 10－26 可知，肝脏 GH mRNA 的表达量在 22.4% CHO 组达到最大值。16.8% CHO 组 GH mRNA 的表达量显著高于 0.0% CHO 组、5.6% CHO 组和 11.2% CHO 组（$P<0.05$），但是 16.8% CHO 组和 28% CHO 组差异不显著（$P>0.05$）。

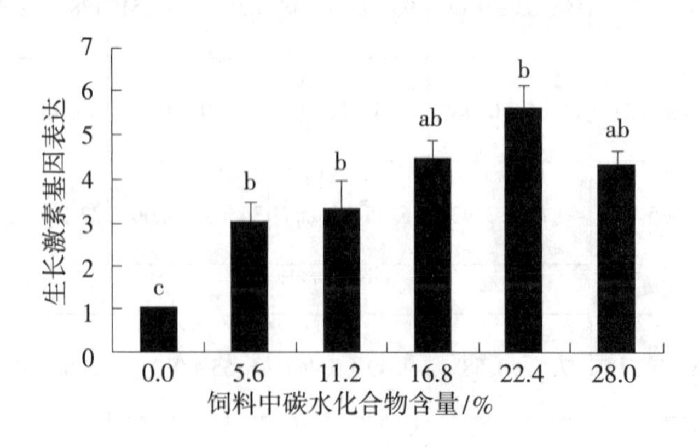

注：不同字母表示差异显著。

图 10－26　饲料中不同糖类含量对卵形鲳鲹肝脏生长激素基因表达的影响

（二）讨论

16.8% CHO组卵形鲳鲹获得最好的生长性能和饲料利用。通过特定生长率和饲料糖类含量之间的二次曲线方程可知，获得最佳卵形鲳鲹特定生长率的饲料中的最适糖类含量为12.1%。这个值低于之前报道过的团头鲂饲料中最适糖类含量。卵形鲳鲹和团头鲂之间在糖类利用方面的主要区别在于摄食习性的不同，卵形鲳鲹是肉食性鱼类，而团头鲂则是草食性鱼类。但是，本实验的结果与许多其它鱼类的研究是相似的。这说明，不同种类利用糖类的能力可能取决于其氧化葡萄糖和储存过量葡萄糖为糖原和脂肪的能力。

已有报道指出，饲料中适宜的糖类添加水平可以改善一些鱼类的生长性能，例如罗非鱼、大西洋鲑和军曹鱼等。在本实验中也得到类似的结果。糖类和脂肪在作为鱼类的非蛋白能量来源方面发挥着重要的作用。一般来说，草食性和杂食性鱼类，例如草鱼和异育银鲫，能够利用较高水平的糖类来获得最佳的生长性能，并且它们具有利用糖类作为能量的能力。但是，也有报道指出，在其它一些鱼类中，饲料中淀粉的添加导致饲料没有促进鱼类生长。当饲料中糖类含量升高时，通过脂肪含量的降低来保持所有实验组饲料的能量保持一致。卵形鲳鲹利用脂肪的能力比较弱，类似的研究结果之前已有报道。

随着饲料中糖类含量的升高（0.0%～16.8%），卵形鲳鲹肝糖原含量显著增加，但之后随饲料中糖类含量的升高（22.4%～28%），肝糖原含量下降。22.4% CHO组卵形鲳鲹获得较高的HSI，可能是由于从可消化糖类中获得过多的能量导致高的肝糖原沉积。类似的研究结果在金头鲷研究中也有发现。然而，卵形鲳鲹全鱼和胴体中脂肪含量与饲料中糖类含量呈负相关，这表明，由于脂肪酸的从头合成，导致增加的糖类添加量不能产生期望中的鱼体脂肪积累，其它类似研究结果也发现其导致了脂肪沉积的降低。此外，本实验结果表明，当饲料中脂肪水平过量时（16.8%），一定比例的饲料脂肪可能以脂肪，而不是糖原的形式储存在于体内。

卵形鲳鲹幼鱼血糖水平随饲料中糖类含量的升高而升高，这说明，为响应更高的饲料糖类含量，葡萄糖转运变得更加积极。与之相反，观测到血清胆固醇和甘油三酯含量说明，高糖类组卵形鲳鲹体内的脂肪转运比较弱。类似的研究在之前的研究中已有报道。

鱼类的消化和吸收能力在其生长中起着重要的作用。内源性代谢酶是决定鱼类利用糖类作为能量来源的因素之一。在本实验中，卵形鲳鲹肠道淀粉酶活性随饲料糖类含量的升高而增加，但是与之相反，脂肪酶活性却随饲料中糖类含量的升高而显著降低。类似的结果在其它种类的研究中已有报道，例如鲈鱼、胭脂鱼等。与此相反，研究发现南方鲇肠道淀粉酶活性没有受到饲料糖类含量的影响。营养物质的消化和吸收取决于消化酶的活性，特别是那些位于肠道刷状缘部位的酶；此部位的酶负责食物分解和吸收的最后阶段。AKP参与营养物质（例如脂肪、葡萄糖、钙和无机磷）的吸收，Na^+，K^+-ATP酶负责渗透压调节，主要是通过ATP酶分解提供能量进行Na^+和K^+转移。一些营养物质（例如氨基酸和葡萄糖）的吸收和消化是伴随着通过Na^+，K^+-ATP酶对Na^+的吸收，这种酶的活性能够间接反映肠道的吸收能力。在本实验中，11.2% CHO组卵形鲳鲹肠道

AKP 酶活性高于最高和最低 CHO 组，Na^+，K^+ - ATP 酶也有类似的趋势。这些结果表明，摄食适宜糖类含量饲料的卵形鲳鲹获得更好的营养物质吸收能力。

肝脏是鱼类的主要器官，且具有许多生物功能。因此，肝脏生理学和肝脏生化指标能够反映鱼类的营养和生理状态。对鲤鱼、斑点叉尾鮰和团头鲂的研究报道指出，肝脏酶活性随饲料中糖类含量的变化而变化。HK 和 G6Pase 在糖酵解和糖异生途径的营养调控中起主要作用。卵形鲳鲹肝脏 HK 活性随饲料中糖类含量的升高显著增加，但是肝脏 G6Pase 活性却与之相反。这一结果表明，随着饲料中糖类含量的升高，卵形鲳鲹内源性糖酵解增强，而糖异生受到抑制。这与之前在其它鱼类中的研究结果是一致的。

鱼类和其它脊椎动物的生长都受到内分泌的控制，特别是通过生长激素 - 胰岛素样生长因子（IF）轴。因此，生长激素是一种内分泌生物标志物，其能够反映和预测经受各种生物和非生物操纵的鱼类的生长速度。生长激素基因在鲤鱼、虹鳟和银鲑的垂体、脑、鳃、心脏、肾脏、肌肉和肝脏中都有检测到。在本实验中，卵形鲳鲹的生长性能和肝脏生长激素基因的表达是一致的。在 16.8% CHO 组卵形鲳鲹增重率达到最大值，肝脏生长激素基因的表达量在 22.4% CHO 组达到最大。这些结果与之前对团头鲂的研究是一致的。但是，在之前对鲤鱼的研究中发现生长激素基因的表达与生长性能之间呈现负相关。到目前为止，起源于垂体的循环的生长激素和肝脏生长激素基因表达的作用还不清楚，亟需进一步深入的研究来阐明这一点。

三、大豆异黄酮需求

在每年的七月到十月，卵形鲳鲹病害发生频繁，造成相当大的经济损失。由于集约化养殖的人工环境问题，养殖鱼类比野生种类更易受到病原的侵害。由养殖场排入河口和海湾造成的环境应激和高密度养殖引起的应激是诱发动物更易感染病原的因素。为了降低死亡率，一些抗生素、疫苗和化学药物以及一些免疫增强剂已经在许多养鱼场和孵化场被用来预防病毒、细菌、寄生虫和真菌病。但是，在集约化养殖中，应用抗生素、化学药物和疫苗的费用是相当高的，并且会导致不期望的作用，例如生物累积效应、污染和抗生素抗性。这些会被转移到野生动物和人的病原微生物中，因而对人的健康造成威胁并导致许多国家的社会政治和环境问题。

免疫增强剂提高对传染性疾病的抵抗力，不是通过增强特异性免疫反应，而是通过增强非特异性免疫防御机制来完成的。因此，这是没有记忆成分的，而且反应持续的时间也比较短。因此，其被认为对抗各种病原是安全和有效的。在鱼类养殖上，开始考虑使用免疫增强剂来增强免疫活性能力和抗病力。免疫增强剂能够通过注射、洗浴或口服给药，其中后者似乎是最有可行性的。尽管腹腔注射应被证明是最快速和有效的方式，但是饲料中添加则被认为是最适合鱼类养殖的没有应激的方法。一些免疫增强剂，例如左旋咪唑、葡聚糖和维生素 C、酵母 RNA、脂多糖、生长激素、玉米赤霉醇和低分子水溶性氨基多糖都被用作饲料添加剂，调控鱼类的非特异性免疫，如鲤鱼、大西洋鲑、斑点叉尾鮰和虹鳟。

大豆异黄酮（Soy isoflavones，SI）是一类属于多酚大家族的类黄酮类分子。异黄酮的基本结构单元包括经由杂环吡喃酮环连接的两个苯环。异黄酮类似于天然雌激素，在动物体上具有一些类似雌激素的生物效果。在哺乳动物上，异黄酮具有广泛的生物学活性，包括抗雌激素、抗氧化作用、抗炎症作用、抗癌、心血管效应、酶抑制作用和抗真菌作用。基础饲料配方如表 10－53 所示。

表 10－53　卵形鲳鲹基础饲料配方与营养水平

原料	含量/%
鱼粉	40
大豆浓缩蛋白	25
玉米淀粉	16.8
微晶纤维素	6.2
羧甲基纤维素	2
鱼油	6
磷酸二氢钙	1
维生素混合物	1
矿物质混合物	1
氯化胆碱	0.5
卵磷脂	0.5
营养成分	
粗蛋白	43.05
粗脂肪	9.45
粗灰分	8.81
总能/($MJ \cdot kg^{-1}$)	16.79

（一）结果

1．饲料中不同大豆异黄酮含量对卵形鲳鲹幼鱼生长性能和饲料利用的影响

由表 10－54 可知，饲养 8 周后，增重率、特定生长率都显著受到饲料大豆异黄酮的影响，在 40 mg/kg SI 组达到最大值（$P<0.05$）。增重率和特定生长率都随饲料大豆异黄酮含量的升高（0～40 mg/kg SI）而增加，但是，随着饲料大豆异黄酮含量的进一步升高（40～80 mg/kg SI），则出现下降。20 mg/kg SI、40 mg/kg SI 和 60 mg/kg SI 组之间的卵形鲳鲹的增重率和特定生长率没有显著性差异（$P>0.05$）。与对照组相比，10 mg/kg SI、20 mg/kg SI、40 mg/kg SI、60 mg/kg SI 和 80 mg/kg SI 组的卵形鲳鲹的饵料系数、摄食率和成活率没有显著性差异（$P>0.05$）。

2．饲料中不同大豆异黄酮含量对卵形鲳鲹幼鱼血液非特异性免疫指标的影响

由图 10－27 可知，40 mg/kg SI 组卵形鲳鲹血清总蛋白显著高于对照组、10 mg/kg 和 20 mg/kg SI 组（$P<0.05$）。但是，40 mg/kg、60 mg/kg 和 80 mg/kg SI 组之间的血清总蛋白差异不显著（$P>0.05$）。血清 C3（complement 3）含量随饲料大豆异黄酮含量的升高（0～40 mg/kg SI）而增加，随后则趋于稳定（图 10－28）。与对照组相比，

40 mg/kg SI 组的 C3 含量显著增加（$P<0.05$），其它各组则有增加的趋势，但是差异不显著（$P>0.05$）。C4 随饲料中大豆异黄酮含量的升高（0～40 mg/kg SI）而增加，但是，随着饲料中大豆异黄酮含量的进一步升高（40～80 mg/kg SI），则出现下降（图 10－29）。与对照组血清 C4 含量相比，10～60 mg/kg SI 组有增加的趋势，但是 80 mg/kg SI 组则有降低的趋势（$P>0.05$）。

表 10－54　饲料中不同大豆异黄酮含量对卵形鲳鲹生长性能的影响

饲料/(mg·kg^{-1})	初均重	末均重	增重率	特定生长率	饲料系数	摄食率	成活率
1（0）	15.67±0.06	56.78±2.30^{b}	262.44±14.88^{b}	2.30±0.07^{b}	1.49±0.07	3.01±0.12	95.00±2.89
2（10）	15.75±0.03	60.61±5.81^{b}	284.85±37.58^{b}	2.39±0.18^{b}	1.54±0.21	3.15±0.26	96.67±3.33
3（20）	15.59±0.09	68.75±3.38^{ab}	341.29±24.27^{ab}	2.65±0.10^{ab}	1.43±0.13	3.20±0.21	98.33±1.67
4（40）	15.74±0.06	76.27±2.86^{a}	384.81±20.06^{a}	2.82±0.07^{a}	1.33±0.03	3.11±0.05	98.33±1.67
5（60）	15.73±0.07	66.38±0.85^{ab}	321.98±6.52^{ab}	2.57±0.03^{ab}	1.35±0.08	2.97±0.16	96.67±3.33
6（80）	15.68±0.15	61.45±5.30^{b}	291.23±30.22^{b}	2.42±0.14^{b}	1.51±0.06	3.18±0.02	96.67±1.67

血清 LYZ 活性随饲料中大豆异黄酮含量的升高（0～40 mg/kg SI）而增加，随后则趋于稳定（图 10－30）。与对照组卵形鲳鲹血清 LYZ 活性相比，40 mg/kg、60 mg/kg 和 80 mg/kg SI 组显著增加（$P<0.05$）。RBA 随饲料大豆异黄酮含量的升高（0～40 mg/kg SI）而增加，但是，随着饲料大豆异黄酮含量的进一步升高（40～80 mg/kg SI），则出现下降（图 10－31）。与对照组 RBA 相比，40 mg/kg SI 组显著增加（$P<0.05$），但是 20 mg/kg、60 mg/kg 和 80 mg/kg SI 组有增加的趋势，但是差异不显著（$P>0.05$）。

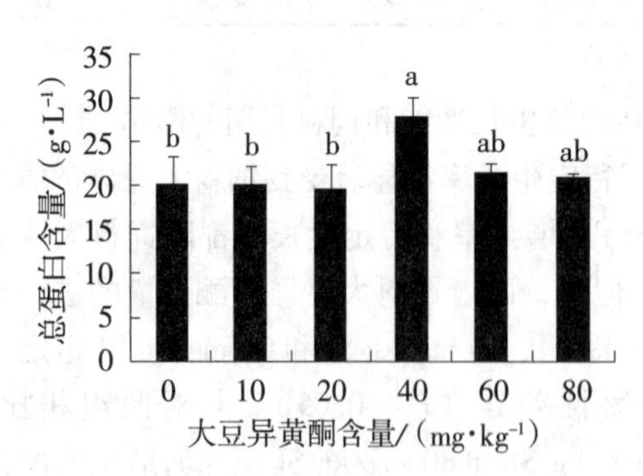

图 10－27　大豆异黄酮对卵形鲳鲹的血清总蛋白的影响

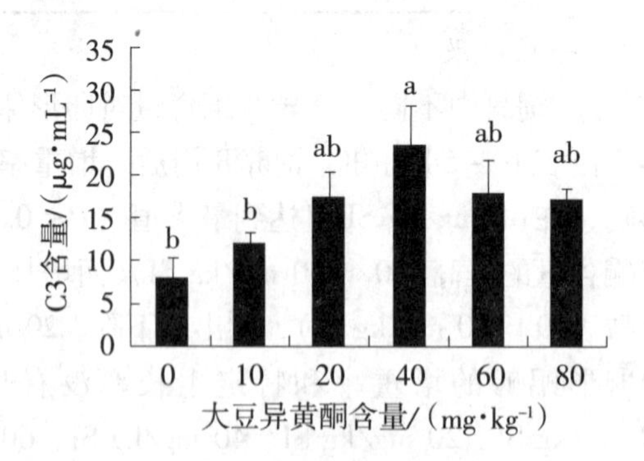

图 10－28　大豆异黄酮对卵形鲳鲹的血清 C3 的影响

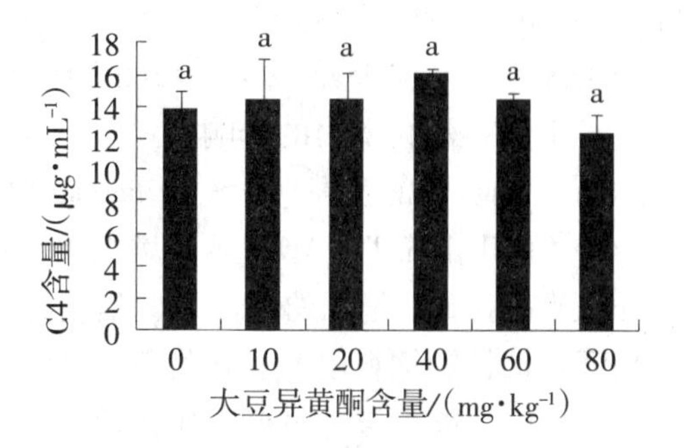

图 10－29　大豆异黄酮对卵形鲳鲹的血清补体 4 的影响

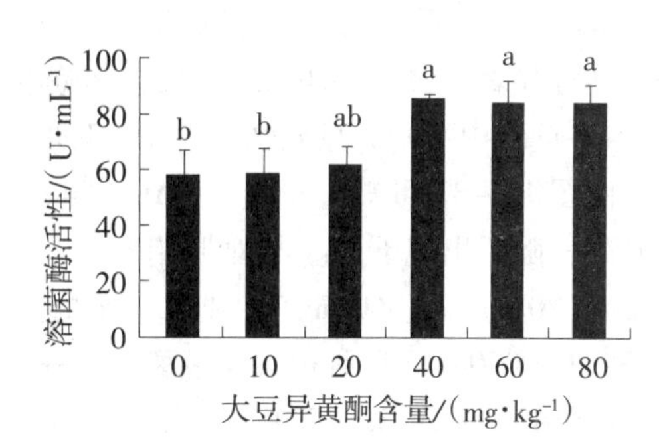

图 10－30　大豆异黄酮对卵形鲳鲹血清溶菌酶活性的影响

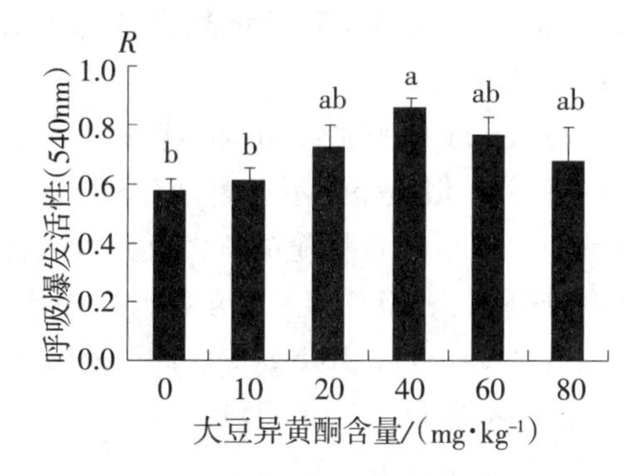

图 10－31　大豆异黄酮对卵形鲳鲹血液呼吸爆发活性的影响

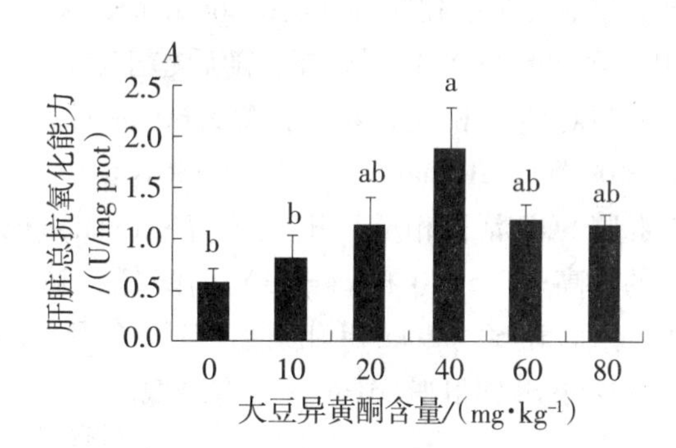

图 10－32　大豆异黄酮对卵形鲳鲹肝脏总抗氧化能力活性的影响

3．饲料中不同大豆异黄酮含量对卵形鲳鲹幼鱼血液生化指标的影响

由表 10－55 可知，血清 ALT 活性随饲料中大豆异黄酮含量的升高（0～40 mg/kg SI）而降低，但是，随着饲料大豆异黄酮含量的进一步升高（40～80 mg/kg SI），则出现增加。与对照组卵形鲳鲹血清 ALT 活性相比，10～40 mg/kg SI 组有降低的趋势，但是60 mg/kg和 80 mg/kg SI 组有增加的趋势，但是差异都不显著（$P>0.05$）。20 mg/kg 和 40 mg/kg SI 组的 ALT 活性显著低于 80 mg/kg SI 组（$P<0.05$）。血清 AST 活性具有与 ALT 类似的趋势。与对照组卵形鲳鲹血清 AST 活性相比，20 mg/kg、40 mg/kg、60 mg/kg 和 80 mg/kg SI 组显著降低（$P<0.05$）。血清 AKP 活性随饲料中大豆异黄酮含量的升高

表 10－55　饲料中不同大豆异黄酮含量对卵形鲳鲹血液生化指标的影响

项目	饲料中大豆异黄酮含量/(mg·kg⁻¹)					
	0	10	20	40	60	80
谷丙转氨酶 ALT/(U·L⁻¹)	35.33 ±2.40[ab]	33.33 ±1.86[ab]	32.00 ±1.15[b]	31.00 ±1.00[b]	41.67 ±4.41[ab]	44.00 ±6.08[a]
谷草转氨酶 AST/(U·L⁻¹)	68.33 ±3.53[a]	55.33 ±4.48[ab]	31.67 ±5.21[c]	29.33 ±5.46[c]	41.00 ±8.39[bc]	40.00 ±7.57[bc]
碱性磷酸酶 (AKP/U·L⁻¹)	16.33 ±2.40[b]	16.67 ±2.19[b]	18.00 ±0.58[b]	18.33 ±0.33[b]	28.00 ±5.51a	20.00 ±1.00[ab]

（0～60 mg/kg SI）而升高，随后出现下降。与对照组相比，60 mg/kg SI 组卵形鲳鲹血清 AKP 活性显著增加（$P<0.05$），其它实验组有增加的趋势，但是差异不显著（$P>0.05$）。

4．饲料中不同大豆异黄酮含量对卵形鲳鲹幼鱼肝脏抗氧化能力的影响

由图 10－32 可知，肝脏 T－AOC 随饲料大豆异黄酮含量的升高（0～40 mg/kg SI）而升高，随后出现下降。与对照组相比，40 mg/kg SI 组肝脏 T－AOC 显著增加（$P<0.05$），20 mg/kg、60 mg/kg 和 80 mg/kg SI 组肝脏 T－AOC 有增加的趋势，但是差异不显著（$P>0.05$）。肝脏过氧化氢酶（catalase，CAT）活性随饲料中大豆异黄酮含量的升高（0～40 mg/kg SI）而升高，随后出现下降（图 10－33）。与对照组相比，40 mg/kg SI 组肝脏 CAT 显著增加（$P<0.05$），10 mg/kg、20 mg/kg 和 60 mg/kg SI 组肝脏 CAT 有增加的趋势，80 mg/kg SI 组肝脏 CAT 有降低的趋势，但是差异都不显著（$P>0.05$）。肝脏超氧化物歧化酶（superoxide dismutase，SOD）活性随饲料大豆异黄酮含量的升高（0～60 mg/kg SI）而升高，随后趋于稳定（图 10－34）。

与对照组相比，40 mg/kg、60 mg/kg 和 80 mg/kg SI 组肝脏 SOD 活性显著增加（$P<0.05$），20 mg/kg SI 组肝脏 SOD 活性有增加的趋势，但是差异不显著（$P>0.05$）。与肝脏 SOD 活性相反，肝脏丙二醛（malondialdehyde，MDA）含量随饲料大豆异黄酮含量的升高（0～40 mg/kg SI）而降低，随后出现升高（图 10－35）。与对照组相比，40 mg/kg和 60 mg/kg SI 组肝脏 MDA 含量显著降低（$P<0.05$），10 mg/kg、20 mg/kg 和 80 mg/kg SI 组肝脏 MDA 含量有降低的趋势，但是差异不显著（$P>0.05$）。

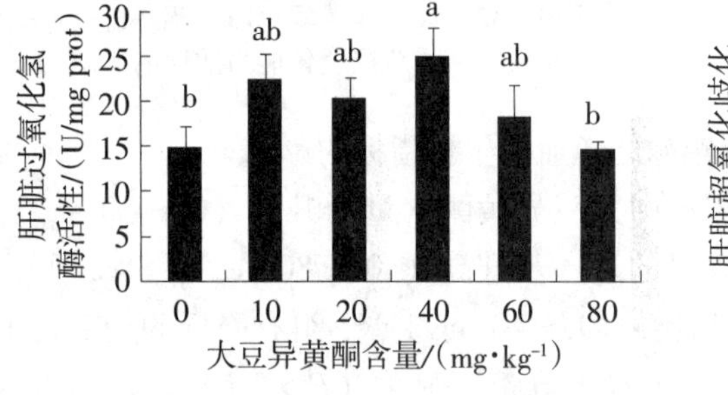

图 10－33　大豆异黄酮对肝脏过氧化氢酶的影响

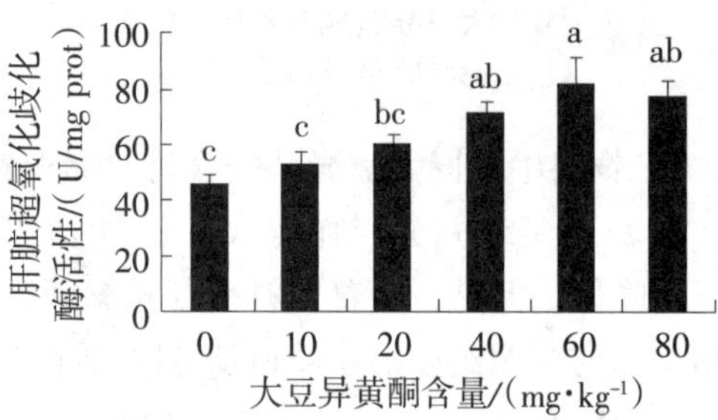

图 10－34　大豆异黄酮对肝脏超氧化物歧化酶的影响

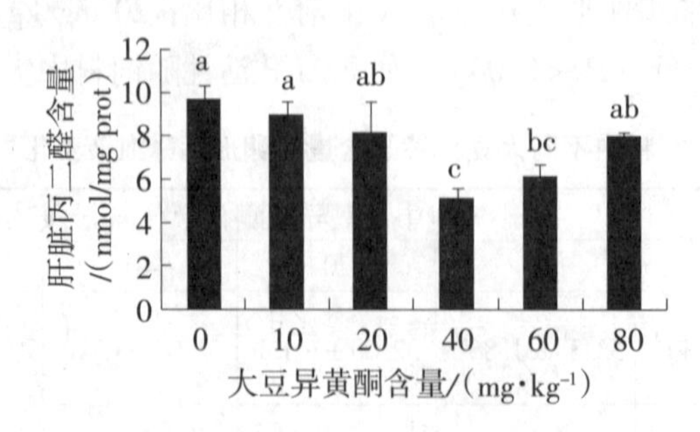

图 10－35　饲料中不同大豆异黄酮含量对卵形鲳鲹肝脏丙二醛的影响

5．饲料中不同大豆异黄酮含量对卵形鲳鲹幼鱼肝脏 HSP70 mRNA 表达的影响

由图 10－36 可知，卵形鲳鲹肝脏 HSP70 mRNA 表达水平随饲料中大豆异黄酮含量

的升高（0～40 mg/kg SI）而增加，随后趋于稳定。与对照组相比，40 mg/kg、60 mg/kg 和 80 mg/kg SI 组 HSP70 mRNA 表达水平显著增加（$P<0.05$），10 mg/kg 和 20 mg/kg SI 组有增加的趋势，但是差异不显著（$P>0.05$）。

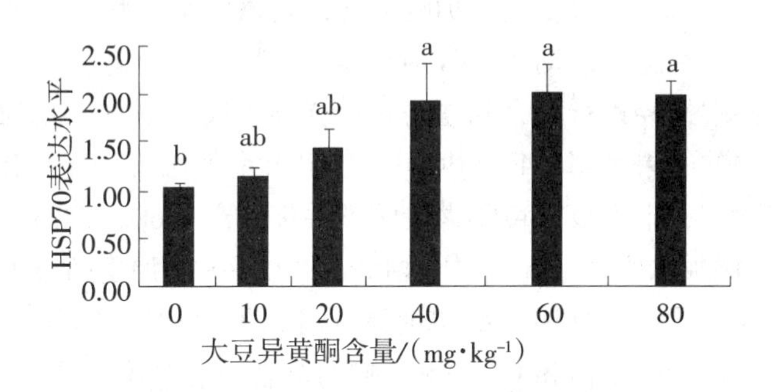

图 10－36 饲料中不同大豆异黄酮含量对卵形鲳鲹肝脏 HSP70 基因表达的影响

6. 饲料中不同大豆异黄酮含量对卵形鲳鲹幼鱼抗病力的影响

哈维氏弧菌攻毒实验表明，卵形鲳鲹成活率随饲料大豆异黄酮含量的升高（0～40 mg/kg SI）而增加，随后趋于稳定（图 10－37）。卵形鲳鲹成活率在 40 mg/kg SI 组达到最高。与对照组相比，20 mg/kg、40 mg/kg、60 mg/kg 和 80 mg/kg SI 组成活率显著增加（$P<0.05$），10 mg/kg SI 组有增加的趋势，但是差异不显著（$P>0.05$）。20 mg/kg、40 mg/kg、60 mg/kg 和 80 mg/kg SI 组之间卵形鲳鲹成活率没有显著性差异（$P>0.05$）。

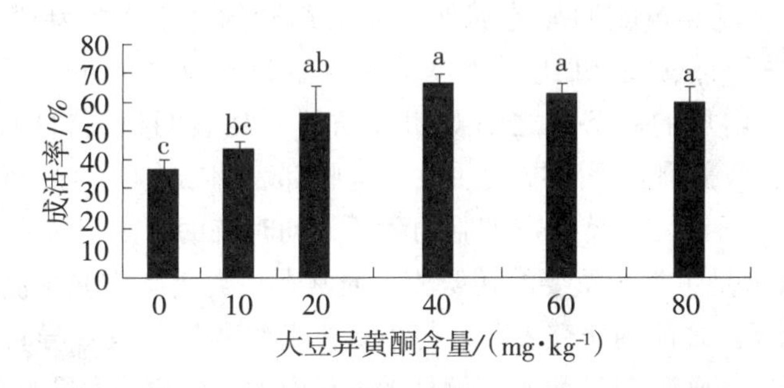

图 10－37 饲料中不同大豆异黄酮含量对哈维氏弧菌攻毒后卵形鲳鲹的成活率的影响

（二）讨论

大豆异黄酮，具有雌激素活性的植物化合物，能够微弱地结合雌激素受体，从而导致天然雌激素和大豆异黄酮的竞争。在大量内源性雌激素存在时，大豆异黄酮可以起到抗雌激素的作用。因为异黄酮具有类激素的功能，因此其能够在动物的生长过程中起到作用。大豆异黄酮对生长性能的作用是有所变化的，例如，大豆异黄酮的添加能够增加雌性大鼠、猪、非洲鲶鱼、罗非鱼的生长速率，但是却降低了雄性大鼠的生长速率。在本实验中，随饲料中大豆异黄酮含量的升高，卵形鲳鲹的生长性能随饲料中大豆异黄酮含量的升高（0～40 mg/kg SI）而增加，这说明饲料中添加适量的大豆异黄酮可能促进卵形鲳鲹的生长性能。此外，之前研究指出，饲喂红三叶草（富含异黄酮，含有较高的异黄酮复合物）的羔羊显著提高其血清中生长激素和胰岛素样生长因子－I 的水平，揭示这些动物生长速度增加的生理机制。

蛋白是血液中的重要化合物，球蛋白和白蛋白是其主要的组成成分。血清蛋白含量被用作能够指示鱼类是否健康的免疫参数。补体系统是先天性免疫反应的主要体液成分，从而在潜在病原体存在时改变宿主免疫系统以及清除潜在病原体方面起到重要的作用。补体是由一种或三种途径启动的，分别是经典、替代和凝集素。C3 参与所有三种途径，其主要是通过终端途径进行融合和参与。这会导致膜攻击复合物的形成，直接裂解病原性细胞。本实验的结果表明，40 mg/kg SI 组显著增加血清总蛋白和 C3 水平。但是，这些免疫参数没有随饲料中大豆异黄酮含量的进一步升高（60～80 mg/kg SI）而增加，这说明 40 mg/kg SI 添加水平对于血清总蛋白和 C3 水平的增加是适宜的。然而，到目前为止，还没有关于大豆异黄酮是如何增加鱼类血清总蛋白和 C3 水平的确切的解释。关于大豆异黄酮对鱼类血清总蛋白和 C3 水平影响的机制的解释还需要进一步的研究。

和哺乳动物相比，鱼类的先天免疫系统被认为是抵御广泛的外界病原的第一道防线，对鱼类更重要。溶菌酶活性/水平是鱼类先天性免疫的一个重要指标，广泛存在于生命有机体内。在本实验中，血清溶菌酶活性随饲料中大豆异黄酮含量的升高（0～40 mg/kg SI）而升高，随后趋于稳定。类似的研究指出，大量的免疫增强剂增加鱼类的血液溶菌酶水平可能是由于分泌溶菌酶的吞噬细胞数量的增加或是每个细胞合成溶菌酶的量增加。

呼吸爆发是吞噬细胞产生，用来攻击吞噬期间入侵的病原，其已被广泛用作评价抵抗病原的防御能力。但是过量的活性氧中间体的过多累积对宿主细胞的毒害是非常严重的。在本实验中，大豆异黄酮明显能够促进卵形鲳鲹的呼吸爆发活性。本实验数据表明，与对照组相比，40 mg/kg SI 组呼吸爆发活性显著增加，20 mg/kg SI、60 mg/kg SI 和 80 mg/kg SI 组有增加的趋势。之前对团头鲂的研究表明，饲料中添加免疫增强剂（如大黄素）能够显著影响其呼吸爆发活性。这些都表明，在实验期间，长期投喂添加适宜免疫增强剂的饲料能够保持吞噬细胞的激活，同时有助于获得抗病力。

ALT 和 AST 通常是鱼类中重要的转氨酶。通常在鱼类健康实验中测定，作为评价肝脏损伤的有用的指标。之前的研究表明，与小鼠模型组相比，大豆异黄酮组小鼠的 ALT 和 AST 活性显著降低。血清 ALT 和 AST 活性随饲料中大豆异黄酮含量的升高（0～40 mg/kg SI）而降低，随后出现升高。活性最低的 ALT 和 AST 出现在 20 mg/kg SI 和 40 mg/kg SI 组。这表明，40 mg/kg SI 组饲料对卵形鲳鲹幼鱼的肝脏功能没有造成应激。AKP 是在所有生物体中参与许多重要功能的一种重要的调控酶。在对果蝇（*Drosophila virilis*）的研究中发现，热应激之后 AKP 活性降低。但是，摄食 172 mg/kg 酵母核苷酸饲料的异育银鲫的 AKP 活性显著提高。类似的，在本实验中，与对照组相比，60 mg/kg SI 组显著增加了血清 AKP 活性，这说明，饲料中大豆异黄酮能够促进卵形鲳鲹免疫力的提高。

鱼类非特异性免疫机制包括嗜中性粒细胞活化、过氧化物酶和氧化自由基的产生、其它炎症因子的抑制。这些应激反应可能也会影响诸如总抗氧化能力、谷胱甘肽、过氧化氢酶、超氧化物歧化酶和其它过氧化物酶的活性。有研究表明，大豆异黄酮具有体内和体外的抗氧化作用。添加到食物中的大豆异黄酮能够降低人类脂质过氧化和 F2－异前列烷的水平（脂质过氧化的生物标志），以胶囊形式给药能够提高人类红细胞的超氧化物歧化酶的活性。以往的研究表明，与其它组比较，饲料中添加 20 mg/kg 大豆异黄酮能够显著提高凡纳滨对虾（*L. vannamei*）超氧化物歧化酶活性，罗非鱼（*Oreochromis aureus Steindachner*）氧化能力也得到显著的提升。饲料染料木素增强了小鼠各个器官的抗氧化酶（超氧化物歧化酶、过氧化氢酶、谷胱甘肽还原酶和谷胱甘肽过氧化物酶）活性，这可能是染料木素的化学防御作用的一个机制。与这些研究一致，本实验表明，与对照组相比，40 mg/kg SI 组显著增加了抗氧化酶（超氧化物歧化酶、总抗氧化能力、过氧化氢酶）活性，降低了丙二醛水平。大豆异黄酮能够提高卵形鲳鲹幼鱼的抗氧化能力，抑制自由基的形成，降低脂质过氧化的伤害。

热休克蛋白（HSPs），也被称为应激蛋白和外源性分子伴侣，是一类受到应激时在细胞体内产生的具有不同相对分子质量（16 ～ 100）的高度保守的蛋白质。HSP70 主要参与应激保护，提高细胞存活和提高对环境应激因子或损害的耐受能力。因此，HSP70 已被广泛用作应激的生物指标。与在哺乳动物中类似，HSP70 在鱼类中通过热应激或化学应激诱导。大量的研究表明，中草药能够增强团头鲂和南美白对虾的 HSP70 基因的表达，较高的饲料糖类含量也能提高 HSP70 基因的表达水平。此外，肉鸡的 HSP70 基因的表达水平也与饲料中染料木黄酮的含量呈正相关。卵形鲳鲹的 HSP70 基因表达水平在 40 mg/kg SI 组达到最大，这表明饲料大豆异黄酮能够增强 HSP70 基因的表达水平。

目前，由于全面研究鱼类的免疫和抗病力的方法仍然比较有限，鱼类抗病力的有效的生物标志还比较难以辨识。因此，细菌攻毒经常被用作营养实验之后鱼类健康状况的最终的一个指标。能够引发弧菌病的哈维氏弧菌，是一种嗜盐性革兰氏阴性菌，能够引起养殖系统或野生水生环境中的鱼、虾和贝致病。之前研究表明，饲料中大豆异黄酮能够提高溶藻弧菌攻毒之后凡纳滨对虾的成活率。这与其它研究者的研究结果是一致的，饲料中大豆异黄酮可提高肌注副溶血弧菌攻毒之后斑马鱼的成活率。饲料中大豆异黄酮提高了哈维氏弧菌攻毒之后卵形鲳鲹的成活率，具有预防卵形鲳鲹感染哈维氏弧菌的积极作用。

第十一章 饲料法规及海水鱼类饲料标准汇编

第一节 饲料法规

一、饲料和饲料添加剂管理条例

（国务院令第609号）

第一章 总 则

第一条 为了加强对饲料、饲料添加剂的管理，提高饲料、饲料添加剂的质量，保障动物产品质量安全，维护公众健康，制定本条例。

第二条 本条例所称饲料，是指经工业化加工、制作的供动物食用的产品，包括单一饲料、添加剂预混合饲料、浓缩饲料、配合饲料和精料补充料。

本条例所称饲料添加剂，是指在饲料加工、制作、使用过程中添加的少量或者微量物质，包括营养性饲料添加剂和一般饲料添加剂。

饲料原料目录和饲料添加剂品种目录由国务院农业行政主管部门制定并公布。

第三条 国务院农业行政主管部门负责全国饲料、饲料添加剂的监督管理工作。

县级以上地方人民政府负责饲料、饲料添加剂管理的部门（以下简称饲料管理部门），负责本行政区域饲料、饲料添加剂的监督管理工作。

第四条 县级以上地方人民政府统一领导本行政区域饲料、饲料添加剂的监督管理工作，建立健全监督管理机制，保障监督管理工作的开展。

第五条 饲料、饲料添加剂生产企业、经营者应当建立健全质量安全制度，对其生产、经营的饲料、饲料添加剂的质量安全负责。

第六条 任何组织或者个人有权举报在饲料、饲料添加剂生产、经营、使用过程中违反本条例的行为，有权对饲料、饲料添加剂监督管理工作提出意见和建议。

第二章 审定和登记

第七条 国家鼓励研制新饲料、新饲料添加剂。

研制新饲料、新饲料添加剂，应当遵循科学、安全、有效、环保的原则，保证新饲料、新饲料添加剂的质量安全。

第八条 研制的新饲料、新饲料添加剂投入生产前，研制者或者生产企业应当向国务院农业行政主管部门提出审定申请，并提供该新饲料、新饲料添加剂的样品和下列资料：

（一）名称、主要成分、理化性质、研制方法、生产工艺、质量标准、检测方法、检验报告、稳定性实验报告、环境影响报告和污染防治措施；

（二）国务院农业行政主管部门指定的实验机构出具的该新饲料、新饲料添加剂的饲喂效果、残留消解动态以及毒理学安全性评价报告。

申请新饲料添加剂审定的，还应当说明该新饲料添加剂的添加目的、使用方法，并提供该饲料添加剂残留可能对人体健康造成影响的分析评价报告。

第九条　国务院农业行政主管部门应当自受理申请之日起5个工作日内，将新饲料、新饲料添加剂的样品和申请资料交全国饲料评审委员会，对该新饲料、新饲料添加剂的安全性、有效性及其对环境的影响进行评审。

全国饲料评审委员会由养殖、饲料加工、动物营养、毒理、药理、代谢、卫生、化工合成、生物技术、质量标准、环境保护、食品安全风险评估等方面的专家组成。全国饲料评审委员会对新饲料、新饲料添加剂的评审采取评审会议的形式，评审会议应当有9名以上全国饲料评审委员会专家参加，根据需要也可以邀请1至2名全国饲料评审委员会专家以外的专家参加，参加评审的专家对评审事项具有表决权。评审会议应当形成评审意见和会议纪要，并由参加评审的专家审核签字；有不同意见的，应当注明。参加评审的专家应当依法公平、公正履行职责，对评审资料保密，存在回避事由的，应当主动回避。

全国饲料评审委员会应当自收到新饲料、新饲料添加剂的样品和申请资料之日起9个月内出具评审结果并提交国务院农业行政主管部门；但是，全国饲料评审委员会决定由申请人进行相关实验的，经国务院农业行政主管部门同意，评审时间可以延长3个月。

国务院农业行政主管部门应当自收到评审结果之日起10个工作日内作出是否核发新饲料、新饲料添加剂证书的决定；决定不予核发的，应当书面通知申请人并说明理由。

第十条　国务院农业行政主管部门核发新饲料、新饲料添加剂证书，应当同时按照职责权限公布该新饲料、新饲料添加剂的产品质量标准。

第十一条　新饲料、新饲料添加剂的监测期为5年。新饲料、新饲料添加剂处于监测期的，不受理其它就该新饲料、新饲料添加剂的生产申请和进口登记申请，但超过3年不投入生产的除外。

生产企业应当收集处于监测期的新饲料、新饲料添加剂的质量稳定性及其对动物产品质量安全的影响等信息，并向国务院农业行政主管部门报告；国务院农业行政主管部门应当对新饲料、新饲料添加剂的质量安全状况组织跟踪监测，证实其存在安全问题的，应当撤销新饲料、新饲料添加剂证书并予以公告。

第十二条　向中国出口中国境内尚未使用但出口国已经批准生产和使用的饲料、饲料添加剂的，应当委托中国境内代理机构向国务院农业行政主管部门申请登记，并提供该饲料、饲料添加剂的样品和下列资料：

（一）商标、标签和推广应用情况；

（二）生产地批准生产、使用的证明和生产地以外其它国家、地区的登记资料；

（三）主要成分、理化性质、研制方法、生产工艺、质量标准、检测方法、检验报告、稳定性实验报告、环境影响报告和污染防治措施；

（四）国务院农业行政主管部门指定的实验机构出具的该饲料、饲料添加剂的饲喂效果、残留消解动态以及毒理学安全性评价报告。

申请饲料添加剂进口登记的，还应当说明该饲料添加剂的添加目的、使用方法，并提供该饲料添加剂残留可能对人体健康造成影响的分析评价报告。

国务院农业行政主管部门应当依照本条例第九条规定的新饲料、新饲料添加剂的评审程序组织评审，并决定是否核发饲料、饲料添加剂进口登记证。

首次向中国出口中国境内已经使用且出口国已经批准生产和使用的饲料、饲料添加剂的，应当依照本条第一款、第二款的规定申请登记。国务院农业行政主管部门应当自受理申请之日起10个工作日内对申请资料进行审查；审查合格的，将样品交由指定的机构进行复核检测；复核检测合格的，国务院农业行政主管部门应当在10个工作日内核发饲料、饲料添加剂进口登记证。

饲料、饲料添加剂进口登记证有效期为5年。进口登记证有效期满需要继续向中国出口饲料、饲料添加剂的，应当在有效期届满6个月前申请续展。

禁止进口未取得饲料、饲料添加剂进口登记证的饲料、饲料添加剂。

第十三条　国家对已经取得新饲料、新饲料添加剂证书或者饲料、饲料添加剂进口登记证的、含有新化合物的饲料、饲料添加剂的申请人提交的其自己所取得且未披露的实验数据和其它数据实施保护。

自核发证书之日起6年内，对其它申请人未经已取得新饲料、新饲料添加剂证书或者饲料、饲料添加剂进口登记证的申请人同意，使用前款规定的数据申请新饲料、新饲料添加剂审定或者饲料、饲料添加剂进口登记的，国务院农业行政主管部门不予审定或者登记；但是，其它申请人提交其自己所取得的数据的除外。

除下列情形外，国务院农业行政主管部门不得披露本条第一款规定的数据：

（一）公共利益需要；

（二）已采取措施确保该类信息不会被不正当地进行商业使用。

第三章　生产、经营和使用

第十四条　设立饲料、饲料添加剂生产企业，应当符合饲料工业发展规划和产业政策，并具备下列条件：

（一）有与生产饲料、饲料添加剂相适应的厂房、设备和仓储设施；

（二）有与生产饲料、饲料添加剂相适应的专职技术人员；

（三）有必要的产品质量检验机构、人员、设施和质量管理制度；

（四）有符合国家规定的安全、卫生要求的生产环境；

（五）有符合国家环境保护要求的污染防治措施；

（六）国务院农业行政主管部门制定的饲料、饲料添加剂质量安全管理规范规定的其它条件。

第十五条　申请设立饲料添加剂、添加剂预混合饲料生产企业，申请人应当向省、自治区、直辖市人民政府饲料管理部门提出申请。省、自治区、直辖市人民政府饲料管理部门应当自受理申请之日起20个工作日内进行书面审查和现场审核，并将相关资料和审查、审核意见上报国务院农业行政主管部门。国务院农业行政主管部门收到资料和审查、审核意见后应当组织评审，根据评审结果在10个工作日内作出是否核发生产许可证的决定，并将决定抄送省、自治区、直辖市人民政府饲料管理部门。

申请设立其它饲料生产企业，申请人应当向省、自治区、直辖市人民政府饲料管理部门提出申请。省、自治区、直辖市人民政府饲料管理部门应当自受理申请之日起10个工作日内进行书面审查；审查合格的，组织进行现场审核，并根据审核结果在10个工作日内作出是否核发生产许可证的决定。

申请人凭生产许可证办理工商登记手续。

生产许可证有效期为5年。生产许可证有效期满需要继续生产饲料、饲料添加剂的，应当在有效期届满6个月前申请续展。

第十六条　饲料添加剂、添加剂预混合饲料生产企业取得国务院农业行政主管部门核发的生产许可证后，由省、自治区、直辖市人民政府饲料管理部门按照国务院农业行政主管部门的规定，核发相应的产品批准文号。

第十七条　饲料、饲料添加剂生产企业应当按照国务院农业行政主管部门的规定和有关标准，对采购的饲料原料、单一饲料、饲料添加剂、药物饲料添加剂、添加剂预混合饲料和用于饲料添加剂生产的原料进行查验或者检验。

饲料生产企业使用限制使用的饲料原料、单一饲料、饲料添加剂、药物饲料添加剂、添加剂预混合饲料生产饲料的，应当遵守国务院农业行政主管部门的限制性规定。禁止使用国务院农业行政主管部门公布的饲料原料目录、饲料添加剂品种目录和药物饲料添加剂品种目录以外的任何物质生产饲料。

饲料、饲料添加剂生产企业应当如实记录采购的饲料原料、单一饲料、饲料添加剂、药物饲料添加剂、添加剂预混合饲料和用于饲料添加剂生产的原料的名称、产地、数量、保质期、许可证明文件编号、质量检验信息、生产企业名称或者供货者名称及其联系方式、进货日期等。记录保存期限不得少于2年。

第十八条　饲料、饲料添加剂生产企业，应当按照产品质量标准以及国务院农业行政主管部门制定的饲料、饲料添加剂质量安全管理规范和饲料添加剂安全使用规范组织生产，对生产过程实施有效控制并实行生产记录和产品留样观察制度。

第十九条　饲料、饲料添加剂生产企业应当对生产的饲料、饲料添加剂进行产品质量检验；检验合格的，应当附具产品质量检验合格证。未经产品质量检验、检验不合格或者未附具产品质量检验合格证的，不得出厂销售。

饲料、饲料添加剂生产企业应当如实记录出厂销售的饲料、饲料添加剂的名称、数量、生产日期、生产批次、质量检验信息、购货者名称及其联系方式、销售日期等。记录保存期限不得少于2年。

第二十条　出厂销售的饲料、饲料添加剂应当包装，包装应当符合国家有关安全、卫生的规定。

饲料生产企业直接销售给养殖者的饲料可以使用罐装车运输。罐装车应当符合国家有关安全、卫生的规定，并随罐装车附具符合本条例第二十一条规定的标签。

易燃或者其它特殊的饲料、饲料添加剂的包装应当有警示标志或者说明，并注明储运注意事项。

第二十一条　饲料、饲料添加剂的包装上应当附具标签。标签应当以中文或者适用符号标明产品名称、原料组成、产品成分分析保证值、净重或者净含量、贮存条件、使用说明、注意事项、生产日期、保质期、生产企业名称以及地址、许可证明文件编号和产品质量标准等。加入药物饲料添加剂的，还应当标明“加入药物饲料添加剂”字样，并标明其通用名称、含量和休药期。乳和乳制品以外的动物源性饲料，还应当标明“本产品不得饲喂反刍动物”字样。

第二十二条　饲料、饲料添加剂经营者应当符合下列条件：

（一）有与经营饲料、饲料添加剂相适应的经营场所和仓储设施；

（二）有具备饲料、饲料添加剂使用、贮存等知识的技术人员；

（三）有必要的产品质量管理和安全管理制度。

第二十三条　饲料、饲料添加剂经营者进货时应当查验产品标签、产品质量检验合格证和相应的许可证明文件。

饲料、饲料添加剂经营者不得对饲料、饲料添加剂进行拆包、分装，不得对饲料、饲料添加剂进行再加工或者添加任何物质。

禁止经营用国务院农业行政主管部门公布的饲料原料目录、饲料添加剂品种目录和药物饲料添加剂品种目录以外的任何物质生产的饲料。

饲料、饲料添加剂经营者应当建立产品购销台账，如实记录购销产品的名称、许可证明文件编号、规格、数量、保质期、生产企业名称或者供货者名称及其联系方式、购销时间等。购销台账保存期限不得少于2年。

第二十四条　向中国出口的饲料、饲料添加剂应当包装，包装应当符合中国有关安全、卫生的规定，并附具符合本条例第二十一条规定的标签。

向中国出口的饲料、饲料添加剂应当符合中国有关检验检疫的要求，由出入境检验检疫机构依法实施检验检疫，并对其包装和标签进行核查。包装和标签不符合要求的，不得入境。

境外企业不得直接在中国销售饲料、饲料添加剂。境外企业在中国销售饲料、饲料添加剂的，应当依法在中国境内设立销售机构或者委托符合条件的中国境内代理机构销售。

第二十五条　养殖者应当按照产品使用说明和注意事项使用饲料。在饲料或者动物饮用水中添加饲料添加剂的，应当符合饲料添加剂使用说明和注意事项的要求，遵守国务院农业行政主管部门制定的饲料添加剂安全使用规范。

养殖者使用自行配制的饲料的，应当遵守国务院农业行政主管部门制定的自行配制饲料使用规范，并不得对外提供自行配制的饲料。

使用限制使用的物质养殖动物的，应当遵守国务院农业行政主管部门的限制性规定。禁止在饲料、动物饮用水中添加国务院农业行政主管部门公布禁用的物质以及对人体具有直接或者潜在危害的其它物质，或者直接使用上述物质养殖动物。禁止在反刍动物饲料中添加乳和乳制品以外的动物源性成分。

第二十六条　国务院农业行政主管部门和县级以上地方人民政府饲料管理部门应当加强饲料、饲料添加剂质量安全知识的宣传，提高养殖者的质量安全意识，指导养殖者安全、合理使用饲料、饲料添加剂。

第二十七条 饲料、饲料添加剂在使用过程中被证实对养殖动物、人体健康或者环境有害的，由国务院农业行政主管部门决定禁用并予以公布。

第二十八条 饲料、饲料添加剂生产企业发现其生产的饲料、饲料添加剂对养殖动物、人体健康有害或者存在其它安全隐患的，应当立即停止生产，通知经营者、使用者，向饲料管理部门报告，主动召回产品，并记录召回和通知情况。召回的产品应当在饲料管理部门监督下予以无害化处理或者销毁。

饲料、饲料添加剂经营者发现其销售的饲料、饲料添加剂具有前款规定情形的，应当立即停止销售，通知生产企业、供货者和使用者，向饲料管理部门报告，并记录通知情况。

养殖者发现其使用的饲料、饲料添加剂具有本条第一款规定情形的，应当立即停止使用，通知供货者，并向饲料管理部门报告。

第二十九条 禁止生产、经营、使用未取得新饲料、新饲料添加剂证书的新饲料、新饲料添加剂以及禁用的饲料、饲料添加剂。

禁止经营、使用无产品标签、无生产许可证、无产品质量标准、无产品质量检验合格证的饲料、饲料添加剂。禁止经营、使用无产品批准文号的饲料添加剂、添加剂预混合饲料。禁止经营、使用未取得饲料、饲料添加剂进口登记证的进口饲料、进口饲料添加剂。

第三十条 禁止对饲料、饲料添加剂作具有预防或者治疗动物疾病作用的说明或者宣传。但是，饲料中添加药物饲料添加剂的，可以对所添加的药物饲料添加剂的作用加以说明。

第三十一条 国务院农业行政主管部门和省、自治区、直辖市人民政府饲料管理部门应当按照职责权限对全国或者本行政区域饲料、饲料添加剂的质量安全状况进行监测，并根据监测情况发布饲料、饲料添加剂质量安全预警信息。

第三十二条 国务院农业行政主管部门和县级以上地方人民政府饲料管理部门，应当根据需要定期或者不定期组织实施饲料、饲料添加剂监督抽查；饲料、饲料添加剂监督抽查检测工作由国务院农业行政主管部门或者省、自治区、直辖市人民政府饲料管理部门指定的具有相应技术条件的机构承担。饲料、饲料添加剂监督抽查不得收费。

国务院农业行政主管部门和省、自治区、直辖市人民政府饲料管理部门应当按照职责权限公布监督抽查结果，并可以公布具有不良记录的饲料、饲料添加剂生产企业、经营者名单。

第三十三条 县级以上地方人民政府饲料管理部门应当建立饲料、饲料添加剂监督管理档案，记录日常监督检查、违法行为查处等情况。

第三十四条 国务院农业行政主管部门和县级以上地方人民政府饲料管理部门在监督检查中可以采取下列措施：

（一）对饲料、饲料添加剂生产、经营、使用场所实施现场检查；

（二）查阅、复制有关合同、票据、账簿和其它相关资料；

（三）查封、扣押有证据证明用于违法生产饲料的饲料原料、单一饲料、饲料添加剂、药物饲料添加剂、添加剂预混合饲料，用于违法生产饲料添加剂的原料，用于违法生产饲料、饲料添加剂的工具、设施，违法生产、经营、使用的饲料、饲料添加剂；

（四）查封违法生产、经营饲料、饲料添加剂的场所。

第四章　法律责任

第三十五条　国务院农业行政主管部门、县级以上地方人民政府饲料管理部门或者其它依照本条例规定行使监督管理权的部门及其工作人员，不履行本条例规定的职责或者滥用职权、玩忽职守、徇私舞弊的，对直接负责的主管人员和其它直接责任人员，依法给予处分；直接负责的主管人员和其它直接责任人员构成犯罪的，依法追究刑事责任。

第三十六条　提供虚假的资料、样品或者采取其它欺骗方式取得许可证明文件的，由发证机关撤销相关许可证明文件，处5万元以上10万元以下罚款，申请人3年内不得就同一事项申请行政许可。以欺骗方式取得许可证明文件给他人造成损失的，依法承担赔偿责任。

第三十七条　假冒、伪造或者买卖许可证明文件的，由国务院农业行政主管部门或者县级以上地方人民政府饲料管理部门按照职责权限收缴或者吊销、撤销相关许可证明文件；构成犯罪的，依法追究刑事责任。

第三十八条　未取得生产许可证生产饲料、饲料添加剂的，由县级以上地方人民政府饲料管理部门责令停止生产，没收违法所得、违法生产的产品和用于违法生产饲料的饲料原料、单一饲料、饲料添加剂、药物饲料添加剂、添加剂预混合饲料以及用于违法生产饲料添加剂的原料，违法生产的产品货值金额不足1万元的，并处1万元以上5万元以下罚款，货值金额1万元以上的，并处货值金额5倍以上10倍以下罚款；情节严重的，没收其生产设备，生产企业的主要负责人和直接负责的主管人员10年内不得从事饲料、饲料添加剂生产、经营活动。

已经取得生产许可证，但不再具备本条例第十四条规定的条件而继续生产饲料、饲料添加剂的，由县级以上地方人民政府饲料管理部门责令停止生产、限期改正，并处1万元以上5万元以下罚款；逾期不改正的，由发证机关吊销生产许可证。

已经取得生产许可证，但未取得产品批准文号而生产饲料添加剂、添加剂预混合饲料的，由县级以上地方人民政府饲料管理部门责令停止生产，没收违法所得、违法生产的产品和用于违法生产饲料的饲料原料、单一饲料、饲料添加剂、药物饲料添加剂以及用于违法生产饲料添加剂的原料，限期补办产品批准文号，并处违法生产的产品货值金额1倍以上3倍以下罚款；情节严重的，由发证机关吊销生产许可证。

第三十九条　饲料、饲料添加剂生产企业有下列行为之一的，由县级以上地方人民政府饲料管理部门责令改正，没收违法所得、违法生产的产品和用于违法生产饲料的饲料原料、单一饲料、饲料添加剂、药物饲料添加剂、添加剂预混合饲料以及用于违法生产饲料添加剂的原料，违法生产的产品货值金额不足1万元的，并处1万元以上5万元以下罚款，货值金额1万元以上的，并处货值金额5倍以上10倍以下罚款；情节严重的，由发证机关吊销、撤销相关许可证明文件，生产企业的主要负责人和直接负责的主管人员10年内不得从事饲料、饲料添加剂生产、经营活动；构成犯罪的，依法追究刑事责任：

（一）使用限制使用的饲料原料、单一饲料、饲料添加剂、药物饲料添加剂、添加剂预混合饲料生产饲料，不遵守国务院农业行政主管部门的限制性规定的；

（二）使用国务院农业行政主管部门公布的饲料原料目录、饲料添加剂品种目录和药物饲料添加剂品种目录以外的物质生产饲料的；

（三）生产未取得新饲料、新饲料添加剂证书的新饲料、新饲料添加剂或者禁用的饲料、饲料添加剂的。

第四十条　饲料、饲料添加剂生产企业有下列行为之一的，由县级以上地方人民政府饲料管理部门责令改正，处1万元以上2万元以下罚款；拒不改正的，没收违法所得、违法生产的产品和用于违法生产饲料的饲料原料、单一饲料、饲料添加剂、药物饲料添加剂、添加剂预混合饲料以及用于违法生产饲料添加剂的原料，并处5万元以上10万元以下罚款；情节严重的，责令停止生产，可以由发证机关吊销、撤销相关许可证明文件：

（一）不按照国务院农业行政主管部门的规定和有关标准对采购的饲料原料、单一饲料、饲料添加剂、药物饲料添加剂、添加剂预混合饲料和用于饲料添加剂生产的原料进行查验或者检验的；

（二）饲料、饲料添加剂生产过程中不遵守国务院农业行政主管部门制定的饲料、饲料添加剂质量安全管理规范和饲料添加剂安全使用规范的；

（三）生产的饲料、饲料添加剂未经产品质量检验的。

第四十一条　饲料、饲料添加剂生产企业不依照本条例规定实行采购、生产、销售记录制度或者产品留样观察制度的，由县级以上地方人民政府饲料管理部门责令改正，处1万元以上2万元以下罚款；拒不改正的，没收违法所得、违法生产的产品和用于违法生产饲料的饲料原料、单一饲料、饲料添加剂、药物饲料添加剂、添加剂预混合饲料以及用于违法生产饲料添加剂的原料，处2万元以上5万元以下罚款，并可以由发证机关吊销、撤销相关许可证明文件。

饲料、饲料添加剂生产企业销售的饲料、饲料添加剂未附具产品质量检验合格证或者包装、标签不符合规定的，由县级以上地方人民政府饲料管理部门责令改正；情节严重的，没收违法所得和违法销售的产品，可以处违法销售的产品货值金额30%以下罚款。

第四十二条　不符合本条例第二十二条规定的条件经营饲料、饲料添加剂的，由县级人民政府饲料管理部门责令限期改正；逾期不改正的，没收违法所得和违法经营的产品，违法经营的产品货值金额不足1万元的，并处2000元以上2万元以下罚款，货值金额1万元以上的，并处货值金额2倍以上5倍以下罚款；情节严重的，责令停止经营，并通知工商行政管理部门，由工商行政管理部门吊销营业执照。

第四十三条　饲料、饲料添加剂经营者有下列行为之一的，由县级人民政府饲料管理部门责令改正，没收违法所得和违法经营的产品，违法经营的产品货值金额不足1万元的，并处2000元以上2万元以下罚款，货值金额1万元以上的，并处货值金额2倍以上5倍以下罚款；情节严重的，责令停止经营，并通知工商行政管理部门，由工商行政管理部门吊销营业执照；构成犯罪的，依法追究刑事责任：

（一）对饲料、饲料添加剂进行再加工或者添加物质的；

（二）经营无产品标签、无生产许可证、无产品质量检验合格证的饲料、饲料添加剂的；

（三）经营无产品批准文号的饲料添加剂、添加剂预混合饲料的；

（四）经营用国务院农业行政主管部门公布的饲料原料目录、饲料添加剂品种目录和药物饲料添加剂品种目录以外的物质生产的饲料的；

（五）经营未取得新饲料、新饲料添加剂证书的新饲料、新饲料添加剂或者未取得饲料、饲料添加剂进口登记证的进口饲料、进口饲料添加剂以及禁用的饲料、饲料添加剂的。

第四十四条　饲料、饲料添加剂经营者有下列行为之一的，由县级人民政府饲料管理部门责令改正，没收违法所得和违法经营的产品，并处2000元以上1万元以下罚款：

（一）对饲料、饲料添加剂进行拆包、分装的；

（二）不依照本条例规定实行产品购销台账制度的；

（三）经营的饲料、饲料添加剂失效、霉变或者超过保质期的。

第四十五条　对本条例第二十八条规定的饲料、饲料添加剂，生产企业不主动召回的，由县级以上地方人民政府饲料管理部门责令召回，并监督生产企业对召回的产品予以无害化处理或者销毁；情节严重的，没收违法所得，并处应召回的产品货值金额1倍以上3倍以下罚款，可以由发证机关吊销、撤销相关许可证明文件；生产企业对召回的产品不予以无害化处理或者销毁的，由县级人民政府饲料管理部门代为销毁，所需费用由生产企业承担。

对本条例第二十八条规定的饲料、饲料添加剂，经营者不停止销售的，由县级以上地方人民政府饲料管理部门责令停止销售；拒不停止销售的，没收违法所得，处1000元以上5万元以下罚款；情节严重的，责令停止经营，并通知工商行政管理部门，由工商行政管理部门吊销营业执照。

第四十六条　饲料、饲料添加剂生产企业、经营者有下列行为之一的，由县级以上地方人民政府饲料管理部门责令停止生产、经营，没收违法所得和违法生产、经营的产品，违法生产、经营的产品货值金额不足1万元的，并处2000元以上2万元以下罚款，货值金额1万元以上的，并处货值金额2倍以上5倍以下罚款；构成犯罪的，依法追究刑事责任：

（一）在生产、经营过程中，以非饲料、非饲料添加剂冒充饲料、饲料添加剂或者以此种饲料、饲料添加剂冒充他种饲料、饲料添加剂的；

（二）生产、经营无产品质量标准或者不符合产品质量标准的饲料、饲料添加剂的；

（三）生产、经营的饲料、饲料添加剂与标签标示的内容不一致的。

饲料、饲料添加剂生产企业有前款规定的行为，情节严重的，由发证机关吊销、撤销相关许可证明文件；饲料、饲料添加剂经营者有前款规定的行为，情节严重的，通知工商行政管理部门，由工商行政管理部门吊销营业执照。

第四十七条　养殖者有下列行为之一的，由县级人民政府饲料管理部门没收违法使用的产品和非法添加物质，对单位处1万元以上5万元以下罚款，对个人处5000元以下罚款；构成犯罪的，依法追究刑事责任：

（一）使用未取得新饲料、新饲料添加剂证书的新饲料、新饲料添加剂或者未取得饲料、饲料添加剂进口登记证的进口饲料、进口饲料添加剂的；

（二）使用无产品标签、无生产许可证、无产品质量标准、无产品质量检验合格证的饲料、饲料添加剂的；

（三）使用无产品批准文号的饲料添加剂、添加剂预混合饲料的；

（四）在饲料或者动物饮用水中添加饲料添加剂，不遵守国务院农业行政主管部门制定的饲料添加剂安全使用规范的；

（五）使用自行配制的饲料，不遵守国务院农业行政主管部门制定的自行配制饲料使用规范的；

（六）使用限制使用的物质养殖动物，不遵守国务院农业行政主管部门的限制性规定的；

（七）在反刍动物饲料中添加乳和乳制品以外的动物源性成分的。

在饲料或者动物饮用水中添加国务院农业行政主管部门公布禁用的物质以及对人体具有直接或者潜在危害的其它物质，或者直接使用上述物质养殖动物的，由县级以上地方人民政府饲料管理部门责令其对饲喂了违禁物质的动物进行无害化处理，处3万元以上10万元以下罚款；构成犯罪的，依法追究刑事责任。

第四十八条　养殖者对外提供自行配制的饲料的，由县级人民政府饲料管理部门责令改正，处2000元以上2万元以下罚款。

第五章　附 则

第四十九条　本条例下列用语的含义：

（一）饲料原料，是指来源于动物、植物、微生物或者矿物质，用于加工制作饲料但不属于饲料添加剂的饲用物质。

（二）单一饲料，是指来源于一种动物、植物、微生物或者矿物质，用于饲料产品生产的饲料。

（三）添加剂预混合饲料，是指由两种（类）或者两种（类）以上营养性饲料添加剂为主，与载体或者稀释剂按照一定比例配制的饲料，包括复合预混合饲料、微量元素预混合饲料、维生素预混合饲料。

（四）浓缩饲料，是指主要由蛋白质、矿物质和饲料添加剂按照一定比例配制的饲料。

（五）配合饲料，是指根据养殖动物营养需要，将多种饲料原料和饲料添加剂按照一定比例配制的饲料。

（六）精料补充料，是指为补充草食动物的营养，将多种饲料原料和饲料添加剂按照一定比例配制的饲料。

（七）营养性饲料添加剂，是指为补充饲料营养成分而掺入饲料中的少量或者微量物质，包括饲料级氨基酸、维生素、矿物质微量元素、酶制剂、非蛋白氮等。

（八）一般饲料添加剂，是指为保证或者改善饲料品质、提高饲料利用率而掺入饲料中的少量或者微量物质。

（九）药物饲料添加剂，是指为预防、治疗动物疾病而掺入载体或者稀释剂的兽药的预混合物质。

（十）许可证明文件，是指新饲料、新饲料添加剂证书，饲料、饲料添加剂进口登记证，饲料、饲料添加剂生产许可证，饲料添加剂、添加剂预混合饲料产品批准文号。

第五十条　药物饲料添加剂的管理，依照《兽药管理条例》的规定执行。

第五十一条　本条例自2012年5月1日起施行。

二、渔用配合饲料通用技术要求

（中华人民共和国水产行业标准，SC/T 1077—2004）

1　范围

本标准规定了渔用配合饲料产品的分类与命名、质量基本要求、实验方法、检验规则、标签、包装、储存及运输。

本标准适用于渔用粉状配合饲料、颗粒配合饲料和膨化颗粒配合饲料，不适用于微颗粒饲料和软颗粒饲料。

2　规范性引用文件

下列文件中的条款通过本标准的引用而成为本标准的条款。凡是注日期的引用文件，其随后所有的修改单或修订版均不适用于本标准，然而，鼓励根据本标准达成协议的各方研究是否可使用这些文件的最新版本。凡是不注日期的引用文件，其最新版本适用于本标准。

GB/T 5917 配合饲料粉碎粒度测定法

GB/T 5918 配合饲料混合均匀度的测定

GB/T 6435 饲料水分的测定方法

GB 10648 饲料标签

GB 13078 饲料卫生标准

GB/T 14699.1 饲料采样方法

GB/T 16765 颗粒饲料通用技术条件

GB/T 18823 饲料检测结果判定的允许误差

NY 5071 无公害食品 渔用药物使用准则

NY 5072 无公害食品 渔用配合饲料安全限量

《饲料药物添加剂使用规范》中华人民共和国农业部公告（2001）第［168］号

《禁止在饲料和动物饮用水中使用的药物品种目录》中华人民共和国农业部公告（2002）第［176］号

《食品动物禁用的兽药及其化合物清单》中华人民共和国农业部公告（2002）第［193］号

3　术语和定义

GB/T 10647确立的，以及下列术语和定义适用于本标准。

3.1　粉状饲料

将多种饲料原料按饲料配方，经清理、粉碎、配料和混合加工成的粉状产品。

3.2　颗粒饲料

将粉状饲料经调质、挤出压模模孔制成规则的粒状产品。

3.3　膨化颗粒饲料

将粉状饲料经调质、增压挤出模孔和骤然降压过程制成规则膨松的颗粒饲料。制成规则的粒状产品。

3.4　溶失率

一定时间内，颗粒饲料在水中溶失的质量分数。

4　产品分类与命名

4.1　产品分类

渔用配合饲料产品通常分为：粉状饲料、颗粒饲料和膨化颗粒饲料。

4.2　产品命名

各饲料对象配合饲料的名称，由饲养对象的名称加上归属产品的分类名称，再加上“配合饲料”四字构成。

示例1：中华鳖粉状配合饲料

示例2：草鱼颗粒配合饲料

示例3：蛙类膨化颗粒配合饲料

5　质量基本要求

5.1　原料与添加剂

5.1.1　本标准所指的饲料原料是指为提供水生动物生长所需的蛋白质和能量的单一饲料原料。不包括饲料添加剂。

5.1.2　饲料原料与添加剂均应符合相关饲料原料与添加剂的国家和行业标准的质量标准。安全卫生指标应符合 GB 13078 和 NY 5072 的规定，不得使用受潮、发霉、生虫、腐败变质及受到石油、农药、有害金属等污染的原料与添加剂。

5.1.3　使用的添加剂或药物添加剂种类及用量应符合 NY 5071、《饲料药物添加剂使用规范》《禁止在饲料和动物饮用水中使用的药物品种目录》《食品动物禁用的兽药及其化合物清单》的规定。若有新的公告发布，按新规定执行。

5.1.4　应做好原料、添加剂和生产配方的记录，确保对所有饲料成分的追溯。

5.2　原料粉碎粒度

鱼类、虾蟹类、龟鳖类和蛙类配合饲料原料的粉碎粒度基本要求符合表 11－1 的规定，各种饲料粉碎粒度的特殊要求按相应饲养对象的配合饲料国家或行业标准执行。

表 11－1　不同饲料的原料粉碎粒度

饲养对象		苗种阶段饲料		养成阶段饲料	
		筛孔尺寸/mm	筛上物含量/%	筛孔尺寸/mm	筛上物含量/%
鱼类	草食性鱼类	0.355	<10	0.500	<10
	肉食性鱼类	0.250	<5	0.425	<5

续表 11－1

饲养对象		苗种阶段饲料		养成阶段饲料	
		筛孔尺寸/mm	筛上物含量/%	筛孔尺寸/mm	筛上物含量/%
虾蟹类	虾类	0.250	<5	0.425	<5
	蟹类	0.250	<5	0.250	<5
龟鳖类		0.180	<6	0.180	<8
蛙类		0.250	<5	0.250	<5

5.3　混合均匀度

粉料的混合均匀度（变异系数 CV）应不大于 10%；预混合料添加剂的混合均匀度（变异系数 CV）应不大于 5%。

5.4　粉化率

颗粒饲料的粉化率应小于 10%，膨化饲料的粉化率应小于 1%。

5.5　感官指标

色泽一致，颗粒均匀，新鲜、无杂质、无异味、无霉变、无发酵、无结块、无虫蛀及鼠咬。

5.6　水分

各类配合饲料水分含量见表 11－2。

表 11－2　各类配合饲料水分含量

饲料类别	粉状饲料	颗粒饲料	膨化饲料
水分含量	<10	<12.5	<10

5.7　水中稳定性

渔用配合饲料水中稳定性以“溶失率”表示。各种饲养对象配合饲料溶失率的基本要求见表 11－3。

表 11－3　配合饲料溶失率

饲料类别	饲养对象	溶失率/%	备注
粉状饲料（面团）	鱼类	<5	浸泡时间 60 min
颗粒饲料		<10	浸泡时间 5 min
膨化饲料		<10	浸泡时间 20 min
颗粒饲料	虾类	<12	浸泡时间 120 min
颗粒饲料	蟹类	<10	浸泡时间 30 min
粉状饲料（面团）	龟鳖类	<5	浸泡时间 60 min
膨化饲料	蛙类	<5	浸泡时间 60 min

5.8　安全卫生指标

按 GB 13078 和 NY 5072 的规定执行。

6　实验方法

6.1　粉碎粒度的测定

按 GB/T 5917 的规定执行。所用的实验筛应符合 GB/T 6003.1 的规定。

6.2　混合均匀度的测定

按 GB/T 5918 的规定执行。

6.3　粉化率的测定

按 GB/T 16765 的规定执行，其中所用的实验筛的筛孔尺寸应小于饲料颗粒的粒径。

6.4　感官检验

将样品放在洁净的白色瓷盘内，在无外界干扰、光线充足的条件下，通过正常的感官进行检验、评定。

6.5　水分测定

按 GB/T 6435 的规定执行。

6.6　水中稳定性测定

渔用配合饲料水中稳定性的测定方法，按 GB/T 14924.9 的规定执行。

6.7　安全卫生指标的测定

按 GB 13078 和 NY 5072 的规定执行。

7　检验规则

7.1　组批规则

7.1.1　同批原料生产的产品为一个检验批。

7.1.2　在原料及生产条件基本相同的情况下，同一天或同一班组生产的产品为一个检验批。

7.2　抽样方法

按 GB/T 14699.1 的规定执行。

成品抽样地点应在生产者成品仓库内按批号进行抽样，成品抽样批样在 1 t 以下时，按其袋数的 1/4 抽取。批量在 1 t 以上时，抽样袋数不少于 10 袋。沿堆积立面以“X”形或“W”形对各袋抽取。产品未堆垛时应在各部位随机抽取，样品抽取一般用钢管或铜管制成的槽形取样器。由各袋取出的样品应充分混匀后按四分法分别留样。

7.3　检验分类

7.3.1　出厂检验

每批产品应进行出厂检验；检验项目一般为感官指标、水分、粗蛋白、粗脂肪、粗纤维、粗灰分以及标签和包装。检验合格签发检验合格证，产品凭检验合格证出厂。

7.3.2　型式检验

型式检验的项目为饲料产品标准中规定的所有技术指标。有下列情况之一时，一般应进行型式检验：

新产品投产；

正式生产后，如配方、工艺有较大改变，可能影响产品质量时；

产品长期停产后，恢复生产时；

出厂检验结果与上次型式检验有较大差异时；

国家质量监督机构提出进行型式检验的要求时；

正常生产时，每年至少一次周期性检验。

7.4 判定规则

7.4.1 饲料检测结果判定的允许误差按 GB/T 18823 的规定执行。

7.4.2 所检项目的检验结果全部符合标准规定的判为合格批。

7.4.3 安全性指标有一项不符合要求或有霉变、腐败等现象时，该批产品判为不合格，且不应再使用。

7.4.4 其它指标不符合标准规定时，可取同批样品复验一次。按复验结果为准，判定该批产品是否合格。

8 标签

按 GB 10648 的规定执行，其中对钙、食盐的含量不作要求，但应标明水中稳定性的指标。

9 包装

配合饲料至少应有两层包装，内层为牛皮纸袋或聚乙烯薄膜，外层为塑料编织袋、防潮纸袋或塑料袋。缝口应牢固，不得破损。

10 贮存、运输

10.1 贮存

配合饲料产品应放在通风、清洁、干燥的专用仓库内，严禁与有毒、有害物品同库存放。

配合饲料产品在常温下的保质期至少为 2 个月。

10.2 运输

配合饲料产品在运输中应防止包装破损、日晒、雨淋，严禁与有毒、有害物品混运。装卸时应小心轻放，禁用手钩。

三、渔用配合饲料安全限量

（中华人民共和国农业行业标准 NY/T 5072—2002）

1 范围

本标准规定了渔用配合饲料安全限量的要求、实验方法、检验规则。本标准适用于渔用配合饲料的成品，其它型式的渔用饲料可参照执行。

2 规范性引用文件（同渔用配合饲料通用技术要求）

3 要求

3.1 原料要求

3.1.1 加工渔用饲料所用原料应符合各类原料标准的规定，不得使用受潮、发霉、生虫、腐败变质及受到石油、农药、有害金属等污染的原料。

3.1.2 皮革粉脱毒处理。

3.1.3 大豆原料应经过破坏蛋白酶抑制因子的处理。

3.1.4 鱼粉的质量应符合 SC 3501 的规定。

3.1.5 鱼油的质量应符合 SC/T 3502 中二级精制鱼油的要求。

3.1.6　使用的药物添加剂种类及用量应符合 NY 5071、《饲料药物添加剂使用规范》《禁止在饲料和动物饮用水中使用的药物品种目录》《食品动物禁用的兽药及其它化合物清单》的规定，若有新的公告发布，按新规定执行。

3.2　安全指标

渔用配合饲料的安全指标按应符合表 11－4 的规定。

表 11－4　渔用配合饲料的安全指标

项目	限量	适用范围
铅（以 Pb 计）/(mg·kg^{-1})	<5.0	各类渔用配合饲料
汞（以 Hg 计）/(mg·kg^{-1})	<0.5	各类渔用配合饲料
无机砷（以 As 计）/(mg·kg^{-1})	<3	各类渔用配合饲料
镉（以 Cd 计）/(mg·kg^{-1})	<3	海水鱼类、虾类配合饲料
	<0.5	其它渔用配合饲料
铬（以 Cr 计）/(mg·kg^{-1})	<10	各类渔用配合饲料
氟（以 F 计）/(mg·kg^{-1})	<350	各类渔用配合饲料
游离棉酚/(mg·kg^{-1})	<300	温水杂食性鱼类、虾类配合倒料
	<150	冷水性鱼类、海水鱼类配合饲料
氰化物/(mg·kg^{-1})	<50	各类渔用配合饲料
多氯联苯/(mg·kg^{-1})	<0.3	各类渔用配合饲料
异硫氰酸酯/(mg·kg^{-1})	<500	各类渔用配合饲料
恶唑烷硫铜/(mg·kg^{-1})	<500	各类渔用配合饲料
油脂酸价（KOH）/(mg·g^{-1})	<2	渔用育苗配合饲料
	<6	渔用育成配合饲料
	<3	鳗鲡育成配合饲料
黄曲霉毒素 B_1/(mg·kg^{-1})	<0.01	各类渔用配合饲料
六六六/(mg·kg^{-1})	<0.3	各类渔用配合饲料
滴滴涕/(mg·kg^{-1})	<0.2	各类渔用配合饲料
沙门氏菌/(cfu/25 g)	不得检出	各类渔用配合饲料
霉菌/(cfu·g^{-1})	$<3\times10^4$	各类渔用配合饲料

4　检验方法（同渔用配合饲料通用技术要求）

5　检验规则（同渔用配合饲料通用技术要求）

第二节 海水鱼类配合饲料标准

一、大黄鱼配合饲料标准

（中华人民共和国水产行业标准 SC/T 2012—2002）

1 范围

本标准规定了大黄鱼（*Pseudosciaena crocea*）配合饲料的产品分类、要求、实验方法，检验规则及标志、标签、包装、运输和贮存。

本标准适用于粉状、颗粒状大黄鱼配合饲料。

2 规范性引用文件

下列文件中的条款通过本标准的引用而成为本标准的条款。凡是注日期的引用文件，其随后所有的修改单或修订版均不适用于本标准，然而，鼓励根据本标准达成协议的各方研究是否可使用这些文件的最新版本。凡是不注日期的引用文件，其最新版本适用于本标准。

GB/T 5009. 45 水产品卫生标准的分析方法

GB/T 5917 配合饲料粉碎粒度测定法

GB/T 5918 配合饲料混合均匀度的测定

GB/T 6003* 1—1997 金属丝编织网实验筛

GB/TS432 饲料中粗蛋白测定方法

GB/T 6433 饲料粗脂肪测定方法

GB/T 6434 饲料中粗纤维测定方法

GB/T 6435 饲料水分的测定方法

GB/T 6436 饲料中钙的测定方法

GB/T 6437 饲料中总磷量的测定方法光度法

GB/T 6438 饲料中粗灰分的测定方法

GB/T 6439 饲料中水溶性氯化物的测定方法

GB 10648—1999 饲料标签

GB/T13079 饲料中总砷的测定

GB/T13080 饲料中铅的测定方法

GB/T13081 饲料中汞的测定方法

GB/T13082 饲料中镉的测定方法

GB/T13092 饲料中霉菌检验方法

GB/T14699 饲料采样方法

GB/T 18246 饲料中氨基酸的测定

NY 5072 无公害食品渔用配合饲料安全限量

SC/T 3501—1996 鱼粉

3　产品分类

3.1　大黄鱼配合饲料分鱼苗配合饲料、鱼种配合饲料、食用鱼配合饲料三种。

3.2　大黄鱼配合饲料产品类别及饲喂对象见表11－5。

表11－5　大黄鱼配合饲料产品类别及饲喂对象

产品类别	鱼苗饲料	鱼种饲料	食用鱼饲料
养殖鱼体重/g	0.2～10	11～150	>151

4　技术要求

4.1　感官要求

4.1.1　色泽均匀一致，无发霉、变质、结块现象，无异物，无虫类滋生。

4.1.2　粉状饲料黏性要求：加水搅拌后具有良好的黏性。

4.1.3　同一规格的颗粒状饲料大小应均匀，表面光滑。

4.1.4　气味正常，无霉变、酸败等其它异味。

4.2　理化指标　理化指标见表11－6。

表11－6　理化指标

项目		产品类别		
		鱼苗饲料	鱼种饲料	食用鱼饲料
原料粉率粒度（筛上物）/%		≤6.0[a]	≤3.0[b]	≤5.0[b]
混合均匀度（变异系数）/%		≤10.0		
含粉率/%	硬颗粒状料	≤4.0		
	膨化颗粒状料	≤1.0		
粗蛋白/%		≥47.0	≥45.0	≥40.0
粗脂肪/%	颗粒状料	≥5.0		
	粉状料	≥3.0		
粗纤维/%		≤2.0		≤3.0
水分/%	颗粒状料	≤11.0		
	粉状料	≤10.0		
钙/%		≤5.0		
总磷/%		≥1.2		
粗灰分/%		≤16.0		
盐酸不溶物（砂分）/%		≤3.0		
赖氨酸/%		≥2.1	≥1.9	≥1.7
食盐（以NaCl计）/%		≤4.0		
挥发性盐基氮/(mg/100 g)		≤100		

a：采用“0200×50—0.2/0.14实验筛”筛分（GB/T 6003.1）；

b：采用“200×50—0.25/0.16实验筛”筛分（GB/T 6003.1）。

4.3　卫生安全指标

应符合 NY 5072 要求。其中砷、铅、汞、镉、霉菌应符合表 11－7 规定。

表 11－7　卫生安全指标

项目	允许量
总砷（以 As 计）/($mg \cdot kg^{-1}$)	≤3
铅（以 Pb 计）/($mg \cdot kg^{-1}$)	≤5
汞（以 Hg 计）($mg \cdot kg^{-1}$)	≤0.5
镉（以 Cd 计）/($mg \cdot kg^{-1}$)	≤3
霉菌（不含酵母菌）/($cfu \cdot g^{-1}$)	$\leqslant 3.0 \times 10^4$

5　实验方法

5.1　感官检验

将样品倒入洁净的白色瓷盘内，在无异味的环境下通过正常的感官检验进行评定。

5.2　粉状饲料黏性检验

5.2.1　仪器

天平：感量为 0.1 g。

量筒：200 mL。

1 000 mL 搪瓷盆。

5.2.2　实验步骤

从原始样品中称 50 g 试样于搪瓷盆中，加入 50～60 mL 蒸馏水，在常温下用手搅拌成团状，具有良好的黏性。

5.3　原料粉碎粒度的测定

采用"200×50—0.2/0.14 实验筛"（GB/T 6003.1）和采用"200×50—0.25/0.16 实验筛"（GB/T 6003.1—1997）筛分。参照 GB/T 5917 标准执行后，再用长毛刷轻轻刷动，直到不能筛下粉料为止，将毛刷在筛框上轻轻敲打五下，以抖落带物料。称量并计算筛上物。

5.4　混合均匀度的检验

按 GB/T 5918 规定执行。

5.5 颗粒状饲料含粉率的测定

5.5.1 仪器

天平：感量为 0.1 g。

实验筛：200× 50—0.5/0.315 实验筛。

振荡机。

5.5.2　实验步骤

从原始样品中称取约 250 g 样品，放入实验筛，在振荡机上筛 5 min，将筛下物称量。

5.5.3　计算

含粉率的计算按式（$m = 100\% \times m_2/m_1$）进行计算。式中，m 为样品含粉率；m_2 为筛下物质量，g；m_1 为样品质量，g。

5.6　粗蛋白的测定

按 GB/T 6432 规定执行。

5.7　粗脂肪的测定

按 GB/T 6433 规定执行。

5.8　粗纤维的测定

按 GB/T 6434 规定执行。

5.9　水分的测定

按 GB/T 6435 规定执行。

5.10　钙的测定

按 GB/T 6436 规定执行。

5.11　总磷的测定

按 GB/T 6437 规定执行。

5.12　粗灰分的测定

按 GB/T M38 规定执行。

5.13　盐酸不溶物的测定

按 SC/T 3501—1996 中 5.9 执行。

5.14　赖氨酸的测定

按 GB/T 18246 规定执行。

5.15　食盐的测定

按 GB/T 6439 规定执行。

5.16　挥发性盐基氮的测定

按 GB/T 5009.45 规定执行。

5.17　总砷的测定

按 GB/T 13079 规定执行。

5.18　铅的测定

按 GB/T 13080 规定执行。

5.19　汞的测定

按 GB/T 13081 规定执行。

5.20　镉的测定

按 GB/T 13082 规定执行。

5.21　霉菌的测定

按 GB/T 13092 规定执行。

6　检验规则

6.1　抽样与组批规则

6.1.1　批的组成

以一个班次生产的同一产品为一个组批。

6.1.2 抽样方法

按 GB/T 14699.1 规定执行。

6.2 检验分类

6.2.1 出厂检验的项目为感官指标、原料粉碎粒度、粉状饲料黏性、颗粒状饲料含粉率、粗蛋白含量、水分含量及包装。

6.2.2 型式检验的项目为技术要求的全部项目。如有下列情况之一时，应进行型式检验：

——新产品投产时；

——工艺、配方有较大改变，可能影响产品性能时；

——正常生产时，每半年应进行一次检验；

——停产三个月以上，恢复生产时；

——出厂检验与上次型式检验有较大差异时；

——国家质量监督检验机构提出进行型式检验的要求时。

6.3 判定规则

6.3.1 所检卫生指标中有一项不符合标准规定或有霉变、酸败、结块、生虫时，则判定该批产品为不合格品。

6.3.2 所检其它指标中有一项不符合标准规定时，应对不合格项进行复检，复检结果如仍不符合标准要求，则判定该批产品为不合格品。

7 标志、标签、包装、运输和贮存

7.1 标志、标签

产品标志、标签按 GB 10648 规定执行。

7.2 包装

产品采用包装袋缝口包装，缝口应牢固，不得破损漏气。包装材料应具有防潮、防漏、抗拉性能。包装袋应清洁卫生、无污染、印刷字体清晰。

7.3 运输

产品运输时，不得使用装过化学药品、农药、煤炭、石灰及其它污染而未经清理干净的运载工具装运，在运输中应防止曝晒、雨淋。

在装卸过程中，严禁用手钩搬运，应小心轻放。

7.4 贮存

产品应贮存在干燥、阴凉的仓库内，防止受潮、有害物质污染、鼠害及其它损害。

7.5 保质期限

产品保质期限为 3 个月。

二、军曹鱼配合饲料标准

（中华人民共和国国家标准 GB/T 22919.2—2008）

1 范围

本标准规定了军曹鱼（*Rachycentron canadum*）配合饲料的产品分类、要求、实验方法，检验规则及标志、标签、包装、运输和贮存。

本标准适用于粉状、颗粒状鲈鱼配合饲料。

2　规范性引用文件（同大黄鱼配合饲料标准）

3　产品分类

本标准根据军曹鱼不同生长阶段的体重大小，将军曹鱼饲料产品分成稚鱼饲料、幼鱼饲料、中鱼饲料、成鱼饲料4种，产品规格应符合军曹鱼不同生长阶段的食性要求。

4　技术要求

4.1　原料与添加剂要求

饲料原料与添加剂均应符合相关饲料原料与添加剂的国家标准或行业标准的质量指标要求。卫生指标应符合GB 13078和NY 5072的规定。

4.2　感官要求

4.2.1　外观

色泽均匀，饲料颗粒大小一致，表面平整；无发霉，无变质结块，无杂物，无虫害。

4.2.2　气味

具有饲料正常气味，无霉变、酸败、焦灼等异味。

4.3　加工质量指标

加工质量指标应符合表11－8的规定。

表11－8　加工质量指标

项目	稚鱼饲料　幼鱼饲料　中鱼饲料　成鱼饲料
混合均匀度（变异系数）/%	≤7.0
水中稳定性（溶失率）/%	≤10.0
颗粒粉化率/%	≤1.0

4.4　营养指标

主要营养指标应符合表11－9规定。

表11－9　营养指标

营养指标	稚鱼饲料	幼鱼饲料	中鱼饲料	成鱼饲料
粗蛋白/%	≥44.0	≥42.0	≥40.0	≥38.0
粗脂肪/%	≥6.0			
粗纤维/%	≤5.0			
水分/%	≤12.0			
粗灰分/%	≤16.0			
钙/%	≤3.5			
总磷/%	1.0～1.6			
赖氨酸/%	≥2.5	≥2.3	≥2.1	≥1.9

4.5　卫生指标应符合 NY 5072 的规定。

4.6　净含量

定量包装产品的净含量应符合《定量包装商品计量监督管理办法》的规定。

5　实验方法（同大黄鱼配合饲料标准）

6　检验规则（同大黄鱼配合饲料标准）

7　标志、标签、包装、运输和贮存（同大黄鱼配合饲料标准）

三、鲈鱼配合饲料标准

（中华人民共和国水产行业标准　SC/T 2029—2008）

1　范围

本标准规定了鲈鱼（*Lateolabrax japonicus*）配合饲料的产品分类、要求、实验方法，检验规则及标志、标签、包装、运输和贮存。

本标准适用于粉状、颗粒状鲈鱼配合饲料。

2　规范性引用文件（同大黄鱼配合饲料标准）。

3　产品分类

3.1　鲈鱼配合饲料分鱼苗配合饲料、鱼种配合饲料和食用鱼配合饲料三种。

3.2　鲈鱼配合饲料产品类别与饲养对象见表 11－10。

表 11－10　鲈鱼配合饲料产品类别与饲养对象

产品类别	鱼苗饲料	鱼种饲料	食用鱼饲料（成鱼）
养殖鱼体长/cm	≤5	5～17	≥17
养殖鱼体重/g	≤3	3～100	≥100

4　技术要求

4.1　感官要求

4.1.1　同一规格颗粒饲料大小均匀，颗粒规格见表 11－11，表面光滑，色泽均匀一致，无发霉、变质、结块现象，无异物，无虫类滋生。

表 11－11　饲料粒径和长度

产品类别		鱼苗饲料	鱼种饲料	食用鱼饲料（成鱼）
颗粒规格	料径/mm	≤1.5	1.5～4.5	≥4.5
	长度/mm	料径: 长度＝1:（0.5～2.0）		

4.1.2　气味正常，无霉味、酸败味及其它异味。

4.1.3　饲料水中稳定性要求：粉状饲料加水搅拌后具有良好的手感黏性，吸水 15 min，溶失率≤20.0%；颗粒饲料吸水 20 min，溶失率≤15.0%。

4.2　理化指标

鲈鱼配合饲料理化指标要求见表 11－12。

表 11－12　鲈鱼配合饲料理化指标

项 目		产品类别		
		鱼苗饲料	鱼种饲料	食用鱼饲料
原料粉率粒度（筛上物）/%		≤ 5.0[a]	≤ 5.0[b]	≤ 5.0[b]
混合均匀度（变异系数）/%		≤ 10.0		
粉化率/%	膨化颗粒状料	≤ 1.0		
粗蛋白/%		≥ 45.0	≥ 42.0	≥ 40.0
粗脂肪/%	颗粒状料	≥ 7.0		
	粉状料	≥ 3.0		
粗纤维/%		≤ 2.0		≤ 5.0
水分/%	颗粒状料	≤ 11.0		
	粉状料	≤ 10.0		
钙/%		≤ 4.50		
总磷/%		≥ 1.2		
粗灰分/%		≤ 16.0		
盐酸不溶物（砂分）/%		≤ 2.0		
赖氨酸/%		≥ 2.0	≥ 1.8	≥ 1.6
食盐（以 NaCl 计）/%		≤ 4.0		
挥发性盐基氮/(mg/100 g)		≤ 100		

a：采用“0200 ×50—0.2/0.14 实验筛”筛分（GB/T 6003.1）；

b：采用“200 ×50—0.25/0.16 实验筛”筛分（GB/T 6003.1）。

4.3　卫生安全指标

应符合 NY 5072 要求。

5　实验方法（同大黄鱼配合饲料标准）

6　检验规则（同大黄鱼配合饲料标准）

7　标志、标签、包装、运输和贮存（同大黄鱼配合饲料标准）

四、美国红鱼配合饲料标准

（中华人民共和国国家标准　GB/T 22919.4—2008）

1　范围

本标准规定了美国红鱼（*Sciaenops ocellatus*）配合饲料的产品分类、要求、实验方法，检验规则及标志、标签、包装、运输和贮存。

本标准适用于颗粒状美国红鱼配合饲料。

2　规范性引用文件（同大黄鱼配合饲料标准）

3　产品分类

本标准根据美国红鱼不同生长阶段的体重大小，将美国红鱼饲料产品分成稚鱼饲料、幼鱼饲料、中鱼饲料、成鱼饲料4种，产品规格应符合美国红鱼不同生长阶段的食性要求。

4　技术要求

4.1　原料与添加剂要求

饲料原料与添加剂均应符合相关饲料原料与添加剂的国家标准或行业标准的质量指标要求。卫生指标应符合 GB 13078 和 NY 5072 的规定。

4.2　感官要求

4.2.1　外观

色泽均匀，饲料颗粒大小一致，表面平整；无发霉，无变质结块，无杂物，无虫害。

4.2.2　气味

具有饲料正常气味，无霉变、酸败、焦灼等异味。

4.3　加工质量指标

加工质量指标应符合表11－13的规定。

表11－13　加工质量指标

指标	稚鱼饲料	幼鱼饲料	中鱼饲料	成鱼饲料
混合均匀度（变异系料径：mm）	≤7.0			
水中稳定性（溶失率）/%	≤10.0			
颗粒粉化率/%	≤1.0			

4.4　营养指标

主要营养指标应符合表11－14规定。

表11－14　营养指标

营养指标	稚鱼饲料	幼鱼饲料	中鱼饲料	成鱼饲料
粗蛋白/%	≥42.0	≥40.0	≥38.0	≥36.0
粗脂肪/%	≥6.0			
粗纤维/%	≤5.0			
水分/%	≤12.0			
粗灰分/%	≤16.0			
钙/%	≤3.5			
总磷/%	1.0～1.6			
赖氨酸/%	≥2.3	≥2.1	≥1.9	≥1.8

4.5　卫生指标

卫生指标应符合 NY 5072 的规定。

4.6　净含量

定量包装产品的净含量应符合《定量包装商品计量监督管理办法》的规定。

5　实验方法（同大黄鱼配合饲料标准）

6　检验规则（同大黄鱼配合饲料标准）

7　标志、标签、包装、运输和贮存（同大黄鱼配合饲料标准）

五、石斑鱼配合饲料标准

（中华人民共和国国家标准　GB/T 22919.6—2008）

1　范围

本标准规定了石斑鱼配合饲料的产品分类、要求、实验方法，检验规则及标志、标签、包装、运输和贮存。

本标准适用于颗粒状石斑鱼配合饲料。

2　规范性引用文件（同大黄鱼配合饲料标准）

3　产品分类

本标准根据石斑鱼不同生长阶段的体重大小，将石斑鱼饲料产品分成稚鱼饲料、幼鱼饲料、中鱼饲料、成鱼饲料 4 种，产品规格应符合石斑鱼不同生长阶段的食性要求。

4　技术要求

4.1　原料与添加剂要求

饲料原料与添加剂均应符合相关饲料原料与添加剂的国家标准或行业标准的质量指标要求。卫生指标应符合 GB 13078 和 NY 5072 的规定。

4.2　感官要求

4.2.1　外观：色泽均匀，饲料颗粒大小一致，表面平整；无发霉，无变质结块，无杂物，无虫害。

4.2.2　气味：具有饲料正常气味，无霉变、酸败、焦灼等异味。

4.3　加工质量指标

加工质量指标应符合表 11 – 15 的规定。

表 11 – 15　加工质量指标

项目	稚鱼饲料	幼鱼饲料	中鱼饲料	成鱼饲料
混合均匀度（变异系数）/%	≤7.0			
水中稳定性（溶失率）/%	≤10.0			
颗粒粉化率/%	≤1.0			

4.4　营养指标

主要营养指标应符合表 11 – 16 规定。

表 11 – 16　营养指标

营养指标	稚鱼饲料	幼鱼饲料	中鱼饲料	成鱼饲料
粗蛋白/%	≥ 45.0	≥ 43.0	≥ 40.0	≥ 38.0
粗脂肪/%	≥ 6.0			

续表 11－16

营养指标	稚鱼饲料	幼鱼饲料	中鱼饲料	成鱼饲料
粗纤维/%	≤5.0			
水分/%	≤12.0			
粗灰分/%	≤16.0			
钙/%	≤3.5			
总磷/%	1.0～1.6			
赖氨酸/%	≥2.5	≥2.3	≥2.1	≥1.9

4.5 卫生指标

卫生指标应符合 NY 5072 的规定。

4.6 净含量

定量包装产品的净含量应符合《定量包装商品计量监督管理办法》的规定。

5 实验方法（同大黄鱼配合饲料标准）

6 检验规则（同大黄鱼配合饲料标准）

7 标志、标签、包装、运输和贮存（同大黄鱼配合饲料标准）

六、牙鲆配合饲料标准

（中华人民共和国水产行业标准 SC/T 2006—2002）

1 范围

本标准规定了牙鲆（*Paralichthys olivaceus*）配合饲料的产品分类、要求、实验方法，检验规则及标志、标签、包装、运输和贮存。

本标准适用于牙鲆配合饲料生产和检验。

2 规范性引用文件（同大黄鱼配合饲料标准）

3 产品分类

牙鲆配合饲料分成稚鱼饲料、苗种饲料、成鱼饲料 3 种，产品规格应符合美国红鱼不同生长阶段的食性要求。产品规格分类和适用范围见表 11－17。

表 11－17 产品分类

产品类别	稚鱼配合饲料	苗种配合饲料	养成配合饲料
适用鱼的全长/cm	<5.0	5.0～15.0	>15.0

4 技术要求

4.1 感官要求

感官要求见表 11－18。

表 11－18 感官要求

产品类别	稚鱼配合饲料	苗种配合饲料	养成配合饲料
气味	具有饲料正常气味，无酸败、油烧等异味		
外观	色泽均匀一致，无发霉、变质、结块现象，饲料无虫害		

4.2 理化指标

理化指标见表 11－19。

表 11－19 理化指标

营养指标	稚鱼饲料	苗种饲料	成鱼饲料
粗蛋白/%	≥ 50.0	≥ 45.0	≥ 40.0
粗脂肪/%	≥ 6.5	≥ 5.5	≥ 4.5
粗纤维/%	≤ 1.0	≤ 2.0	≤ 3.0
水分/%	≤ 10.0	≤ 10.0	≤ 10.0
粗灰分/%	≤ 15.0	≤ 16.0	≤ 16.0
钙/%	≤ 4	≤ 4	≤ 4
总磷/%	≥ 1.5	≥ 1.5	≥ 1.2
砂分/%	≤ 2.2	≤ 2.2	≤ 2.2

4.3 卫生指标

卫生指标应符合表 11－20 要求。

表 11－20 卫生指标

项 目	允许量
无机砷（以 As 计）/($mg \cdot kg^{-1}$)	≤ 3
铅（以 Pb 计）/($mg \cdot kg^{-1}$)	≤ 5
汞（以 Hg 计）/($mg \cdot kg^{-1}$)	≤ 0.3
镉（以 Cd 计）/($mg \cdot kg^{-1}$)	≤ 1.0
黄曲霉毒素 B_1/($mg \cdot kg^{-1}$)	≤ 0.01
霉菌总数（不含酵母菌）/($cfu \cdot g^{-1}$)	≤ 4.0×10^4
细菌总数/($cfu \cdot g^{-1}$)	≤ 2×10^6
沙门氏菌/($cfu \cdot g^{-1}$)	不得检出

4.4 对激素、药物和添加剂的规定

饲料中不得添加国家禁止和未公布允许在配合饲料中使用的激素、药物和添加剂。

5 实验方法（同大黄鱼配合饲料标准）

6 检验规则（同大黄鱼配合饲料标准）

7 标志、标签、包装、运输和贮存（同大黄鱼配合饲料标准）

参考文献

[1] 李爱杰，等. 水产动物营养与饲料学 [M]. 北京：中国农业出版社，1994.

[2] 冯磊，沈健. 基础营养学 [M]. 杭州：浙江大学出版社，2005.

[3] 宋青春，齐遵利. 水产动物营养与配方饲料学 [M]. 北京：中国农业出版社，2009.

[4] 麦康森，等. 水产动物营养与饲料学 [M]. 修订版. 北京：中国农业出版社，2011.

[5] 魏华，吴垠. 鱼类生理学 [M]. 2 版. 北京：中国农业出版社，2011.

[6] 徐亚超，张新明. 水产动物营养与饲料 [M]. 北京：化学工业出版社，2012.

[7] 冯俊荣. 鱼类繁殖与消化生理研究 [M]. 青岛：中国海洋大学出版社，2013.

[8] 鱼类与甲壳类营养需要 [M]. 麦康森，等译. 北京：科学出版社，2015.

[9] 徐奇友，王常安，王连生. 冷水鱼营养需求与饲料配制技术 [M]. 北京：化学工业出版社，2015.

[10] 韩冬长. 吻脆投喂管理和污染评估动态模型的研究 [D]. 北京：中国科学院研究生院，2005.

[11] 王崇. 饲料中豆粕替代鱼粉及投喂策略对异育银鲫的影响 [D]. 北京：中国科学院研究生院，2007.

[12] 王华. 投喂策略对工厂化养殖半滑舌鳎的效应特征与投喂模型构建 [D]. 北京：中国科学院大学，2009.

[13] 方巍. 黄颡鱼摄食和投喂策略的研究 [D]. 武汉：华中农业大学，2010.

[14] 孙存军. 饵料类型和投喂频率对鳝幼鱼摄食、生长、肌肉成分和消化酶活力的影响 [D]. 武汉：华中农业大学，2011.

[15] 袁勇超. 脂鱼适宜蛋白能量水平、投喂水平和磷需要量及对植物蛋白源的利用研究 [D]. 武汉：华中农业大学，2011.

[16] 孙国祥. 大西洋鲑工业化循环水养殖投喂策略研究 [D]. 北京：中国科学院大学，2014.

[17] 覃希. 投喂频率和投喂水平对吉富罗非鱼幼鱼生长性能和生理机能的影响 [D]. 南宁：广西大学，2014.

[18] 李伟杰. 俄罗斯鲟投喂策略及性成熟规律研究 [D]. 上海：上海海洋大学，2015.

[19] 蔡辉益. 中国饲料工业未来发展趋势 [J]. 北方牧业，2016，2：12.

[20] 宇凌，蔡文利. 中国饲料工业发展概况 [J]. 饲料博览，2011，10：60－62.

[21] 杜强. 卵形鲳鲹赖氨酸和蛋氨酸需求量及饲料中鱼粉替代的研究 [D]. 上海：上海海洋大学，2012.

[22] 杜强，林黑着，牛津，等. 卵形鲳鲹幼鱼的赖氨酸需求量 [J]. 动物营养学报，2011 (10)：1725－1732.

[23] 谭小红. 卵形鲳鲹幼鱼对饲料中精氨酸和亮氨酸需求量的研究 [D]. 上海：上海海洋大学，2015.

[24] LIN H Z, TAN X H, ZHOU C P, et al. Effect of dietary arginine levels on the growth performance, feed utilization, non-specific immune response and disease esistance of juvenile golden pompano Trachinotus ovatus [J]. Aquaculture, 2015 (437): 382－389.

[25] 黄忠，周传朋，林黑着，等. 饲料异亮氨酸水平对卵形鲳鲹消化酶活性和免疫指标的影响 [J].

南方水产科学，2017（01）：50－57.

[26] TAN X，LIN H，HUANG Z. Effects of dietary leucine on growth performance，feed utilization，non-specific immune responses and gut morphology of juvenile golden pompano Trachinotus ovatus [J]. Aquaculture，2016（465）：100－107.

[27] 戚常乐. LNA、ARA、DHA 和 EPA 对卵形鲳鲹幼鱼生长及免疫影响的研究 [D]. 上海：上海海洋大学，2016.

[28] 戚常乐，林黑着，黄忠，等. 亚麻酸对卵形鲳鲹幼鱼生长性能、消化酶活性及抗氧化能力的影响 [J]. 南方水产科学，2016（06）：59－67.

[29] QI C，LIN H，HUANG Z. Effects of dietary arachidonic acid levels on growth performance，Whole-Body proximate composition，digestive enzyme activities and gut morphology of juvenile golden pompano trachinotus ovatus [J]. Israeli Journal of AQUACULTURE-BAMIDGEH，2016（68）：1－9.

[30] 黄忠，林黑着，牛津，等. 肌醇对卵形鲳鲹生长、饲料利用和血液指标的影响 [J]. 南方水产科学，2011（03）：39－44.

[31] Shell EW. Comparative evaluation of plastic and concrete pools and earthen ponds in fish-cultural research [J]. The Progressive Fish-Culturist，1966，28（4）：201－205.

[32] Brafield AE. Laboratory studies of energy budgets. Fish energetics. Springer，Dordrecht，1985. 257－281.

[33] Brett JR，Groves TDD. Physiological energetics [J]. Fish physiology，1979，8（6）：280－352.

[34] 谢小军. 南方鲇的能量收支的研究 [D]. 北京：北京师范大学，1989.

[35] Beamish FWH. Apparent specific dynamic action of largemouth bass，Micropterussalmoides [J]. Journal of the Fisheries Board of Canada，1974，31（11）：1763－1769.

[36] Yarzhombek AA，Shcherbina TV，Shmakov NF，et al. Specific dynamic effect of food on fish metabolism [J]. Journal of Ichthyology，1983，23（4）：111－117.

[37] Goolish EM，Adelman IR. Tissue-specific cytochrome oxidase activity in largemouth bass：the metabolic costs of feeding and growth [J]. Physiological Zoology，1987，60（4）：454－464.

[38] Davis R E，Agranoff B W. Stages of memory formation in goldfish：Evidence for an environmental trigger [J]. Proceedings of the National Academy of Sciences，1966，55（3）：555－559.

[39] Smith Jr KL. Metabolism of the abyssopelagic rattail Coryphaenoidesarmatus measured in situ [J]. Nature，1978，274（5669）：362.

[40] Pulsford AL，Crampe M，Langston A，et al. Modulatory effects of disease，stress，copper，TBT and vitamin E on the immune system of flatfish [J]. Fish & Shellfish Immunology，1995，5（8）：631－643.

[41] Yano T. Assays of hemolytic complement activity [J]. Techniques in fish immunology. 1992：131－141.

[42] Liang P，Pardee A B. Differential display of eukaryotic messenger RNA by means of the polymerase chain reaction [J]. Science，1992，257（5072）：967－971.

[43] Ellis A E. Lysozyme assays [J]. Techniques in fish immunology，1990，1：101－103.

[44] 谢小军，孙儒泳. 南方鲇的日总代谢和特殊动力作用的能量消耗 [J]. 水生生物学报，1992（3）：200－207.

[45] Buckel JA，Steinberg ND，Conover DO. Effects of temperature，salinity，and fish size on growth and consumption of juvenile bluefish [J]. Journal of Fish Biology，1995，47（4）：696－706.

[46] Clapp DF，Wahl DH. Comparison of food consumption，growth，and metabolism among muskellunge：an investigation of population differentiation [J]. Transactions of the American Fisheries Society，1996，125（3）：402－410.

[47] Stewart N E, Shumway D L, Doudoroff P. Influence of oxygen concentration on the growth of juvenile largemouth bass [J]. Journal of the Fisheries Board of Canada, 1967, 24 (3): 475 - 494.

[48] Fontainhas-Fernandes A, Gomes E, Reis-Henriques M A, et al. Replacement of fish meal by plant proteins in the diet of Nile tilapia: digestibility and growth performance [J]. Aquaculture International, 1999, 7 (1): 57 - 67.

[49] 解绶启. 饲料中土豆蛋白替代鱼粉对虹鳟摄食率，消化率和生长的影响 [J]. 水生生物学报，1999, 23 (2): 127 - 133.

[50] Cui Y, Wootton R J, 1998. Effects of ratio, temperature and body size on the body composition, energy content and condition of the minnow, Phoxinus phoxinus (L.) [J]. Journal of Fish Biology, 32 (5): 749 - 764.

[51] Brett J R, Groves TDD, 1979. Physiological energetics [J]. Fish Phy Vol. New york: Academic Press, 279 - 352.

[52] Gunther J, Galvez H N, Ulloa R J, Coppoolse J, Verreth J A, 1992. The effect of feeding level on growth and survival of jaguar guapote larvae fed Artemia nauplii [J]. Aquaculture, 107: 347 - 358.

[53] Eroldogan O T, Kumlu M, Aktas M. Optimum feeding rates for European sea bass Dicentrarchus labrax reared in seawater and fleshwater [J]. Aquaeulture, 2004, 231: 501 - 515.

[54] Ham EH, Berntssen MHG, Imsland AK, Parpoura AC, 2003. The influence of temperature and ration ongrowth, feed conversion, body composition and nutrient retention of juvenile turbot (Scophthalmus maximus) [J]. Aquaculture, 217: 547 - 558.

[55] Cho SH, Lee SM, Park BH, Lee SM, 2006. Effect of feeding ratio on growth and body composition of juvenile olive flounder Paralichthys olivaceus fed extruded pellets during the summer season [J]. Aquaculture, 251: 78 - 84.

[56] 余方平，许文军，薛利建，等. 美国红鱼的胃排空率 [J]. 海洋渔业，2007, 29 (1): 49 - 52.

[57] 马彩华，陈大刚，沈渭铨. 大菱鲆的摄食量与排空速率的初步研究 [J]. 水产科学，2003, 22 (5): 5 - 8.

[58] 虞为，林黑着，冯会明，等. 一种用于深水网箱的定时定量自动投料机：ZL201621059458. 5. 2016.

[59] Riche M, Haley DI, Oetker M, et al, 2004. Effect of feeding frequency on gastric evacuation and the return of appetite in tilapia Oreochromis niloticus (L.) [J]. Aquaculture, 234: 657 - 673.

[60] Bradley JT, Mark AB, Geoff LA. Effects of photoperiod and feeding frequency on performance of newly weaned Australian snapper Pagrus auratus [J]. Aquaculture, 2006, 258: 514 - 520.

[61] 谭小红. 卵形鲳鲹幼鱼对饲料中精氨酸和亮氨酸需求量的研究 [D]. 上海：上海海洋大学，2015.

[62] 黄忠，周传朋，林黑着，等. 饲料异亮氨酸水平对卵形鲳鲹消化酶活性和免疫指标的影响 [J]. 南方水产科学，2017, 13 (01): 50 - 57.

[63] 戚常乐. LNA、ARA、DHA 和 EPA 对卵形鲳鲹幼鱼生长及免疫影响的研究 [D]. 上海：上海海洋大学，2016.

[64] 黄忠，林黑着，牛津，等. 肌醇对卵形鲳鲹生长、饲料利用和血液指标的影响 [J]. 南方水产科学，2011, 7 (03): 39 - 44.

[65] Zhou CP, Ge XP, Niu J, et al. Effect of dietary carbohydrate levels on growth performance, body composition, intestinal and hepatic enzyme activities, and growth hormone gene expression of juvenile golden pompano, Trachinotus ovatus [J]. Aquaculture, 2015, 437: 390 - 397.

[66] Zhou CP, Lin HZ, Ge XP, et al. The Effects of dietary soybean isoflavones on growth, innate immune responses, hepatic antioxidant abilities and disease resistance of juvenile golden pompano Trachinotus ovatus [J]. Fish and Shellfish Immunology, 2015, 43 (1): 158 – 166.

[67] Huang Z, Lin HZ, Peng JS, et al. Effects of dietary isoleucine levels on the growth performance, feed utilization, and serum biochemical indices of juvenile golden pompano, Trachinotus ovatus [J]. The Israeli Journal of Aquaculture-Bamidgeh, 2015.

[68] Huang Z, Tan XH, Zhou CP, et al. Effect of dietary valine levels on the growth performance, feed utilization and immune function of juvenile golden pompano, Trachinotus ovatus [J]. Aquaculture Nutrition, 2017. DOI: 10. 1111/anu. 12535.

[69] Lin H, Tan X, Zhou C, et al. Effect of dietary arginine levels on the growth performance, feed utilization, non-specific immune response and disease resistance of juvenile golden pompano Trachinotus ovatus [J]. Aquaculture, 2015, 437, 382 – 389.

[70] Tan X, Lin H, Huang Z, et al. Effects of dietary leucine on growth performance, feed utilization, non-specific immune responses and gut morphology of juvenile golden pompano Trachinotus ovatus [J]. Aquaculture, 2016, 465, 100 – 107.

[71] Qi CL, Lin HZ, Huang Z, et al. Effects of dietary arachidonic acid levels on growth performance, whole-body proximate composition, digestive enzyme activities and gut morphology of juvenile golden pompano Trachinotus ovatus [J]. The Israeli Journal of Aquaculture-Bamidgeh, 2016.